MINGUO JIANZHU GONGCHENG QIKAN HUIBIAN

民國建築工程
期刊匯編

《民國建築工程期刊匯編》編寫組 編

12

GUANGXI NORMAL UNIVERSITY PRESS
广西师范大学出版社

·桂林·

# 第十二册目録

# 工程

# 上海市柏油路面鋪築新法

上海市工務局於近年來試築冷拌柏油石子路面,頗具成效。此文列述研究經過及其鋪築方法,堪供國內道路工程界之參考。

工程

第九卷 第二號

二十三年四月一日

# 中國工程師學會會刊

## 工 程

編 輯：
黃　　炎（土木）
童大西（建築）
胡樹楫（市政）
鄭肇經（水利）
許應期（電氣）
徐宗涑（化工）

編 輯：
蔣易均（機械）
朱其清（無綫電）
錢其昌（飛機）
李　倣（礦冶）
黃炳奎（紡織）
宋學勤（校對）

總編輯：沈　怡

## 第九卷第二號目錄

## 中國工程師學會發行

分售處

上海望平街漢文正楷印書館
上海民智書局
上海福煦路中國科學公司
南京正中書局
重慶天主堂街重慶書店
漢口中國書局

上海徐家滙蘇新書社
上海西門東新書局
上海生活書店
福州市南大街眞有圖書公司
漢口金城圖書公司

上海四馬路現代書局
上海福州路作者書社
南京太平路鍾山書局
濟南芙蓉街教育圖書社
漢口交通路新時代書店

## 本刊啟事

　　本刊徵求國內外工程新聞，工程雜俎，以及其他一切與工程有關之小品文字。倘蒙本會同人，及讀者諸君，惠撰賜寄，本刊竭誠歡迎。此項材料，在外國工程雜誌，最為豐富，讀者及會員諸君，苟能於平日披覽此種雜誌之時，隨手譯寄，俾得充實篇幅，尤為感盼。

第一圖　化驗室之一部　　　　第二圖　貫入計

第四圖　柏油廠內部

第五圖　築路工具

第六圖　耙平情形

第七圖　滾壓情形

第八圖　完成後之路面

# 上海市柏油路面鋪築新法

## 周　書　濤

　　上海市爲東亞第一大商埠,亦爲中國最大之城市。一切建設,突飛猛晉,道路修築,亦力求完善。雖受經濟束縛之影響,但仍具決心,積極改善,進行不遺餘力。過去鑒於砂石路面容易損壞,且難保養,故即從事加鋪柏油路面工程。如澆柏油及灌柏油等各種方法,次第實施,而歷多年之經驗,尚未能予以十分滿意。乃急求改進,從事探討。最近聘請英籍工程師 Vella 爲顧問,積極研究,乃有"冷拌"柏油石子路面之試驗,結果頗堪滿意。茲將研究經過,及其鋪築方法,臚列於此,以供國內道路工程師之參攷。

　　澆柏油及灌柏油方法,爲我國道路工程所習用。前者以其價廉而均樂用之,然頗易毀壞,故修養費甚大;後者建築費較貴,但壽命較長,並能載較多量之車輛。此二種路面,每至夏季,炎日晒之,路面柏油每爲溶化,黏熱難行,路面易損,故常須洒鋪黃砂或石屑,以便行駛。而至冬季,則亦常發現裂痕。此種柏油路面,雖外表美觀,然弱點頗多,故有改良之必要,旣而乃有柏油砂路面之鋪築。今上海租界內道路,均採用此法,此項方法,誠爲一大進步,惟造價昂貴,手續繁複,上海市工務局以限於經費,未能使用。然此項道路,雖能負載極多量之車輛,而仍不免於夏季時路面有溶化之弊。

　　查柏油砂可認爲優良之道路材料,惟其配製,須經過極高溫度之熱拌,運至工作地點,亦須保持適當溫度,手續頗煩,而機器又複雜,不爲人所樂用,故須更進一步,研究其能在低溫度時拌合,鋪築時亦毋須保持相當温度,同時務使機器簡單,以合乎經濟為限。乃有"冷拌"柏油石子路面( "Cold mix" Bituminons Surface Treatment)之成功。茲分段略述於下:——

# 一　化驗設備

研究材料,須先知其性質,然後根據探討,方有價值。故闢化驗室一所(第一圖)從事化驗各項柏油及石子等材料之性質。化驗儀器,大部份由英國定購,以貫入計(Penetrometer)儀器為最精細(參閱第二圖)。

此項化驗儀器,總計約費5,000.00元,但尚未置辦齊全,以後希望擴充為一完全之柏油材料試驗所。各種試驗方法,容後另文詳論之。

# 二　材　　料

"冷拌" 柏油石子路面,分底層與面層二種,所用材料及其成份,當不相同。茲分述於下:

1. 石子, 2.冷溶油, 3.柏油粉, 4.液溶油, 5.石粉。

一石子　質料堅硬,不染泥質者為限。其大小需二種,為六分子及二分子。六分子用於底層;二分子用於面層;其級配成份,以下列為標準:

A.六分子

　　經過: $1\frac{1}{2}"$－$1\frac{1}{4}"$ 篩眼者保留於1"百分之15

　　經過: 1" 篩眼者保留於 $\frac{3}{4}"$ 百分之35

　　經過: $\frac{3}{4}"$ 篩眼者保留於 $\frac{1}{2}"$ 百分之40

　　經過: $\frac{1}{2}"$ 篩眼者保留於 $\frac{3}{8}"$ 百分之10

B.二分子

　　經過: $\frac{1}{2}"$ 篩眼者保留於 $\frac{3}{8}"$ 百分之 5

　　經過: $\frac{3}{8}"$ 篩眼者保留於 $\frac{1}{4}"$ 百分之25

經過: $\frac{1}{4}$" 　篩眼者保留於 $\frac{1}{8}$" 百分之 50

經過: $\frac{1}{8}$" 　篩眼者保留於 $\frac{1}{16}$" 百分之 20

上列之級配成份,可視交通之簡繁及鋪築之厚度而變更之。

**二冷溶油** ("Cold mix" Flux)　爲"冷拌"柏油之特品,以其於低溫度時,能與石子拌合也。瀝青(Bitumen)熱至華氏 300 度,則方如水狀之完全溶解,而可應用。在拌合時,亦須保持其熱度,在華氏 280 度左右,如在此熱度以下,則拌合困難矣。如拌合時,須保持華氏 280 度者,則石子必須熱至 400 度,方可使用。故烘熱石子,須有烘石子機之設備;而拌合機,以保持溫度計,亦須有水汀管之裝置;手續旣煩,而又不經濟。故今之目的,務使避免煩複之機器及手續,則先以瀝青改良,使在華氏 140° 左右仍能維持水狀之液體,則在低溫度時之拌合,不感困難。乃有冷溶油之發明。

冷溶油之成份,爲瀝青與輕柏油。

A. 瀝青(Bitumen)　其性質須合下列之規定:

1. 比重(Specific gravity) 77°F　1.02

2. 貫入度(Penetration)　　　40—50

3. 靱性(Ductility)　　　　　90+

4. 揮發性(Volatility)　　　　1.5%

5. 融解點(Fusing Point)　　　115°F—150°F

6. 引火點(Flash Point)　　　　　　475°F

7. 瀝青純粹性(Bitumen Soluble in CS₂) 99.9%

B. 輕柏油(Light tar oil)　輕柏油係由煤柏油蒸溜而得,其分解點爲 200°C,能與瀝青溶和,其性質如下:

1. 比重　　　　　　　60°F　0.983

2. 水份(Water Content)　　0.3%

3. 引火點　　　　　　　154°F

4. 柏油酸(Tar acid)　　　7.0%

5. 溜解度(Distillation Range) 在　177°C　　開始分解

|  |  |
|---|---|
| 193.5°C | 10% |
| 203.5°C | 20% |
| 210° C | 30% |
| 215° C | 40% |
| 221.5°C | 50% |

　　輕柏油現購自英國倫敦煤氣公司,連關稅及運費等,每噸價260.00元。上海自來火公司亦有此項出品,惟數量極微。中國將有大規模之煉鋼廠成立,則此項輕柏油,當可有多量之供給也。冷溶油之製法如下:

　　先將瀝青熱至300度F以上,但不得過375°F,使完全溶解變成水狀之流質。待其冷至200°F以下(約經過5小時後),乃將已配合好成份之輕柏油和入。如熱度在200°F以上,而輕柏油驟然加入,則必發出強烈之濃烟,非但輕柏油容易揮發損失,且易發生火患;而在箱內之瀝青,亦有溢出之虞。故加輕柏油時之熱度,不可不注意之。

　　配合成份(以重量為標準): 瀝青90％輕柏油10％此項成份,普通卽可用之,惟須視氣候之變遷而更換之。

　　冷溶油之性質:

| | | |
|---|---|---|
| 1. 比重 | 77°/77F | 1.027 |
| 2. 引火點 | | 239°F |
| 3. 定炭素(Fixed Carbon) | | 9.0% |
| 4. 灰(Ash) | | 0.5% |
| 5. 瀝青純粹性(Soluble in $CS_2$) | | 99.9% |
| 6. 溜解度 | 水份 | 極微 |
| | 0°—200°C | 1.4% |
| | 200°—270°C | 10 % |
| | 殘餘物 | 88.6% |

冷溶油亦可由煉柏油 (Refined tar) 內製造。於煉柏油內加瀝

青及輕柏油之混合物：　煉柏油　　　　75%  
　　　　　　　　　　　瀝青　80—85　　　　100%  
　　　　　　　　　　　　　　　　　25%  
　　　　　　　　　　　輕柏油 20—15

此項所製成之冷溶油，其性質如下：

1. 比重　　　　　　77°/77°F　　　　　1.165—1.200
2. 引火點　　　　　　　　　　　　　　120°F—130°F
3. 揮發性　　　　　　　　　　　　　　4—6%
4. 瀝青純粹性　　　　　　　　　　　　80%
5. 定炭素　　　　　　　　　　　　　　30%
6. 灰　　　　　　　　　　　　　　　　2.5%
7. 溜解度　　　　　200℃　　　　　　1.25%
　　　　　　　　　270℃　　　　　　11.50%

**三柏油粉** (Pulverized Asphalt)　以天然所產之土瀝青(Asphalt)，經過整理工作後，將雜質除去，搗碎成粉，即為柏油粉。天然土瀝青，世界各地，均有出產，如美國 Trinidad 島，為世界最大之"土瀝青湖" (Trinidad asphalt Lake)，歐洲各地亦均有出產，亞洲之小亞細亞及日本等處亦有發現。今所用之柏油粉，係購自印度孟買(Bombay)，其原料為美索不達米亞(Mesopotamia)之伊拉克(Irak)地所產，其性質如下：

1. 比重　　　　　　　　1.26
2. 貫入度　　　　　　　1—2
3. 瀝青純粹性　　　　　70%
4. 融解點　　　　　　　260°F
5. 定炭素　　　　　　　24.7%
6. 灰燼　　　　　　　　23.5%

**四液溶油** (Liquifier-Oil)　冬季天氣寒冷，柏油石子拌合則將感困難。因 180°F 以下之冷溶油遇 32°F 之冷石子則拌合時之熱度驟降，或竟降至 80°F 以下，冷溶油不易黏佈於各個石子之間，以致頓形遲緩,較平時所需拌合時間延長至五六倍之久。非但於人工及時間不經濟,而機器損壞率亦大,故乃有液溶油之使用,(此項液溶油在氣候暖和時,可以毋需)

液溶油之成份,爲輕柏油及汽油。

1. 輕柏油之性質與上述同。

2. 汽油,可採購普通汽油,惟須擇其揮發性較强者爲佳。市上所售者,以光華汽油之揮發性較强。茲將試驗所得結果如下:

1. 比重　　　　　光 華　0.729　　美孚　0.751

2. 溜解度86°－208°F　光 華　26%　　美孚　20%

　　　　　86°－248°F　光 華　53.6%　　美孚　40%

配合成份(以體積計算)

輕柏油　　　　50%

汽油　　　　　50%

液溶油之功用

1. 洗淸石子面灰塵

2. 減少拌合阻力

3. 潤滑石子表面

4. 使冷溶油容易黏塗於石子面

5. 使鋪耙便利

**五 石粉**　即普通靑石屑,經過$\frac{1}{8}$"篩眼者,方可使用,須無雜質而以乾燥者爲限。

### 材料價格

| 材　　　料 | 每公噸單價 | 備　　　註 |
|---|---|---|
| 六分子 | 3.06 元 | 每立方公尺4.10 元運費在外 |
| 四分子 | 3.21 元 | 每立方公尺4.20 元運費在外 |
| 二分子 | 2.60 元 | 每立方公尺3.40 元運費在外 |
| 石屑 | 1.79 元 | 每立方公尺2.40 元運費在外 |
| 土瀝靑 | 112.00 元 | |
| 輕柏油 | 260.00 元 | |
| 汽油 | 212.00 元 | 每介侖爲0.60 元 |
| 柏油粉 | 160.00 元 | |
| 冷溶油(90/10) | 126.80 元 | |
| 冷溶油(95/5) | 119.40 元 | |
| 液溶油 | 239.00 元 | |
| 煤氣公司冷溶油 | 90.00 元 | |

上列單價,以上海市22年度市價爲標準。

# 三　機　拌

　　"冷拌"(Cold mix) 機器較"熱拌"(Hot mix) 機器爲簡單,因保持熱度之水汀管及烘石子機等設備,均可省去。但"冷拌"機器各部機件須較堅固,因冷拌需力頗大,而機件較易磨損也。

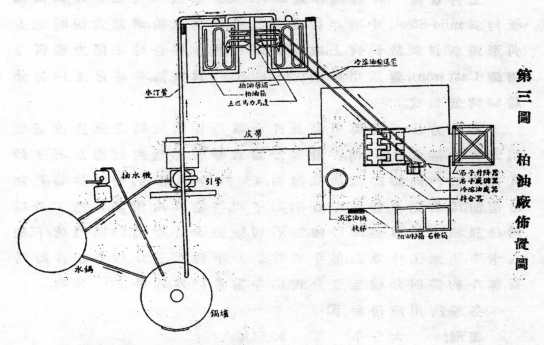

第三圖　柏油廠佈置圖

　　"冷拌"機器可分爲三部說明之:

　　1. 石子升降器(Stone Bucket Elevator)

　　2. 冷溶油盛器及柏油箱("Cold mix" Flux Bucket and Kettles)

　　3. 拌合器(mixer)

　　**一石子升降器**　石子斗容量,可裝石子四分之一公噸;其升降,係利用吊重機,以齒合子控制之。吊至 5 公尺高處,將石子傾注於石子盛儲器,以候拌用。

　　**二冷溶油盛器及柏油箱**　盛器容量爲五介侖,四周鐵板爲夾層,中蓄水汀,以保持該器之溫度。器中設浮標一塊,依冷溶油所需分量而定標識。盛器之外接以輸送管,管分來回二道,管之外壳,包以水汀管,使冷溶油不致有凝結於管中之弊。輸送管之他端,接以五匹馬力馬達幫浦,冷溶油由柏油箱內打入輸送管,由輸送管儲於甏器。柏油箱容量每只可盛冷溶油 2.5 公噸箱中裝 2 寸水汀管 20 道,如此則溶解瀝青可較迅速。

　　三拌合器　拌合器容量為 0.2 立方公尺 (7立方英尺) 四周鐵板均為 mild Steel。中有平行地軸二根,拌漿八塊,漿頭為四吋之五角形鐵板,斜裝於漿臂上,成 45°角,藉可減少拌合時之阻力。漿臂用鑄鐵 (Cast iron),漿頭用鑄鋼 (Cast steel),較為堅固。拌時速度,以每分鐘 39 轉為最宜。

　　拌合方法:　先將引擎及拌合器內拌漿旋轉之速度校正,即引擎每分鐘為 128 轉,拌漿每分鐘為 39 轉。然後將乾燥之石子傾入拌合器內,同時即澆灑液溶油,(天熱時不用) 約歷 25 秒鐘,乃加冷溶油,待其完全拌和,即各個石子間,均塗滿冷溶油,約歷 1 分鐘,然後加柏油粉,再經 30 秒鐘,加石粉,待完全拌和後,即開門放下,裝入卡車,運至工作地點。每斗約拌二分半鐘至三分鐘,冬季拌時略長,每斗約需四分鐘至五分鐘,每斗重量約為四分之一公噸。

　　冬季所用成份如下:

底層;　　六分子　　　　90.84%
　　　　　冷溶油　　　　　3.59%
　　　　　柏油粉　　　　　1.59%
　　　　　石粉　　　　　　3.98%
　　　　　　　　　　　　100.00%

液溶油加入數量為冷溶油之 15%

面層:　　二分子　　　　86.02%
　　　　　冷溶油　　　　　5.62%
　　　　　柏油粉　　　　　2.39%
　　　　　石粉　　　　　　5.97%
　　　　　　　　　　　　100.00%

液溶油加入數量爲冷溶油之13％

# 四　舖　築

此項柏油路面分二層舖築一底層與面層。舖築厚度,須視壓實之路面所需若干厚度而定。如舖 5 公分（2 吋）壓實路面者,則底層須舖5.6公分（2¼"）厚,（每公噸舖12平方公尺）,面層須舖2.5公分（1"）厚（每公噸舖30平方公尺）。如舖 3.8公分（1½"）壓實路面者,則底層須舖4.4公分（1¾"）（每公噸舖15平方公尺）,面層須舖1.9公分（¾"）（每公噸舖35.0平方公尺）。

未舖冷拌柏油石子之前,必須先將路基掃刷乾淨,路基上之泥灰,須完全刷去,因瀝青最忌灰塵（Dust insulates Bitumen）。路基如有不平之處,則須先補平,路基上最好先塗一薄層之稀薄冷溶油,每公斤約塗2.0平方公尺,於窨井自來水管蓋等四周以及茄莉側石邊等處,均須塗稀薄冷溶油一層,然後將冷拌柏油石子用卡車運至工作地點倒下,以人工耙平,至所需厚度爲止。（參閱第六圖）如無側石人行道之路,則在未舖築柏油石子之前,先於路兩邊依照所需之路面寬度而釘木條子。木條子尺寸,應視所舖柏油石子路面之厚度而定。路冠板（Camber）亦應隨時使用,以水平平準,務使完成之路面,不致有高低不平之弊。底層舖平後,將 7 噸二滾筒滾路機（Tandem Roller）滾壓,應自路邊向中央直滾,不能彎曲,並須套滾,以半滾筒爲限。滾時速度須遲緩,每點鐘滾壓面積,不得過 180 平方公尺。滾筒須濕潤,以免柏油石子黏着,路面全部壓過一次後,再用 10 噸滾路機（Three-wheel Roller）滾壓,滾法如前。滾過一次後,再用 7 噸滾路機壓平,前後共壓至少三次。凡滾路機壓不到處,如路邊木條邊或側石邊以及窨井四周等處,須先用鐵板磨光再用鐵夯夯平。底層壓實後,乃舖面層,未舖面層之先,於側石邊及窨井自來水管蓋等處四周,仍須塗稀冷溶油一層,然後舖面層柏油石子,照規定厚度舖築。當耙平時,應十分注意,務使平準,舖平後乃用七噸及十噸滾路機,依次滾壓,其滾法如前,以尤綏尤佳。(參閱第七圖)當滾壓時,如路面有凹孔,則須將柏油石子補塞,填平滾實。凡滾路機壓不到處,仍用鐵夯夯實。路面壓實後,洒以石粉一層,每立方公尺約鋪 300 平方公尺,洒後須隨時播勻,卽可開放車輛通行。

# 五　結　論

"冷拌"柏油石子路在中國尙屬創舉,而歐美各國及印度等處各幹道及車站道路等已慣用之。在雨水較多之城市,以此項路面,尤屬相宜,因不致有傾滑之虞。"冷拌"柏油路面顏屬經濟,5公分厚之路面每平方公尺僅需 2.10 元(連人工),3.8公分厚每平方公尺僅需 1.70 元(以上海市價計算)較"熱拌"柏油石子路面低賤多矣。

"冷拌"與"熱拌"柏油石子之比較:

1. "冷拌"機器設備簡單。

2. "冷拌"人工較省。

3. "冷拌"所用瀝青成份較少,約較"熱拌"可省 30 %。

4. 冷溶油內瀝青,毋需十分熱,不如"熱拌"中之瀝青,容易過熱,而常有損失其粘性之虞。

5. "熱拌"鋪築及滾壓,須保持相當溫度;而"冷拌"則可以堆澄數日亦不妨,隨時可以鋪築及滾壓;冬季嚴寒,亦可鋪築。

6. 修補柏油路面以"冷拌"柏油石子較為便利,已鋪在路上之柏油石子,如能保持清潔,挖出後仍可使用。

7. 使"冷溶油"熱,祇費一小時餘之時間已完全溶解。

8. "冷拌"柏油石子路面於雨後無傾滑之危險。

9. "冷拌"柏油石子在微雨後亦可鋪築。

'冷拌"柏油石子之劣點:

1. 完成之路面不能如柏油砂路面之光滑悅目。

2. 開放初期時路面往往有重車輪印痕之弊。

3. 初期路面易為漏油汽車之汽油所損壞。

4.雨後之"冷拌"柏油路面不及"熱拌"柏油路面乾燥迅速。

　　"冷拌"較"熱拌"柏油石子方法,果爲簡便;然欲使石子之保持乾燥,甚屬不易,須運至屋內堆儲,旣費人工,又頗麻煩。如使冷溶油能與濕石子拌合,則旣毋需空屋之預備,而手續尤爲便捷。故現擬從事於此項研究,以冀得有進步也。

# 眞茹國際電台之亞爾西愛式天線制度

## 宗 之 發

　　**緒言：**　交通部國際電台成立於民國十九年十一月。其最重要之發報機部份設於眞茹,計有強電力發報機三部。其中兩部天線之電力爲 20 KW 至 40 KW, 係美國合組無線電公司(Radio Corporation of America 簡稱 R. C. A. 即亞爾西愛)出品,此兩機合置於一建築物內,統稱之爲美機發報台。此兩機普通專供中美與中德間通信之用。另一機約有 15 KW 之電力,係爲法國無線電公司(Societe Francaise Radio-electrique) 出品,與其發電引擎及電池等,合置於一建築物內,統稱之爲法機發報台。此機通常專供中法間通信之用。兩台皆各採用定向天線制度(Directional Antennae System)。美台即採用亞爾西愛式,而法台即用法國公司之程式也。

　　近世之長距離無線電通信,多利用短波。蓋短波之應用,非特因其反射波 (reflection wave) 之超越性,特別適合於遠距離通信。且因波長之短,可藉此製作各種程式的集向天線制度。將發射電力,束射於一個方向。於是等於在所要之方向,增強其電力,而在不必要之方向,減低其耗損,利莫大焉。據稱亞爾西愛式之四排式定向天線制度,其束射之程度,可使收報機方面信號之增強,等於發報機之用普通天線者,電力增加五十倍。斯可見定向天線制度之發明,對於長距離通信之助力矣。國際電台之採用定向天線,在國內尚屬創見。其中美中德兩方面通信,均採用亞爾西愛式之天線,有定向者,亦有非定向者。計自裝置以迄工竣,以及試驗與調整完畢,歷時幾一載有餘。著者前曾在美國亞爾西愛公司實習，回國後亦爲參預此項工程之一人。故對於是項天線制度，知之略詳。茲篇蓋欲將亞爾西愛式天線之構造，原理，與實地試驗情形，撮要敍述，藉供國內研究無線電學者之參考焉。

（一）定向天線之構造　附屬於眞茹美機發報台之天線，共有六座。計第一發報機有指向美舊金山之一六.〇四Ｍ定向天線一座。一六.〇四Ｍ及三七.六四Ｍ之非定向天線各一座。第二發報機有一八.三〇Ｍ之指向柏林定向天線一座，三九.五八Ｍ及一八.三〇Ｍ之非定向天線各一座。關於天線位置之分佈，中美定向天線約在台之東六百英尺，中德天線在台之東北向距台約七百五十英尺，其他非定向天線四座，聚集於台之東北約五百英尺之處所。發報機與天線間之連接，係用架空射電週率傳輸線(Oveo-hand Radio-frequency transmission line)導引之。

圖　　　　（1）

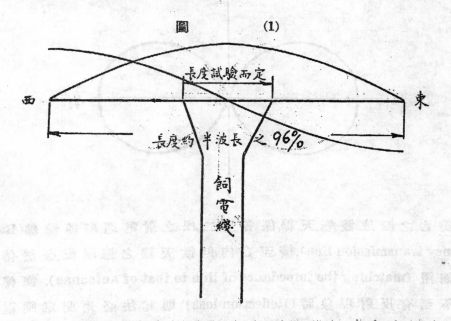

非定向天線四座，係採用Ｒ.Ｃ.Ａ.之橫式半波雙極式天線(Horizontal Half-Wave dipoleor doulet)。此種天線，此處雖稱之爲非定向，其實其電能之輻射，亦有偏向。不過其集中之方向，不若普通定

向天線之銳利而顯著耳。所謂半波雙極天線,即係在線之中部接於兩根輸電線上,圖(1)所示,即係此天線構造之大概,及其電壓與電流之分佈形態也。

　　雙極天線之磁場力 (field strength) 分佈之極線圖 (polar curve) 約如圖(2)所示。可注意者,即雙極天線大磁場力之方向,係與天線之平面 (plane containing the antennae wire) 適成一直角。即:假如天線之兩端為東西向,則最大之磁場力為南北向是也。故美台第一發報機之兩雙極天線,其平面之垂直線(perpendical of the plane of the antennae) 皆指向舊金山。而第二發報機之兩雙極天線,其平面之垂直線皆指向柏林。如是則在非定向之天線中,亦略獲其定向之性質焉。

圖　　　　　(2)

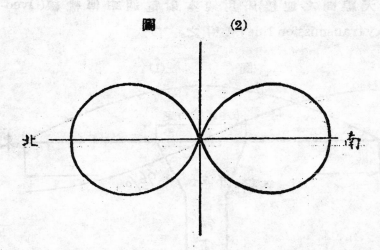

美台之四座雙極天線,係各用二根之射電週率傳輸線(Radio frequency transmission line),接至台內,但欲天線之總阻配合於傳輸線之總阻 (matching the impedance of line to that of antennae), 使傳輸線上不至有反射現象時(Reflection loss);則其法必先測定飼電線接於天線上之位置,見圖(1),其位置之測定,普通用電燈(家庭中用之 220V 50W 均可)三個,以銅線接其一端,懸於傳輸線上,燈間之相互距離,約為四分之一個波長,如此一方面移動飼電線(feeder line)

在天線上之位置,直至三燈之亮度約略相等,卽間接表示傳輸線上站立波 (standing wave) 業經消滅矣。

　　茲當進而說明美機發報台定向天線之構造原理,及試驗與調整之情形。

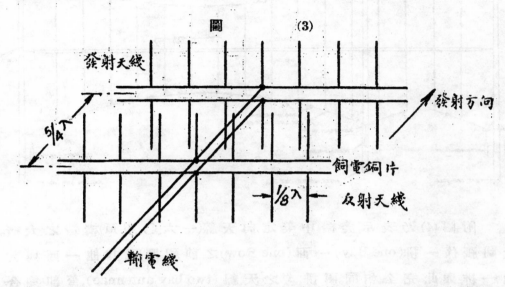

圖　　　(3)

(甲) 構造　美機定向天線,係採用 R.C.A. Broad-Side Projector Antennae 式。其組織係集合許多直立之雙極天線 (Vertical doublet) 於兩行 (row),而於其中部以橫行之銅片作共同飼電之用。見圖 (3),此項天線共有兩行,前行(以發射方向為標準)普通稱為發射天線 Radiator),後行普通稱為反射天線 (Reflector)。兩行間之距離為波長之一又四分之一 ($^5/_4\lambda$) 至每行間兩個雙極天線之距離,則為波長八分之一 ($\frac{1}{8}\lambda$)。同行間之雙極天線,其飼電均係同相 (same phase),但反射天線一行之飼電,較諸發射天線之一行,則係領相 (leading phase)。其領相角度為 $2\pi \times {}^5/_4$ radians. 普通此種天線,一行之中又分作若干排 (Bays),每排共列二十四個雙極天線,其長度計等於三個波長。定向天線排數愈多,則其集向亦愈銳,但排數在四個以上時,其增益漸少,且裝置費鉅,經濟上亦不合算,故美機台現採用者,乃二排式 (two-bay) 者也。

圖　　(4)

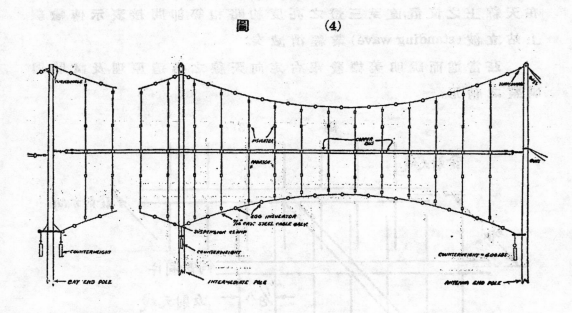

　　附圖(4)乃表示美機中美定向天線(一六.〇四 M)構造之大概。此圖祇係一排(one Bay)一面(one Row)之前視圖,至其他一面與其他一排與此完全相同。兩排式之天線(two bay antennae),蓋卽集合如圖中者四個而成,所有天線,均懸掛於八十餘英尺高之木桿上。此項木桿因吃重甚大,須極堅固,通常規定木梢直徑至少須八吋。國內頗難覓此粗長之木,因而美台之天線木桿,亦係向美洲加利福利亞省定購者也。兩桿中共掛直立之雙極天線(Vertical daublet)十二個,故三桿中共掛二十四個,合成一排(one bay)之數。天線係懸掛於上下兩根懸線之中,而上下均成一弧形(parabolic form),蓋所以使力量平均也。此項懸掛線係用 $7/_{16}$ 吋之生鋼電纜,每介於雙極線中之一節,均有一蛋形隔電物,以減除感應損耗(induction loss)。下首之懸掛線在兩頭均經過一滑車而接於一負重物 Counter-waight上。此負重物係由三和土(concrete)做成之方塊,重約四百磅。因此兩頭之重量下垂而使天線拉直焉。每兩雙極線(或稱為發射線 Radiator)間之距離,為6.56英尺,等於波長八分之一。

　　至於每段雙極天線之構造,則可見下列之詳圖。

圖　　(5)

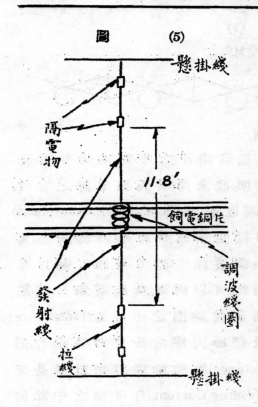

左圖乃係兩木桿中心點之雙極天線之圖。雙極線之全長為 11.8 英尺,其中部上下兩頭各接於一飼電銅片之上。介於飼電銅片之間,復有一調波線圈。此項線圈係¼吋之方銅梗澆成,共計六圈。其直徑為 3 吋。發射線之外,上下各有拉線一段。中隔以隔電物。此項拉線,蓋所以將發射線拉直而接於懸掛線上者也。其長度隨發射線在兩木桿中之地位而異。蓋須湊合適應懸掛線之弧形狀態。

以上略述中美定向天線構造之大體,至關於此項天線之飼電制度(Feeder System),以及天線接於高週率輸電線(High frequency transmission line)上時其總阻配合之線路(Impedance matching circuits)等,亦將加以略詳之敍述。美台定向天線之飼電制,可於下圖窺見之。

圖　　(6)

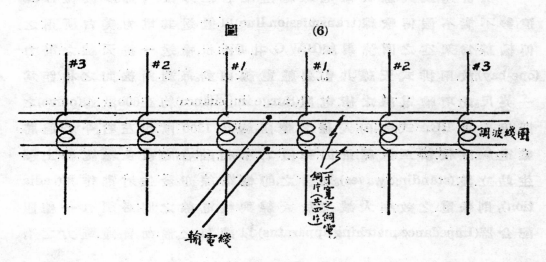

圖　　　(7)

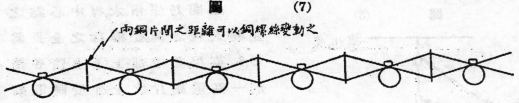

飼電銅片之頂視圖

　　輸電線卽接於每排(Bay)天線飼電銅片之中部,兩旁各有發射器(Radiator)十二個。前節業經說明,欲求此項天線定向之有效,則每行(row)中之各雙極發射器其飼電必須同相(feed in same phase)且同畫。上圖所示之飼電制度,蓋卽欲圓滿達到此項目的者也。其法係在每一發射器之中部,各置一調波線圈;而每條飼電銅片又係兩塊銅片湊合而成,且其間之距離可以調動。故飼電銅片之電容量(Capacity)亦可隨之變動。茲將調波線圈之磁感量(inductance)與飼電銅片之電容量(Capacity)及雙極天線之長度計畫設合,則可使天線之磁感迴阻(inductive reactance)相等於電容迴阻。於是天線每節之諧振現象成,而飼電流(Feeding Current)自每排之中部向兩旁之雙極天線(doublets or dipoles)流去時,祇其電流力略為減損,其邊部之雙極線與中部之雙極線之相角,亦相差極微,與吾人欲追求之理想境(ideal case)相差不遠也。

　　次當述及天線與輸電線總阻配合之方法。天線離發報台旣遠,勢不能不假傳輸線(transmission line)以遞送其電力。美台所用之傳輸線為架空之四號銅線(B.W.G.#4)兩根,輸送一排天線之電力(one-bay),故兩排式天線共需要輸電線兩對。每對兩線間之相距為一英尺。此項輸電線之衝電阻(Surge impedance)約在600歐姆(ohmo)之間。但普通RCA式定向天線之總阻,約在1200歐姆左右。今若逕將輸電線直接接至天線,則因總阻之不相融合,必致使輸電線上發生站立波(standing waves)。換言之,卽輸電線亦發生射電作用(radiation),則輸電之效率大減矣。故天線與輸電線之間,必須有一總阻配合器(Impedance matching apparatus)以調和之。猶如普通電力之有變壓器(Transformer)然。但此高週率之變阻器,非一普通之電力變壓器所能奏其效,RCA 之總阻配合器,其線路圖如下:──

每排天線之變阻器共有三個,一個接於發射天線(Radiator),一個接於反射天線(Reflector),而其他一個則介於上述兩個變阻器及輸電線之間者。關於此項總阻配合器之

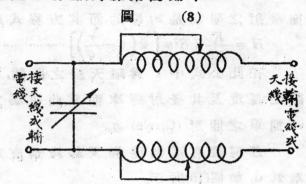

圖　　(8)

調整手續,將於後節「試驗與調整」項下敍述之。

　　(二)定向之原理:　前節已略述美台定向天線之構造大意,此項定向天線乃係許多雙極天線並列一行,受同相(same phase)之飼電,另一行之飼電則係領相,其相角差則為 $2\pi \times \frac{5}{4}$ radians。夫此種天線之湊合,何以有定向之效力乎。其定向之性質,乃完全在各個雙極天線(individual doublet)所發生之電磁場之互助與互滅。換言之,即各個雙極天線所發射電波,互相干擾(wave interference)之結果也。欲說明其原理,必由簡入繁,先從兩個雙極天線電磁場干擾之現象說起。推而及於多數同相飼電雙極天線電場干擾之結果,再推而及於兩行不同相飼電天線互相干擾之電波形(wave interference pattern),逐步以數理闡明之焉。

圖　　(9)

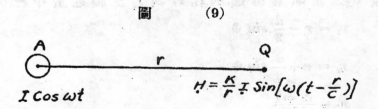

如圖(9)所示,假設 A 為一雙極天線(doublet or dipole),有一高週率電流 I cos wt 流於其中,則因此可發射一電磁波(electromagnetic wave),其速度等於光之速度。茲以 c 代表光之速度。在距天線 r 遠

之某點 Q 上,電波所化去旅行之時間爲r/c。茲假設 A 天線對於此
紙上之平面係垂直的 (perpendicular),則在此紙的平面上 A 向四
面發射之磁場是均等的,而其方程式則爲:——

$$H = \frac{K}{r} I Sin \left[ w\left( t - \frac{r}{c} \right) \right] \quad \text{.................(1)}$$

在此公式中 r 爲離天線之距離,K 爲一常數,其價值隨 A 天
線之長度及其發射週率而定,此磁場力之極線圖(polarcurve)蓋爲
一簡單之圓形 (Circle) 也。

茲假設有兩個雙極天線均垂直於此紙之平面上,其間之距
離爲 d, 如圖(10)所示。

圖　　　　(10)

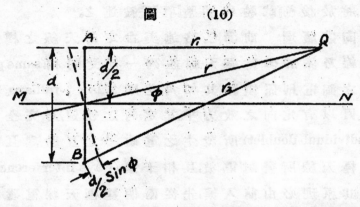

如兩天線上之電流相等,且係同相(same phase)則在 M.N 線上
其受 A B 之磁場份子 (field Components),亦係相等。而且同相,其數
目可以算學加 (added arithmetically) 之,但茲假設 Q 爲另一點,離開
A 與 B 較 d 之距離爲極遠。則 $r_1$, r, 與 $r_2$ 三線近於平行(parallel),而

$$r_1 = r - \frac{d}{2} sin \Phi$$

$$r_2 = r + \frac{d}{2} sin \Phi$$

$$r = \frac{r_1 + r_2}{2}$$

因 Q 離 A,B,甚遠,其受 A,B,磁場力量之大小,因 A Q 與 B Q
間距離差別甚小,固可忽視,但其相位之差別(phase difference)則不
可忽視也,故 Q 受 A 之磁場力份子爲:——

$$H_A = \frac{K}{r} I \sin w\left(t - \frac{r_1}{c}\right), \text{但} C = \frac{w\lambda}{2\pi},$$

又　　$H_A = \frac{K}{r} I \sin\left(wt - \frac{2\pi r_1}{\lambda}\right)$

$$= \frac{K}{r} I \sin\left(wt - \frac{2\pi r}{\lambda} + \frac{2\pi}{\pi} \cdot \frac{d}{2} \sin\Phi\right) \quad\text{.....}(2)$$

同此則 Q 受 B 之磁場份子(field Component)爲：——

$$H_B = \frac{K}{r} I \sin\left(wt - \frac{2\pi r}{\lambda} - \frac{2\pi}{\lambda} \cdot \frac{d}{2} \sin\Phi\right) \quad\text{.....}(3)$$

茲將此兩磁場份子相加

$$H = \frac{2K}{r} \sin\left(wt - \frac{2\pi r}{\lambda}\right) \cos\left(\frac{2\pi}{\lambda} \cdot \frac{d}{2} \sin\Phi\right)$$

$$= 2 H_A \cos\left(\frac{\pi d}{\lambda} \sin\Phi\right) \quad\text{.....}(4)$$

茲根據(4)項公式,假定 d 爲半個波長,$d = \frac{\lambda}{2}$,則(4)變爲

$$H = 2 H_A \cos(90° \sin\Phi)$$

下圖卽係兩個雙極天線互距(spacing)爲半波長,其磁場分佈之極線圖也(polar Curve):——

圖　　　　(11)

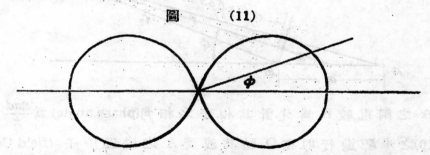

如在雙極天線 A, B 之外,再加雙極天線 C, D 兩個在同一直線之內,其相互距離各爲 d。視圖(12),

圖　　　　(12)

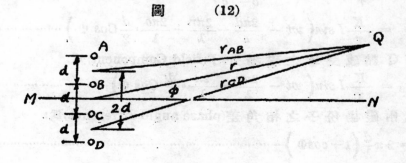

則按照上項步驟業經決定一對天線之總磁場後,吾人可依

法加合兩對天線之總磁場,因而

$$H=(H_A+H_{\cdot B})+(H_O+H_{\cdot D})=$$

$$4\frac{K}{r}Icos\left(\frac{\pi d}{\lambda}sin\,\Phi\right)cos\left(\frac{2\pi d}{\lambda}sin\,\Phi\right)\quad\ldots\ldots\ldots\ldots(5)$$

吾人可依此類推,加合四個天線之總磁場(resultant field)於其

他四個天線之總磁場,因而得八個天線之總磁場 (resultant field),

由此類推而至於無窮。

RCA 定向天線另一種基本天線之組合,即係兩組天線其飼

電併不同相(fed not in the same phrse),則其電波之干擾 (wave interfe-

rence)之現象為何如乎。為說明此種組合,茲假定A,B 為兩個雙極

天線,見圖(13),

圖　　　　(13)

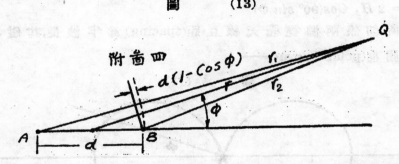

A 之飼電較B 為先,計其相差之相角(phase angle)為$\frac{2\pi d}{\pi}$茲仿

照圖(10)之步驟進行,則在Q 點其感受A 之磁場份子 (fie!d Compo-

nent)為:

$$H_A=\frac{K}{r}I\,sin\,W\left(t+\frac{d}{c}-\frac{r_1}{c}\right)$$

$$=\frac{K}{r}I\,sin\left(wt-\frac{2\pi d}{\lambda}-\frac{2\pi r}{\lambda}+\frac{2\pi o}{\lambda}\cdot\frac{d}{2}Cos\,\Phi\right)\quad\ldots\ldots\ldots\ldots(6)$$

而Q 點感受B 之磁場分子(field Component)為:

$$H_B=\frac{K}{\gamma}I\,sin\left(wt-\frac{2\pi r}{\lambda}-\frac{2\pi}{\lambda}\cdot\frac{d}{2}\,Cos\,\Phi\right)\quad\ldots\ldots\ldots\ldots(7)$$

此兩磁場份子之相角差(phase angle difference)為:

$$\psi=2\pi\frac{d}{\lambda}\left(1-cos\Phi\right)\quad\ldots\ldots\ldots\ldots(8)$$

將此兩磁場份子相加則得：

$$H = 2 \frac{K}{r} I \cos\left[\frac{\pi d}{\lambda}\left(1 - \cos\Phi\right)\right] \cdots\cdots(9)$$

圖(14)爲 $d = \frac{5\lambda}{4}$ 時磁場分佈之極線圖 (polar curve)，在此情形之下,則

$$H = 2 \frac{K}{r} I \cos\left[225°\left(1 - \cos\Phi\right)\right]$$

$$= 2 \frac{K}{r} I \cos\left(450° \sin\frac{2\Phi}{2}\right) \cdots\cdots(10)$$

圖　　(14)　　　　　　　　圖　　(15)

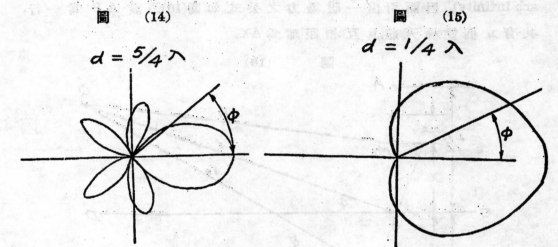

如兩雙極天線之距離爲 $d=\frac{1}{4}\lambda$ 時,則其磁場力公式變爲：

$$H = 2 \frac{K}{r} I \cos\left[45°(1 - \cos\Phi)\right]$$

$$= 2 \frac{K}{r} I \cos\left[90° \sin^2\frac{\Phi}{2}\right] \cdots\cdots(11)$$

其極線圖當如圖(15)所示。

此項基本天線之組合,足以顯明所謂反射(Reflection)之原理,蓋兩個雙極天線飼電不同相而其相角差等於 $5/4\lambda$ 或 $\frac{1}{4}\lambda$ 時,則其發射(Rediation)多趨向一個方向,而減少其背面方向之發射。如圖(14)及(15)所示。此不但兩個簡單之雙極天線然,卽兩行排立之雙極天線,若其間飼電相差之距爲 $\frac{5}{4}\lambda$ 或 $\frac{1}{4}\lambda$ 時,其發射(Radiation)亦同具此性質。故美電台之 Broadside Projector 式天線,卽係採取兩行(Row)

之雙極天線,而其伺電相差之距離卽爲 $\frac{5}{4}\lambda$ 也。

美機定向天線之分爲若干排(Bay),業於前節敍及之,而每排(each bay) 共有直立之雙極天線廿四個,其長度約有三個波長。欲求此天線之磁場分佈之公式及其極線圖,可於圖(12)及公式(5)演進之,但其演進手續,過於繁複,且合數太多,玆當另演譯一普通之公式,俾可應用於此項實際之天線上。此法係在一規定之長度內假定有許多雙極天線,而讓此雙極天線之數目趨於無窮大(approach infinity), 因而引出一磁場力之公式。如圖(16)假設 AB 爲一行,共有 n 個雙極天線,其互相距離爲 ΔX,

圖　　　(16)

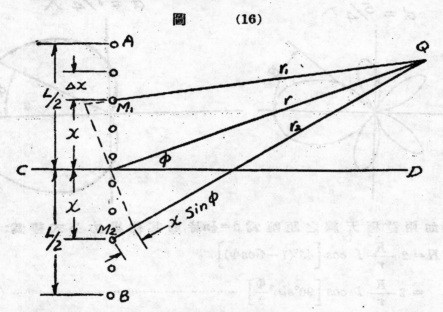

L 爲此行之長度。玆畫線 CD 經過 AB 之中心點而垂直之,$M_1M_2$ 爲兩個離開中心點有相等距離 X 之雙極天線。如 Q 爲離開天線中心甚遠之一點,其距離 r 比較 L 遠過之,則 $r_1,r$ 與 $r_2$ 三線近於平行(parallel),而

$$r_1 = r - x \sin \Phi$$
$$r_2 = r + x \sin \Phi$$
$$r = \frac{r_1 + r_2}{2}$$

　　$r_1$ 與 $r_2$ 距離之相差其對於 Q 點磁場上之影響,在量的方面 (Magnitude)固可忽視,但在相位方面 (phase) 實不可忽視也。茲以 I 爲各雙極天線上電流之總和,則每一天線上之電流$\Delta$I 必等於 $\dfrac{I}{n}$, 而在 Q 點上所受 M 之磁場份子(field component) 爲:

$$\Delta H_1 = \frac{K}{r\eta}\ I \cdot sin\left[w\left(t - \frac{r}{c}\right)\right]$$

$$= \frac{K}{r\eta}\ I \cdot sin\left(wt - \frac{2\pi r}{\lambda} + \frac{2\pi}{\lambda}x\ sin\ \Phi\right) \cdots\cdots(12)$$

Q 點所受 $M_2$ 之磁場份子爲:

$$\Delta H_2 = \frac{K}{r\eta}\ I \cdot \left[w\left(t - \frac{r_2}{c}\right)\right]$$

$$= \frac{K}{r\eta}\ I \cdot sin\left(wt - \frac{2\pi r}{\lambda} - \frac{2\pi}{\lambda}x\ sin\ \Phi\right) \cdots\cdots(13)$$

將此兩磁場份子相加則得,

$$\Delta\Psi = \Delta H_1 + \Delta H_2 = \frac{2K}{r\eta}\ I \cdot cos\left(\frac{2\pi}{\lambda}x\ sin\ \Phi\right) \cdots\cdots(14)$$

但 $\eta = L/\Delta X$, 故 $\Delta H = \dfrac{2K}{rL}\Delta\ xI\ cos\left(\dfrac{2\pi}{\lambda}x\ sin\ \Phi\right) \cdots\cdots(15)$

Q 點上所受各雙極線磁場之總和應爲

$$H = \Sigma\ \Delta H = \sum_{x=0}^{x=\frac{L}{2}}\frac{2K}{rL}\ I \cdot cos\left(\frac{2\pi}{\lambda}x\ sin\Phi\right)\Delta\ x\ \text{茲讓 n 趨於無窮}$$

大 (infinity), 而讓 $\Delta\ x$ 趨向於 dx, 則 H 之限制 (limit) 應爲,

$$H_{n\to\infty} = \int_0^{L/2}\frac{3K}{rL}\ I \cdot cos\left(\frac{2\pi}{\lambda}x\ sin\ \Phi\right)dx \cdots\cdots(16)$$

$$= \frac{K}{r}\ I \cdot \frac{sin\left(\frac{\pi L}{\lambda}\ sin\ \Phi\right)}{\frac{\pi L}{\lambda}\ sin\ \Phi} \cdots\cdots(17)$$

　　此項公式對於雙極天線之數目多而其互距(Spacing)之小於半波長時,皆可通用也。

　　圖(17)卽爲公式(17)之矢形圖(Vector diagram)。此圖蓋卽代表行之長度 (length of the row) 爲兩個波長,而 $\Phi = 20°$ 之實際情形也。在此情形之下,公式(17)變爲;

$$H = \frac{K}{r} \cdot I \cdot \frac{sin(360° sin\ 20°)}{2\pi\ sin\ 20°} = 0.391$$

圖　　(17)

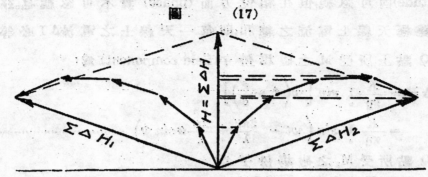

而其極線圖則如圖(18)所示。

圖　　(18)

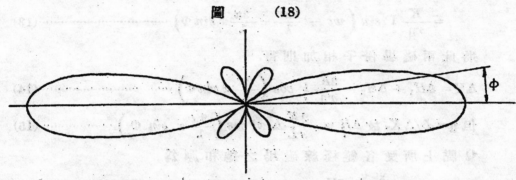

　　茲從矢形圖及以上所舉之公式上，卽可推知每行天線之長度愈增，則其發射方向亦愈銳而狹。換言之，卽天線之排數愈多，其定向性(Directivity)亦愈顯著。圖(19)為一排，二排，與四排天線之電力分佈比較圖。由此可見排數增加時其定向性增加之程度，此圖卽係由公式(17)自乘一次所求得，蓋因電力與$H^2$成正比例也。

　　**(三)試驗與調整**　美機發報台約在十九年十一月落成，定向天線則自十二月中旬開始試驗，直至翌年三月間始告完竣。所以需時如斯之久者，蓋以R.C.A.式定向天線，其調整之手續頗為繁複。每一調動，輙須爬至桿上將每節之伺電銅片變動，而時適值冬令，朔風怒號，雨雪連綿，野外工作，尤感不便。是以兩座天線之試驗與調整，共遷延至三個月之久也。值此時期，發報機均用雙極天線通報，故對電台工作，尚無妨礙。美機定向天線之調整工作，共分兩

圖　　(19)

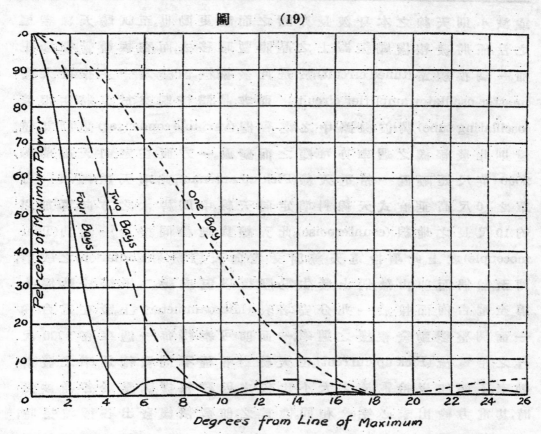

部份,茲分述之。

(A)天線本身週率之調整　欲得無線電發射之最高效率,必
使天線諧振(resonance)於發報機之週率,此在略知無線電學者,類
能道之。美機定向天線,原照發報機預定之波長而計劃,其長短大
小均適合於預定之週率。惟因裝置時之變動及材料之伸縮性,不
能常使預先計劃之天線完全適合於發報週率而成諧振現象。故
天線裝置完畢,第一步之工作,即須試驗天線是否能即諧振於發
報週率。如不然,即須將天線本身週率調整之。其法係將天線上之
飼電銅片變動。前節業經說明,飼電銅片上下兩個,均係二片凑合
而成。其兩片間之距離,可以銅螺絲變換之。見圖(7),其變動之範圍,
約自 0 吋至 6 吋。因銅片間之距離加大或減小,而銅片之總面積
亦隨之加大減小,故上下二銅片間之電容量(capacity)亦隨之加大

或減小,則天線之本身波長亦隨之而略更動也。至試驗天線諧振之法,係將發報機勵振器上之晶體暫時移去,而在振盪管柵極上加一調振線路 (tuned circuit),於是此發振機卽變爲一主振放大機 (master-oscillator amplifier circuit); 而非晶體控制矣。於是將主振管 (oscillating tube) 調波線路中之電容器 (variable condenser) 變動其值量則此發報機之週率亦可隨之而變動。一方面在定向天線前約 2000 英尺距離置一拾電天線 (Pick up antenae),此項天線,祗須一簡單之10尺高垂直式天線,對準定向天線中間桿木之方向,再加以約10尺長之地線 (counterpoise)。此天線與地線同接於一熱偶(Thermocouple)之上。此項拾電天線,因受定向天線發射(Radiation)之感誘,傳至熱偶而卽由熱偶上發生電壓,復以包皮線二根接於熱偶上,導至電台內而接於一兆分安培表 (Microammeter) 上。故在電台內一面調整變動發報機之週率,一面卽可察得每一週率在 2000 尺外之拾電流 (Pick up current)。但天線對各種不同發報週率之發射效率,不能卽以拾電流之大小比較之。因發報機調整於各種波長時,其電力輸出未必完全相同。換言之,卽發報機發出各種波長時,其天線之電力輸入 (antennae power input) 亦各不相同,故天線效率不能直接以拾電流 (pick up current) 比較之也。欲比較天線對於各種波長之發射效率,必先求得發報機調整於各種波長時,其天線輸入之價值,然後以拾電流被除於天線輸入,而得每基羅瓦特之拾電流,卽可以此數目比較天線對各種週率之效率。至如何求得天線輸入之價值乎,天線輸入 (antennae input) 卽等于屏極輸入 (plate input)減去耗損 (losses),此處之屏極輸入,係指發報機最後級之電力擴大器 (Power amplifier)而言,其數目可從電表上測得電壓與電流之數目相乘而得。至其耗損求得之方法,係在視察涼水管中溫度之增高,蓋放大器之眞空管均係用流水散熱,其屏極之耗損(Plate dissipation)除極少數由空氣中直接消散外,餘均消納於流水中而提高其溫度。故耗損可以下列公式表明之,

耗損 = $K(T_2 - T_1)$

$T_1$爲屏電壓未關上時之流水溫度，$T_2$爲屏電壓關上後有耗損之流水溫度，K爲一常數，可用下法求得之。

美機放大器之強電力眞空管每機共有四個，其絲極電壓爲二十二 Volts，電流爲 52 amp。此項絲極電力 (filament power) 亦消納於流水之中而提高其溫度，故

$$4 \times 22 \times 52 \text{ watts} = K(T_2 - T_1)$$

此處 $T_1$爲絲極電壓未關上時之水溫度，$T_2$爲絲極電壓關上

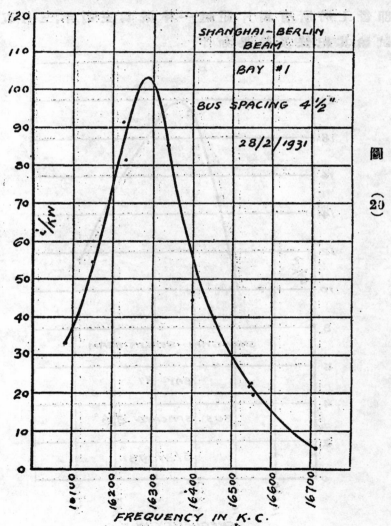

圖　(20)

時之水溫度,察知此二溫度後,K 即可由此求出也。

　　茲將二十年二月二十八日試驗中德定向天線之記錄及其結果之曲線圖(參閱20圖)附載,讀者觀此,即可瞭然於試驗天線諧振之手續也。

　　觀於二月廿八日試驗之結果,可知此時之中德定向天線第一排,約諧振於一六二二○ KC 之間。離吾人所欲求之週率一六三九○ KC 相差近一七○ KC。換言之。即天線本身波長現嫌太長。茲欲減低之,惟有將飼電銅片距離 (Bus spacing) 減小。故經此試驗後即督工將所有銅片距離一律減為三吋半,三月五日再作第二次試驗,其紀錄及結果如下:

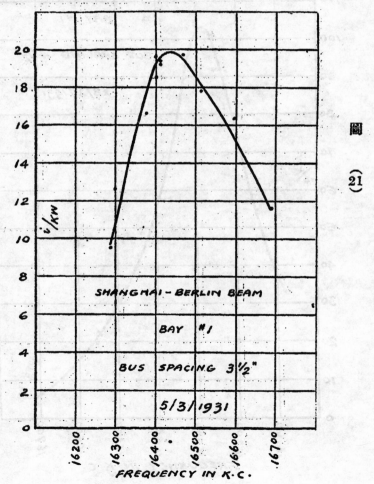

圖
(21)

FREQUENCY IN K.C.

Test on China-German Beam Antennae

Bay #1 Bus Spacing 4½"

Date: 28/2/1931

Initial Thermometer Reading $T_1 = 21.4$

Thermometer Reading With Filament Power on $= T_2 = 22.8$

Filament Power Input $= 4 \times 52 \times 22 = 4.58$ Kw

$$K = \frac{P_F}{T_2 - T_1} = \frac{4.58}{23.8 - 21.4} = 1.908$$

| Frequency | Thermometer Reading | | | Power Loss | Plate Voltage | Plate Current | Plate Input | Antennae Input | Pick up Current | Antennae Efficiency |
|---|---|---|---|---|---|---|---|---|---|---|
| f (K C) | $T_1$ | $T_2$ | D (difference) | DK | E (Kilo-Volts) | I (amps) | EI(KW) | EI-DK | i | i / EI-DK |
| 16455 | 25.5 | 27.4 | 1.9 | 3.62 | 6.1 | 1.25 | 7.62 | 4.00 | 158 | 39.5 |
| 16540 | 25.8 | 28.5 | 2.3 | 4.39 | 6.0 | 1.35 | 8.10 | 3.41 | 80 | 21.5 |
| 16545 | 26.4 | 28.6 | 2.2 | 4.20 | 6.05 | 1.25 | 7.56 | 3.60 | 80 | 22.2 |
| 16550 | 26.5 | 28.8 | 2.3 | 4.39 | 6.00 | 1.40 | 8.40 | 4.01 | 77 | 19.2 |
| 16710 | 26.5 | 29.6 | 3.1 | 5.90 | 5.90 | 1.60 | 9.44 | 354 | 19 | 5.37 |
| 16400 | 26.4 | 28.3 | 1.9 | 3.62 | 6.00 | 1.23 | 7.38 | 3.76 | 174 | 46.2 |
| 16340 | 26.4 | 28.6 | 2.2 | 4.20 | 6.05 | 1.10 | 6.66 | 2.46 | 135 | 84.9 |
| 16080 | 26.4 | 30.2 | 3.8 | 7.24 | 5.90 | 1.50 | 8.84 | 1.60 | 52 | 32.4 |
| 16220 | 26.4 | 28.8 | 2.4 | 4.57 | 6.10 | 0.90 | 5.49 | 0.92 | 105 | 11.4 |
| 16230 | 26.6 | 29.0 | 2.4 | 4.57 | 6.0 | 1.10 | 6.60 | 2.03 | 165 | 81.2 |
| 16225 | 26.6 | 29.0 | 2.4 | 4.57 | 6.0 | 1.10 | 6.60 | 2.03 | 185 | 91.2 |
| 16145 | 26.8 | 30.4 | 3.6 | 6.86 | 5.85 | 1.60 | 9.40 | 2.54 | 138 | 54.2 |
| 16400 | 27.0 | 28.4 | 1.4 | 2.67 | 6.05 | 1.00 | 6.05 | 3.38 | 150 | 44.2 |

China German Beam

Bay #1 Bus Specing 3 1/4"

Date: 5/3/1931

Innitial Thermometer Reading $T_1$ = 19.4°

Thermometer Reading With Fil. on $T_2$ = 21.8°

Filament Power = 4.576 KW

$$K = \frac{4.576}{21.8-19.4} = 1.91$$

| Frequency | Thermometer Reading | | | Power Loss | Plate Voltage | Plate Current | Plate Input | Ant. Input | Pick up Current | Ant. Efficiency |
|---|---|---|---|---|---|---|---|---|---|---|
| f (KC.) | $T_1$ | $T_2$ | D Difference | DK | E Kilo Volts | I (amps) | EI(KW) | EI-DK | i | i / EI-DK |
| 16400 | 21.8 | 24.0 | 2.2 | 4.2 | 6.0 | 1.45 | 8.7 | 4.5 | 38 | 18.5 |
| 16465 | 21.8 | 23.6 | 1.6 | 3.05 | 6.0 | 1.60 | 9.6 | 6.55 | 129 | 19.7 |
| 16585 | 12.9 | 25.4 | 3.5 | 6.68 | 5.8 | 2.20 | 12.8 | 6.12 | 114 | 18.6 |
| 16690 | 22.0 | 25.9 | 3.9 | 7.45 | 5.8 | 2.40 | 13.9 | 6.45 | 75 | 11.6 |
| 16595 | 22.0 | 25.4 | 3.4 | 6.50 | 5.8 | 2.40 | 13.9 | 7.40 | 120 | 16.3 |
| 16510 | 22.1 | 24.5 | 2.4 | 4.59 | 5.9 | 1.80 | 11.6 | 7.01 | 125 | 17.8 |
| 16410 | 22.1 | 23.8 | 1.7 | 3.24 | 6.1 | 1.25 | 7.61 | 4.37 | 85 | 19.4 |
| 16300 | 22.2 | 24.6 | 2.4 | 2.56 | 6.1 | 1.10 | 6.71 | 2.15 | 27 | 12.6 |
| 16400 | 22.1 | 23.5 | 1.4 | 2.68 | 6.0 | 1.10 | 6.60 | 3.92 | 77 | 19.6 |
| 16410 | 22.1 | 23.4 | 1.3 | 2.48 | 6.0 | 1.10 | 6.60 | 4.12 | 79 | 19.2 |
| 16290 | 22.0 | 24.0 | 2.0 | 3.38 | 6.0 | 1.20 | 7.20 | 3.38 | 32 | 9.5 |
| 16375 | 22.0 | 23.4 | 1.4 | 2.68 | 6.0 | 1.05 | 6.30 | 3.62 | 60 | 16.6 |

　　觀於第二次試驗之結果,則知銅片距離減至三吋半時,天線本身週率業已較高於發報機規定之週率,惟其相差僅二三十KC之間,較之前次相差150KC者業已大有進步。故中德天線第一排之調整,卽此而止。至其第二排與中美定向天線之調整,卽採取同樣步驟,惟有時銅片距離之較正,常需在兩次以上,普通須使天線之諧振週率(Resonant frequency)與發報機規定之週率相差在50KC之內,卽可滿足矣。

　　(B)總阻之配合　天線之諧振調整後,第二步之工作卽在總阻之配合(Impedance matching)。前節業經說明,爲免除輸電線(Transmission line)上之放射損失(Radiation loss)起見,必使輸電線之衝電阻(Surge impedance)適合於天線上之總阻。此項總阻配合箱之線路,亦於『構造』節下略加敍述,(見圖8)。此項總阻之配合箱,每排(Bay)天線共有三個,其分配如圖(22)所示。

圖　　(22)

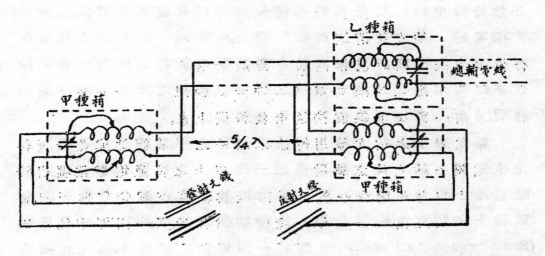

　　直接接於發射天線與反射天線者稱之爲甲種箱("A"-Circuit box),此兩總阻配合器內之電容器與線圈,完全相同。電容器係用兩塊直徑6吋之圓銅片,其相互距離可以移動,卽以此變動其電容量。線圈卽係$\frac{3}{8}$吋之方銅梗繞成4吋直徑之線圈,共十二圈。其

長　度　約 4½ 时,其　變　動　磁　感　量　之　法,係　將　線　圈　之　一　部　份　短　路 (Short-circuited)。介　於　總　輸　電　線　與　兩　甲　種　配　合　箱　之　間　者,為　一　乙　種　配　合箱("B" Circuit Box)。此　箱　之　電　容　器　與　線　圈,與　甲　種　箱　者　略　有　不　同,電容　器　係　兩　塊　直　徑 9 时　之　銅　片　做　成,而　線　圈　則　僅　八　圈　也。

　　至　各　總　阻　配　合　箱　調　整　之　次　序,可　參　觀　圖(22)先　將　總　輸　電　線　由乙　種　箱　拆　下,又　將　反　射　天　線　之　甲　種　箱　線　頭　拆　下,而　將　總　輸　電　線　直接　於　發　射　天　線　之　甲　種　配　合　箱　上。於　是　將　發　報　機　開　動,輸　電　於　天　線上,一　方　而　將　配　合　箱　內　銅　片　之　距　離　變　動　及　線　圈　之　圈　數　增　多　或　減少,作　種　種　之　湊　合 (cut and trial),直　至　得　一　線　圈　與　電　容　器　之　湊　合,可使　輸　電　線　上　之　站　立　波 (Standing waves)減　少　至　欲　求　之　程　度(試　驗　站立　波　法　詳　見　下　節)為　止。於　是　將　發　射　天　線　之　線　頭　拆　下,而　將　總　輸　電線　直　接　接　於　反　射　天　線　之　甲　種　箱　上,乃　將　此　箱　內　之　電　容　器　與　線　圈變　動　湊　合,至　輸　電　線　上　之　站　立　波　消　滅　至　最　低　度　為　止。發　射　線　與　反射　線　之　甲　種　箱　均　調　整　後,於　是　將　總　輸　電　線　接　於　乙　種　箱　上,由　此　而分　接　於　兩　甲　種　箱,於　是　再　將　乙　種　箱　內　之　電　容　器　與　線　圈　調　動,直　至使　輸　電　線　上　站　立　波　消　滅　至　最　低　程　度。如　是　則　三　配　合　箱　之　總　阻　配合　皆　告　完　竣,而　同　時　發　報　機　電　力　對　於　發　射　天　線　與　反　射　天　線　之　輸送,亦　得　均　勻　配　之　分　配　矣。至　第　二　排　天　線　總　阻　之　配　合,亦　完　全　與　此相　同,另　由　一　對　輸　電　線　直　接　接　至　發　報　機　上　也。

　　輸　電　線　上　之　站　立　波　用　何　法　以　察　驗　之　乎,前　節　敍　述　雙　極　天　線之　輸　電　線　上　站　立　波　之　察　驗,係　用　三　個　以　上　之　普　通　電　燈　泡　懸　掛　於輸　電　線　上,相　去　各　四　分　一　波　長,而　比　較　其　亮　度。茲　試　驗　定　向　天　線　輸電　線　上　之　站　立　波　時,吾　人　用　一　比　較　精　緻　之　法,以　一　高　週　率　測　電　表 (Badio-frequency galvanometer) 縶　於　一　隔　電　物　之　方　板　上,而　在　此　板　之兩　端,各　釘　一　銅　鈎,俾　可　懸　掛　而　滑　動　於　輸　電　線　上,此　測　電　表　與　輸　電線　並　無　直　接　導　體　之　接　觸,但　在　表　之　上　端　接　一　拾　電　線　圈。(Pick up coil),如　輸　電　線　上　發　生　站　立　波　時,則　此　線　上　之　電　壓　及　磁　場,皆　成　一正　弦　波,(Sine wave)此　時　若　將　測　電　表　用　繩　在　輸　電　線　上　拉　動,則　每　半個波長之內,必可得一最大數與最小數,此兩數之比數 (Ratio) 愈大,則表示站立波愈强,其比數漸小而至等於一時,則表示站立波已完全消滅,而測電表所紀載者卽係行動波 (travelling wave) 之有效值矣。(Effective value)。故總阻配合箱調整時,每一線圈與電容銅片之湊合,均須將測電表向兩方拉動而得其最大與最小之比數,藉以窺測站立波之强度。普通能得其比數(Ratio)在1.2之內,卽可滿足。但因測電表係比例於電流之二次方,故實際上能得測電表上指數 (Readings) 之比數在 1.44 之內者,卽可認爲輸電線上之站立波,業經減少至可以容忍之程度矣。

　　茲將美台中德天線各總阻配合箱試驗調整之結果,附錄於下,藉作一例,而供讀者之參考焉。

中德定向天線總阻配合箱調整紀錄:——

| 第　一　排 | | | 第　二　排 | | |
|---|---|---|---|---|---|
| | 線圈 | 銅片距離 | | 線圈 | 銅片距離 |
| 發射天線　甲種箱 | 4 | $3\frac{1}{2}$" | 發射天線　甲種箱 | 9 | 6" |
| 反射天線　甲種箱 | 8 | 2" | (進線出線如圖反接) | | |
| 乙種箱 | 7 | 5" | 反射天線　甲種箱 | 6 | $\frac{7}{8}$" |
| | | | 乙種箱 | 8 | $2\frac{5}{8}$" |
| | | | (進線出線照圖反接) | | |

# 航空攝影測量概述

## 施成熙

### 目　次

## 一　緒　論

　　航空攝影測量,利用飛機,于短期間內,攝取陸地照片,于室內製成輿圖者也。時間迅速,繪費低廉,精度增加;且不受地形之限制;雖荒漠之區,交戰場所,昔日視爲困難而不能測繪者,今者可以解決矣。我國幅員遼闊,國庫空虛,對于邊疆重地,迄未施測;各地地形,茫然不知,何能對外言戰,捍衞國土?故航空攝影測量之于我國,尤爲重要,茲先將其史略及原理述之。

　　1. 歷史　自陸地攝影測量闡明後,即有人從事研究航空攝影測量。1845 年法人勞賽達德大佐 (Colonel Laussedat) 有空中攝影測量之理論,當時因飛機尚未發明,無從試驗。至 1910 年,奥人深米福大尉 (Captain Scheimflug) 于汽球上攝取陸地照片,製成平面圖,此爲最先成功者。迨歐戰發生,各國競用航空攝影測量,偵察敵人陣地;并搜棄材料,補充地形圖之缺陷,故進步甚速。最近鮑司非而特(Dr. Bauersfeld) 威而特(Dr. Wild) 及虎格司賀夫(Dr. R. Hugershoff)

等 所 發 明 之 自 動 製 圖 機,相 繼 出 世 後;航 空 攝 影 照 片,已 可 製 成 完 美 之 地 圖。我 國 于 民 國 十 八 年,首 都 建 設 委 員 會 聘 諸 美 人 攝 製 南 京 市 之 地 圖。其 後 浙 江 省 水 利 局 亦 試 辦 航 空 測 量,施 測 錢 塘 江 之 地 形 圖。惟 因 器 械 不 完,成 效 甚 鮮。今 陸 地 測 量 總 局,于 江 西 廣 東 等 省,舉 辦 航 空 攝 影 測 量,器 械 設 備,尚 屬 完 備,假 以 時 日,成 績 當 可 期 也。

2. 原理　航 空 攝 影 測 量 原 理,頗 爲 簡 單,惟 進 行 較 繁。卽 利 用 光 學 原 理,將 地 面 之 形 狀,經 過 攝 影 器 之 接 物 鏡,縮 印 于 底 片 中,其 各 種 手 續 與 普 通 攝 影 同。惟 吾 人 平 日 攝 影,無 精 確 之 尺 度;而 攝 影 測 量,欲 使 其 結 果 爲 有 價 值 之 輿 圖,必 有 適 宜 之 比 例 尺。且 因 飛 機 飛 航 迅 速,故 感 光 時 間,不 宜 過 久。而 透 鏡 之 透 光 力,亦 須 特 別 强 大 也。

# 二　航空攝影測量種類

空 中 攝 影 器 之 光 軸,當 攝 影 時 與 陸 地 成 各 種 不 同 之 角 度,其 所 得 之 結 果 亦 異,茲 別 之 爲 下 列 四 種。

1. 垂 直 攝 影 (Vertical Photography)　當 攝 影 時,攝 影 器(Camera) 之 光 軸,垂 直 于 地 面,或 與 地 面 垂 線 之 交 角 小 于 $10^0$,此 種 攝 影,卽 謂 之 垂 直 攝 影。但 因 飛 機 飛 航 時 之 振 動,事 實 上 難 得 眞 正 之 垂 直 攝 影,不 過 與 下 述 之 傾 斜 攝 影,成 一 相 對 之 名 詞 而 已。垂 直 攝 影 所 得 之 照 片,因 地 物 關 係 位 置 無 甚 差 誤。故 製 平 面 圖,最 爲 便 利。

2. 傾 斜 攝 影 (Obligue Photography)　當 攝 影 時 攝 影 器 光 軸 與 地 面 垂 線 成 一 相 當 之 交 角,此 種 攝 影,謂 之 傾 斜 攝 影。攝 影 器 光 軸 與 飛 機 飛 航 方 向 成 前 後 傾 斜 者,謂 之 單 傾 斜;若 同 時 與 飛 航 方 向 成 左 右 傾 斜 者,謂 之 複 傾 斜。單 傾 斜 攝 影 所 攝 之 照 片,經 改 正 後,卽 可 製 成 地 圖;若 複 傾 斜 攝 影 所 攝 得 之 照 片,欲 製 成 地 圖,則 手 續 煩 雜 多 矣。故 普 通 避 免 爲 宜。傾 斜 攝 影 照 片 上 所 攝 得 之 區 域,在 實 地 上 恆 爲 一 梯 形 四 邊 形;蓋 所 攝 陸 地 前 部 區 域 實 大 于 後 部 區 域,是

以傾斜攝影比例尺 (Scale) 之選擇，須于照片中心點畫一主橫線；蓋主橫線之比例，卽該照片之折中比例也。

　　3. 混合垂直攝影 (Composite Vertical Photography)　多鏡頭攝影器如 k—1 式所攝之照片，三個照片俱印于同一之軟片上；中間之照片近于垂直，而兩個翼片 (Wing Picture) 之軸，與地面垂線成一30'之交角；故混合垂直攝影卽垂直攝影與傾斜攝影混合于一張底片也。混合垂直攝影所攝之兩個翼片，須經轉換器 (Transformer) 改正後，方可製圖。

　　4. 立體攝影 (Stereophotography)　上述之垂直攝影與傾斜攝影所攝得之照片，一則地面之起伏，無從識別；一則山邱之背影，不能明顯；根據此種照片所製之地圖，不足供吾人之需要。故欲解決此種問題，須于空中兩處不同之攝影立脚點，攝取同一之物體，以所攝得之一對照片，置于立體鏡 (Stereoscope) 內視之，顯有立體影像者，卽謂之立體攝影。吾人于航空攝影測量所攝之底片，規定 60% 重疊者，卽欲將前後兩張所攝同一地段之底片，于製圖上製曲線與圖 (Contour lines map) 也。

# 三　航空攝影測量所用器械說明

　　航空攝影測量，爲航空與攝影合作事業；故所用器械，一爲飛機及飛航應用物品，一卽攝影器也。

　　1. 飛機　飛機于 1903 年熱提弟兄 (Orville and Wilbur Wright) 試驗成功後，至 1914 年歐戰發生，各國俱努力改良，用以攻擊，防禦，頗著奇效；迨至近年其構造更爲完備，大致可分下列各部：

　　　　a. 機身 (Buselage)　機身 [圖一(12)] 爲輕金屬所製，形如橢球，底下穿一圓孔，爲攝影器鏡頭可以吸收地面光線之用。駕駛員與攝影員之座囊 (Codcpit)，[圖一(11)(10)] 卽安設其內。

　　　　b. 機翼 (Wing)　機翼 [圖一(14)] 有單翼與多翼兩種，多爲金屬所製，緊附于機身兩旁；其作用，在抵抗空氣使飛機得浮于空中；外

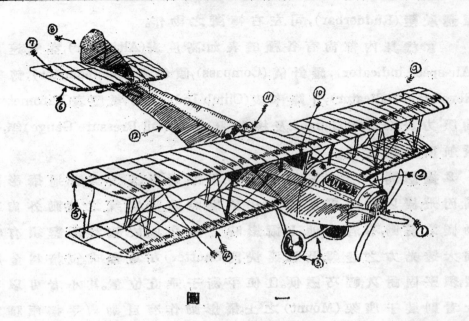

圖　一

角附有偏斜翼(Aileron)[圖一(5)(9)]爲駕駛員校正左右傾斜之用。

　　c. 發動機 (Motor)　飛機上所用之發動機[圖一(2)]爲汽油發動機，汽缸數自四至二十四；其動作原理，與普通油機相同，惟機體重量與馬力之比較小耳。

　　d. 螺旋槳 (Propeller)　飛機上之螺旋槳[圖一(1)]與輪船上之推進機，作用相同。其名稱來源，因螺旋槳旋轉時，飛機向前飛行，若干槳葉上，任取一點，其軌跡即成一螺旋形，其形略如電扇，在前曳式飛機裝于機頭，在推進行之飛機，則裝于機尾。

　　e. 輪架 (Undercarriage)　輪架[圖一(3)]備飛機降落或起飛前滑走之用；幷于停航時支持機身重量，位于機身下部。陸機上之輪架爲一對膠皮輪，水機則爲一小浮船也。

　　f. 駕駛面(Control Surface)　駕駛面包括升降舵(Elevator)[圖一(7)]，偏斜翼及左右舵(Rudder)[圖一(8)]三項。升降舵裝于機身尾部，與尾翼[圖一(6)]相連，有鋼絲連于駕駛桿(Control stick)或駕駛盤(Control wheel)上，司全機升降之動作。偏斜翼在調劑機翼所受風力，使其安定。左右舵形如半橢圓形裝于機身最後部之上面，有鋼絲連至駕駛轡(Rudderbar)，司左右轉灣之動作。

　　　g.機身內部尚有各種儀表如:高度表(Altimeter),空氣速度表(Air speed indicator),羅針儀(Compass),傾斜表(Inclinameter),轉數表(Revolution Indicator),升降率表(Climb Indicator),氣壓表(Barometer),汽油壓力表(Petrol Gauge)及機油壓力表(Oil Pressure Gauge)等,皆為飛航所必備者也。

　　　**2.攝影器**　航空攝影測量所用之攝影器械,與普通攝影器不同。因飛機以高速飛航于空中攝影時除受空氣之波動外尚有發動機之震動,不若陸地上攝影時之靜止也。故航空影器須有特別強大透光力之透鏡,及迅速快門(Shutter)方為合式。鏡箱為金屬所製,須堅固耐久,輕巧靈便。且使平衡于垂直位置。其小者可以手提,大者則裝于座架(Mount)之上。攝影動作有自動與手搖兩種。自動者藉電力或風力啓閉快門及捲動軟片;手搖者則以手為原動力也。近世儀器構造,日漸進步,種類亦多,茲將重要者摘述于下:

　　　**a. K式攝影器**　K式攝影器自1號至8號,均為單鏡頭式.K-1式與k-2式,業已廢棄,今之所用者多為K-3式,如後圖所示:

　　　　K-3式攝影器,由電力發動操縱如意。其重要部分,為攝影器,間隔節制器(Intervalometer)及蓄電池三項。攝影器為攝影器本身,快門及軟片盒(Filmmagazine)所組成。鏡頭焦距有12吋及20吋兩種,可互相調換。體積為12″×18″×20″。其快門為虹彩式(Iris),最小光圈(Diaphram)為f/4.5。感光速率12吋鏡頭為1/50, 1/20及1/100秒三種.而20吋鏡頭祇有1/50及1/100秒兩種而已。軟片闊9¼吋,長120呎,可照120次。軟片印有記號,俾可決定底片之中心及展接之便利。間隔節制器用以節制快門,依露光時間之間隔,使成有規則之運動。露光間隔依兩片之重疊及飛機之高度速度而定,算法後述。

　　　　定位鏡(View Finder)　定位鏡為一定焦點之攝影器,固定于水架上.附有圓壔水準(Circular level)可以較準水平;毛玻璃片上刻有平行線,兩平行線中間距離,用以定影像60%之重疊。

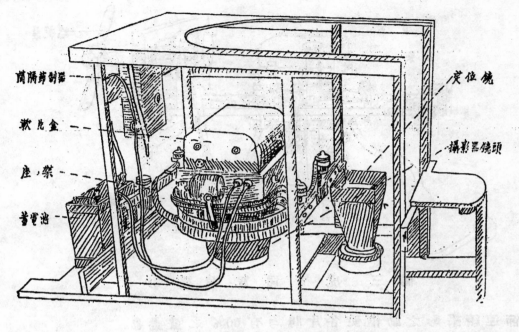

簡陽節制器 ------

軟片盒 ------

座 架 ------

蓄電池 ------

------ 炭位鏡

------ 攝影器鏡頭

圖 二　　K-3 式 攝 影 器

　　開始露光前,轉動引手(Knob)順時針方向,至軟片計(Film Indicator)上讀零,卽軟片已至露光之位置,將壓片板(Pressure plate)壓軟片使成一平面。于是旋開快門,因電流斷續之關係,瞬卽關閉,而軟片亦自動收捲,預備第二次之露光,是此往復不已,至軟片攝完爲止。

　　b. 虎格司賀夫攝影器　虎格司賀夫攝影器(圖三)亦爲單鏡頭式。由電動機或螺旋葉發動機發動之,必要時亦可以手代之。鏡頭焦距約5½吋,快門爲虹彩式,光圈爲f/4.5,感光速率爲 1/100,1/150 及 1/200 秒三種,軟片闊約 5 吋,長約 200 呎,可照 400 次,體積約 12″×10½″×12″。

　　軟片盒與攝影器本身可以分離,盒內有儲片軸,收片軸,壓片板,軟片計,與K-3式攝影器大略同,茲不贅述。

　　電氣發動機之原動力,係借用一安于機身外旁之小螺旋槳而生者也。此發電機有45弗(volt)之電力,與節制器相聯,以調

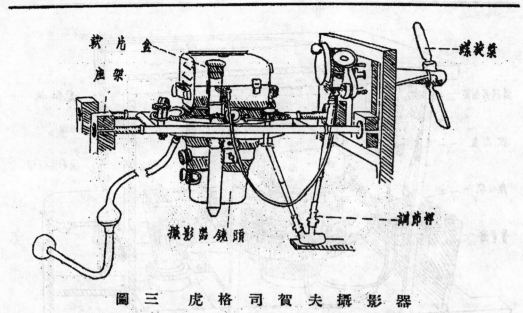

軟片盒

底架

蹀裝架

攝影器鏡頭

調節桿

圖三 虎格司賀夫攝影器

節連續攝影之勳作,使各片間均有 60% 之重疊也。

　　c. T 式攝影器　T 式攝影器之設計在使于可能範圍內,增加攝影面積;欲解決此種問題,故有多鏡式之發明。T-1 式攝影器包有三個鏡頭,裝成 v 字形。中間鏡頭之光軸 (Photographic Optics) 垂直于地面,兩旁鏡頭之光軸,與中間之光軸,成 $35^\circ$ 之交角。光圈為 f/4.5,中間鏡頭之焦距約 $6\frac{1}{2}$ 吋,兩旁約 $7\frac{1}{4}$ 吋。軟片式樣,為 $5\frac{1}{4}$ 吋 × 6 吋每捲闊 6 吋,長 380 呎。露光 190 次,共照 570 片。軟片盒上裝有 T 字形兩個水準汽泡,較準水平;并附有刻度計 (Dial) 指示軟片已露光之長度。尚有露光計 (Exposure counter) 及停止表 (Stop watch),以便計露光之時刻與次數。當露光時,三個快門,同時啓閉,各種勳作,全由手操縱之。

　　　T-2 式攝影器,由 T-1 式進步而來,包有四個鏡頭,其排列如凸字形。T-3 式攝影器有五個鏡頭。各種構造,大致皆同,茲不贅述。

　　d. 最近德國閔星城 (Muenchen) 攝影測量公司,發明之多鏡頭式攝影器,共包括九個鏡個。一個在中間,八個圍于四週。光軸相互平行,垂直于地面。惟四圍之八個鏡頭旁,俱裝有一三稜鏡,光線從地面射出被三稜鏡屈折 54° 而攝得一無規則四曲形照片。軟片長約 330 呎,可攝 500 次,快門之啓閉,軟片之捲動,均由電氣發動。此種攝影器所攝面積最大,較之單鏡頭所攝之面積有 200 倍至 300 倍之多,而于小尺度之地圖,尤爲適宜與經濟。

**3. 座架**　飛機飛航之擺動與發動機之震動,在在影響攝影工作,使無良好之結果。欲免此種弊病,故將攝影器裝于迴轉儀式吊架(Gyroscopic Suspension)上,雖不能完全如吾人之所冀,但亦可使震動減至最小限度;使像于軟片上,不生影響。此種座架,大率爲彈性微小之物體如軟片,橡皮等所製,不特可以吸收震動,且可減除擺動也。

此種座架構造,爲內外兩個迴轉式輪環;外輪環有耳軸兩個,附于固定于機身之木架上,可以縱向旋轉。兩輪環間有球狀關節,內輪環可以平轉 45°,于攝影時,用以改正飛機航向之誤差。內輪環內有長方形框架,此框架亦有兩耳軸,供橫向旋轉之用,而攝影器卽固定于其上。

# 四　飛　航　準　備

**1. 航空攝影測量組之組織**　航空攝影測量組之組織,普通爲三人。卽駕駛員一人,攝影員一人,視察員一人是也。駕駛員責司駕駛;攝影員管理攝影器;于攝影時校正水平,改正方向,尤須注意快門之啓閉及軟片之多寡。視察員根據航線圖,視察地上顯明目標,指揮駕駛員之方向,幷注意飛機之高度,與預算者是否符合。若飛至測區或飛出測區時,須隨時通知攝影員,開始或停止露光,不可有誤。

**2. 地上控制點之測定**(Controlling point)　地上控制點,有三角點及道線點二種。其測法與普通測量相同。惟點之選擇,稍有不同;因其目的在校正底片之尺度及傾斜誤差,以供嵌接之用,故須有鮮明之印像。路角,交义路,獨立樹,最爲適宜;房屋本難辨認,于村莊之內,尤屬不宜,各點間之距離,須小于照片縱橫邊所含實地之半,如此則每片有三個或四個控制點,而可以施行改正之手續矣。

3.裝片　攝影測量所用之軟片,感光性較普通所用者爲强,故平日宜密藏于乾燥黑暗之處。當預備攝影時,攝影員將軟片盒,自飛機內之攝影器上取下,攜至暗室內,將軟片捲于儲片軸上,其手續視各種攝影器而異。俟軟片捲好後,須嚴密檢查其是否漏光,然後再裝于攝影器上。

4.其他準備　航線圖爲駕駛員之南針,故于飛航之前須將欲攝地點之舊圖,或其他略圖,描繪測區界限及航線,對于明顯之目標物,尤須特別標出,以供視察員與駕駛員之參考。其他如飛機高度,每次露光時間之間隔,信號之規定,照片重疊 (Overlap) 之重冪,亦須于室內,預爲決定。

# 五　計　算

各項計算公式,俱應用平面幾何之兩三角形三角相等,卽成相似形之原理而來。理論淺顯,無庸證明,故僅書公式而已。

## 1.飛機高度計算法

a.已知攝影器焦距,及比例尺,欲定飛機高度。

設 h 爲飛機高度, f 爲攝影器焦距, s 爲比例尺。

即得公式　　　$h = \dfrac{f}{s}$ ......................................(1)

例 1.攝影器焦距爲 12 吋,比例尺爲 $\dfrac{1}{10,000}$ 求飛機應飛高度?

解　依公式(1)　　$h = \dfrac{12}{\dfrac{1}{10000}} = 120000$ 吋

$$= 10,000 \text{ 呎}$$

b.已知攝影器焦距及地面上兩點之水平距離,與圖上相當兩點之距離,可以量得,欲求飛機高度,其計算方法與(a)完全相同。因圖上距離與實地距離之比,即代表比例尺也,茲不贅述。

### 2. 影界角內陸地面積計算法

已知攝影器焦距,飛機高度及底片尺寸欲求影界角內陸地之面積。

設 A, B 為影界角內陸地之長闊,a, b 為底片之長闊。

即得公式　$A=\dfrac{a.h}{f}$;　$B=\dfrac{b.h}{f}$ ...................................(2)

例 2. 攝影器焦距 12 吋,飛機高度 10000 呎,底片式樣為 9 吋 × 7 吋,求影界角內陸地之面積。

解　依公式(2)　$A=\dfrac{9\times120,000}{12}=90,000$ 吋 或 7500 呎

$B=\dfrac{7\times120,000}{12}=70,000$ 吋 或 5833 呎。

### 3. 露光間隔計算法(Exposure Interval)

攝影測量軟片,感光極速,普通約 $\dfrac{1}{100}$ 至 $\dfrac{1}{200}$ 秒。故連續攝影時,片與片間,露光時間之間隔,須預為決定,方合吾人之需要。其計算方法以飛機飛行之速率,除影界角內陸地之距離即得。

已知攝影器焦距,飛機高度,底片尺寸,及飛機飛行之速率,欲求露光間隔。

設 t 為露光間隔時間,v 為飛機飛行速率,

由公式(2)得　　$A=\dfrac{a.h}{f}$

于是即得公式　$t=\dfrac{A}{v}=\dfrac{a.h}{f.v}$ ...........................(3)

例 3. 攝影器焦距,飛機高度,底片式樣,與例(2)同,飛機飛行速率為每小時 90 英里或每秒鐘 132 英尺,求露光間隔?

由例(2)得　　　　A=7500 呎

∴　$t=\dfrac{7500}{132}=57$ 秒

吾人欲製平面圖,兩片間須有 30% 之重疊。

故　　　$t = 57\left(1 - \dfrac{30}{100}\right) = 57 \times \dfrac{7}{10} = 40$秒

吾人欲製曲線圖,則兩片間須有 60% 之重疊。

故　　　$t = 57\left(1 - \dfrac{60}{100}\right) = 57 \times \dfrac{4}{10} = 23$秒

### 4.比例尺計算法

a.已知攝影器焦距,及飛機高度,欲求底片上印像之比例尺。

由公式(1)得　　$s = \dfrac{f}{h}$

例 4.攝影器焦距爲 12 吋,飛機高度爲 5000 呎,求底片上印像之比例尺。

依公式得　　$s = \dfrac{12}{60000} = \dfrac{1}{5000}$

b.已知印像一距離實數,欲求比例尺。

設 1 爲底片上印像量得之長度,L 爲印像實地上之長度。

則得公式　　$s = \dfrac{1}{L}$ ‥‥‥‥‥‥‥‥‥‥‥‥(4)

例 5.底片上二點之距離爲 6 吋,該二點之實地長度爲 5000 呎,求其比例尺。

依公式(4)　　$s = \dfrac{6}{60,000} = \dfrac{1}{10,000}$

# 六　顯影與印像

**1.露光**　所謂露光者,即于一定時間內,轉動快門,使軟片感受光線也。在航空攝影測量,當飛機行至預定航線,攝影目的地將到時,視察員即通知攝影員準備攝影之動作;反至目的地時,迅即通知攝影員,開始攝影。攝影員即根據已算定之露光間隔,連續露

光,如第一航線業已攝定,轉入第二航線,或預定航線完全終了,下
降飛機場時,則視察員當飛機飛過終點後,約數秒鐘,卽須通知攝
影員停止露光。惟有一事須注意者,兩片前後固須有 60% 之重疊,
而為製圖便利起見,左右兩片間,亦須有 30% 之重疊也。

2. 顯影(Developing) 顯影者,將已露光之軟片,浸于顯影液中,
利用化學作用,將軟片上感光部分之溴化銀(Silver Bromide)變為
純銀而沉澱之,以顯示潛像 (Latent-Image) 者也。此種作用,實卽還
原作用。故顯影液之配合,乃用一種易于養化之物質(還原劑)溶于
水中而成。外加鹼性物(Alkali)防止酸性物質之發生;保存劑(Preser-
vative)阻止還原劑之吸收空氣中之養氣;加速劑(Accelerator)及延
緩劑(Restrainer) 調節潛像顯露之遲速。茲將通用之顯影液配合
方法述之于下:

溶液 A.

二硫酸鉀(Potassium metabisulfite)·····················1 oz

米多耳(Metol)·······································$\frac{1}{4}$ oz

草酸(Pyrogallic acid)·································2 oz

溴化鉀 (Potassium bromide) ·························$\frac{1}{2}$ oz

水(Water) ············································24 oz

溶液 B.

硫酸鈉(Sodium sulfite)·······························1 oz

水··················································24 oz

溶液 C.

炭酸鈉 (Sodium carbonate)···························3 oz

水··················································24 oz

用時配合　溶液 A ································一分

溶液 B ································一分

溶液 C ································一分

水 ····································四分

航空測量,攝影員于露光完畢,飛機落地之後,即將攝影器上軟片盒取下,攜至實驗室中,抽出軟片,先浸于清水內,然後將軟片浸于顯影液內,幷時時搖動,使藥膜受全部之藥力,待影像完全清楚,再浸于清水內,將附着之顯影液洗去,即可移至定影液中定影矣。

**3. 定影 (Fixing)**　軟片顯影之後,仍不能遇見日光;因未感光之溴化銀遇光仍須變黑也。故須將已顯影之軟片,浸于定影液內定影。定影液之目的,在移去未感光之溴化銀也。大蘇打 (Hypo) 極易溶解溴化銀,故通用之定影液,俱爲大蘇打液所製成。茲將其配合成分述之:

大蘇打 ·······································································64 oz
水 ············································································64 oz

外加一種堅膜液 (Acid Harder) 其成分爲:

硫酸鈉 ······································································48 oz
明礬 (Alum) ····························································48-24 oz
醋酸 (Acetic Acid) 28% ···········································144 oz
水 ············································································384 oz

兩種溶液之配合比例,爲大蘇打液二十分堅膜液一分。

已顯影之軟片,浸于上述之定影液中,俟其未感光之溴化銀,完全溶去後,再以水冲洗,使其乾燥,即可用以印像矣。

**4. 印像 (Printing)**　印像者,將反像翻成正像也,在敍述印像之方法以前,先將航空攝影測量通用之各種印像器述之。

**a. 傾斜糾正器 (Rectfier)**　傾斜糾正器用以糾正空中垂直攝影照片之前後左右傾斜及轉向之誤差者也。其形式如圖內所示。電燈泡爲印像之光源,圍以圓筒,以防外射。光線通過集光鏡後,穿過底片,集合鏡頭;鏡頭復將光線放出,投于射影板上。光線通過底片時,因片上景色之濃淡,而光度亦有強弱之分;射影板上如有感光性之印像紙,即可印出像片矣。

鏡頭與承像板之距離,可以伸縮。其與射影板之距,由升降齒輪,轉動鍊子,將上部完全移動之。在使用時,通上電流,將已定影之軟片,帖于承像板上,射影板上則貼布有比例尺之控制點圖,轉動鏡及射影板,使軟片上之控制點印像與控制點圖一致,然後固定射影板,換上印像紙,即可施行印像矣。

b. T-1 式轉換印像器　　T-1 式轉換印像器(圖五)為改正 T-1 式攝影器所攝之兩個翼片之傾斜角,使與中間底片相同,以便製圖。光源為弧光燈,捲片軸在光源之側,其對面為射影板。圓筒之內為真空,因此可使印像紙緊貼于射影板上。底片與印像面應成之角,須視空中

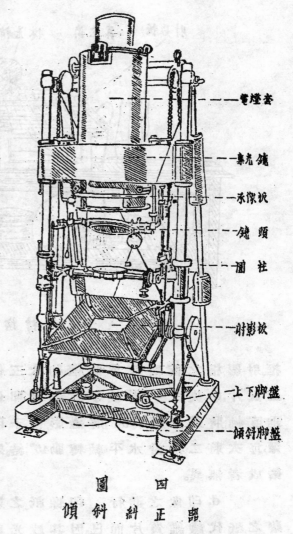

電燈套

集光鏡

承像板

鏡頭

閘柱

射影板

上下腳盤

傾斜腳盤

圖　四
傾　斜　糾　正　器

攝影時傾斜面與水平面之交角及攝影器與轉換器之焦點而定。當印像時,先將軟片捲軸發開,片之位置配合妥當,即安置印像紙,以空氣唧筒抽出圓筒內空氣,幷開放弧光燈。燈之位置與片之中心水平,距離約 12 吋。然後抽去滑板,使印像紙感光,感光時間視底片與印像紙而異,普通約 2 秒至 10 秒。

c. 德國閔星攝影測量公司九鏡頭攝影器所攝照片之轉換印像器,為兩個轉動于水平軸之金屬框。一為承像框,一為射影

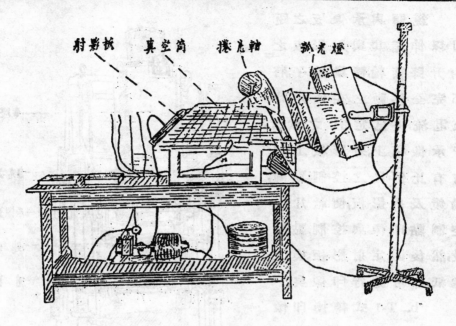

射影板　真空筒　撲光軸　弧光燈

圖五　　T-1式轉換印像器

框射影框之面積較承像框約大三倍。當兩框平行位置時,承影框
上底片,中央之一影投于射影框印像紙中央,比例尺為1:1。然後依
垂直軸將射影框轉54°,將邊影投于印像紙上。八個邊影分八次印
像,每次將二框沿水平軸轉動45°,結果得一改正之像片,與單鏡頭
攝成者無異。

　　　d. 印像之進行　　印像紙之製成,與軟片完全相同,不過塗
藥之紙代纖維質片而已。因其感光與顯影之速率不同,普通分晒
像紙與顯像紙兩種。晒像紙,為綠化銀與蛋白質塗于紙上而成。感
光後由棕紅色變為紫色,即置于定影液中定影;但因定影液硫酸
鈉與巳感光之銀鹽,亦生化學作用,故于定影之前,尚須潤色(Ton-
ing)使巳感光之銀鹽,變成金質,免與定影水發生作用。晒像紙感
光較緩,故用途不廣。顯像紙乃感光最強之溴化銀紙,一遇光線,即
起變化,而生潛像。經過顯影定影,以至印成正像,一切手續,與軟片
顯影定影相同。其顯影所需之時間,須預為試驗決定。

# 七　原圖之完成

製圖爲航空攝影測量最後一步之工作,將空中所攝不同樣之底片,于室內嵌接爲有價值之地面,其手續煩雜,可以想見。茲將平面圖與曲線圖之製法,分別述之:

**1. 平面圖之完成**　航空攝影測量,所攝底片經糾正器或轉換器印出正片,其各種誤差,業已消除。各片間幷有同一之比例尺。于是將各片依次排列,其重疊部分,取其明顯,棄其模糊,嚴密配接,貼布于平板之上,且以地上控制點圖時時較正鑲嵌(Mosaic)之誤差。各片鑲嵌完畢,卽施行複照,再將複照之底片,晒成藍色圖,供調查之用。調查之目的,在矯正地物位置之差誤,幷註記地形之名稱及添繪不明顯之地物。調查完畢,施行着墨退畫手續。圖外加以整飾,卽成空中攝影平面原圖矣。

**2. 曲線圖製成之原理**　曲線圖之製成乃根據光學原理,將不同地點,所攝同一地物之成對照片,置于立體鏡(Stereo scope)或立體製圖機(Stereoplanigraph)配成立體,以辨識地形者也。如圖六ABCD 爲一平面, a 爲其中心點,另有一丁形木架置于平面之前,Kabcd 爲一攝影器,上述平面及木架發出光線,經過鏡頭K後,得一

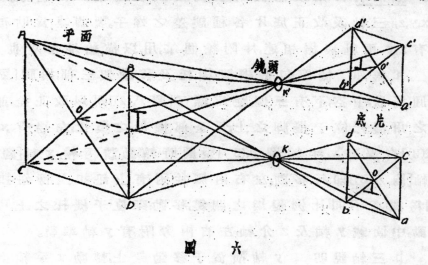

**圖　六**

反像，ａｂｃｄ及丁。移動攝影器至
Ｋ'ａ'ｂ'ｃ'ｄ'時，攝得反像 a'b'c'd' 及丁。
前後兩次所攝反像之相關位置，
如圖所示。此猶吾人之有兩眼，右
眼視物得一像，左眼視之，又另得
一像，故能辨物體之形狀。試將兩
不同點攝得之兩照片，如圖七排
列，中間以紙隔之，使右眼視右片，
左眼視左片，則必見丁字浮于平
面之前，或恰在平面上，或沉在平
面之後，與實際相關之位置，完全
相同。

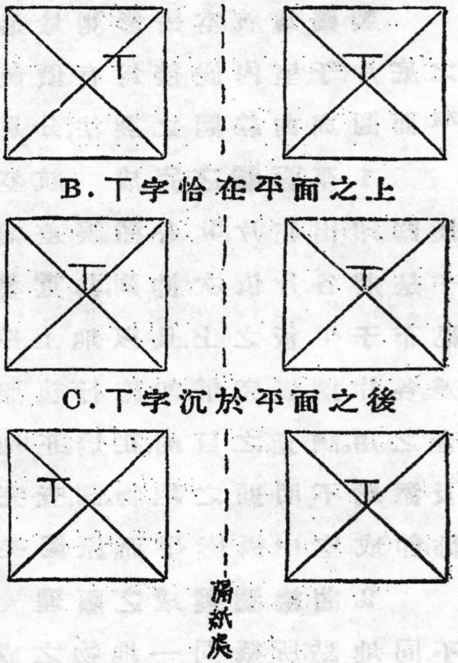

**3. 製圖器械說明**　航空照
片以製曲線圖，手續頗爲煩雜，所
用製圖機，近數年內，始改良完善。
茲將<u>威而特</u>自動製圖機 (Wild's
Autograph) (圖八) 之構造及用法述之：

A. 丁字浮於平面之前

B. 丁字恰在平面之上

C. 丁字沉於平面之後

隔紙處

圖　　七

　　　<u>威而特</u>自動製圖機爲製圖機及製圖桌二部合成。製圖機
包括 x,y,z, 三軸，及改正底片各種誤差之螺子。製圖桌爲貼布圖紙
之用，有 x,y 兩軸與機相連，幷附繪圖筆，用以描繪地形者也。

　　　a. 機座　機座包括機脚，機托及移動架三部，機脚[圖八(1)]
爲一圓桶狀，中空，下有三個踵定螺子[圖八(2)]用以改正全部機件
水平之用。機托位于機脚之上，爲全部機件之負托，左端有 x 手輪
[圖八(3)]右端有 y 手輪[圖八(3')]製圖時轉動該兩輪，x 軸[圖八(4)]
及 y 軸[圖八(5)]卽行移動。左右兩側幷附有上鈕扣及傍鈕扣[圖八
(6)(7)]爲機桌不同比例變換之關鍵，移動架位于機托之上，可以自
由移動，中間載 y 軸及 z 介軸，左右兩旁附有 y 軸準軌。

　　　b. 三軸說明　　y 軸橫置于移動架上，轉動 x 手輪，由齒輪

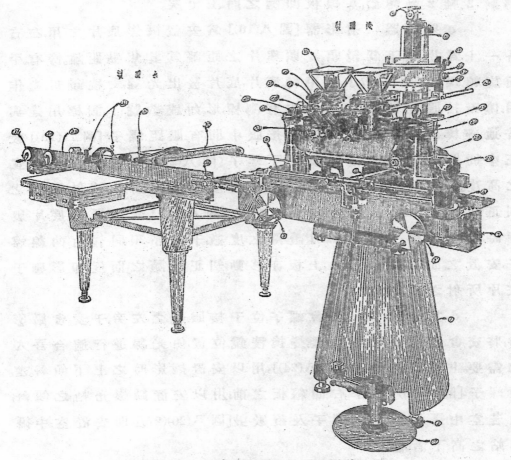

圖 八　　威 而 特 自 動 製 圖 機

傳遞作用，x 軸亦隨之而動。y 軸載于移動架上，轉動 y 手輪，其作用，即傳至鈕扣之齒輪，再傳于 y 介軸，由介軸而轉動 y 軸。z 軸［圖八(8)］及其附件跨于 y 軸而惦于移動架上，故 y 軸轉動 z 軸亦隨之而動。z 軸頂上爲讀數鼓［圖八(9)］爲描繪曲線時定高程之用。軸之兩旁爲其準軌，後部有金屬板保護之。中部附有基線板及基線尺［圖八(10)(11)］上下可以自由移動，左右兩邊有基線螺子［圖八(12)］爲安置航空影站基線之用。左右兩旁之後面有連管，以連絡指導桿［圖八(13)］右端有測站高程差螺子［圖八(14)］能使連管上下，用以讀兩站之高程差。轉動脚盤［圖八(15)］因槓桿及齒輪之傳遞，而轉動 z 軸, z 軸轉動, 基線板卽隨之而上下矣。

　　c. 射影器　射影器[圖八(16)]爲安置攝影底片之用, 左右各一。上爲片藏, 下爲鏡頭。鏡頭與片之距離爲其焦點距離。傍有平面旋轉螺子[圖八(17)]可平轉底片, 底片發出光線, 受稜鏡折光作用, 傳至接眼鏡[圖八(18)]鏡內有測標, 形如感歎號！, 測標用途與普通經緯儀內交叉線相同。兩接眼中間, 有眼距螺子[圖八(19)]較正中間距離。右傍有接眼鏡上下螺子[圖八(20)]以較置上下適宜之高度。曲線板[圖八(21)]在射影器與接眼鏡之間, 承接射影器之糾正梯[圖八(22)]其下幷有曲線螺子[圖八(21')]交會攝影底片製圖時, 由交會螺子[圖八(23)]讀得之度數, 于此亦須同樣由曲線螺子, 安證之。曲線螺子移動, 上板亦移動, 糾正板隨之而變, 卽影響于底片所射之光線也。

　　d. 其他螺子　交會螺子, 位于接眼鏡之左旁, 于交會攝影時, 將交會角度, 由螺子放置, 變換稜鏡位置, 使光線進行, 適合吾人之需要。上下傾斜螺子[圖八(24)], 用以安置攝影時之上下傾斜。差傾螺子[圖八(25)]位于右曲線板之前, 用以安置攝影光軸之傾斜, 仙若空中攝站高程差螺子及讀數皷[圖八(26)(27)]則安置空中攝影站之高下者也。

　　e. 製圖桌　製圖桌爲安放圖紙, 以供實地製圖之用, 機部一切動作, 由機桌連絡螺子[圖八(28)]之傳遞, 使桌之 x, y 兩軸[圖八(29)(30)]亦隨機部運動。y 軸附有一繪圖筆[圖八(31)]供繪圖之用。x 軸上附有一基線照準筒[圖八(32)], 較對圖紙上基線中點之用。另外 x y 兩手輪[圖八(33)(34)]若機桌連絡螺子扭開時, 搖轉該兩手輪, 使 x, y 兩軸移動, 可供普通展點之用。

　　鮑司非而特之立體製圖機 (Bauersfeld's Stereoplanigraph), 其構造原理, 大致與上述者相同, 惟其機部可以同與兩個製圖桌相連, 製成兩個不同比例尺之原圖, 故餘爲便利。

　　**4. 曲線圖之完成**　航空攝影成對之底片, 安放于兩個射影器在,對好縱橫標,所有飛機飛航之擺動,及攝影器之傾斜,所生各種誤差,由各螺子改正後。即將展好控制點之圖紙,置于製圖桌上,幷固定其位置。于是開始描繪,地物之有規則者,如建築物,田園等,可轉動 x, y 兩手輪,及 z 軸之脚盤,導測標對正地上主要點,同時將各點,定于圖紙上,依其形狀而連接之。如地物之無規則者,若道路河流等,則須連用三軸,使測標沿邊線進行,製圖桌上之繪圖筆,即可繪成天然之形狀夹。曲線之描繪,先將測標對正既知高程之一點,然後轉動 z 軸讀數鼓,使其值與既知高程數相等。于是欲繪任何高程之曲線,即轉動脚盤,使 z 軸之讀數鼓,與該高數相符,然後旋轉 x, y 兩手輪,使測標沿山面移動,製圖桌上之繪圖筆,即繪出所求高程之曲線夹。鉛筆圖繪成之後,尙須調查,着墨及整飾,方可爲吾人所欲之曲線原圖也。

# 八　結　論

航空攝影測量,爲一新發明之學術,工作迅速,精度優良,已爲世人所公認。如荒漠區域之道路,河流測繪,洪水氾濫之情形,普通測量所感覺困難或無法解決者,航空攝影測量,可勝任而愉快。最近已有代平地測量之趨勢,于工程界前途,影響實大。斯篇之作,略述航空攝影測量之方法,祇因限于篇幅,未能詳爲申述。倘因此而引起工程界之興趣,共同研究,則深所祝望者也。

# 冀北金鑛創設六十噸工廠計劃之選冶試驗報告

## 王 子 祐

## 引 言

二十一年秋,予於授課之餘,襄助施物理教授.(Prof. Edwin. A. Sperry) 爲冀北金鑛公司作設計及試驗之工作,迄二十二年春,冀北公司因日軍侵及長城,距其所屬鑛區甚近,不得不暫行緊縮,此項工作遂亦隨而中止。幸試驗業經完成大半,所得結果,已足啓發今後從事研究之途徑,預測將來美滿方法之所在。爰將此半載以來辛勤試驗之工作,略陳於次,或於我國冶金事業,不無小補也。

金鑛在未正式開發以前,常須作一度選冶之試驗工作,蓋以金鑛與他種非金屬鑛殊有不同,譬如煤鑛一經採出,卽可出售,而金鑛則非經選冶之手續,莫能入市。且金鑛之性質,各地互異,選冶之步驟,必須經實地之實驗,始能決擇。已有之成法,只能作爲參考之資料,若全般模倣,則每因差之毫釐,謬以千里,演成絕大之失敗,又盡如先之以小規模之試驗,以作計劃正式選冶工廠之爲愈也。

籟以爲金鑛選冶試驗工作,厥有數利;一爲決定每噸鑛石可以提取金之成分若干,換言之,卽自每噸鑛石可獲銀洋若干也。二爲輔助選冶工廠之設計,如機械種類之需要,及其件數之多寡等。三爲易於發現試驗時之差誤,以便早爲糾正,而免損失。四爲決擇最經濟最大效率之選冶程序,以作正式選冶工廠之根據。

金鑛選冶之待乎試驗及其試驗之利益,有如上述,故在國外,凡開採金鑛者,諸多先作小規模或試驗室之試驗,次作大規模或工廠之試驗,然後始建築正式之選冶工廠,吾等工作亦將沿此道以進,現時之報告,只為試驗室工作之結果,為計劃六十噸工廠之根據,待成之後,尚須再作相當之改進,然後始建築數百噸以上之選冶工廠焉。

此項金鑛試驗工作,承冀北金鑛公司總辦王子文博士賜予之機會,施勃理教授誠懇之指導,至深銘感,附此致謝。

# 一　碎鑛機設計及試驗

近世碎鑛機之重要而常用者,厥推顎形碎鑛機(Jaw Breaker)及回旋碎鑛機(Gyrating Breaker)二種。後者消費動力較省,能力亦大,適於大規模之工廠;前者之價值低廉,修理簡易,宜於日二百噸左右之需。現時所計劃建築者為日(24時)六十噸至二百噸選冶工廠,自以採取顎形碎鑛機為有利。碎鑛設備之估計,必須知鑛石壓力之強度,故曾作鑛石材料之試驗。在估計碎鑛機之能力,通常以硬度適中之花岡岩為標準,其壓力每平方吋10,000磅之譜。

取密緻石英鑛樣,置諸材料試驗機試之,由估計得壓力每平方吋為2,000至3,000磅,其多孔疏鬆之鑛樣,則低至 500 磅。更取高麗奇克山石英金鑛(Chicksan Quartz)在同樣情形下試之,約得6,000至10,000磅。

所取之礦樣,頗不規則,足使吾人得一各種大小碎礦機所需要壓碎動力(Crushing Power)之概念,試舉例言之,有一被試驗之礦樣,其大小為5"×7",有效接觸面約為 5 方吋,最初能受之壓力達10,000磅,或每平方吋2,000磅,此後已碎之礦石之壓力由4,000至6,000磅,或每平方吋為1,000磅。今以所設計之7"×12"之碎鑛機言之,其顎片(Jaw Plate)長15吋,則有效壓力面積為 180 方吋,假令以上被試驗鑛樣之面積為35方吋,則最多此碎鑛機能容此樣大小之鑛石五塊而已。誠猶是也,即同時壓之,其全壓力不過50,000磅。顧實際上決無此種情况,碎鑛機之大部分壓力面積將爲平均壓力每平方吋 1,000 磅之小塊鑛石,甚至爲壓力小於 1,000 磅更小碎塊所佔據,故全壓力實際上必遠小於 50,000 磅。此碎礦機之計算,乃使其在動作槓杆(Actuating Lever)外端之最大壓力 (Ultimate Strength) 爲 250,000 磅,其折斷載重 (Breaking load) 爲 30,000 磅,殊爲安全。顎片間壓力與安全點(Safety Point)壓力之比爲 6 比 1,更能免除意外之損傷也。

　　上述碎鑛機造成後,將顎片間之距離,加以糾正,使其移動自 $\frac{1}{2}$ 吋至 $1\frac{1}{2}$ 吋,然後投入平均礦樣碎之,以觀察其動作,得有如次之結語。

　　碎礦機之動作,勻而有力,較之用高麗鑛石壓時之呈强度炸烈之聲者,略有不同,因此其動作,殊爲迅速,每日(24 時)能力將比預計 60 噸爲大。

　　平均鑛樣經過碎鑛機之產物,別其大小,有如下表所示。

| | |
|---|---|
| +1" | 4.2% |
| 1"—$\frac{1}{2}$" | 34.7% |
| $\frac{1}{2}$"—$\frac{1}{4}$" | 29.5% |
| —$\frac{1}{4}$" | 31.6% |
| | 100,00 |

　　因自上表得知小於 $\frac{1}{2}$ 吋之產物占 61%,而 $\frac{1}{2}$ 吋大小之鑛石,爲送入棒磨所規定,故假定鑛石先經此碎鑛機碎之,其大於 $\frac{1}{2}$ 吋之 39% 部分,再經較小如 4"×10" 之碎鑛機,使達 $\frac{1}{2}$ 吋之大小,實乃一最簡單最經濟之方法,當無差誤也。

## 二　磨鑛機效率比較之試驗

　　磨鑛機之種類甚多,惟就所計劃小於 60 篩孔之產物而言,似以球磨(Ball Mill)及棒磨(Rod Mill)爲佳。後者之動作係線之接觸,其磨成之產物較爲均勻,前者之動作係點之接觸,其礦磨之效率較低,理論若此,實際上之比較,自有待於實驗。

　　爲試驗此二種磨鑛機之效率起見,遂計劃建造試驗機一座(見第一圖),圓筒形,長 17 吋,直徑 8 吋,內部裝置使成波紋狀。此試驗機由 ½ 馬力之馬達拽動,每分鐘轉 70 周。

第一圖　磨鑛試驗機

　　試驗時,裝1.5 吋生鐵球 15 斤,鑛石 2 斤,加水使濃度爲 70 % 固體。磨60 分鐘後,傾出而試其大小,得:

| 篩 孔(Mesh) | 百分率(%) |
| --- | --- |
| ＋ 40 | 1.2 |
| 40—60 | 10.6 |
| 60—80 | 10.4 |
| 80—100 | 13.7 |
| —100 | 64.1 |
|  | 100.0 |

　　同樣,裝 1 吋大 16.5 吋長之鐵棒 15 斤,鑛石 2 斤,濃度 70 % 固體,磨 60 分鐘後,傾出而試其大小,得:

| 篩孔(Mesh) | 百分率(%) |
|---|---|
| ＋ 40 | 0.0 |
| 40—60 | 3.6 |
| 60—80 | 12.9 |
| 80—100 | 9.7 |
| —100 | 73.8 |
| | 100.0 |

自上二表,得鑛末合於選定一60篩孔者,在球磨為 88.2%,在棒磨為 96.4%,後者之效率較前者為佳,實甚明顯。

# 三　棒磨碾鑛速率及能力之試驗

為估計棒磨之工作能力,乃有磨鑛速率之各種試驗。其法係用鑛石四份,依次裝入,濃度均為70％固體,時間計有15分,30分,45分,及60分鐘之別。其經長短不同時間所碾磨之產物,用篩作大小試驗,區為＋60,－60及－100篩孔三種。其結果之表明,頗與閉式輪迴碾磨 (Closed-Circuit Grinding) 情況相似。

同樣,再用濃度30％固體之鑛液,如上法試之,其結果所變之情況,頗與開式輪迴碾磨(Open Circuit Grinding)相類。

為比較碾磨速率起見,再取代表石英岩之高麗金鑛四份,為濃度30％固體,如上法試之。其所以用30％固體之濃度者,蓋以計劃之2½' × 50' 之棒磨,或將採用開式輪迴碾磨也。

各組試驗之結果,列表於次,並附圖以利比較。其產物之－100篩孔者,抱括於一60篩孔者之內,附為聲明。

　　　葓北金鑛,70％固體,閉式輪迴碾磨。

| 產物 | ＋60篩孔 | －60篩孔 | －100篩孔 |
|---|---|---|---|
| 原鑛 | 91.0 % | 9.0% | |
| 15分鐘 | 40.0 | 60.0 | 43.2% |
| 30分鐘 | 8.7 | 91.3 | 68.0 |

| 45分鐘 | 0.8 | 99.2 | 80.9 |
| 60分鐘 | 0.2 | 99.8 | 89.8 |

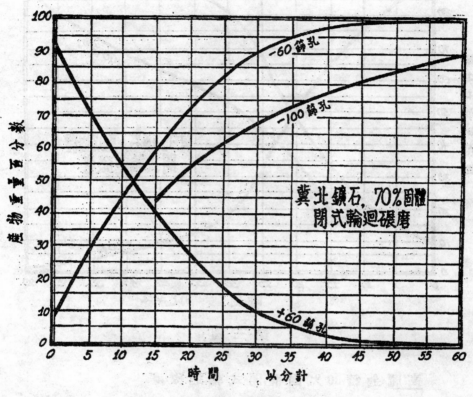

第 二 圖

冀北金鑛,30％固體,開式輪迴碾磨。

| 產物 | ＋60篩孔 | —60篩孔 | —100篩孔 |
|---|---|---|---|
| 原鑛 | 91.0% | 9.0% | |
| 15分鐘 | 66.4 | 33.6 | 19.1% |
| 30分鐘 | 18.5 | 81.5 | 52.5 |
| 45分鐘 | 6.5 | 93.5 | 69.2 |
| 60分鐘 | 0.8 | 99.2 | 87.4 |

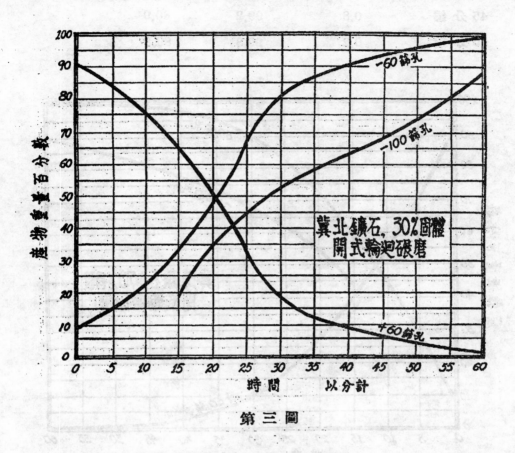

第 三 圖

高麗金鑛,30％固體,開式輪迴碾磨

| 產物 | ＋60 篩孔 | －60 篩孔 | 100 篩孔 |
|---|---|---|---|
| 原鑛 | 95.0% | 5.0% | |
| 15 分鐘 | 61.5 | 38.5 | 26.3% |
| 30 分鐘 | 27.7 | 72.3 | 40.3 |
| 45 分鐘 | 8.5 | 91.5 | 57.5 |
| 60 分鐘 | 4.2 | 95.8 | 73.8 |

　　根據選冶工廠之常情,可許＋60 篩孔之產物爲 5 ％,則在70
％固體之鑛液所需碾磨之時間爲35分(見第二圖),30％固體之鑛
液爲47分(見第三圖),後者之－ 100 篩孔產物爲71％,前者爲74
％,幾於等量,而在過碾之速率,卽－100篩孔鑛末之增速,亦均急劇。

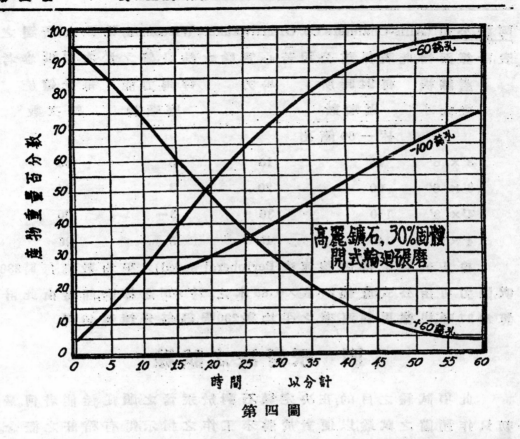

第四圖

故二者碾後產物之大小相似,而時間則一為35分,一為47分,是所異耳。

　就容積(鑛＋水)與流速言之,70％固體鑛液所需流過之時間為30％固體者之75％。同時前者70單位之鑛所需較短之間隔,而30單位之鑛需較長之間隔,依此計算,則在閉式輪迴碾磨為3噸,開式為1噸,此與實際之選冶工廠情形,頗相吻合。

　若將冀北鑛石與視為代表標準之高麗鑛石,就開式輪迴碾磨,兩相比較,而令＋60篩孔者為5％,則在前者碾磨之時間為47分(見第三圖),在後者為53分(見第四圖),頗為近似。假定高麗金鑛碾磨之速率,近於標準情況或用以估計2½'×5'棒磨之能力為每日27噸者,將可多碾2.5噸。故2½'×5'棒磨之能力,約為每日30噸。

　至於各種大小棒磨之能力及其他有意義之事項,可自美之,

<u>阿謙公司</u> (Allis-Chalmers Co. Of Milwaukee, Wisconsin, U. S. A.)所製之表，計算而得。此表係該公司苦心實驗之結果，錄之於次，以供參考。

| 磨鑛機之大小 | 每24時所碾噸數 | 馬力 | 每馬力能磨噸數 | 每分鐘旋轉次數 |
|---|---|---|---|---|
| | ½″—60篩孔 | | | |
| 3′× 6′ | 45 | 15 | 3 | 34 |
| 3′× 8′ | 60 | 20 | 3 | 34 |
| 4′× 8′ | 110 | 36 | 3— | 26 |
| 4′×10′ | 140 | 45 | 3— | 26 |

自上表可求得周線速率(Peripheral specd)之平均數為每時230呎，能力可由公式：直經$2×$長$×0.85$求之。$2\frac{1}{2}′×5′$之棒磨，卽得由此計算為27噸，根據周線速率之平均數230呎，得每分鐘轉40周。

# 四　汞膏法之試驗

此項試驗之目的，在決定鑛石對於汞膏之順從性能若何。最初只作預備之試驗，以便對於將來工作之指示，得有稍許之概念。其最簡單試驗，厥為不加外物，僅將汞混於鑛石中而碾磨之。先取鑛石二甁，加水至濃度60％固體，再和汞50克，入棒磨碾之，計一時之久。由淘洗所恢復之汞僅占42％，有效提出之金，不過全量之17.5％而已。其大半之汞悉被粉化(Flouring)，此最簡單之方法，殊不適宜。其次之試驗，則先將鑛石碾一句鐘，取出鐵棒，加汞入磨，汞膏之40分鐘，可獲汞78％，有效之金為37.5％，再次為汞膏與碾磨並行，且加以硫化鉀，以觀其是否有清金作用及防止汞之粉化效能。試驗時，與第一次之情況相同，惟多加10克之硫化鉀。淘出之汞為60％，冶煉之得金36.6％。最後，則先碾磨而後汞膏，除加硫化鉀外，與第二次之試驗全同，由此法所得之汞為100％，金為46％。

自此以後之試驗工作，則用代表普通平均混合鑛石，其混合鑛石之比例，依鑛脈貯量之多寡而定。以上之汞膏工作，完全在棒磨中行之，故其內面被浸蝕，因製長圓形攪和鐵筐（見第一圖），插入之，以增攪和作用也。

其次之試驗，即用代表混合鑛石，依上組最末次之方法，得汞100%，金46％者，從事實驗。所用之鑛料，濃度為70％固體，加碘化鉀2克，在棒磨中碾一時之久。然後將鐵棒取出，裝置攪和鐵筐於筒內，並倒入20克之汞，歷40分鐘之汞膏作用，得恢復之汞為100%，有效之金為69.9%。

## 五　碘化法之試驗

為決定碘化法處理金鑛之效力若何，曾將由最後試驗所遺留之毛砂（Tailing）取樣二份，各重100克，用0.5%之碘化鉀溶液試之，其接觸時間，一為24時，一為48時，結果毫無影響。於是再自原鑛中，取樣三份試之，以資左證，接觸時間分24,48,72時三種，其被溶化之金，僅為全量之2%,5%及18%不等。由此可知碘化法之不適用，殊為昭彰。

## 六　汞膏法效能之試驗

試驗至此，遂注意於汞膏法之效率問題。特為計劃一銅管，使其能配置於棒磨支架之上而工作。管長2呎，直徑8吋，用低濃度鑛液在一端注入，而在其他一端流出，其鑛液因銅管緩慢旋轉（每時34周），所有接觸之表面，約等於8呎長之板。

將正式之混合鑛石，在濃度70%固體，加2克之碘化鉀，入棒磨碾一小時。然後放出鑛液，加水使濃度為30%固體，由攪動機經銅管而流過黃銅板上，銅管及黃銅板事前均已汞膏。自新製之板上收集汞膏，殊難準確。最佳之結果，不過獲數釐之金而已，故常用差數計算。原鑛之價值每噸1.73盎士，毛砂0.43盎士，此即表明金之收獲為75.2%也。

在以上之試驗，黃銅板雖為鑛液經過銅管後流到，仍得不少之金。依此及其他比較之事實,黃銅之採用,較爲經濟。茲就價值,常態,表面及易獲數點言之,黃銅板之價值,約每磅 0.54 元,銅板約 0.65 元,如需一 4'×8'×$\frac{1}{8}$" 厚之板,由 $\frac{1}{8}$ 吋厚銅板重爲每平方呎 5.4 磅計之,則此銅板 32 平方呎重 173 磅,需價 112.45 元,又由 $\frac{1}{8}$ 吋厚黃銅板重爲每平方呎 5.1 磅計之,則此黃銅板 32 平方呎重 163 磅,需價 73.35 元,較之銅板每塊省 39.10 元。至於常態,銅板吸收合金之汞膏,非至一定數量,不能達常態之效率,時間上之需要,約數星期之久,在此期間,損失殊高。黃銅板之吸收汞膏,似非顯著,其常態在最初幾已達到。試驗時由黃銅板所收得之金,較由銅管所得者約二倍,卽爲事實之證明。

　　表面一層,則黃銅實較銅爲光滑堅硬而不灣曲或留痕也。

　　在今日中國之市場,據函詢之結果,黃銅板較爲易獲,且已有各種如願之大小及形式。

## 七　淨石英及淨硫化鑛物之汞膏性能比較之試驗

　　據汞膏法試驗之結果,其能提取之金僅 70%,而硫化法又告失敗,故現不得不考察石英及硫化鑛物之對於汞膏順適性之比較。爲達此目的,用人工自鑛石將石英與硫化鑛物分開,愈淨愈佳。淨硫化物鑛料加水使爲 70% 固體,並硫化鉀 2 克,入棒磨碾一句鐘。此後將鐵棒取出,加 20 克之汞,工作 40 分鐘而止。原鑛之價值爲每噸 4.84 盎士,毛砂爲 2.36 盎士,其能提出之金得 51%。再用淨石英如上情況試之,自原有之價值每噸 2.86 盎士及毛砂之價值 0.60 盎士,可取金爲 79%。

　　自以上之結果,兩相比較,石英可用簡單之汞膏法處理,而硫化鑛物,則尙有待於進一步之研究,乃爲顯著之事實。因此取硫化鑛物再試之,用 70% 固體之濃度,加硫化鉀 2 克,入磨碾一句鐘,於是加 20 克汞,磨碾汞膏達 3 句鐘之久,其結果因汞粉化,莫能淘出。至此將鑛料退還棒磨,不加鐵棒,混以 10 克之氯化鉀,工作 30 分鐘,仍無結果。於是再加汞 10 克,鈉汞膏(Sodium Amalgam)5 克,入磨轉動,約 30 分鐘,以資收集,亦告失敗,蓋以汞膏作用過強,硫化鑛物本身已大半汞膏,遂致汞之凝合,橫被阻礙。

　　爲補救上弊起見,復用 70% 固體之硫化鑛石,加 2 克之碘化鉀,入磨碾一句鐘,將鐵棒取去,只留其四,再加汞 20 克及鈉汞膏 1 克以試之,待 2 時後淘洗汞膏,得全量 70%。硫化鑛物原有之價值爲每噸3.3盎士,其遺下之毛砂爲.48盎士,由計算應得之金爲85.5%,自汞膏直接提取之金爲 75.3 %,則其失之於未曾收獲之汞爲 10.2 %,此種汞之損失在實際之工廠工作,有減少可能。

　　有時硫化鑛石若經過焙燒,每易於處理,曾取鑛石在攝氏500度溫度焙燒,約二句鐘,然後加水使成 70% 固體之濃度,另加 2 克碘化鉀,20 克汞,5 克鈉汞膏,在棒磨碾二句鐘。取鐵棒出而留其三,並加水使爲濃度 50% 固體,再轉動 30 分鐘,以利汞之聚集,其結果汞未取出,完全失敗矣。

# 八　選冶總試驗

　　自以前各種試驗之指示,特作一總試驗,概括汞膏提金,縐呢之富集硫化鑛石及硫化鑛末之重碾選冶等。

　　五份 70 試金噸(Assay Ton)之普通礦石,在 70% 固體之濃度,加 2 克之碘化鉀,各自碾磨一句鐘,然後合成 350 試金噸。此項重量,不過便利計算而已。此後再加水若干,俾其濃度爲30% 固體,於是由攪動機注入汞膏銅管(見第五圖),以達12"×48"大小之縐呢板,在此硫化鑛物以較重而沉積,含石英之毛砂,則流集於其板下之盆中。其沉積於縐呢板上之硫化鑛物,再加汞 20 克,鈉汞膏 1 克,在 70% 固體之濃度,入棒磨用鐵棒四根碾之,歷二時後,淘取其汞膏。上項試驗之各種產物,均經詳爲化驗,其中以金爲主要考慮之價值,僅表出於次。

| 產　　　物 | 重量試金 噸 | 金 瓲,試金噸 | 金 含金,瓲 | 金 百分數 |
|---|---|---|---|---|
| 原鑛 | 350 | 1.51 | 528.50 | 100 |
| 硫化鑛富集砂 | 57 | 2.62 | 149.34 | 28.2 |
| 石英毛砂 | 255 | 0.10 | 25.50 | 4.8 |

由汞膏法所提得者,用差數計算……………67.0%

### 重碾硫化鑛石

| | | | | |
|---|---|---|---|---|
| 硫化鑛砂集砂 | 57 試金噸 | 2.62 盎士 | 149.34瓲 | 28.2 |
| 重碾毛砂 | 57 | 0.84 | 47.88 | 9.0 |

由重碾所提得者,用差數法計算………101.48　19.2%

由汞膏板所提得者…………67.0%

由重碾所提得者…………19.2

總提得之金…………86.2%

如視重碾爲一獨立之手續,則其結果,有如下表所示。

| | | | | |
|---|---|---|---|---|
| 硫化鑛富集砂 | 57 試金噸 | 2.62 盎士 | 149.34瓲 | 100 |
| 重碾毛砂 | 57 | 0.84 | 47.88 | 32.2 |

由重碾硫化鑛所提得者…………101.46　67.8%

鑛石原料全重…………350 試金噸

產物全重…………312

工作之機械損失…………38 試金噸或10.8%

石英與硫化鑛石之比例爲81.8 % 及18.2 %,或4.5 比1.0。

用 210 試金噸之同性質鑛樣試之,以資證實。此種鑛樣係自含有多量硫化物鑛石,由人工挑選,使其石英與硫化物之比,與普通平均混合鑛石相近似。卒以判斷不正確,其遺留之硫化鑛石比之平均鑛樣過大,但此種情形,必然有遭遇之機會,亦非無裨實際之試驗也。茲將其結果,表陳於次。

| 產物 | 重量,試金噸 | 金<br>釐,試金噸 | 金<br>合金,釐 | 金<br>百分數 |
|---|---|---|---|---|
| 原鑛 | 210 | 0.97 | 203.7 | 100 |
| 硫化鑛富集砂 | 67.6 | 2.75 | 185.9 | 91.2 |
| 石英毛砂 | 115.9 | 0.04 | 4.6 | 2.3 |
| 由汞膏板提得者用差數計算…… | | | 13.6 | 6.5% |

第五圖　總試驗佈置

重碾硫化鑛石

| 硫化鑛富集砂 | 67.6 | 2.75 | 185.9 | 91·2 |
|---|---|---|---|---|
| 重碾毛砂 | 67.6 | 1.02 | 68.9 | 33.8 |
| 用差數計算所提得者………… | | | 117.0 | 57.4% |

自汞膏實際所提得者 ……………… 129.5　　　63.0%

石英與硫化鑛物之比例爲63.1％比36.9％或1.7比 1.0

| | |
|---|---|
| 原鑛全重 | 210.0試金噸 |
| 產物全重 | 183.5 |
| 工作之機械損失………… | 26.5試金噸或12.6% |
| 由汞膏板所提得者………… | 6.5% |
| 由重礦所提得者………… | 63.0 |
| 總提得之金………… | 69.5% |

如視重礦爲一獨立之手續,其結果有如下表所示。

| | | | | |
|---|---|---|---|---|
| 硫化鑛富集砂 | 67.6試金噸 | 2.75嘔 | 185.9 | 100 |
| 重礦毛砂 | 67.6 | 1.02 | 68.9 | 37.1 |
| 用差數計算所提得者………… | | | 117.0 | 62.9% |
| 自汞膏實際所提得者………… | | | 129.5 | 69.6% |

　　爲估計縀呢集金板必需之面積,在試驗時曾注意及之,約得每方呎縀呢,可沉集100克之硫鑛物而不至過載。今假設在平均鑛石中,其石英與硫化鑛物之比爲5比1,則在每24時30噸產量,每小時硫化鑛物產生約有20旺或20,000克之多。照以上之估計,則每時可填滿 200 方呎之縀呢板。假令縀呢板爲4'×12'之視爲便利之大小,則每板面積 48 方呎,代表工作能力 4800 克。以鑛料時注入爲20.000 克計之,則此板可於0.24時或14.4分鐘接收其載重。倘鑛料注入,平均分散於二縀呢板,則需 28.8 分鐘載滿。爲計算便利計,設爲30分鐘可也。爲工作不間斷起見,另置第三縀呢板,於是同時二板工作,其他一板則進行洗刷。由此決定共需縀呢板三座,輪流每隔15分鐘,洗刷一次。

　　因硫化鑛富集砂及其重礦留下之毛砂,含金甚高,曾爲分析所含銅之成分,以視熔冶法(Matte Smelting)是否可以應用,蓋以由此能提取多量之金及銅 (假如含銅)。在最後之總試驗中,其原鑛含銅 1.97 %,而在硫化鑛富集砂含銅 4.54 %,加以後者合金每噸 2.75 盎士,銀 7.00 盎士。則其硫化鑛富集砂之用重碾汞膏法 (Reg-rinding Amalgamation)是否經濟,深值吾人之考慮也。以此種含銅及金銀成分之富集砂實為反射爐熔冶 (Rererberatory Smelting) 之理想物,而在實際上可將所有之金銀銅等,完全提出。

　　即在重碾手續後之毛砂,含金約每噸 1 盎士,銀 5 盎士及銅 4.54 %亦似以用熔冶法為佳。假如應用熔冶法自原有之富集砂提金,則重碾工作可以省去,同時所費並不增加。至於進行之限度,高價粗銅 (Matte) 之出產,泡銅 (Blister Copper) 之出產,或精銅之出產,而將金及銀分出,實須詳盡之研究與考察之問題,而有待於此後有系統之試驗也。

# 收音眞空管的進展

## 朱一成

　　自從三極眞空管發明以後,無線電通信及廣播的應用就有很長足的發展。就收音機方面說,眞空管可司放大,檢波,及振盪各種作用。因此從發報台所發出的電波,雖則因遠距離的間隔而收得很微細,也可由放大而得相當的音量。二十餘年來,眞空管在收音機中的功用雖仍不出那幾種,而以需要的增繁,理論的健碩,與製造方法的改良,新式眞空管層見疊出,爲數至夥,茲先就縱的方面,作一簡略的叙述。

　　最初廣播收音機中的眞空管,都以 6v. 的蓄電池供給燈絲電力。普通一機之中,祇用一種或兩種眞空管。譬如 UV-201 式的眞空管就用以作放大,檢波等用,有"全能"眞空管 (All purpose tube) 的稱謂。這在現在看來,實在是太粗率了。其後純鎢燈絲改爲鎢釷混合燈絲(thoriated filament)及鍍養化物的燈絲 (oxide-coated filament)。這種燈絲可以省去不少燈絲電力,所以用乾電池供給燈絲電力的眞空管,得以風行一時,像 UV-199 可作這類眞空管的代表。

　　但是用一種全能眞空管裝成的收音機,牠所發出的音量及所發生的失眞(Distortion)決不能使聽者常久滿意。因此需要一種新的眞空管,要能夠供給巨量的電力輸出而沒有失眞;應時而生的,先有 UX-120, 繼有 UX-171。

　　其次,用交流電供給燈絲電力的眞空管製造,可算得是一個重要的進步。在城市裏,發電廠總以交流電能供給每家的電光或電熱,所以用交流電供給電能的收音機實較用乾電池或蓄電池供給電能的收音機爲便捷而省費。交流眞空管有用直接燃燒之陰極者(Directly-heated cathodes),如 UX-226;有用間接燃燒之陰極者(Indirectly-heated cathodes),如 UY-227。惟前者祇能用以放大,後者兼可檢波;現在一切交流眞空管多採用後法。

同時四極眞空管的應用也逐漸發展。最初的代表是 222 式,那是直流收音機上用的,不久 224 或又填滿了交流收音機的需要。這種眞空管最大的應用,是在高週波放大。因爲用三極眞空管作高週波放大時所易於發生的振盪干擾,可以完全免去,幷且每一級的放大率也比三極管大得多。在那時一般收音機多用四極管作高週波放大,而以三極管作檢波器及第一級低週波放大,而以171-A作強力放大器。這在當時已是比較很滿意的了。

在收音方面,差不多不絕的有增加電力輸出的要求;171-A之後,就有245起而代之,後者可輸 1.6w.不失眞之電力。後來又有250,牠的輸出電力可達 4.6w.這種電力的增加是加大眞空管體積及加高屏極電壓的結果。但是再要增加電力顯然不能再用舊法。一則眞空管價值太貴,二則屏電壓之供給發生問題,而體積太大也不便裝置;於是五極眞空管又被普遍地採用。用比較小的輸入電壓可得較大的輸出電力,比如以'47與屏極消耗 (Plate dissipation) 相同的三極眞空管相較,那'47可輸出較大的電力,幷且還有較大的放大。

用電池供給電力的收音機及裝在車上的收音機(Automobile receiver)的用途增大以後,又有兩類新的眞空管製出。一種是 2-v.的乾電池眞空管,像 230, 231, 232 等。一種是 6-v.間接燃燒的車用眞空管,像 236, 237, 238 等。

還有一種"可變放大係數"眞空管 ("Variable-mu" tube) 也可算眞空管製造中之傑作。這種眞空管的柵極是特式的,牠的作用在避免一般四極眞空管作音量控制器時所遇到的失眞與干擾

(Distortion and Cross-talk)。235, 551 等就是這種交流四極管的代表。239, 234 則是"可變放大係數"車用眞空管。

　　再近一些,五極眞空管用作高週波放大的也很普通。'57 與 '58 都是屬於這一類的。自從 B-種放大 (Class-B amplification) 應用於收音機之電力輸出級以後,也有特種眞空管專司其事;: Type '46 可作代表,這是一種用特種接法的雙柵管。兩只 '46 用作 B-種末級放大時,可輸出電力至 20w. 之多。

　　綜上所述,收音眞空管的重要改革可從兩方面剖解之,一爲陰極的變遷;一爲柵極的變遷。茲分述於下:

# 陰 極 的 變 革

　　陰極是供給電子作種種作用的部分,在眞空管中佔着很重要的地位。普通總用電流通過一金屬絲,使牠發熱,這種熱力使電子脫離金屬絲本身。作這種用的金屬絲可分爲三種。一種是用純鎢絲的,這種金屬絲需要燒到白熱才有夠量的電子射出,所費電力頗大,在直流收音機眞空管中久已失去了牠的地位。一種是鎢鉭混合絲,牠的發電能力差不多完全靠鉭,鎢不過是一種發熱體,這裏,電子的放射并不需要極高溫度,祇要把牠燃燒到亮黃的程度就行,所需電力較省。還有一種是鍍着養化混合物的金屬絲,牠的放電能力更高,所需熱力更少,祇要燃燒至暗紅色程度,所能供給的電子已很豐富。

　　在構造上又可分爲直接燃燒的陰極,與間接燃燒的陰極。前者放電體與燃燒體是同一體,普通用直流電供給燈絲的都用這種陰極,用電很是經濟。但一般說來,牠是不適於交流電用的;因爲當通過燈絲之交流電正負變向時,電子的放射及空間電荷 (space charge) 的電位都隨着變動。這種變動經由放大眞空管而於放音器中發爲雜聲 (Hum),要用交流電供給直接燃燒的陰極,則該陰極需要特別設計。譬如,用特別粗大的燈絲使溫度變動減少;用過分多量的電子放射,使少許溫度變動不減少放射的電子至普通所需要的數量以下;用特種方法配置各極地位使凝量及電磁作用減至最少限度等等,這些都能使雜聲減少。'26式眞空管就是這種用直接燃燒的陰極而又適於用交流電供給燈絲的。

間接燃燒的陰極由兩部構成。一部是放電體,是一種很薄的金屬管,外塗易於射電的物質,這一部是放電的本體。另一部是燃燒體,普通由鎢絲做成,與放電體是隔絕的,這部的作用在以牠本身的電熱燃燒放電體,使後者得有相當的射電溫度。有這樣構成的陰極的眞空管,最適於交流電工作,放電體與燃燒體的隔離,放電體對於燃燒體所盡的間隔作用 (Shielding),都能阻止因交流電的通過而發生的雜聲。像 '27, '24-A, '35等眞空管都是用這種間接燃燒的陰極的,而且因爲這種構造旣可避免因偶生的電氣干擾通過燈絲而發生的困難;又因發電體與燃燒體之隔離而綫路可多變化;所以就是用直流電供給燈絲電力的眞空管,也有應用這同樣的構造者。像 '36, '37, '38, '39 式眞空管都屬這一類,牠們多用於車上收音機 (automobile receivers) 或用直流電力的收音機。

# 栅 極 的 變 遷

在眞空管設計中,有很多劃時代的進步,都與栅極的增改有密切關係。茲略分述於下:

甲.單栅眞空管　　眞空管在牠原始的形態,祇有屏.陰二極,精着單向電流作用,牠可用以整流(Rectification)及檢波(Detection)。自從栅極加了進去,因爲牠距離射電體較近,牠的管理屏電流的能力較屏極大數倍。這就有了放大的作用,也因爲有這種放大作用,三極眞空管就可自發振盪(self-excited Oscillations),於是眞空管的應用大爲增加。

但是三極眞空管在作高週波放大器時也遇到了困難,因爲屏極與栅極間所形成的電容量,使眞空管的輸入電路 (input circuit)與輸出電路(output circuit)發生交連關係(conpling)。這在低週波放大時當無問題,在高週波放大時,該電容交連每使輸出電能囘授輸入電路至相當數量,而振盪發生,干擾收音。在當時避免此種困難,須用繁復的相消電路;但是四極眞空管給予了更滿意的答案。

乙.雙柵眞空管　雙柵眞空管,或稱四極眞空管,較三極管多一柵極。牠的地位是在屏極與管理柵極(control grid)的中間,差不多把屏極完全隔離了,所以牠名爲隔離柵極(screen grid)。平常牠總是接着比屏電壓低的正電壓,并經由一電容器(by-pass condenser)而接到陰極。這樣,高週波電流在屏極變動時,就不能影響到管理柵極。普通三極眞空管的屏柵電容量約有8.0 mmf.,而四極管中,有效屏柵電容量(effective grid-plate capacity)可減至0.01 mmf.,因此不用繁複的相消電路,也不會有振盪干擾發生;還因爲該屏柵電容量的減少,四極管的放大能力可較三極管增大多倍,仍極穩定。

在眞空管中,電子以飛速擊中屏極時,有擊出另外電子的可能。這種副射電子在二極或三極管中尚無問題發生,因爲屏極近旁別無高電壓存在,該被擊出的諸電子仍被屏電壓吸囘。在四極管中,屏極傍近有高電壓的隔離柵極,故被擊出的諸電子易被該柵所吸收。這些電子所成的電流名曰副電流(secondary current),這種現象在屏電壓低落時尤爲明顯。這一方面減少了屏電流;一方面又限制了屏電壓的變動 (Plate voltage swing),都使該種四極管不適於強力放大之用。

丙.三柵眞空管　上面所說的雙柵眞空管所發生的困難,又可因另加一柵極而得到解決。這一柵極位於屏極與隔離柵極中間,有制止副電流的作用,所以名曰制止柵極(suppressor grid)。平常牠在管內與陰極接通,所以對於屏極與隔離柵極說,牠是有負電壓的,也就是這負電壓使副射電子折囘屏極,免生周折。

　　三柵眞空管又名五極眞空管,其功用可分爲兩種。一種是作強力輸出管的,因爲屏電壓的變動可以很大,所以牠能輸出多量電力,放大率也很高。還有一種是作高週波放大的,這也有幾種優點:(一)副電流旣不會發生,隔離柵極上的電壓可以任意選用最適當的數值,不受屏電壓的限制。(二)屏電壓的變動(swing)旣不受屏電壓與隔離柵電壓的關係的限制,所以牠可以較普通四極眞空管所容許的爲大。(三)副電流旣經免去,因副電流而生的雜聲也可免去。(四)屏電阻大增,這在"變動放大係數"眞空管中可以相消牠因構造上關係所引起的減少。

　　制止柵極也有不直接陰極而引出於眞空管的底座的,這又可使眞空管多一種管理方法,'57 與 '58 就是例子。

　　丁."可變放大係數"眞空管　　用普通的三極管與四極管裝置的收音機,常常會遇着兩種困難。一種是接收鄰近強力電波時所發生的失眞;一種是接得別種電波的干擾(cross-talk and cross-modulation)。這些困難都因應用到眞空管特性曲綫的曲綫部分而發生,這又是輸入柵極的高週波電壓增加的結果。很自然的辦法,是設法減少高週波放大器的放大率。這普通是用增加管理柵接電壓的方法的,但這也使眞空管工作於牠的曲綫部分,結果還是沒有改良。解決此種困難的是一種特製的眞空管,牠的管理柵極與平常的不同。有一種柵絲的構造在兩端繞得很擠,在中間則很稀,這樣在接收弱電波時,柵接電壓數值較小。這不平勻柵絲對於管理電子的作用與普通無異,要

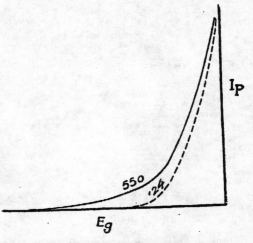

"可變放大係數"眞空管的 $I_p$-$E_g$ 特性曲綫

是柵接電壓因接收強力電波而增大時,柵絲兩端因圈數較密,不放電子通過。所以屏電流及其他各種眞空管特性都依中間稀疏部分之柵絲而作用。這樣,該眞空管的特性曲綫就有了圖示的形式,對於強力電波減少牠的放大率。

## 結　　論

上面所說的,不過提及了眞空管的重要改革,所引作代表的眞空管已有數十種。其他小的改良,或者現在還沒有普遍探用的眞空管,還沒有算進去。照現勢看來,新式眞空管的製造方興未艾,因爲需要爲創造之母,祇要我們對於現在所用的眞空管收音機尚有未盡滿意的地方,那末新式眞空管,一定會隨着新式綫路而出現的。

# 水電兩廠合併經營之利益

錢　慕　甯

# 一　概　論

　　近世工商發達,人口集中都市,因之生命財產之安全,起居行動之便利,乃成市政籌謀之首要問題;而各種公用設施中,尤以水電之供應最為急切。

　　國民政府統一全國以來,海內侈談市政建設,除築路闢荒等等外,復能注意水電之設施,實一可喜之徵象。但就實際言之,電廠多而水廠少,電廠易舉而水廠難成;明知清潔飲料為衛生之根源,充分水壓乃消防之要素;而全國水廠統計之數不滿二十,且其中約三分之一規模較鉅,利益較厚,根基較固,成績較優者,尚係外商經營,可勝威喟!按美國當 1800 年全國僅有水廠十七處,迄 1924 年其市鎮享有自來水之便利者增至一萬以上。若以此為文明進展之準繩,則謂中美文化程度之差別達一百年,當非奇論。

　　試考電廠多于水廠之原因,則理至簡顯。蓋建設電廠需費輕而獲利易,創立水廠需費繁而獲利難,不獨國內為然,即在歐美亦莫不如是。投資者惟利是圖,雖屬公益事業,誰願犧牲血本。以前政府既未切實倡導,設法維護,即現時僅有之水廠除外商經營者多由當局保息協助外,其他皆賴特殊環境之維繫始能存在;而水電合併經營,亦為其中原因之一。

　　茲再就水電事業根本性質不同之處,略述如下:

（1）水廠設施較繁于電廠,佔地亦較廣,廠內出水設備佔全盤建設費三至五成,廠外配水設備佔七至五成,與電廠所需發電配電設施適成反比。

（2）清水之供給,對於全市居民衛生關係至大,且在今日都市發達情況之下,其需要至為迫切。非若電力為一種身外之物,必要時不難暫付缺如,或另尋代替品。故一方對於水質清潔及水量充實須不計費用,務期精良,而一方對於取費,又以其為生活所必需而不容昂貴,更不能如其他營業以獲利為主旨。在此條件之下,故歐美每有水廠公營之主張與趨勢,而電廠則以商營為多。

（3）電氣用途甚廣,如電光,電熱,電力,在在均易發展,在工商發達之區,獲利機會尤廣。而自來水則除飲料外,大部為供洗物,消防,灑街,冲溝之需,多屬公益範圍,而非生利事業,故所獲報酬亦屬微薄。

在上述困難情況之下,投資經營自來水廠者,無怪利益難見而虧折時聞;尤以初創期中營業須與其他水源競爭,成效更不易見;再就已成水廠而言,設令經費不充,則不但出水不足不潔,而一切緊急之擴充亦無法着手。

雖然,以水廠關係之重要,不但未容停廢,且品質必臻精良;其惟一解決之根本關鍵,在如何增進水廠之經濟與效率,並節省其設備費用與經常開支,以達成本輕微水價低廉之目的。

就市區環境而言,自以水電兩廠合併經營為最經濟最合理之解決途徑。蓋水電同屬公用事業,除管理及設備多可彙籌並顧外,所出產品又能互相利用,相得益彰;無論市營商辦均可因此合作而堅實其基礎,使此兩種事業同時均得獨立繁榮自力發展之機會。

## 二　詳　釋

（1）寬電設備

本篇所論係以通常取水江河之水廠及蒸汽原動之電廠為根據；關于鑿泉取水及水力發電等之特殊情形，未遑備述。

水電合營最顯著之利益，在設備費用之經濟，因所有土地房屋以及一部分主要機件並附屬器具等，均有公用之可能性，而免重疊備置。

倘水電兩廠能同設一地，則其主要設備可同時服役兩方者，首為河下渾水之供給，所有一切進水間之設施，如進水井，進水溝，渾水機，送水管等均可同時供水廠渾水之來源及電廠循環水之需要，故一切建造經費，均可由兩方共同擔負。

送水管路之佈置係使河水先經凝汽缸吸收熱力後，再達定水池，或遇有餘時由廢水溝放回河中，對於水廠言，其送水阻力因水路延長及紆迴而不免增加，但殊有限；此種佈置之最大經濟，係在凝汽缸所需水量適與定水池相等之時，如遇一方需水較他方為多，則利益漸次減少，因送水阻力增高之損失，將更顯明。

按水電兩廠之最高荷載，在一年中，雖處于夏冬對立時期；然電廠需水容量與水溫有關，故冬季荷載雖高而河水溫度適低，需水量亦可較減，平均結果仍無重大差異。

再就水廠情形而言，所進渾水因經過凝汽缸後溫度增高，可免定水池及沙濾池冬季結冰之障礙，且對於凝聚劑如明礬之融化更有强實之助益。

水電合併經營之結果，可使水廠盡量利用電力以作原動之需。考電力幫浦之設備及經常費用，均較他種幫浦為低廉，惟若電源遠隔頗感安全較遜。在水電合併之廠發電用電既同在一處，供電中斷之機會絕少，可免不安之顧慮。若另採用蒸汽透平或引擎幫浦，其汽源即仰給於電廠之鍋爐，以作電力幫浦發生意外時之備則出水安全更多一層保障，鍋爐設備亦得兼用。

為免除蒸汽幫浦所需攀根凡而油類等之消耗，電力幫浦可常川開用。如用同期式馬達，以改進其發電機力率，則電廠賴有此太量需要,其發電效率勢將增高,電度成本亦獲減低。

此外各種修理及專供急用之補充機械,更可合力備置,以節廢費。

**(2) 經常維持**

水電合併經營之結果,一切監督管理,經常維持等費,均得因之節省,略與他種事業合組彙併所獲之效益相類似。如工程設施可責成總工程師,日常事務可責成廠務主任,均同時兼顧兩方;此外如加油升火以及雜務工匠亦不難服役全部機爐,使經常工料減至最低限度。

至於維持工作,則僅用一班修理工匠,即可同時顧及兩廠機器,其合併之經濟更顯,即令在合併情形之下,全體人數較各廠所需稍增;然若兩廠分設,則各廠人員決難裁減半數,故合併結果對于維持所需之工料消費,實有大量之節省。

所有廠外電線及水管裝修工程,因兩種工作差異過多,故節省程度不及廠內之顯著。然對于管理人員及非技術工匠仍可較分設時為減少。

公用之機房得以分儲水電兩處材料,對于堆棧建造及其管理維持之簡便,利益昭然;所有日常材料之購置,保管,收付,搬運之手續人工,均屬經濟。

此外總務方面如文書,庶務,會計,材料,以及營業方面如掛號,登賑,製單,核算均由較少人員擔任兩方工作,所有各處主要負責人員之僱用,尤為單簡;蓋若兩廠獨立經營,則此類開支勢須加倍。

用戶既多彙備水電兩種裝置,故關於抄表,收費,稽查,修理均可一次同時顧及水電兩方,甚為利便。

**(3) 出產互用**

按水電兩廠之荷載情形,日夜相反。即水廠最高需要量在午前七時,而電廠則在午後七時;故以電廠電力供應水廠需要適符完美理想,亦即合併經營之重要優點。

因兩方需要時期之不同,故水廠所需電量雖多,電廠設備及各種消耗並不因之比例增加。若水廠方面能有巨量之高位儲水櫃,俾夜間用電能大部或完全停歇,尤有助益於電廠。

水廠之日間電力需要既為常川大量,故使電廠發電機荷載率增高僅須多費少許煤料,卽可獲多量電力,發電成本,因之減輕不少。

同時電廠所需各種清水渾水,又能賴水廠供給;在此合作情況之下,一切計劃設施,均能通盤籌畫互相利用,以達經濟最優效率最高之目的。

總之,上述水電合併之利益,或有未盡;但大致言之,有百利而無一弊,因其同為市內重要公用事業,故合作最為利便,而兩業之出品得以互用,盈虧得以調劑,使此兩種重要設施之基礎,更增厚實,出產更獲精良,在今日經濟枯窘而又急求建設之<u>中國</u>,尤有倡導之必要。

# 三　例　證

## （1）長江中游某水電廠

國內合營水電廠殊不多覯。其中規模最宏,歷史最久者,首推長<u>江</u>中游某水電廠。當創辦之初,水電廠址不幸分設兩地,故合併之成績,不甚顯著;惟其他各部分工作皆係聯合辦理,自有相當利益。歷年營業成績,多係電部盈餘超出水部之上,或電部利益移抵水部損失。僅就原動力言,水廠除自備發電機約一千啓羅華特外,使用電廠輸送電力每日平均約二萬度,佔該廠發電總量百分之十六,經常開支繁重可想。售水則以未能裝表,耗費實多。近年以來,軍隊屯駐市區,用電偷漏極大;加之市稅奇重曾達總收入一成以上;(近已減少)復承水災國難之餘,市場蕭索已極,公司營業因以不振,依該公司廿一年度營業報告,雖有盈餘 408,157.51 元,但若加折舊,股息,並將扣抵欠單押款按十年平均攤分,所有水電兩廠消用

電水,復按實登帳,則水部應損失 452,508.62 元,電部應損失 130,700

63元,共計虧損 583,209.25 元。水部虧損較電部高達三倍之多,以此

推測,倘非水電合併以贏濟虧,則水廠之不能獨立存在,蓋無疑義。

　　根據該公司最近估價,水部資產爲 7,519,674 元;電部資產爲

5,797,118 元;(新置 6000 K W 發電機及鍋爐在外)公司股額共計

5,000,000.00 元,內部組織分總務,營業,工程,材料,會計,水廠,電廠,七

處,在可能範圍內均兼顧兩方工作,以節經費。電廠最高荷載爲10,

800啓羅華特,水廠最大出水量,爲每日 20,000,000 加倫。自來水普供

華洋全市用戶,約計40,000戶,華界用水多係包月,租界及特區供水

則採用總表計算,每千加倫合銀四錢。電燈僅限華界,共 22,804戶,每

度售洋.22 元,每戶每月最低五度,電力電熱每度洋0.1元。

　　茲將該公司廿一年度水電營業情形,分別列表於后:

## （A)水部損益計算表

| 損　　　失 | 項　　目 | 利　　益 |
|---|---|---|
|  | 利　益　類 |  |
|  | 營業收入 | $1,664,758.87 |
|  | 水部虧損 | 452,508.62 |
|  | 損　失　類 |  |
| $568,121.65 | 出水開支 |  |
| 131,615.01 | 配水開支 |  |
| 634,978.77 | 總公司開支 |  |
| 432,156.06 | 水廠用電 |  |
| 200,000.00 | 股息八厘 |  |
| 150,396.00 | 資產折舊 |  |
| $2,117,267.49 |  | $2,117,267.49 |

備考　1. 全年共出水量 5,476,785 千加倫

　　　2. 每千加倫成本 $0.387 元

　　　7. 水廠用電共 7,202,601 度每度以 0.06 元計算

　　　2 資產折舊依新估價額每年折舊 2%

## (B)電部損益計算表

| 損　　失 | 項　　目 | 利　　益 |
|---|---|---|
| | 利　益　類 | |
| | 營業收入 | $2,576,769.62 |
| | 電部虧損 | 130,700.63 |
| | 損　失　類 | |
| $1,614,934.47 | 發電開支 | |
| 131,615.01 | 配電開支 | |
| 634,978.77 | 總公司開支 | |
| 10,000.00 | 電廠水費 | |
| 200,000.00 | 股息八厘 | |
| 115,942.00 | 資產損舊 | |
| $2,707,470.25 | | $2,707,470 25 |

備考　1. 全年共發電度 45,107,050 度

　　　2. 每度電成本 0.06 元

　　　3. 電廠用水共約 25,000 千加侖每千加侖以 0.40 元計算

　　　4. 資產折舊依新估價額每年折舊 2%

### (2)美國甘賽斯城水電廠 KANSAS CITY. KS.

　　甘賽斯城市辦之水電合營廠,其電廠用戶為33,000戶;水廠用戶為28,000戶。在 1930 年底,電部資產計值美金 4,468,313.40 元;水部資產計值美金 5,448,090.76 元。1930 年度兩廠收支情形如下。

| 電部收入美金 | 1,855,815.98元 | 水部總收入美金 | 961,199.36 |
|---|---|---|---|
| 電部開支 | 994,508.53 | 水部開支 | 430,548.70 |
| 電部盈餘 | 861,307.45 | 水部盈餘 | 530,650.66 |
| 還本付息 | 263,758.78 | | 328,084.06 |
| 盈餘超過還本付息倍數 | 3.27 | | 1.62 |

　　上述結果,顯示水電營業同在一市範圍之內,其資產及用戶數目又均大致相等;而對于投資者之利益,電部超出水部竟達一倍。

　　且該廠售電價格,並不昂貴,以全年所發電度計算,平均收入每度僅合0.0182元,水價每千加侖 0.08 元至 0.33 元,出水成本每千

加侖 0.11 元,電價普通用戶每度 0.037 元,工業用戶每度 0.01 元,發電成本每度 0.0145 元,均爲美金單位,故水電成本均較普通爲低,可證明水電合併經營之經濟,就建築及設備經濟言,甘城水電廠因係在同一地址,故房屋地皮及附屬機件,兩廠得共同利用甚多,其關係最密切者如下:

(1)進水間起送之水先經電廠之凝汽缸再達水廠之定水池,每日十萬萬加侖容量之進水井及水道,並每日 900,000,000 加侖容量之渾水馬達幫浦,同時供水電兩廠之用,故進水間一切經費兩廠共同負擔,固定開支因以減低。

(2)水廠清水離心幫浦一座,每日容量 25,000,000 加侖,由 2000 馬力之同期式馬達轉運,此項馬達幫浦常川開用,使電廠因此得供極低廉價之電力。

另有 12,500,000 加侖之蒸汽引擎幫浦一座,作爲備用。遇需用時其蒸汽之供給卽仰給于電廠之鍋爐,因彼時電力幫浦已停,蒸汽甚爲充裕。

管理統系,係由本城商界領袖五人,組織公用委員會;再由該會聘任經理兩人,一負出產及分配之責,一負收費及帳務之責,一切水電事務,均由彼二人指揮管理,此外總工程師一人,會計師一人,管銀員一人,司賬員一人,均係同時兼顧水電兩方職務。

該廠近會從事擴充設備,新裝 12,500 KVA 發電機一座,及每時可生發 150,000 磅蒸汽之鍋爐一座,共費美金 16,000,000 元,(汽壓每方吋 450 磅)(過熱 250 華氏度)全部經費均由盈餘項下支付,未曾另發公債。

### (3)美國北加羅賴納綠墅城水電廠 GREENVILLE, N. C.

綠墅城水電廠亦爲市辦,所發電力用高壓線路分供附近七小鎮,如此集中發電,因較每鎮各設一小電廠爲經濟。

若用 22,000 伏而次容量 1000 啓羅華特之輸電線路,每哩需費美金 1,000 元,在三十哩以內,電壓尙可滿意,各分城多另設小水廠,

但均採用綠墅所輸電力,茲將 1927 年綠墅水電營業情形,採錄如下:

| | | | |
|---|---|---|---|
| 電部收入 | 141,087.56元(美金) | 水部收入 | 36,033.36元(美金) |
| 電部開支 | 67,514.33 | 水部開支 | 32,160.91 |
| 電部盈餘 | 73,573.23元(美金) | 水部盈餘 | 3,872.45元(美金) |

惟水廠所用電力及電燈,均未付價登賬,否則上表所載水部營業,將由盈餘而變成虧損。

此水電廠所獲利益,除維持及市內擴充公用水電外,並擔負全市下水道之維持工作,及其應需之擴充。此外尚有餘力供應各項公債還本付息之需要,售電價格亦不甚高,大致如下。

最低用電費每戶每月 1 元,電光每度 0.1元,至 0.05 元,電熱每度 0.03 元至 0.02 元,電力每度 0.01 元至 0.005 元,均係美金單位。由此可證該廠優良之成績,非賴電價抬高,乃係合併經營下,效率與經濟同時增進之結果。

# 內地城市改進居住衞生問題之商榷

## 胡　樹　楫

　　吾國內地城市向一任民衆之習慣與需要自由發展，無爲之通盤擘劃管理者，故街道湫隘，建築淩亂，絕無居住衞生之可言。近年以來，始有市政之設施，其尤彰彰在人耳目者爲開築馬路一事。然其成效謂爲增加交通之便利則可，以言改進居住衞生則猶未也。試觀內地沿馬路之建築物，外表未嘗不氣象一新，細察其內部，實多未合衞生上之要求，其在舊街巷之建築物更毋待論。夫居住之不衞生，足陷人類於衰病，而滋肺癆之蔓延，爲公認之事實。吾人若就內地城市每年人口死亡之數加以統計分析，吾知其由於肺病或居住不良者必居一大部分無疑。（嘗見鄉村子弟入市習商，病肺而歸者，不在少數；又嘗居某城兩月，見同屋十數人患肺癆死者竟達兩人之多）此種妨礙民族生存繁榮之情形，不可不及早謀所以補救之者。用敢不辭譾陋，就內地城市中不衞生建築物成立之原因及改革之辦法，擇要論述如次，與同人一商榷之。

　　**(一)街巷湫隘**　內地城市之舊有街巷，大都湫隘過甚，以致兩旁之建築物，陽光旣不充足，空氣亦不流通。其在偏僻之處，且爲垃圾便汙積聚之所，故拓寬街巷，不特所以便利交通，亦爲促進居住衞生之要圖。

　　**(二)土地利用之無限制**　以前國人不知空氣流通與陽光充足兩者爲衞生上所必需，僅知將所有土地盡量利用，又無市政機關爲之監督限制。以致每一基地之上，不特房屋物前後層層排列，即其間少許隙地,亦於左右兩旁各建廂屋,而成「口」字,「日」字,「目」字等形之密集建築物,僅留狹小之天井以納光線。自吾人今日之眼光觀之,前後房屋相距過近,既使空氣難以流通,光線不能充足,廂屋左右分列又足以妨礙「橫向通風」,故此種密集建築物內部暗悶潮濕,謂爲肺結核之養成所,誰曰不宜。至於發生火患時之危險,自不待論。

　　上述之不衞生建築物,在內地城市中汗牛充棟,在今日經濟彫敝情形之下,勢難仿歐美城市改良不衞生區域辦法悉由市政機關強制改造,惟有假助取締建築之規章,於業主自動拆除重建時加以糾正,此外並防止此類建築物之產生。不幸前此內地各城市施行之建築規則大都簡單籠統,對於構造安全及防火安全等方面尚有相當注意,而對於促進居住衞生方面往往過於忽略,殊失取締建築本意之大部分,此不佞之所以不能已於言也。

　　竊謂藉建築規則以促進居住衞生,(1)須限制土地之利用,以免人烟過密與空地過少。限制土地利用,除按用途分區問題不在本文討論範圍外,即限制高度與建築面積是。大抵在地價不甚高之內地城市,關於建築高度之最大限制,商店等宜以五層爲度,住宅以三層爲度,(此外並宜按層數規定尺寸限制以防取巧)。關於建築面積之最大限制,商店等宜以佔基地百分之六十爲度,住宅百分之四十爲度。具體規定須參酌當地情形行之,總以土地利用之程度不致使地價激漲,亦不致使地價低落爲旨歸。(2)須規定建築物與建築物及建築物與基地界線間之至少距離,以防空地分配不當,致有一部分房屋仍感陽光空氣不足,不適於居住情事。(3)須限制廂屋之建造,以此種廂屋普通防礙建築物之橫向通風故。(例如柏林市建築規則規定:「在同一基地上如環繞一院落建築房屋,內有供人停留之房間者,必須留空之院落至少有 720 平方公尺之面積及至少有 10 公尺之長寬方可」,) (4)此外更宜察酌當地情形,參考市政先進國成規,訂立促進居住衞生上之其他條文。

　　上述各點,本屬老生常談,然前此各地建築規則,鮮經顧及,甚至並最簡單易行之建築面積限制,亦有絲毫不加規定者。其意殆謂有建築面積等種種限制,則土地之價值將減低,勢必爲土地所有權人所反對,且市區內實際供建築用之面積減少,或竟釀成「屋荒」之患。殊不知內地城市內之舊建築物大都爲平房,故佔地多而容量小,不能得土地之經濟利用,苟將其改築爲同一容量之二層樓房,則除多出樓梯等所佔少許面積外,僅佔原有建築面積之半,其餘可騰出爲空地。若改築之爲同一容量之三層樓房,則僅約佔原有建築面積三分之一,其餘可騰出爲空地,餘類推。且今內地已有摹仿洋場競尙樓房之趨勢,正不妨因勢利導,使向者密集於地面之建築物一變而分立於空中。土地之利用旣未較以前減低,或更可加高,則地價當有漲無落,雖樓房之建築費不免較舊式平房稍昂,然樓房旣較受歡迎,則建築費必仍可取償於租金無疑。

　　不衛生建築物之改造,除靜待業主自動舉辦,然後執完善之建築規則以繩其後外,如能由市政機關從旁促進,自屬更佳。例如(1)對於已窳舊傾欹之建築物儘先按「取締危險建築物」例督促改造。(2)由市銀行以低制貸款於房地業主,爲改造舊屋之需。以爲提倡。(3)於一定期限內減免改造新建築物之房捐,以資鼓勵。(4)以前內地房屋業主往往與承租者訂立無限期之租約,承租者每以數倍之租金轉租於第三者而坐享不勞而獲之利,業主改造房屋,勢必出而阻撓,或以繼續以低價承租爲要挾。此種習慣使業主無法享受房地漲價及房屋翻造之利益,亦未始非內地房地產業市場不活動之一因,各地主持市政者,亟應設法改革之,庶營造與而劣屋漸除也。

　　限制建築面積等之實施,尙有其他衛生問題得以聯帶解決,例如廁所問題是。按水冲廁所在已有自來水設備之處始能普遍,非所謂於今日之內地城市。故坑式廁所在所難免。內地舊建築物大都過於密集,每戶不便各建廁所,故由私人或官廳於街巷內設厠,以供多家公用,而取售寶糞便之收入。此種沿街巷之厠所不特行人掩鼻而過,有礙觀瞻,且往往密邇公井,妨礙飲料衛生。苟舊建築物改造時留出相當空地,則不難限定每戶(指每一建築基地)各於僻處設厠(其構造自應比舊式改良,與往屋之距離亦須有限制)而沿街巷之公私厠所可以廢除,或減少至最低限度。

**(三)拓寬街道之意外結果**　由(一)節所述,拓寬街道可以促進居住衛生,然亦有結果相反之例外。嘗見某省會某兩馬路旁之市房,有因築路時割地過多,致成短淺之畸形建築物,其進深甚至僅達一公尺左右者。此種畸形建築物至今仍為小本營業者勾留之所,晝則跼促於櫃架之間,夜則以一席地之樓面為寢臥之所。試思夏熱冬寒時跼身其中者之苦狀為何如,門窗緊閉時空氣之缺乏又何如。至於有礙市容之觀瞻猶其餘事。然此非拓寬街道本身之流弊,實由主持其事者對於不適於建築之割餘地未有適當處置之故。按城市內地畝往往深淺懸殊。拓寬街道時遇有此種情形,除於規定路線時加以注意外,最好將各戶地畝聯帶予以重劃,使割餘地畝無一不適於建築,否則亦宜將不適建築之割餘地加以收買(連被割之地一併給價),轉售於後面毗連地畝之所有權人,使合併利用之。若該所有權人拒絕收買,則將其地一併徵收或徵收其一部分,俾得湊成整塊以售諸第三者。苟能如此,則上述畸形建築物無由產生矣。

**(四)餘言**　以上各端係就改進居住衛生問題之關係建築物本身者立論,並以犖犖大者為限,其他枝節附屬問題,如建築物之避潮,制囂,防熱,取暖,排水,除汙以及水電供給等項,盡人咸知其為居住衛生上所需要,故不贅述。

# 圖解梯形重心之廿四原理及其畫法

## 李 書 田

## 序 言

工程師進行各項設計時,嘗遇若干求梯形重心之實例。如堰壩之設計及審核,苟將其橫切面及三角形之靜水壓力分爲若干平行部份,卽成爲多數連續之梯形。牆柱基,橋墩,橋臺,擁壁,岸牆及船閘牆下之單位壓力,普通均依直線率而變,故除其合力適落於中心或三分點上外,其壓力圖亦均爲梯形。再如圖解填上式拱橋時普通亦將其靜重分爲多數連續之梯形,故關於簡易圖解梯形重心法,頗值得一研究之。

民國十二年多,著者適從事於堰壩之設計及審核,卽開始研究此項問題。嗣後復各方搜集,計劃新法,而綜合爲此廿四原理,以爲喜用圖解法者之參考,且爲幾何及圖解專家發見其他求梯形重心法之倡焉。

著者對於下述之文字,只著重其原理;而於圖解法之證明,僅略加暗示。因著者深信精通原理,比將方法注入腦中較爲有趣;而使讀者自身推論某一關係之證法,亦比使讀者聽從極繁瑣之證明較爲有趣也。

在左列文字中,"EF"綫係由接連二平行邊之中點而成,名曰『中綫』。梯形之重心,在圖內以 G 表明之。

**第一原理:** 梯形之重心,應在其中綫與其二合成三角形之重心連接線之交點上。

　　應用此理之最易畫法如第一圖所示。

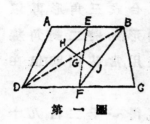

第 一 圖

　　$AE=BE$；$CF=DF$；$HE=\frac{1}{3}DE,FJ=\frac{1}{3}BF$，如原理上所述 H J 及 E F 將於 G 點相交,即為此梯形面積之重心。

　　連對角線 BD 以 ABD 及 BCD 為二三角形。三角形之重心,位於一中線之近底三分點上,或二中線之交點上。

　　如用異組之合成三角形,及不同方法而求三角形之重心,則可獲七十二種不同之畫法。

　　**第二原理**　梯形之重心,應在其中線與其合成三角形及其合成平行四邊形之重心連接線之交點上。

　　實際上圖解時,只令 $AC=AB$,$DM=MA$……即可;如將 A A′ 虛線連成,則畫法自明。

　　如在合成三角形內畫不同之中線,及在此平行四邊形內畫不同之對角線,與用不同組之合成圖形,則可得三十六種不同之畫法。

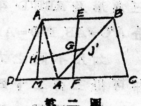

第 二 圖

　　**第三原理**　梯形之重心,應在其中線與其外周平行四邊形及其補足三角形之重心延長線之交點上。

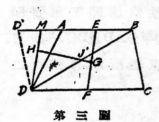

第 三 圖

　　實際上圖解時,令 $D′B=DC$, $D′M=MA$,……如將 D′D 虛線連成,則畫法自明。

　　BCDD′ 名曰『外周平行四邊形』；A D D′ 名曰『補足三角形』。因原有之梯形,再補足此三角形,即成為外周平行四邊形。

　　根據第二原理所述,則亦有三十六種不同畫法。

　　**第四原理**　梯形之重心,應在其二組合成三角形之重心連接之交點上。其一組由連某一對角線而成,他一組由連另一對角線而成。

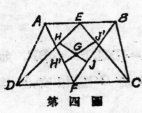

第四圖

實際上圖解時,令AE＝BE,DF＝CF,HE＝
$\frac{1}{2}$DE,FJ＝$\frac{1}{2}$BF,FH'＝$\frac{1}{2}$AF,EJ'＝$\frac{1}{2}$CE。

先以ABD及BCD爲二合成三角形,再以
ABC及ADC爲二合成三角形。如將二對角線
AC及BD畫出,則此理之應用,當甚顯明;但在
圖解上卽不必須。

如應用不同之方法,求三角形之重心,卽可得一千二百九十
六種不同之畫法。

第五原理　梯形之重心,應在其一組合成三角形及平行四
邊形之重心連接線與其另一組之重心連接線之交點上。

如將AA'連成一虛線,得ADA'三角形及
AA'BC平行四邊形;如再連BB'線,則得BB'C
三角形及ABB'D平行四邊形。但在實際上,只
令A'C＝AB,B'D＝AB,平分DA及B'C,⋯⋯卽可。

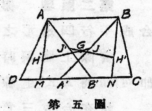

第五圖

如用不同之方法,求各合成圖形之重心,
卽可得三百二十四種不同之畫法。

第六原理　梯形之重心,應在其一組外周平行四邊形及其
補足三角形之重心連接線與其另一組之重心連接線之交點上。

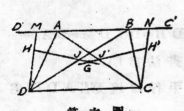

第六圖

如將DD'及CC'用虛線繪出,根據第三
及第五原理,則此圖解法當卽顯明。但實際
上只令AC'＝DC,BD'＝CD平分AD及BC'⋯⋯卽可。

此原理亦如第五原理所示,有三百二
十四種不同之畫法。

第七原理　梯形之重心,應在二合成三
角形之重心連接線上。其距二重心點之位置,
與其三角之高度成反比例。此二三角形,均應
以區分此二三角形之對角線爲底邊。

圖解時應平分BD令HM＝$\frac{1}{2}$AM,MJ＝$\frac{1}{2}$CM,

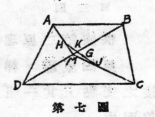

第七圖

及 GJ＝HK。則

$$\frac{GJ}{HG}=\frac{HK}{JK}=\frac{\frac{1}{3}ABD之高度}{\frac{1}{3}BCD之高度}=\frac{ABD}{BCD}$$

此原理共有七十二種不同畫法。

**第八原理**　梯形之重心,應在其合成三角形及其合成平行四邊形之重心連接線上。其距二重心點之位置,與此四邊形之底邊及此三角形底邊之半數適成反比列。

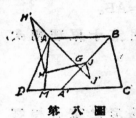

第 八 圖

如以虛線連 A A'則畫法之第一部份即明實際上令A'C＝AB, DM＝MA: HM＝$\frac{1}{3}$AM, 平分A'B, 在與 HJ 垂直線 HH' 及 JJ' 線上, 截 HH'＝A'C, JJ'＝$\frac{1}{2}$DA'＝MA',……此三角形及此平行四邊之高度相等。

此原理亦有七十二種不同畫法。

**第九原理**　梯形之重心,應在其外周平行四邊形及其補足三角形之重心連接線之延長線上,其距二重心點之位置,與此四邊形之底邊及此三角形底邊之半數成反比例。

在第九圖上。

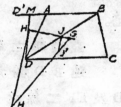

第 九 圖

BD'＝CD, HM＝$\frac{1}{3}$MD. AM＝MD', BJ＝DJ, HH'＝CD, JJ'＝AM。

此原理亦如第八原理,有七十二種不同之畫法。

**第十原理**　梯形之重心,應在其中線上,其距二平行邊之位置,與其本邊長度之半數加對邊之長度成正比例。

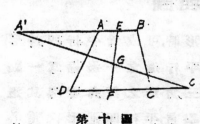

第 十 圖

第十圖中,AA'＝CD, CC'＝AB,此理之證明可參閱 Church 之力學及 Swain 之材料力學。(將此梯形分爲二三角形,由計算此二三角形繞二平行邊之力率,而以二邊之長度定 GE 及 GF 之比;如 G 果爲梯形之重心,則$\frac{GE}{GF}=\frac{A'E}{C'FO}$由 A'EG 及 C'FG 二相似三角形所得亦

然)。

此原理有二種不同之畫法。

**第十一原理**　梯形之重心,應在二平行四邊形之較長對角線之交點上。此二平行邊之底邊,應為原梯形二平行邊之和。

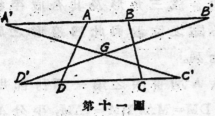

第十一圖

畫法見第十一圖AA'=CD, BB'=CD, CC'=AB, DD'=AB。

此原理係應用第十原理兩次,而不須中線。

此原理僅有一種畫法。

**第十二原理**　梯形之重心,應與一平行四邊形之重心相符合。此四邊形由延長該梯形各邊三分點之連接線所成。

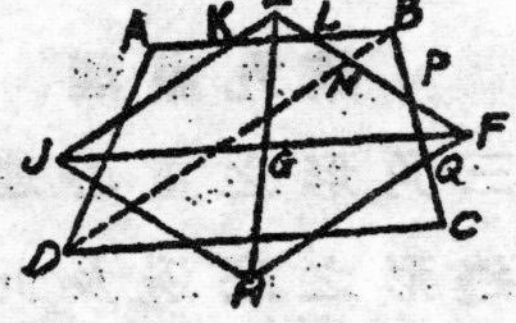

如第十二圖,將 AB, BC, CD 及 DA 分為三等分,則 EFHJ 四邊形之重心即為所求梯形之重心。

第十二圖

茲證明之如左:

連 B D 對角線,由畫法上△ELK=△LBN,△BNP=PQF。而繞 B D 及 EF 二線之力率,如以 ELK 及 PFQ 二三角形代 LBP 三角形,仍不失其平衡。在同樣情形之下,他角亦然。

此原理共有三種不同之畫法。

# 重心三角形之理論

一梯形面積,可想像當其在極限情形時,可成為平行四邊形或三角形——即如二平行邊相等或二平行邊之一邊縮為一點之時。平行四邊形之對角線相交於重心,三角形之對角線與其邊正相符合,故均無重心三角形。(以數理學言,平行四邊形之重心三角形之底邊,為一對角線而其高度為零。三角形之重心三角形,與原三角形正相符合)重心三角形可解釋之如下:在梯形內,某一三角形之重心,如與梯形之重心相符合,此三角形即名曰重心三角形。

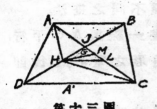

第十三圖

如第十三圖所示:連 A C 及 B D 二對角線,令 DH=BJ。則 ABJ, AHJ 及 AHD 三個三角形之重心,距 B D 線相等。因 BJ=DH, 故 ABJ 及 AHD 二三角形之重心距 AHJ 三角形之重心相等。AHJ 三角形之重心,即爲 ABD 三角形之重心。依此理則 CHJ 三角形之重心,亦即爲 BCD 三角形之重心。是以 AHC 之重心即與 ABCD 之重心相符合。如 CL=AJ, BLD 三角形之重心,亦與此 ABCD 梯形之重心相符合。AHC 及 BLD 二三角形,名曰『大重心三角形』。

如令 AM=MC 或 JM=ML, GM=⅓HM, 此重心三角形之重心即在 G 點。但 G 亦爲小三角形 HJL 之重心,故 HJL 名曰『小重心三角形』一梯形共有大重心三角形二,小重心三角形一。如此梯形之二平行邊之長發生變化,至將此梯形化爲平行四邊形或三角形時,此等重心三角形,亦連帶消失。

由右述重心三角形之理論,而得下列各原理。

**第十三原理**　梯形之重心,應在其大重心三角形之重心上。

**第十四原理**　梯形之重心,應在其小重心三角形之重心上。

**第十五原理**　梯形之重心,應在該梯形及其大重心三角形之中線交點上。

**第十六原理**　梯形之重心,應在該梯形及其小重心三角形之中線交點上。

**第十七原理**　梯形之重心,應在其二大重心三角形之中線交點上。

**第十八原理**　梯形之重心,應在其一大重心三角形及其小重心三角形之中線交點上。

實際上應用第十三原理時,只令 DH=JB, MC=AM, GM=⅓HM 即可,而 AH,HC 及 HL 等無須畫出。應用第十四至第十八原理之畫法,可由讀者自行聯想之。

第十三原理至第十八原理共有四十八種不同之畫法。

如將第十三圖再深研究之,設如由 G 點畫一線與 AC 平行,此線必經 AHJ 三角形之重心,亦卽爲 ABD 三角形之重心。此後卽名此線爲『重心線』。據此可得左列諸理。

第十九原理　梯形之重心,應在其中線及其重心線之交點上。

重心線有二,一與 AC 平行。一與 BD 平行。故有

第二十原理　梯形之重心,應在其重心線之交點上。

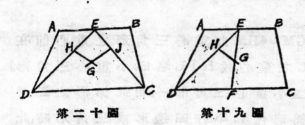

第二十圖　　　　第十九圖

在第十九及第二十圖內,HG 與 AC 平行,JG 與 BD 平行,H 及 J 爲近短底邊之三分點。

以上二理,共有九十六種不同之畫法。

再將第十三圖研究之,如畫 AA' 線與 BC 平行,則 △A'LC=△ABJ,且 A'L 與 BD 平行。故果若自 G 點畫一線與 BD 平行,則此線將切 CD 線之一點,此點至 D 點之距離,爲 DA' 三分之一。德國著者 Wilh. Keck 教授在其所著之 "Mechanik" 內,以全篇之數理運用,以證明此項關係,但如右所示,只用普通常識之字句,略輔以圖法卽可由此項研究而得左列各理:

第二十一原理　梯形之重心,應在其中線與其『三分之一差對角平行線』之交點上。

『三分之一差對角平行線』可釋爲經較長底邊之一點,而與距離較近之對角線平行之線。此點之位置,距此底邊一端之長,爲二底邊差之三分一。在一梯形內,可畫此線兩條,故有

**第二十二原理**：梯形之重心，應在二『三分之一差對角平行線』之交點上。

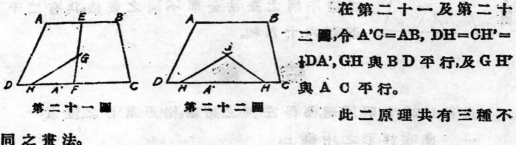

第二十一圖　　　　第二十二圖

在第二十一及第二十二圖，令 A'C=AB, DH=CH'=$\frac{1}{3}$DA'，GH 與 BD 平行，及 GH' 與 AC 平行。

此二原理共有三種不同之畫法。

第二十三圖甲，ABCD 為一梯形。如 $G_1$ 為 $\triangle$ABC 之重心，$G_2$ 為 $\triangle$BCD 之重心，$G_3$ 為 $\triangle$ABC 之重心，$G_4$ 為 $\triangle$ACD 之重心。則如第十九原理所示，$G_3 G_4$ 與 BD 平行，$G_1 G_2$ 與 AC 平行。再者，$G_4$ F=$\frac{1}{3}$AF, $G_2$ F=$\frac{1}{3}$ BF。畫 AE 與 BD 平行，BE 與 AC 平行，則 G$G_2$ 與 BE 平行，而 G$G_4$ 與 AE 平行。如以CDE 為一三角形，將見 G 亦為此三角形之重心。故此三角形CDE名曰『代三角形』。因EF線與梯形之中線相符合，由G點畫二線與 AC 及 BD 平行，將切在 CD 底邊之二三分點上。由此可得左列二原理：

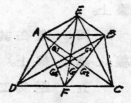

第二十三圖甲

**第二十三原理**　由梯形任何一邊之二三分點畫一直線，與其代三角形較近之一邊平形，此線與梯形之中線相交點，即為此梯形之重心。此代三角形應以含三分點之邊為底邊。

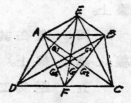

第二十三圖

如第二十三圖，AE 與 DB 平行，BE 與 AC 平行，HG 與 DE 平行，DH=$\frac{1}{3}$CD，C, E, 及 D 為代三角形之頂點。

**第二十四原理**　由梯形任何一邊之二三分點各畫一直線，且各與其代三角形較近之一邊平行，此二線之交點，即為此梯形之重心。此代三角形，應以含三分點之邊為底邊。

如第二十四圖，AE 與 BD 平行，BE 與 AC 平行，HG 與 DE 平形，

JG 與 CE 平形,H 及 J 爲二三分點。

第二十三原理與第二十四原理復有十二種不同之畫法,全部不同之畫法,共有二千四百六十九種。

# 結　論

由前述之廿四原理,而得左列之結論。梯形重心之位置:—

一．　應在梯形之中線上。

二．　應在其合成三角形之重心連接線上。

三．　應在其合成平行四邊形及其合成三角形之重心連接線上。

四．　應在其外周平行四邊形及其補足三角形之重心連接線之延長線上。

五．　距其二合成三角形之重心,與其垂於同底邊之高度成反比例。

六．　距其合成平行四邊形及其合成三角形之重心,與此四邊形之底邊及此三角形底邊之半成反比例。此二合成圖形之底邊,應均在梯形之長底邊上。

七．　距其外周平行四邊形及其補足三角形之重心,與此四邊形之底邊及此三角形底邊之半成外交反比例。

八．　距梯形之二平行邊,與其一邊之半數加對邊成正比例。

九．　應在一平行四邊形之對角線及其重心上,此四邊形由延長梯形各邊之三分點連接線所成。

十．　應在其大重心三角形之中線及其重心上。

十一．　應在其小重心三角形之中線及其重心上。

十二．　應在「重心線」上——即由以一對角線分或之三角形之重心而與他一對角線平行之線

十三．　應在「三分之一差對角平行線」上。(事實上言,此線與

重心線在同一位置,不過在理論上及畫法上,均完全不同。

十四. 應在由梯形之某一邊三分點而與同底邊「代三角形」之較近邊平行之線上。

以前所述之廿四原理,即基於此十四公理而得。

## 此等原理之應用於不規則四邊形

廿四原理之中,除含有梯形之性質者外,(即兩底邊平行)均可應用於不規則四邊形.故第四,七,十二,十三,十四,十七,十八,二十,二十三,及二十四等原理,均適用於不規則四邊形。

## 對於應用此等原理之指範

左列之指範,可令畫法上增加速度,且可減少發生錯誤之機會。

一. 廿四原理中之過半數,在畫法上只須三四線。(有二理只須二線者)故應用此等原理較為捷便。

二. 因三分三角形之中線,須用試切法,故不若多等分一邊,而畫二中線。

三. 為防避相交點不清起見,所有相交角,在可能範圍內,應使之大於六十度,最小不得過三十度。

四. 應避免畫短線,因如其位置稍有不合,當其延長時,錯誤甚大。

五. 能用原有梯形範圍內之畫法較善。

# 施華閣樁載重試驗

## 黃　炎

　　上海土地,為 900 尺以上之爛泥細沙,冲積而成,載重之力甚弱。近年來地價日昂,建造房屋,力求增高,以合乎經濟打算。於是基礎之設備,遂成為嚴重問題。

　　積數十年之經驗,從事建築者,莫不知上海土地上最穩固之基礎,厥為深入地層之樁子。於是咸向此路搜求。年來樁子之材料,打入,製造等等,花樣日繁,各出其所特長,以相競逐。

第一圖　　木樁放入外壳中

　　此篇所述之施華閣樁(Svagr's pile),爲新到上海之一種,尚未經人採用。二十年夏間,施華閣在上海貝當路汶林路角地上,舉行試驗,以昭信實。

　　由美國所得經驗,用鋼管二條,套着打入地中,可以就地鑄成有底脚的水泥樁子。如用 Warrington-Vulcan 蒸汽搥子,擊速低而體重,則兩條鋼管,可同時打下至預期之深度,一如人意。

　　按上海泥地情形,管子入土,以愈深愈好。施華閣所用打樁架高 110 尺。前面有堅固之導木,樁子能垂直打落而不灣曲。

　　及至兩管打下,卽將內管拔出,將直而圓的木樁,放入外壳中(第一圖)

　　再將內管接在木樁頭上,一起打下,至木樁遺留於外壳下端一短概爲止。

　　次之,將水泥三和土灌入孔中,搥打結實,向外擠出成球形,乃將木樁的頭緊緊包裹在三和土中(第二圖)。

　　澆灌打擊凡數次,工作完成,然後將整個的鐵條骨絡,放入外壳中,(第三圖)。在其上端吊住,俾得垂懸洞中,無灣曲之弊。

　　以後迭次灌入水泥,徐徐將外壳拔起,同時用鎚打實,成有波浪紋一節一節的樁榦。此波形之存在,足以助長樁子之負重力。

第二圖　木樁頭上三和土球形接頭

　　此次試驗,樁長共 131 尺。木樁對徑,平均 15 吋,水泥部份爲 20" 至 22" 吋。見第四圖。

　　載重試驗之結果,載重80噸時,下沉0.1吋;100 噸時,沉 0.15 吋;120噸時,沉 0.22 吋;增載至 140 噸,沉 0.43 吋。以上重量,繼續放在椿頭上凡十日,復沉½吋。此後十四日之久,無復下沉。

　　　　第三圖　　　整個的鐵條骨絡,吊放壳中。

　　加重至 170 噸,椿頭沉下總計0.56 吋(第四圖)。再加至200噸,總沉0.85 吋,試驗至此告竣。遂將生鐵卸去,椿頭向上升起0.2 吋表示地土之彈性,尚未全失也。

　　單個椿頭,受重至 200 噸,殊爲不常見之事。此次試驗,由施華閣請公共租界及法租界工部局蒞場監察;作者亦被邀躬與其事。此篇材料,多爲施華閣所供給。

　　上海以地價之奇昂,房屋之建築,不得不向上發展,重量日益增大,設非有堅强之基礎,盡克勝此重任。於是身長而負重之椿子,與將來建築之發展,具有甚深切之關係焉。

第四圖　椿長131呎載重170噸

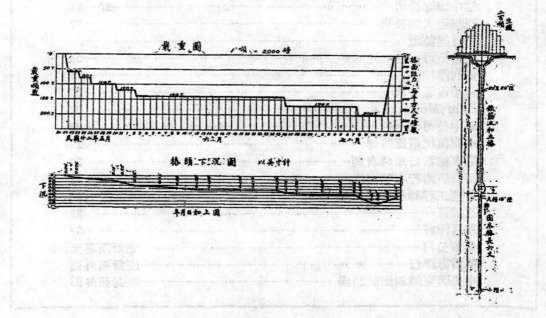

# 廣 告 索 引

# 工程

二十三年六月一日　第九卷第三號

◆

## 橋梁及輪渡專號(上)

茅以昇主編

中國工程師學會發行

# 中國工程師學會會刊

編輯：
黃　炎　（土木）
董大酉　（建築）
胡樹楫　（市政）
鄭肇經　（水利）
許應期　（電氣）
徐宗涑　（化工）

# 工程

總編輯：沈怡

編輯：
蔣易均　（機械）
朱其清　（無線電）
錢昌祚　（飛機）
李叔毅　（礦冶）
黃炳奎　（紡織）
宋學勳　（校對）

## 第九卷第三號目錄

## 橋梁及輪渡專號（上）

### 主編　茅以昇

編輯者言

## 中國工程師學會發行

分售處

上海望平街漢文正楷印書館　　上海徐家涵蔵新書社　　上海四馬路現代書局
上海民智書局　　　　　　　　上海四馬路光華書局　　上海福州路作者書社
上海福煦路中國科學公司　　　上海生活書店　　　　　南京太平路鍾山書局
南京正中書局　　　　　　　　福州市南大街萬有圖書社　南京花牌樓書店
重慶天主堂街靈慶書店　　　　天津大公報社　　　　　濟南芙蓉街教育圖書社
漢口中國書局

# 編 輯 者 言

一. 本專號所輯,皆關係本國橋梁工程及輪渡
之論著;撰稿者皆曾躬預其事,負有計劃或
督造之責,故所紀述,重事實而略理論。

二. 本專號因材料擁擠,分兩期刊布,下期定八
月一日出版。

三. 上期所述之橋梁及輪渡,悉係鐵路所用者,
下期則兼及公路與城市,藉覘各方之進步。

四. 各篇附圖,皆係特製者,承各機關協助,予撰
稿者以便利,書此誌謝。

① 引橋向水一端及木質墊梁 ↑

③ 引橋前停泊渡輪 ↓

② 引橋向岸一端及鐵柵門 ↑

④ 引橋向岸一端 ↓

首都觀路輪渡設備撮影 ①—④

⑤　活動引橋及渡輪全景　↑

⑥　渡　　輪　↑

首都輪渡設備攝影⑤―⑥

# 首都鐵路輪渡

鄭 華

## (一) 緣 起

京滬津浦兩路爲貫通南北交通最大幹線,祇以橫隔大江,致下關浦口,近在對岸,不能接軌(第一圖),旅客往來,貨物交卸,輾轉費時,旣不經濟,復苦行旅。迨國民政府奠都南京,地位所關,兩路過江之建設問題,益形重要。鐵道部成立後,以職責所在,更覺此項工程,有刻不容緩之勢。以著者會擬有活動式橋梁之輪渡計劃,乃由

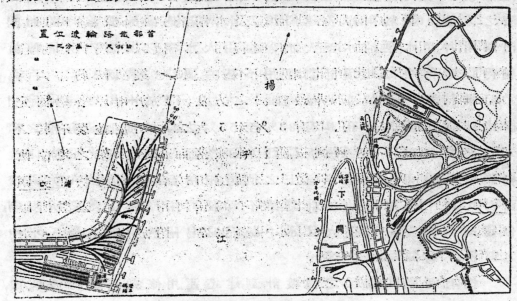

第一圖　首都鐵路輪渡位置

交通大學唐山土木工程學院院長任務,調爲鐵道部簡任技正彙

設計科科長，俾將輪渡計劃，再從詳擬具。查近代鐵路，跨越大江巨河之設備，不外：(一)隧道，(二)固定橋梁，(三)浮橋，(四)輪渡四種，何以捨以上各方法，而採用活動式橋梁之輪渡計劃？良以(一)隧道橫貫江底，祇宜用於河底較淺之處，若施之於河底甚深之揚子江中，則其造價太昂，殊非吾國現時經濟狀況所能擔負。(二)固定橋梁全部造價至少需三千萬，雖較隧道稍賤，但以揚子江底深度，約有一百六十英尺以上，建築基礎，頗非易易，故非最經濟之計劃。(三)用多數躉船，互相連鎖，跨江成橋。全部造價，雖較上列數種爲廉，仍需千萬左右。(四)輪渡設備又分數種：(甲)於船面裝置可升降之鐵架及甲板，上舖軌道，按水位之漲落而自由升降，使船上之軌道得與岸上之軌道銜接。此種設備，雖曾經採用於水位漲落相差不多之處，用於漲落相差廿四呎之揚子江，殊不合宜，且運用費旣鉅，而運行又緩，若遇暴風，且虞動搖不穩，故非安全與經濟之方法。(乙)於兩岸各置起重機，以備將車輛從岸上或船上陸續起卸。此種辦法，雖較甲項爲優，但建築費用仍大，而運用亦不敏捷，故亦非最經濟之方法。(丙)於兩岸各建船塢及水閘，若遇潮流漲落時，則將閘門關閉，并用水泵抽水至大水櫃，復用大水櫃以增塢內水量，俾渡輪得以起落平穩。此項計劃，運用不甚靈便，建築費旣約需六百萬元，而維持費亦鉅，故亦非最經濟之方法。(丁)於兩岸各建固定引橋或坡道，而使其一孔具有 3 ％ 至 5 ％ 之傾斜度，並裝有輪之概式木架路軌，聯以活動跳板，隨江水漲落而配置木架之地位，使渡輪靠岸時，得與引橋或坡道上之軌道相接合。該項方法在美國密西西比河上多用之。此項計劃，雖不爲任何兩岸高度差數所限制，但建築與修養兩費俱大，且水中凝泥常易附於引橋上，浸入水中之部份，不易觀察及修理。

　　惟有活動式橋梁之輪渡計劃，建造運用修養等費均極低廉，應用又極敏捷，旣不阻礙航業，又不限於潮流，洵爲最經濟而兼安全之方法。復經鐵道部令派技監顏德慶，工務司司長薩福均，技正金濤,盧維溥,幫辦黃振聲,委員程孝剛,技術專員康德黎,津浦京滬兩路處長吳益銘,德斯福,王金職,王承祖,工程司韓納等,會同審核,討論多次,僉以活動引橋計劃,最爲適宜。遂由鐵道部令設首都鐵路輪渡工程處,以著者兼任處長,於民國十九年十二月一日興工。

## (二)　首都鐵路輪渡工程處之組織及工作經過

### (甲)　組織

　　輪渡工程處之組織,爲力求撙節起見,所有人員,多由鐵道部人員兼任,祇給少數津貼,不另支薪。計設處長一人,總務組長一人,工務組長一人,監造工程司二人,副工程司二人,幫工程司二人,會計員二人,繪圖員三人,材料管理員二人,事務員若干人。處長秉承鐵道部長之命,管理全處事務,指揮監督所屬職員;組長秉承處長掌理各該組事務;監造工程司主管各該江岸工程之進行,材料之處理,工人之監督事項。處長及組長等均在部內辦公,監造工程司分駐下關浦口,其餘人員,分駐部內部外,按工作情形,隨時調動。全處每月員司薪津共一千七百餘元,總務雜費每月約二三百元,工資每月一千至二千五百元。輪渡工程處組織之大概情形如此,茲併將十九年十一月部令公佈之暫行規程附列於下。

　　鐵道部首都鐵路輪渡工程處暫行規程

第一條　首都鐵路輪渡工程處直隸於鐵道部,掌理下關浦口間鐵路輪渡工程一切建築事宜。

第二條　本處設下列兩組分掌職務:

　　一　總務組,

　　二　工務組。

第三條　總務組主管事項如左:

　　一　關於文書案卷事項,

　　二　關於會計出納及計核事項,

　　三　關於材料管理事項,

　　四　關於不屬他組一切事項。

第四條　工務組主管事項如左：

一　關於工程進行事項，

二　關於工程審查事項，

三　關於工程報告統計及繪圖事項，

四　關於儀器圖表之保管事項，

五　關於其他工務一切事項。

第五條　本處暫設職員如左：

處長一人，

總務組長一人，

工務組長一人，

監造工程司二人，(一駐下關，一駐浦口)

副工程司二人，

幫工程司二人，

繪圖員三人，

材料管理員二人，

會計員二人，

事務員若干人，

第六條　處長由鐵道部派充，秉承部長之命，管理全處工程事務，指導監督所屬職員。

第七條　組長秉承處長，掌理各該組事務。

第八條　監造工程司主管各該管江岸工程之進行，材料之處理，工人之監督事項。

監造工程司之下，得酌設監工，助理員各若干人，視工程之情形定之。

第九條　副工程司、幫工程司、繪圖員、材料管理員、會計員、事務員等，秉承組長，辦理本組事務。

第十條　本處組長，及監造工程司，由鐵道部直接派充。

第十一條　本處組內各職員，由處長遴選，呈請鐵道部委任。

第十二條　工程處辦事細則另定之。

第十三條　本規程自公佈日施行。如有未盡事宜，由鐵道部隨時修正之。

## (乙) 工作經過

一．　招標情形之經過　　輪渡計劃決定後，由鐵道部招標，派技監顏德慶，司長薩福均，幫辦孫謀，委員程孝剛盧維溥，顧問康德黎，科長朱葆芬及著者等，組織選標委員會。計有西門子，愼昌，安利（代表多門浪公司）怡和，香港黃埔船廠，馬爾康，禮和等洋行投標。審查結果，渡輪由馬爾康洋行（代表 Swan Hunter & Wigham Richardson Ltd. 船廠）得標，橋梁由多門浪公司承辦。因借用英庚款關係，當卽電達倫敦購料委員會與各該廠訂約，於廿一年三月八日簽訂渡輪合同，同年十月十二日竣工，在英國泰恩河鈕卜賽爾地方，舉行下水典禮，於廿二年四月開駛來華。引橋於同年八月十六日簽訂合同，其材料分批起運，至廿二年九月三日方全部交齊。渡船引橋以外，尙向英商 Hunslet Engine Co. Ltd. 購 0—8—0 式機車一輛，以備常駐船上；又以兩岸航道，需用濬泥機船，以防淤塞，故向英商西曼公司，訂購蒸汽濬泥機船一艘，每小時可濬泥七十噸。

　　二．兩岸工程進行之經過　　輪渡工程處於十九年十二月一日成立後，卽興工建造下關浦口兩岸橋墩基礎工程，惟經費時感支絀，不克積極進行。二十年夏江水高漲，工作停滯數月，經用鐵板樁築壩防水後，工作較見順利。至廿一年五月間，兩岸基礎工程始告完竣，乃繼續進行，建造司機室，挖掘土方，疏濬淤泥，建築靠船碼頭，繫攬護船架，防沙堤，及建造安裝木架，裝置橋柱等工程。至廿二年六月止，以上各項工程，均依次完竣。引橋材料適相繼運京，卽從事架橋，以及裝置機件，鋪設軌道，於廿二年九月底完全竣事。兩岸接軌及鋪設岔道等工程，亦同時完工。茲將渡輪引橋等購置費暨建造橋墩基礎等工程費用列表於下：

| 號數 | 項目 | 用數 | 附註 |
|---|---|---|---|
| | 薪水及公費 | 47,462.02元 | |
| | 辦公費用 | 17,939.07元 | |
| | 機車 | 85,478.66元 | |
| | 電務費 | 9,823.93元 | |
| | 土方及疏濬工程 | 57,341.10元 | |

| | | | |
|---|---|---|---|
| 基礎及橋墩工程 | 383,368.34元 | |
| 引橋材料 | 1,229,066.77元 | 內未付款約<br>103,796.80元 |
| 引橋工資 | 72,801.76元 | |
| 繫船工程 | 124,026.70元 | |
| 渡船 | 1,364,789.07元 | |
| 機具設備 | 133,189.29元 | 內未付挖泥機款約<br>124,000元 |
| 維持費 | 28,007.80元 | |
| 利息及其他 | 69,602.86元 | 籌備費在內 |
| 合　　　計 | 3,622,897.37元 | |

# (三) 工 程 計 劃

　　兩路聯絡,既經決定採用活動式橋梁之輪渡辦法,其主要之工程,爲活動引橋及渡船。其他次要之工程,爲繫纜諸船架,靠船碼頭,浮箱等,號誌燈,鐵柵門,保險岔道,江岸接軌及濬疏是也。茲將各項工程分述如左。

## (甲)　活動引橋

　　活動引橋之工程,卽爲碼頭工程,該項工程之設計,須視長江水位漲落之差度以爲衡。按津浦歷年水位記載,最大漲落相差,爲二十四呎。引橋之長度,蓋根據水位差度,以及引橋坡度而定者。引橋每岸係用四架穿式花樑組合而成 (第二圖),除第一孔(卽靠江一架)長 152 呎外,其餘俱爲 154 呎,全橋共長614呎。第一孔在任何水位之下,均保持其水平地位。其餘三孔之最大坡度,上下兩面均各爲千分之二十六$\left(\frac{\frac{1}{2}\times 24}{3\times 154}=2.6\%\right)$。第一孔不設坡度之理由有二:(一)爲減小引橋與跳板所成之角度(Deflection Angle),俾免車輛有脫鈎之虞。(二)第一孔上有叉道(Switches),不作坡度,以免車輛有出軌之患。橋高爲 25$\frac{1}{2}$呎,寬爲 20 呎,惟第一孔臨水之端須與船上之三股軌道相銜接,故放寬爲 44 呎,成爲喇叭式。

　　第一孔橋端設一活動跳板(Apron),以便與船面聯接。

渡船空載與滿載時,吃水量 (Draft) 之差爲 33 吋,故跳板之長必須 52 呎,其最大坡度,方不超過引橋之坡度(第二圖)。該板起落用二十四馬力電機。裏端擱於第一孔橋外邊之第二節點 (Panel

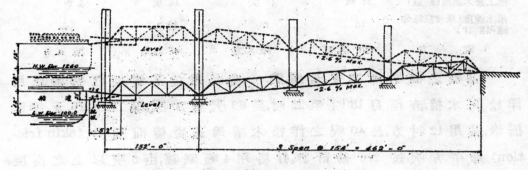

第二圖　　活動引橋佈置略圖

Point) 上,並做活動接頭。當跳板未載車輛之時,便以裏邊爲旋轉點,中間懸於吊架(靠江一座)上,而成上下活動之跳板式。第一孔橋之外端,因須承載此項活動跳板,故將下弦 (Bottom Chord) 下移,橋架加深。當跳板承載車重之時,其前端則擱證於船頭之板座上,而成雙支板式。每次渡輪離岸後,跳板均令保持其旋起地位,俾渡船開囘時,可以立刻放落,而與船頭中間之鐵栓,以及兩側之鐵搭等,先後聯鎖穩妥。跳板上各股車軌,均向前端挑出少許,以備伸入渡船前端所設車軌接頭之陰筍內,而得互相銜接。至於引橋安置,除第四孔之末端,直接安放於橋墩上,成合葉式外 (Hinge),其餘各端,俱懸掛於鋼架上。其懸架方法係將每兩橋架相連處,以及靠岸一頭,均各做活動接頭,可以上下旋轉。每座橋墩,均各設有柱式之吊架一座,其高度外大內小,各不相同,恆以每座橋梁及跳板升起之最高地位爲標準。當江水漲落時,卽以第四孔橋之末端爲圓心,運用裝設各座吊架上之電機,俾裏面三孔橋梁,得依一直線地位,而上下旋轉,至相當坡度爲止。各座吊架上,均設有機器室,安置電機及手搖機等。蓋引橋之升降,保險岔道及柵門之啓閉,以及號誌之連鎖,均須用電力,而手搖機爲防電機發生意外,可用該機升降引

橋,俾免電機修理廢時,行車中斷也。引橋升降之高度與速度及電
力之大小如下表:

| | 第一橋墩(Pier A) | 第二橋墩(Pier B) | 第三橋墩(Pier C) | 第四橋墩(Pier D) |
|---|---|---|---|---|
| 吊上最大高度(約數) | 25 呎 | 25 呎 | 16 呎 | 8 呎 |
| 吊上速度(單位以每分鐘呎數計) | 16 | 16 | $10\frac{2}{3}$ | $5\frac{1}{3}$ |
| 電　力 | 100 馬力 | 85 馬力 | 45 馬力 | 25 馬力 |

　　引橋之橋墩,兩岸各五座。第一號橋墩之基礎(近江橋墩)係用
洋松圓木樁,直徑自 18 吋至 22 吋,長 60 呎至 70 呎。第二,三,四,五,各號
橋墩,俱用 12 吋方,長 40 呎之洋松木樁為基礎。樁面阻力 (skin fric-
tion) 每平方呎,按 200 磅計算。打樁用 4 噸鐵錘,由 5 呎以上之高度
下擊,其最後入土尺寸俱不滿一吋。

　　木樁之上,建造 1:2:4 鋼筋混凝土橋墩。第一號墩寬 76 呎,長 23
呎,其前面兩端為司機室,成凹字形。該墩施工較難,佔全部基礎工
程之一半工作,蓋該墩深入土中,樁頭距地面約 40 呎許,打樁時須
用送樁,加以土質鬆軟,又被水沖擊,時有坍塌之虞,嗣後在墩之前
面,打 50 呎長之鐵板樁 (steel sheet piling),工作進行方覺順利。第二
三,四號橋墩,寬 40 呎,長 20 呎,工作尚無困難之處。第五號橋墩,寬 34
呎,長 26 呎。該墩受引橋之橫推力(Thrust),故頒排樁斜打入土,以應
需要。至各橋墩之高度,恆以各個橋架降落時之最低地位為標準。
　　橋樑載重,係按「古柏氏三十五」(E 35)計算。其餘一切,大致均
以國有鐵路橋樑規範書作為標準。其衝擊力(Impact)係用下式得
之:

$$I = S\frac{300}{300+\frac{L^2}{100}}$$,內 I = 衝擊力, S = 應力,　L = 載重長度。

　　該橋既屬活動式,衝擊力似可減小,按以上計算,該橋實在勝
任之載重,常在「古柏氏三十五」以上(參閱第三至第八圖)。

**(乙) 渡船**

　　渡船長 372 呎,寬 58 呎,高 21 呎。該船設計,係按載重 1550 噸計

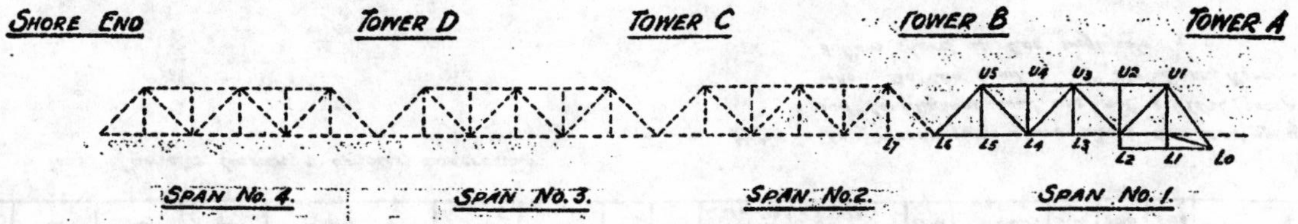


## MAIN TRUSSES.

| | Member | Dead Load | Live Load | Impact Load | Lateral Load A | Longitud. Load B | Comb. I D.L+L.L+I.L. | Comb. II I+A+B / 1.25 | Area Reqd. Gross | Area Reqd. Nett | Section | Area Provd. Gross | Area Provd. Nett | l | r | l/r | f | Make-Up. All holes 15/16" dia. |
|---|---|---|---|---|---|---|---|---|---|---|---|---|---|---|---|---|---|---|
| Top Chord | U5 - U3 | -74.6 | -159.8 | -77.5 | — | — | -311.9 | — | 45.9 | — | 2L's. 6"×4"×½" 2Pls. 18"×½"<br>2L's. 4"×4"×½" 1Pl. 27"×7/16" | 46.8 | — | 304 | 7.17 | 42 | 6.8 | C.G. d=11.05 |
| Top Chord | U3 - U1 | -82.0 | -160.5 | -77.8 | — | — | -320.3 | — | 46.1 | — | 2L's. 6"×4"×½" 2Pls. 18"×½"<br>2L's. 4"×4"×½" 1Pl. 27"×½" | 47.0 | — | 304 | 7.74 | 39 | 6.8 | C.G. d=11.3 |
| Bottom Chord | L6 - L4 | +44.7 | +91.6 | +44.4 | ±29.0 | ±40 | +180.7 | +199.8 | | 25.0 | 4L's. 4"×5"×½"<br>2Pls. 18"×7/16" | 28.7 | 24.8 | 304 | — | — | 8.0 | |
| Bottom Chord | L4 - L2 | +87.9 | +171.1 | +83.0 | ±30.6 | ±40 | +342.0 | +330 | | 42.8 | 4L's 5"×4"×5/8"<br>2Pls. 18"×11/16" | 50.2 | 43.3 | 304 | — | — | 8.0 | |
| Bottom Chord | L2 - L1 | +57.6 | +107.8 | +52.2 | ±13.2 | ±40 | +217.6 | +216.4 | | 27.2 | 4L's. 5"×4"×½"<br>2Pls. 18"×7/16" | 32.7 | 28.4 | 304 | — | — | 8.0 | |
| Bottom Chord | L1 - L0 | +60.6 | +123.2 | +59.8 | — | — | +243.6 | — | | 30.4 | 4L's. 5"×4"×½"<br>2Pls. 18"×½" | 35.0 | 30.3 | 320 | — | — | 8.0 | |
| Raker | U5 - L6 | -63.2 | -132.4 | -64.3 | — | — | -259.9 | — | 40.5 | — | 2L's. 6"×4"×½" 2Pls 18"×½"<br>2L's. 4"×4"×½" 1Pl. 27"×7/16" | 46.8 | — | 430 | 7.17 | 60 | 6.42 | C.G. d=11.05 |
| Diagonals | U5 - L4 | +42.2 | +94.2 | +52.9 | — | — | +189.3 | — | | 23.6 | 4L's. 8"×4"×7/16"<br>1Pl. 16"×3/8" | 26.2 | 24.1 | 430 | — | — | 8.0 | |
| Diagonals | U3 - L4 | -18.9 | -60.2<br>+24.1 | -40.2<br>+21.5 | — | — | -119.3<br>+26.7 | — | 23.2<br>1.8<br>25.0 | | 4L's. 9"×4"×7/16"<br>1Pl. 16"×3/8" | 28.0 | 25.6 | 430 | 3.99 | 108 | 5.15 | |
| Diagonals | U3 - L2 | -7.1 | -51.5<br>+30.4 | -40.2<br>+24.2 | — | — | -98.8<br>+47.5 | — | 18.0<br>3.2<br>21.2 | | 4L's. 9"×4"×9/16"<br>Laced 2¼"×3/8" Flats. | 22.0 | 20.3 | 430 | 4.5 | 95 | 5.49 | |
| Diagonals | U1 - L2 | +34.6 | +90.3 | +52.5 | — | — | +177.4 | — | | 22.2 | 4L's. 8"×4"×7/16"<br>1Pl. 16"×3/8" | 26.2 | 24.1 | 430 | — | — | 8.0 | |
| Raker | U1 - L0 | -95.6 | -194.2 | -94.3 | — | — | -384.1 | — | 62.5 | — | 2L's. 6"×4"×5/8" 2Pls. 18"×5/16"<br>2L's. 4"×4"×5/8" 7Pl. 27"×5/8" | 62.6 | — | 504 | 7.21 | 70 | 5.15 | C.G. d=11.25 |
| Hangers | U5 - L5 | +14.8 | +37.2 | +34.2 | — | — | +86.2 | — | | 10.8 | 4L's. 6"×3"×3/8"<br>Laced. 2¼"×3/8" Flats. | 12.9 | 11.5 | 304 | — | — | 8.0 | |
| Hangers | U3 - L3 | +18.3 | +46.5 | +42.8 | — | — | +107.6 | — | | 13.5 | 4L's. 7"×3½"×3/8"<br>Laced. 2¼"×3/8" Flats. | 15.2 | 13.8 | 304 | — | — | 8.0 | |
| Hangers | U1 - L1 | +51.6 | +102.8 | +49.8 | — | — | +204.2 | — | | 25.5 | 4L's. 8"×4"×7/16"<br>1Pl. 16"×½" | 28.2 | 25.6 | 304 | — | — | 8.0 | |
| Posts | U4 - L4<br>U2 - L2 | — | — | — | — | — | — | — | — | — | 4L's. 6"×3"×3/8"<br>Laced. 2¼"×3/8" Flats. | 12.9 | — | 304 | 3.05 | 100 | 5.36 | |

Note. All Stresses in tons. "+" denotes tension; "-" denotes compression

第三圖 活動引橋各部剖面計算表(一)

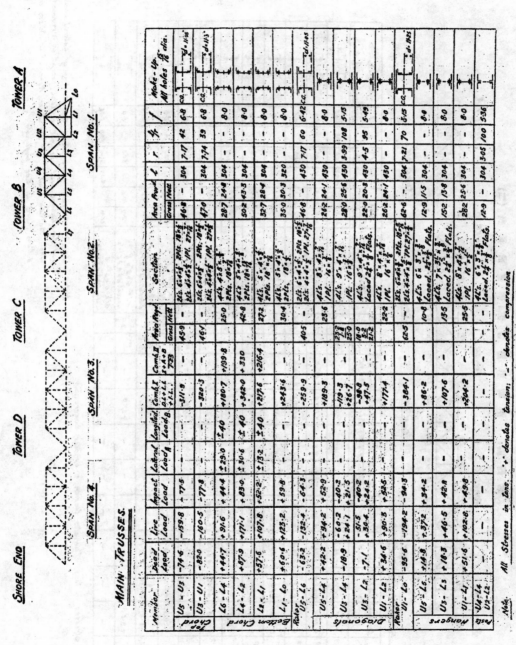

# 第四圖 活動引橋各部剖面計算表(二)

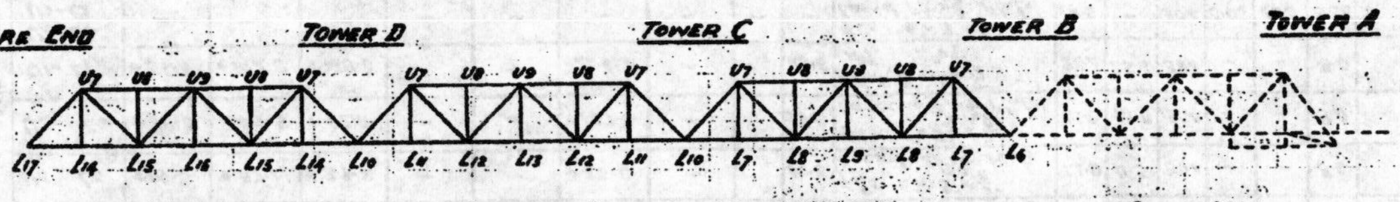
SHORE END
TOWER D
TOWER C
TOWER B
TOWER A
U7 U8 U9 U8 U7
U7 U8 U9 U8 U7
U7 U8 U9 U8 U7
L17 L14 L15 L16 L15 L14 L10 L11 L12 L13 L12 L11 L10 L7 L8 L9 L8 L7 L6

SPAN No. 4 SPAN No. 3 SPAN No. 2 SPAN No. 1

## STRESSES IN MAIN TRUSS MEMBERS.

| Member | | Dead Load | Live Load | Impact Load | Lateral Load A | Longitudinal Loads: Grade Effect B | Longitudinal Loads: Braking Effect C | Comb I D.L.+L.L.+I.L+B. | Comb II I+A+C 1.25 | Area Req'd Gross | Area Req'd Nett | Section | Area Provided Gross | Area Provided Nett | r ins | l ins | l/r | f allowable T/□" | Make-Up All holes 15/16" dia |
|---|---|---|---|---|---|---|---|---|---|---|---|---|---|---|---|---|---|---|---|
| Top Chord U7 U9 | | -38.7 | -101.3 | -56.6 | — | — | — | -196.6 | — | 29.6 | | 2[s 15"×4"×36.37<br>1 Pl. 22"×7/16" | 30.9 | | 5.97 | 308" | 52 | 6.63 | 1/4 .989" |
| Bottom Chord | L6-L8 Span 2. | +24.2 | +65.6 | +36.6 | ±42.6 | +3.2<br>-3.0 | ±59 | +129.6 | +185.0 | | 23.1 | 4∠s. 4"×4"×3/8"<br>2 Pls. 18"×7/16" | 27.2 | 23.3 | | 308" | | 8.0 | |
| | L10-L12 Span 3. | +24.2 | +65.6 | +36.6 | ±42.6 | +6.5<br>-6.2 | ±59 | +132.9 | +188.0 | | 23.6 | 4∠s. 4"×4"×3/8"<br>2 Pls. 18"×7/16" | 27.2 | 23.3 | | 308" | | 8.0 | |
| | L10-L15 Span 4. | +24.2 | +65.6 | +36.6 | ±42.6 | +9.7<br>-9.4 | ±59 | +136.1 | +190.0 | | 23.7 | 4∠s. 4"×4"×3/8"<br>2 Pls. 18"×7/16" | 27.2 | 23.3 | | 308" | | 8.0 | |
| | L8-L8 Span 2. | +43.6 | +114.2 | +63.8 | ±48.4 | +3.2<br>-3.0 | ±59 | +224.8 | +258.0 | | 32.2 | 4∠s. 4"×4"×1/2"<br>2 Pls. 18"×11/16" | 39.75 | 34.0 | | 308" | | 8.0 | |
| | L12-L12 Span 3. | +43.6 | +114.2 | +63.8 | ±48.4 | +6.5<br>-6.2 | ±59 | +228.1 | +268.0 | | 33.5 | 4∠s 4"×4"×1/2"<br>2 Pls. 18"×11/16" | 39.75 | 34.0 | | 308" | | 8.0 | |
| | L15-L15 Span 4. | +43.6 | +114.2 | +63.8 | ±48.4 | +9.7<br>-9.4 | ±59 | +231.3 | +271 | | 33.9 | 4∠s. 4"×4"×1/2"<br>2 Pls. 18"×11/16" | 39.75 | 34.0 | | 308" | | 8.0 | |
| End Rakers L10-U7 etc. | | -33.8 | -92.2 | -51.5 | — | — | — | -177.5 | — | 29.2 | | 2[s. 15"×4"×36.37#<br>1 Pl. 22"×7/16" | 30.9 | | 5.97 | 433" | 73" | 6.07 | |
| Diagonals U7-L8 etc. | | +20.3 | +61.3 | +40.6 | — | — | — | +128.2 | — | | 15.3 | 4∠s. 6"×3"×3/8"<br>1 Pl. 12"×3/8" | 17.4 | 15.3 | — | 433" | — | 8.0 | |
| L8-U9 etc. | | -6.8 | -36.0<br>+16.8 | -28.1<br>+13.1 | — | — | — | -70.9<br>+23.1 | — | 13.4<br>3.2<br>16.6 | | 4 Bulb ∠s. 7×3×14.12<br>Laced. 2¼"×3/8" Flats. | 17.2 | 15.7 | 4.18 | 433" | 103 | 5.28 | |
| Hangers U7-L7 etc. | | +9.5 | +30.1 | +27.7 | — | — | — | +67.3 | — | | 8.4 | 4∠s 6"×3"×3/8"<br>Laced. 2¼"×3/8" Flats. | 12.9 | 10.5 | | 304" | | 8.0 | |
| Posts U8-L8 etc. | | — | — | — | — | — | — | — | — | | | 4∠s. 6"×3"×3/8"<br>Laced. 2¼"×3/8" Flats. | 12.9 | | 5.05 | 304" | 100 | 5.36 | |

**Note:-** All Stresses in Tons. "+" denotes tension, "-" denotes compression.

**Note:-** The Stresses given above under the headings of Lateral Load and Longitudinal Load are not existent (except in a reduced form) when the Live Load is off the Span. Reversal of Stress in the bottom chord is thus negligible.

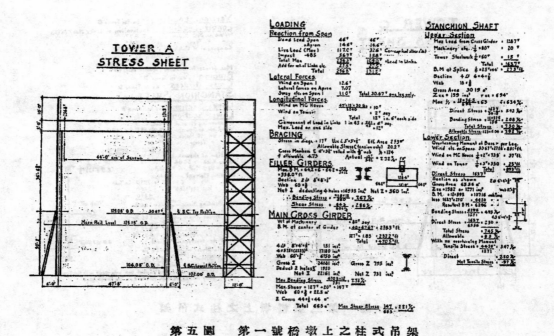

第五圖　　第一號橋墩上之柱式吊架

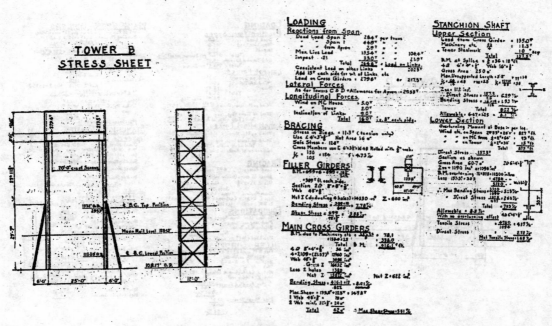

第六圖　　第二號橋墩上之柱式吊架

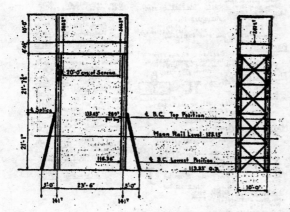

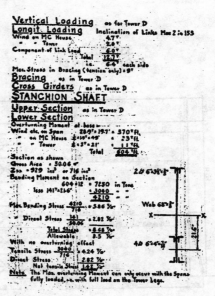

第七圖　第三號橋墩上之柱式吊架

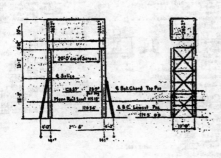

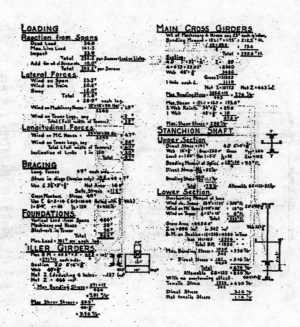

第八圖　第四號橋墩上之柱式吊架

算,速度每小時12½海里。船身分艙面艙內二層及駕駛台等,艙面舖設軌道三股,各長300呎,每股可載40噸貨車7輛,或客車4輛,全船計載40噸貨車21輛,或客車12輛。艙面後端設移車台,長42呎,台下備有滾輪及拉鏈等設備,得左右移動,接連任何股軌。上置有0-8-0式機車一輛,以便裝卸股道上之車輛。艙內為機器房,旅客室,船員室,水手房,廚房,廁所等。駕駛台有船主室及駕駛室等。渡船滿載後,艙面軌道高出水面12呎,吃水深度為9呎9吋,船空時與滿載時之吃水相差為33吋。

船之左右,設側穩水櫃(Heeling Tanks)各一,前後設縱穩水櫃(fore & Aft Tanks)各一。渡船載重時,不免有偏重之虞。設此水櫃,以抽水機挹注,隨時可以增減其蓄水量,而使船身當裝卸車輛時,常得保持全船重量之平衡。車輛拖至渡船後,立刻用手搖擋輪機夾於車軌上,將車輪兩端抵擋,以防移動。

渡船過江時,機車應否駐於船上,頗為有價值之研究。贊成駐於船上者所持之理由如下:

(1)車輛上船時,機車在前牽引,較在後方推送為安全。──(機車若不駐在船上,則船尾無移車台之設備,機車勢必在後方推送)

(2)車輛上岸時,機車在後方推進,較為妥當。

(3)機車在渡船上,靠岸之情形,司機一目瞭然,可增進行車之安全。

(4)渡船靠岸,可立即推卸車輛。

(5)車輛上船後,渡船可即開放。

(6)機車駐在船上,可省岸上許多之調動。

反對機車駐在船上者所持之理由如次:

(1)機車在船上,多佔軌道,雖僅機車一輛,而須少載40噸貨車三輛。如按每噸五角計算,每次少得運費六十元。

(2)機車本身之重量,及連帶運用之機械,共重至少一百噸。每次載運過江,似不經濟。況船上多一設備,船價亦必增加。

(3) 渡船上船尾之車擋,對安全上極關緊要。如用活動軌道,則車擋常須開閉,不甚合宜。

(4) 船上常駐機車,其最大理由,爲調車安全,但近來各國,對此已有數種防範辦法,如車閘軌閘等是也。

研究結果,爲安全起見,仍決定機車常駐船上。至於機車一切設計,俱合引橋上之行駛。

渡船之修理,爲將來一重要問題。數點鐘之修理,當不成問題,但遇有重大之修理,仍須送往上海。同時南北交通,不能一日斷絕,勢必有第二渡船之預備不可。預備辦法分爲三種,將來視款項之多寡再爲決定:

(1) 渡船無行駛機械之設備,過江時用小輪牽引。

(2) 渡船有行駛機械之設備,但須將來安裝,暫用小輪船牽引。

(3) 向英商訂購同樣之渡船。

如款項餘裕,第三辦法,最爲妥善,自無待言。第二辦法,爲折衷辦法,將來機械安裝,其總價當較第三辦法爲昂貴,似無採納之理由。第一辦法,爲遷就辦法,需費最少,爲行船之安全起見,則渡船之載重,可酌情核減,多開過江之次數,能收同一之效果。

(丙) 繫纜護船架靠船碼頭浮箱等

第一橋墩前面,在兩邊接做喇叭式之木質護架各一座,每座計高三層,每層安設帶纜椿一具。護架之靠船一邊,其形式適與船身吻合,距離尺寸極小,故船頭得以靠緊,而不爲潮流所撼動。兩岸靠船碼頭,各長 210 呎,計分二十四段,高出最高水位凡 12 呎;於最高水位時,其頂面適與渡船之艙面齊平。渡船未達護架以前,即先用纜繩繫於此項碼頭上,以防爲橫流所衝擊,然後於駛抵護架時,徐徐靠近,庶不致與任何部份相撞。渡船過江時,恆順水勢先向下游斜出,及至中流,始漸折回,改向上游斜駛而達對岸。其航道殆成Y字形(兩頭可以開駛),故引橋及靠船碼頭之方向,均須依照此項航道,庶使渡船靠岸及離岸時,均得依其航行方向,直接停駛,進退敏捷,毋須轉舵掉向,耗費時間。至於靠船碼頭之地位,則更須建於引橋之下游一邊,俾船得順水勢而易於靠近。浮箱置於靠船碼頭外邊,用鋼質做成。四角安設雙式帶纜椿各一具,用以牽繫裹外帶鏈四根,中設單式帶纜椿一具,以備用纜繩時將船尾繫牢。裏邊用帶鏈兩根,繫於靠船碼頭。外邊用帶鏈兩根,椗泊江中。後面用撐木兩根撐於木質支架上。浮箱可以上下前後浮動,以適合最高及最低水位時渡船之位置。

**(丁)　號誌燈鐵柵門及保險岔道**

為防止行車疏虞計,在引橋兩端,各安設紅綠色號誌燈,並在岸上裝設保險岔道及鐵柵門等設備,與號誌自動連鎖。渡船未靠跳板以前,鐵柵門及岔道均關閉,引橋兩端常放紅燈。逮渡船靠岸,並與跳板聯鎖穩妥後,則綠燈綫連接,兩端改放綠燈。鐵柵門及岔道均自動啟放,岸上車輛,乃得用特備機車,拖至渡船上。逮全部車輛裝妥後,船上發出口號,橋上遂將綠燈綫關斷,改放紅燈,於是鐵柵門及岔道復自動關閉,而渡船立即開行。

**(戊)　江岸接軌**

兩岸接軌工程,下關方面,由京滬路辦理,浦口方面,由津浦路辦理。錯車道在下關者凡四股,因限於地勢,俱為灣道,在浦口者凡六股,俱為直道。每股均在 600 呎以上。車輛裝卸,每岸約需時二十五分鐘。渡船過江,約二十分鐘。

車輛過江後,次序不免顚倒。貨車顚倒,關係尙小。客車顚倒,影響較大。譬如頭等客車,因冬日煖汽之關係,或另有其他原因,直接掛於機車之後,位居全列車輛之首。過江後,該客車之地位,將變為第四第八或第十二除非機車在全列車輛之後推送,該客車不能與機車直接相連。其補救之法,非在岸上設一圈道 (Loop) 不可。兩岸中有一處設此圈道,則此項問題即可解決。

# (四)　籌備輪渡通車情形

鐵道部於輪渡工程將竣之際，爲謀通車後行車之安全，及籌劃營業管理各事項起見，派業務司司長俞棫，參事夏光宇，司長谷正鼎，薩福均，幫辦黃振鰲等爲首都鐵路輪渡通車籌備委員，並指定俞棫爲主任委員，於二十二年三月二十一日成立籌備委員會。關於規定輪渡聯運車輛之檢驗，及輪渡載運之範圍，暨車輛過軌檢驗手續，幷單據之辦理方法等，均經數度會議嗣以開駛滬平聯運通車，其列車之組織，車輛之攤撥，時刻之訂定，以及一切行車各問題，均直接關係各路，乃于五月一日召集第四次會議，議決分電北寧，京滬，滬杭甬，隴海，膠濟等各路局，委派負責人員，到會參加，同時部內廳司處各長官，亦均出席會議，將以前會議各案，幷各路提案，一倂彙交大會，分總務，技術，行車三組審查之。繼由第五，六兩次大會討論，議決案件五十一項，所有關於輪渡通車應行籌備事項，均經議定具體辦法，分別進行。首都鐵路輪渡組織規程亦於九月十九日部令公佈該會以任務已畢，即於九月二十三日呈部報告結束。茲將首都鐵路輪渡組織規程附列于后。

### 鐵道部首都鐵路輪渡組織規程(二十二年九月十九日部令公佈)

第一條　首都鐵路輪渡直隸於鐵道部，掌理關於下關浦口間鐵路輪渡一切事宜，定名爲(鐵道部首都鐵路輪渡)，對外公文以本名義行之。

第二條　首都鐵路輪渡一切行政及會計事宜，由鐵道部直接管理，關於設備及行車技術等事務，由鐵道部委津浦鐵路管理委員會負責代管，但輪渡兩岸軌道工程事務，由京滬鐵路管理局負責辦理。

第三條　津浦鐵路管理委員會，應於車務處特設輪渡段，執行前條一切代管事務。

第四條　首都鐵路輪渡段員工如左

一.段長一人；

船長一人，大副二副，大車二車，各一人，工頭二人，工匠八人至十人，水手十六人至十八人，伙伕四人；

幫工程司或工務員三人，監工二人至四人，機車司機一人
至二人，伙伕一人至二人，機匠八人至十人，電匠二人，車輛
匠四人至六人，閘伕四人，旗伕四人，手閘伕七人至九人，碼
頭小工十人至十二人；

道班工人由津浦鐵路工務段隨時撥派，不另設匠。

二、會計主任一人，事務員一人至二人，司事二人至四人。前項
員工管轄系統於附表定之。

第五條　段長由鐵道部長委任，承車務處長之命，負本段行車及其他
一切管理之責，對於兩岸旗站站長，並有指揮之權。

第六條　船長由津浦鐵路管理委員會呈請鐵道部長核准派充，直隸
於段長并承津浦鐵路機務處長之命，管理輪渡一切事務。

第七條　幫工程司或工務員由津浦鐵路遴員，依其等級，分別呈請鐵
道部長核准派充，直隸於段長，並分別承機務第一總段及電
廠主管人員之命，辦理關於輪渡之工務，機務，電務，各事項。

第八條　大副，二副，大車，二車，監工，由津浦鐵路管理委員會派充，呈報
備案，分別承船長及幫工程司或工務員之命，辦理應管事務。

第九條　會計主任由鐵道部長派充，承主管司處之命，辦理關於輪渡
一切會計事務。

第十條　事務員由鐵道部長派充，承會計主任之命，助理會計事務。司
事由會計主任呈准雇用。

第十一條　首都鐵路輪渡應用工人，依國營鐵路工人雇用通則之規定
雇用之。

第十二條　首都鐵路輪渡各項辦事規則另定之。

第十三條　本規程自公佈日施行，如有未盡事宜，由鐵道部隨時修正之。

# (五) 輪渡通車後收支報告

自輪渡通車後，南北交通，既稱便利，客貨兩運日趨發達，將來
營業盈餘，定有可觀。二十二年十一月份貨運噸數，計 33865 噸，十二
月份計 52890 噸，二十三年一月份計 67120 噸，二月份計 58720 噸，此
四個月中共計貨運為 212575 噸，每噸運價平均以一元一角計算，
約計已達二十三萬餘元。又自二十二年十一月份起，每月客運及

郵包收入,約在八千元上下。依此計算,每年收入可達八十萬元。縱
開支項下,每月經常費需銀一萬二千元(年需十四萬四千元),保
險費年約三萬元,庚款利息年約十八萬餘元,尚能盈餘四十餘萬
元,故輪渡營業前途,洵未可限量也。茲將上下行車輛分月統計表
附錄於下。

首都鐵路輪渡車輛分月統計表

| 年份 \ 月份 \ 車輛 | 下 行 車 輛 | | | | | 上 行 車 輛 | | | | |
|---|---|---|---|---|---|---|---|---|---|---|
| | 重 車 | | 空車輛數 | 客車輛數 | 機車輛數 | 重 車 | | 空車輛數 | 客車輛數 | 機車輛數 |
| | 輛數 | 噸數 | | | | 輛數 | 噸數 | | | |
| 二十二年 十月份 | 無 | 無 | 無 | 100 | 無 | 4 | 160 | 50 | 90 | 無 |
| 十一月份 | 942 | 26125 | 18 | 298 | 3 | 199 | 7740 | 830 | 297 | 無 |
| 十二月份 | 1129 | 43130 | 26 | 303 | 6 | 258 | 9760 | 1024 | 310 | 無 |
| 二十三年 一月份 | 1464 | 56740 | 39 | 315 | 無 | 271 | 10380 | 1212 | 316 | 1 |
| 二月份 | 1332 | 50915 | 15 | 284 | 無 | 210 | 7805 | 1141 | 784 | 無 |

(註) 下行車輛指由浦口至下關之車輛;上行車輛指由下關至浦口之車輛。

# 北寧鐵路計劃中之灤河橋

## 華　南　圭

　　灤河起源於熱河,爲河北至熱河唯一航路。北寧路綫路跨過該河,築有單綫大橋,計長二千餘呎,卽六百餘公尺。該橋計 200 呎淨空五座, 100 呎淨空十座, 30 呎淨空二座,於前清光緒十九年,卽民國紀元前十九年告成,爲北寧路最大工程之一。民國十三年,北寧路添築唐楡雙綫,以該橋工程浩大,未克改造,致灤州至朱各莊約四公里一段,仍屬單綫;唐楡雙綫之功效,有功虧一簣之憾。民國十三年,十七年內戰,及二十二年日禍,此橋迭經部份炸毀,隨時修理,勉强通車。惟以去年一役,在敵軍壓迫之下,修理更爲匆促,未能恢復原狀。(參閱附錄北寧路工務處技術室主任工程司羅英之檢查報告書)。因此危險程度,又見增加。此北寧路改造灤河橋之計劃,所以成爲緊急工程之一也。

　　**另擇新橋地點之緣由**　　計劃改造灤河橋之初,本擬於舊橋旁,添一新橋,而將舊橋鋼架或加固,或換新,以減少橋墩之費用。但舊橋建築之時,爲減少建築經費計而遷就地勢,致橋墩未能達滿意之高度,蓋橋東路軌以 1:250 (卽 4‰)之坡度,橋西路軌以1:150 (卽 6.6‰)之坡度,各傾向該橋(第三圖),而該橋又靠近車站,致東行或西行列車,經過此凹窪之站,速度不得不減,並常感坡度太峻,而須限制全段列車之重量,運輸之能力,因之減少;是以改善坡度之提議,與改造舊橋並重。惟改善坡度,必須將路綫提高,而將橋墩加高 18 呎,庶東端之坡度可改爲1:500 (卽 2‰), 西端之坡度可改爲

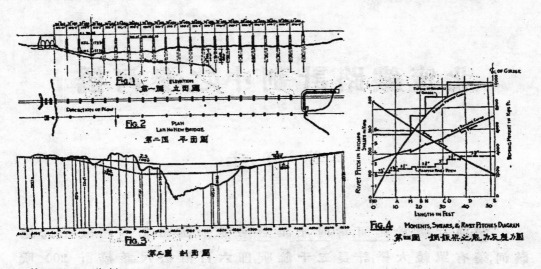

1:400（即 2.5‰）。該橋靠近車站,若將綫路抬高,則工作時,苟非另造便橋,勢將無法通車。然另造便橋,並加高舊墩,非徒費用較另造雙綫新橋為昂,且工作上之困難甚多,行車亦異常不便。故另擇適宜地勢,移向上游 150 呎處改築新橋,俾土方不巨,運料便利,且於工作之時,仍能照常通車。

　　**酌定新橋之跨度及孔數**　灤河橋橋墩,高約五十餘呎,橋基深度自十餘呎至五六十呎不等。西端石層露出河底,向東逐漸較深。至束端地質,則屬硬泥。除夏季洪水漫岸外,平時水面不過五六百呎。就淺水之需要,橋樑橋基工料之價值,及跨度60呎至 300 呎,與洩水面寬約 2000 呎,作數種計劃,詳細比較,認 100 呎上下之橋空,最為經濟。是以全橋二十孔之跨度,均取 100 呎(第一圖及第二圖),因此鐵工場工設計施工方面,亦均較整齊簡捷。

　　**選擇鐵樑之形式**　100 呎之跨度,在「高架提式踦樑」為不經濟之長度,而「開頂踦樑」又為最弱之格式。查軌面距河底五六十呎,則橋墩實具充分之高度,橋身自以「托式」為宜。托式橋身究用「踦樑」,抑用「鈑樑」,自宜再為斟酌。踦樑較鈑樑約輕數噸,然製造較煩,修養較費,不如鈑式之簡便,且本路機車之逐漸加長,影響於踦樑各部之應力,及接笋之釘數,均較鈑式為大,是以橋身決定採

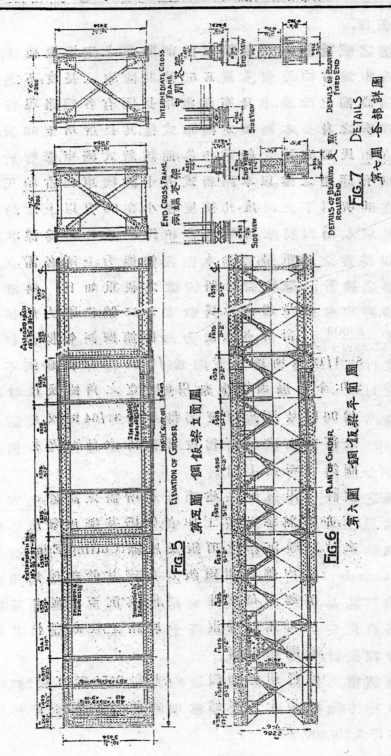

FIG.7 DETAILS 第七圖 各部詳圖

FIG.5 ELEVATION OF GIRDER 第五圖 鋼鈑梁立面圖

FIG.6 PLAN OF GIRDER 第六圖 鋼鈑梁平面圖

INTERMEDIATE CROSS FRAME 中間橫架

END CROSS FRAME 兩端橫架

DETAILS OF BEARING FIXED END 支點

DETAILS OF BEARING ROLLER END

用托式鈑樑。

**新橋之載重能力**　依照鐵道部所頒之鋼橋規範書,正綫橋樑之載重,應爲古柏氏載重量 E 50 號。其機車之長度,不過 56 呎。近來機車隨設備之改進,車身亦逐漸增長,國有各鐵路現行之機車,均約有 70 呎之身長。本路擬定機車式樣,其長度增至 86 呎,是以軸重雖與古柏氏 E 50 號之軸重相等,而該新式機車,影響於橋之撓力剪力則有超過之處。以本路新式五十號機車,與古柏氏載重 E 50 比較,在 80 呎以下之跨度,其撓度較小,在 80 呎以上之跨度,其撓度較大。是以本橋爲將來計,須以古柏氏載重 E 50 爲標準,非欲變更部頒規範書之載重量,實爲本路運輸能力上所必需也。

**鈑樑之設計**　鈑樑設計所依據之載重如下:　軌道重量每呎 500 鎊;列車載重量爲古柏氏載重 E 55 號;衝擊力係按照部定公式 $I = S\dfrac{30000}{30000+L^2}$　計算。各項應力參閱第四圖。鈑樑最經濟之高度爲跨度 1/8—1/12,茲所選定者則爲 1/10,計高 10 呎。腰鈑不得薄於淨高空之 1/200;今上肢與下肢如用 8 吋寬之角鐵及 12 吋寬之夾鈑,則其淨高爲 96 吋,故腰鈑厚度不得小於 31/64 吋。又肢鈑截面以不超過肢部全部截面之 60% 爲度。各部份之截面乃按照撓力及剪力求得(參閱第五至第七圖)。

**橋基之設計**　用氣壓法建築橋基所需之設備,北寧路大體齊全;在路員工,亦有熟悉此項工作者。故橋基擬用氣壓法建築,以求駕輕就熟之效。氣壓沉箱之頂鈑,及座綫(Cutting Edge)與工作室(Working Chamber)之內牆,均用鐵鈑及角鐵。其餘部份則用鐵筋混凝土。爲求該箱易沉起見,每墩用兩箱,俟其沉至堅硬地基,卽行停止。兩箱各自沉妥後,再用鐵筋混凝土聯絡之,使成整個基座,而受橋墩。其詳細設計,參閱第八圖。

**全橋造價**　橋樑用普通鋼建築,共計 3570 噸,沉箱 387 噸,混凝土計 6280 英方;除軌道土方及遷移車站等項工程不計外,工料費預估約共洋 2,236,000 元。

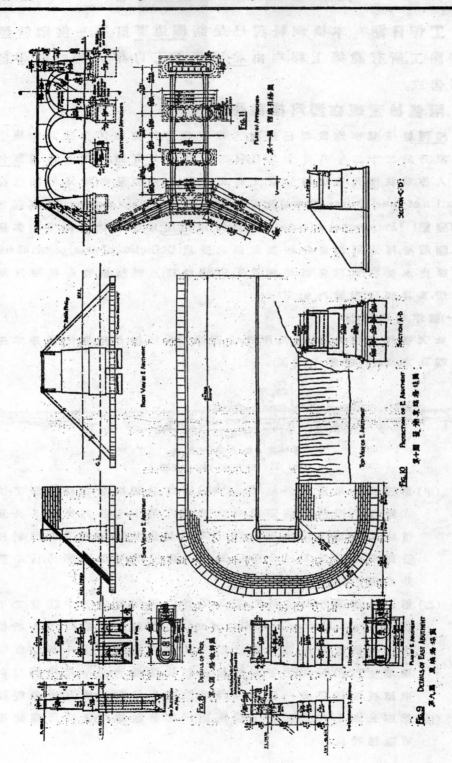

**工作日期**　本橋鋼料現已呈請鐵道部訂購，一俟鋼料運到，即可開工。所有建築工程，均由北寧路員工自辦，大約二年半，即可全部告成。

### 附錄檢查現在灤河橋報告書

灤河橋經戰事炸毀，業已修復，其載重能力，究竟如何，自應詳加檢查，以明眞象。乃於二十二年八月十二日，同副工程司尤寅照，試用工程司裘鈵烱，及工人等，前往灤州，並同該分管工程司黃恩果，先測量各「桁架節點之高度」(Elevation of Panel Point of Truss)，及「各部之長度」(Length of members)，以察該桁架有無「變態」(Permennent deformation)，然後用開灤車頭333號，及四十噸裝滿煤車五輛壓橋，再分別測量各桁架節點之垂度(Deflection of panel points of truss)，並用膠皮水管核對，以免訛錯。測量工作完竣後，乃詳細檢查各損毀以及修理部份，其詳細狀況臚列如下：——

(一)被炸桁橋部份

此次被炸之橋乃200呎長兩孔，由西端200呎橋算起，被炸處乃第三，第四孔之間。(參觀第十二圖)。

第十二圖　現在灤河天橋
Fig 12　EXISTING LAN-HO BRIDGE

(甲)第三孔之東南方斜柱(End Post.)被炸斷，業經唐山機廠修復，惟正在修理之際，敵軍強遷通車，致將南方第十七節點壓下5公分，修復時未能頂囘原狀，所以南方第十七節點，較他處下沉，而斜柱亦較原來長度短2吋2吩，但細計此種變態增加之應力，尚不致十分妨礙行車之安全。

(乙)第四孔西南方斜柱外觀，甚爲完整，似無傷痕，但其中腰板之下端(Lower part of central web plate of end post.)被炸力震鬆，失去抵抗能力，唐廠修復時，未能注意。試觀垂度圖指示，第二十一節點低落於兩端支點平行綫之下，即知該斜柱抵抗能力之不足。應將該斜柱中腰板，逕行更換一段以保行車之安全。其擬更換方法，參觀詳圖。

(丙)第四孔西北方之斜柱下端南面一部，曾被炸傷，業經唐廠修復，尚可勉強維持。

(丁)第三孔東方之兩活動橋座,及第四孔西方之兩呆橋座,均被炸毀。現經唐廠用鐵板拴牢,尚可勉強行車,惟更換該橋座,至為困難,似應於各裂痕尖端,鑽一淺小孔,藉測該裂痕是否增長。如不增長,尚可照舊維持現狀,否則即應設法更換。再活動橋座向用漆布包裹,藉免塵土內積,致礙轉動,今該漆布毫無,應速修復,否則該轉動頓軸,勢將失其靈活,而橋梁不能伸縮自如,更受分外之應力,殊為危險。

## (二)被炸托軌梁部份

第三孔東端之橫梁及直梁中裁,第四孔西端之橫梁及直梁半裁,炸毀部份,業經唐廠更換新料,修復原狀。惟第三孔東端第二橫梁腰板,炸有孔眼,雖經唐廠用兩夾板鉚牢,但腰板與肢角鐵未能聯牢,不能接受撓率力,應速加添夾板,以保安全。其擬修理之法,請參觀詳圖。此外第三孔東端直梁之花架,少一角鐵,及一角鐵拆斷,亦應從速更換及修理之。

## (三)其他受傷部份

第三孔東端之二根斜柱,及第四孔西端之兩根斜柱,均曲歪不直,而以第三孔東南之斜柱為甚。此種曲歪狀況,往往發生撓率力,而加重該柱之担負,當按合組力法(Combined Stress)計算之。其應力超過柱之抵抗力,約十分之一。設法加固,困難亦多。茲擬每三個月測量一次,藉觀該柱之曲歪度數是否增加,以策安全。此外其他彎曲部份,如各橋桁架下肢(Lower chords of truss)多屬彎曲,但均受拉力,除禦風力稍受影響外,無關重要。其彎曲最顯著處,為第三孔東南角之下肢。此外橫梁,在第廿一,廿二,廿九,卅二,卅三,卅四節點處,上肢角鐵,均被捧片石時打彎。好在靠近立柱尚不致有十分影響,其抵抗撓率力,可暫置不問。其第四孔之下肢拉板(Eye bars)上緣均有裁痕,深約1分,尚無十分關係。

## (四)橋上軌道(從略)

## (五)橋梁之拱度及垂度

該橋建築時,其計算載重量,與近今之載重量稍異,故各部之抗抵力有超過載重之壓力者,亦有不及者(參觀第十三圖)是以橋梁之變態,未能悉符當日設計時所求之拱度。往往最高之點,不在橋桁架之中心(參觀第十四圖),因而橋梁之垂度,亦未能合乎學理上所需之數。其實地用機車壓橋所覆之垂度,除數節點外,雖未超過由學理上計算之數,但其中心節點之垂度,均在橋兩端支點平行線之下(參觀第十四圖)。

### 第十三圖　灤河舊橋 200 呎桁架應力之比較

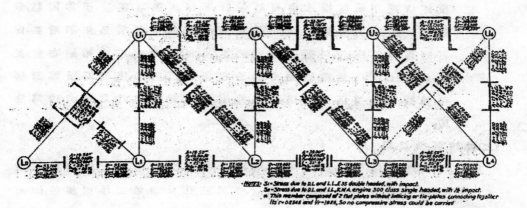

FIG. 13 COMPRISON FOR STRESSES DUE TO DIFFERANT KINDS OF LOADINGS AND THE STRENGTH OF MEMBRS, 200 FEET SPAN

二百英呎桁橋應力比較表

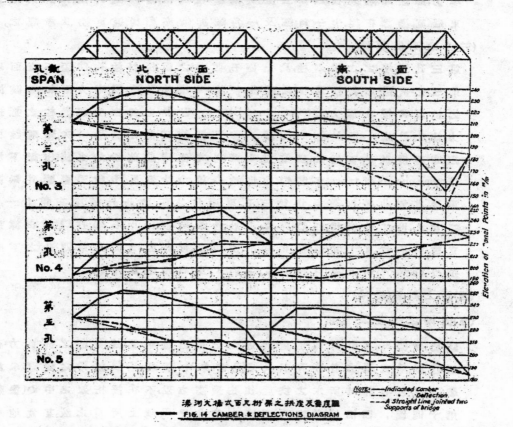

FIG. 14 CAMBER & DEFLECTIONS DIAGRAM

### 第十四圖　灤河舊橋 200 呎桁架之拱度及垂度

圖中實綫示桁架之拱度,虛綫示桁架之垂度,點畫相間綫爲兩支點之直聯綫。

(六)規定機車速率

該橋若按部定衝擊力公式,精密計算之。其載重能力,不過古柏氏E18.8,約合本路現行雙頭機車,拖四十噸車輛之半數而已。但按本路現時行車狀況,以閣溫300號單頭機車,拖四十噸煤車,並其衝擊力按照部定公式半數計算之,其載重能力,祇及百分之六十六餘。似此橋梁如是之潛弱,危險殊甚。是以機車過橋之速率,不得不深加研究。查速率過大,衝擊力因之增加,橋梁力難勝任。速率過小,衝擊力雖可減少,但拖重量煤車,勢難駛上橋東二百五十分之一之坡度,非減少車輛不可。必也求一適宜之速率,於行車之安全,以及拖重之能力,兼濟並顧之。細核該項機車,駛過200呎橋梁,其衝擊力最大之危險速率(Critical Speed),約每小時行卅一公里餘。今將其衝擊力減至半數,則行車之速率,每小時應不得超過十公里,始保安全。

(七)其他弱點

(甲)　該橋第三根斜條(Diagonal)U₂L₃(參觀第八表)應受反應力(Reversed Stress),而該反應力爲壓力。以兩拉板而受壓力,爲事實上所不許,此弱點之一也。

(乙)　下抗風花架 (Lower Laterals) 接於下肢中心,而該下肢爲兩拉板,率無抵抗撓率力,此弱點之二也。

(丙)　上抗風花架 (Upper Laterals) 非徒潛弱無力,且其過樑(Sway. Bracing) 祇一工字梁,釘於上肢之上,不能阻止兩邊桁架之搖擺,而增加衝擊力。此弱點之三也。

(丁)　該橋紧近車站,倒車掛車,均須駛行橋上。機車扳風開時,往往發生推力 (Horizontal thrust),而下抗風花架不能傳此推力至橋端,此弱點之四也。

以上乃举举之大端,似應加以改善,以策安全。但以該橋設計之陳舊,又屆更換之年齡,且本路車輛之重量,又逐漸增加,是以爲一勞永逸計,不如更換新橋之爲愈也。

# 津浦鐵路黃河橋

吳 益 銘

## (一) 橋梁概述

　　津浦鐵路黃河橋之橋址,在濟南車站迤北6公里之濼口鎮附近。橋之組織,計有普通單式橋桁9孔,在北岸者8孔南岸者1孔,每孔長91.5公尺,係屬引橋;又有三孔伸臂橋桁,長420.9公尺,是為跨水橋孔。南北兩岸橋梁間之距離,為1,255.2公尺。伸臂橋桁,位置水平,而單式橋桁,則具有1:150之坡度。在伸臂橋桁上之軌頂,為海平(十)40.5公尺,在高水位以上約8公尺,低水位以上約12公尺橋孔佈置如第一圖。

　　所有橋桁,均係鉚合之下承華倫再分式,上下肢平行,中心相距11公尺,惟為增加橋桁在第2及第3號橋墩上之高度至20公尺起見,在該兩號橋墩附近之上肢,則作弧形。

　　橋桁之中心距離,為9.4公尺,可供敷設標準軌距雙綫軌道之需,惟今則僅在橋之中央敷設單綫軌道。橋桁各部僅按單綫設計,將來改雙綫時,須另行加固,其計劃詳見於后。

　　當津浦路借款草約議訂之後,在1901——1903

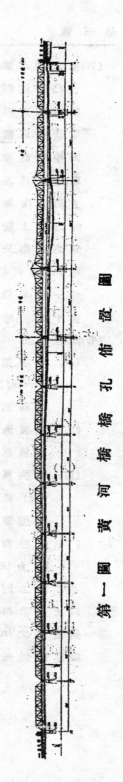

第一圖 黃河橋橋孔佈置圖

年間,德籍工程司曾於濟南附近黃河上下游 180 里間,逐細測勘,幷在濼口鎭左近,鑽探地層,認爲在此處建橋,最爲適宜。迨本路開工建築,德國孟阿恩橋樑公司,(M. A. N.) 根據上述測量之結果,按照河流情形,地層狀況,擬具計劃,建橋21空,共長 1271 公尺,得標承辦,於公歷 1908 年八月,由津浦路與之簽訂合同。距料工興之後,魯省官紳以按照該公司所擬計劃,在濼口建橋,阻滯河流,潰決堪虞,認爲有減少橋墩,增加跨度之必要,迭經開會討論,詳加研究,而橋樑公司亦數易計劃,容納各方意見,始於 1909 年八月決定採擇如現在橋孔佈置之計劃,而橋工向因橋孔問題之未決定,旋作旋輟,毫無成績可言,自是始克正式進行,至民國元年十一月告成。歷時四載,全部費用計合庫平銀 4,545,600 兩。

　　津浦路黃河橋,在國有鐵路之橋樑中,爲特殊之建築,其仲臂橋桁之設計饒有興趣,且將來改敷雙軌,加固橋桁之計劃,亦頗有研究之餘地,至於建築橋基之經過,更不乏可供參考之資料,爰就公私記載,撮要述之。

# (二) 下 部 構 造

### 第 二 圖
### 地層示意圖

　　橋址附近之地質,係屬黃土冲積層,如第二圖。在海平 (＋) 12 及 (＋) 11 間,有石英沙子 1 公尺厚,考之古道河流,該處當係大淸河之河底,嗣經黃河改流,爲黃土淤沒,雖經河流冲刷,迄未受其影響,似無疑義,因之橋基之設計,悉以此項發現爲根據。

　　下部構造,計分爲: (甲) 南北兩岸之橋墩及引橋之橋墩(第 5, 6, 7, 8, 9, 10, 11 號),(乙) 中洪之橋墩(第 1, 2, 3, 4 號)。橋墩橋墩之長度,均備作雙綫之用,係以 35 公

第三圖　北岸橋墩

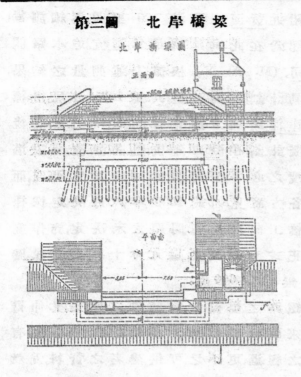

北岸橋墩圖

正面圖

平面圖

第四圖　北岸橋墩剖面

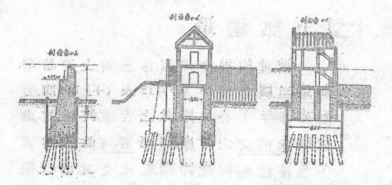

分厚之石灰石，壘砌為面，其中實以混凝土，如第三，及四圖橋基建築之經過，分述如下：—

南北兩岸橋墩及引橋橋墩之地基建築方法，係於各該墩之周圍，先打板椿，次挖地槽，於中間打15公尺長之鋼筋混凝土椿使其下端達海平（十）10公尺，復在椿頂之上，澆置混凝土，作為底腳，其底平為海平（十）22.8公尺。

第1，2，3，4 號橋墩均在中洪，而第2號橋墩之位置，又終年浸在水中，故此四座橋墩之地基施工計劃，原議均採用「壓氣沉箱」及「在氣箱內打椿」方法，且規定各氣箱一律沉至海平（十）14公尺為止。

氣箱之形狀為長方形之於兩端附半圓者，用2節或3節之鋼鈑鉚接而成，其底部之尺寸，在第1及第4號，為23公尺長，8.4公尺寬，在第2及第3號，為29.2公尺長，10公尺寬。箱之邊牆外面，具有1:20之坡度，邊牆夾層之內，係以混凝土填實，如第五及六圖。

第1，3，4號橋墩之位置，常在低水位以上，所用之氣箱，即從

第五圖　第一與第四號橋墩　　　　第六圖　第二號橋墩

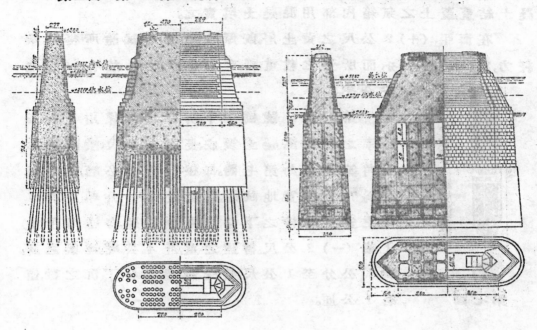

地面建起,挖去其中泥土,使之下沉。初用抽水機吸水,俟氣箱沉下
3—5 公尺後,以鋼飯將箱頂封蓋,藉氣壓排水繼續下沉,以達海平
(+)14 公尺爲止。彼時箱頂爲海平(+)28,適在低水位以上,乃拆
卸箱蓋,裝置打椿機,從事打椿。

　　第 2 號橋墩之地位,常居水中,故氣箱須懸掛於預先做成之
椿架,徐緩沉下詎料正在進行中,忽逢 1910 年之洪水,上述椿架之
椿其深度雖有已達海平(+)14 公尺者,仍被水力冲起因之原定
將氣箱沉至該海平之計劃,尚欠穩當,勢須增加其深度,始克保安。
惟打椿機必須在氣箱之頂露出低水面時,方能操作,又氣箱底如
果沉至海平(+)14 公尺以下,而再行打椿,則原有之打椿機,亦不
復適用,加以深度愈增,抽水工作愈感困難。職是之故,第 2 號橋墩
下打椿之原議,決定取消,逕將氣箱沉至海平(+)2 公尺爲止,實
以混凝土,作爲底脚。

　　已經打椿之第 1, 3, 4 號橋墩,於壘砌墩身之際,積將各該氣

箱,沉至海平(+)10公尺,以免冲刷之虞,並於椿之上端,以鋼筋混凝土結蓋,蓋上之氣箱內部用混凝土填實之。

在海平(+)2公尺之黃土層,旣厚且堅,實地試驗所得之承托力,爲16公斤/平方公分,而所受之載重,祇有6公斤/平方公分,故有2.5倍之安全率。

河心墩用之鐵筋洋灰椿

第七圖

第1,3,4號橋墩下所打之椿,係用1:1.5:3比率之鋼筋混凝土製成,長爲17公尺,橫斷面爲五角等邊形,如第七圖。每根計重6公噸,准許載重爲75公噸,實地試驗,乃能受150公噸,故有2倍之安全率。椿之下端,除極少數外,均達海平(+)1或(一)2公尺。椿錘之重,計4公噸。錘擊之高,爲60公分至1公尺。椿受錘擊,最後下沉之數,僅有1公厘。

橋梁橋墩下用椿數量表

| 橋墩號數 | 南岸橋梁 | 1 | 3 | 4 | 5,6,7 | 8,9 | 10,11 | 北岸橋梁 |
|---|---|---|---|---|---|---|---|---|
| 15公尺長椿 | 170 | 一 | 一 | 一 | 106 | 96 | 90 | 130 |
| 17公尺長椿 | 一 | 164 | 240 | 164 | 一 | 一 | 一 | 一 |

爲防第2號橋墩萬一被河流冲刷起見,在低水位以下,於墩之周圍,排築木椿,將椿間之泥土挖去,實以塊石,並用混凝土結頂,以資堅固,如第八圖。

# (三)上　部　構　造

黃河橋之上部構造,以伸臂橋桁之設計饒有興趣,略敍其要點如下。至單式橋桁,並無特異之點,茲不贅述。

伸臂橋桁,係以128.1公尺長之錨臂(Anchor Arm)二孔,各延展爲27.45公尺長之伸臂(Cantilever Arm),及109.8公尺長之懸梁(Sus-

# 第　八　圖

## 第二號橋墩保護辦法

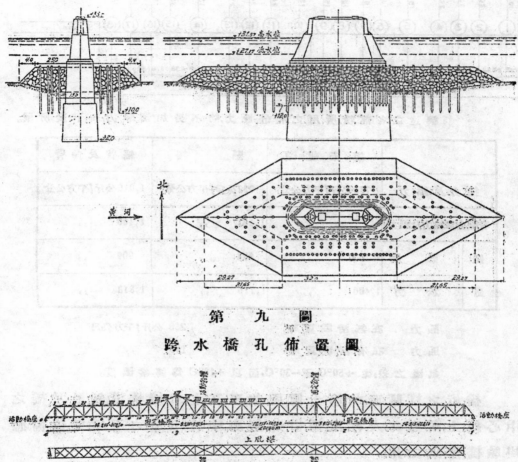

# 第　九　圖

## 跨水橋孔佈置圖

pended Span) 一孔組成,共長 420.9 公尺,如第九圖。按其佈置,係將伸臂之長度,定為懸橋跨度之 1/2, 伸臂與錨臂之長度比率甚小,因之在第 1 及第 4 號橋墩上所需要之錨具,可以省略。

橋桁之設計條款,係照德國橋梁規範辦理,分列如下:——

　　　　靜載重　　　　　　　　4,350 公斤/公尺
　　　　活載重　　　　　　　　如下圖

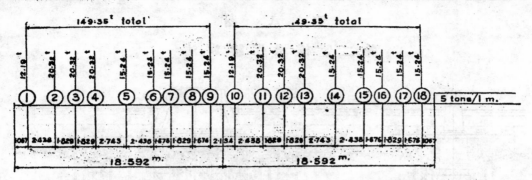

構造之各部份所用之淮許應力，均不另加衝擊力，如下表所載。

| | 橋床組織 | 懸　橋 | 繋臂及伸臂 |
|---|---|---|---|
| 拉力及壓力 | 750公斤／平方公分 | 987公斤／平方公分 | 1,010公斤／平方公分 |
| 有風力之拉力及壓力 | | 1,137　　,, | 1,160　　,, |
| 卯　　剪　　力 | 700　　,, | 888　　,, | 909　　,, |
| 釘　　承　　力 | 1,400　　,, | 1,776　　,, | 1,818　　,, |

風力　　在無活載重時　　　　　　　　250 公斤／平方公尺

風力　　在有活載重時　　　　　　　　150　　　,,

氣溫之差，從 +50℃ 至 −30℃，而以 +10℃ 爲經常溫度。

　　橋桁之橫斷面，如第十圖所載。現在之單綫軌道，鋪設於橋之中心綫上，兩旁爲人行道。橋桁外邊聯接於下肢之工字梁，係備懸掛驗橋搖車之用。

　　懸橋與伸臂間之胼體聯合，係在第 XVII 及第 XXIX 兩節點，其結構相同，茲僅將在第 XVII 節點之胼體聯合，簡單叙述如下：

　　懸橋之上肢及斜肢，用接鈑 (Gusset Plate) 聯結；在接鈑之間，設有隔鈑 (Diaphram)，附以搖桿 (Rocker)，其底坐於擺柱 (Pendulum Post) 上部之球形樞 (Spherical Pedestal)；此擺柱則藏於伸臂之豎肢中。伸臂之上肢斜肢及豎肢，亦用接鈑相聯，套在上述懸橋接鈑之外，可以相互滑動。伸臂豎肢之底及下肢，有接鈑聯合，其間有組成之托座，亦係球形樞，以資承受擺柱底部之搖桿。以如是之組合，

第十圖
普通式橋橫斷面

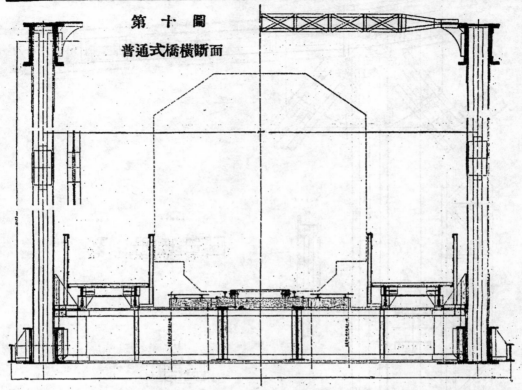

而將載重由搖桿擺柱遞傳至伸臂之豎肢。在第17,18兩節點間,設備假下肢(False Member),插入兩端之伸臂與懸橋下肢中,亦能相互滑動。其詳細設計,如第十一及十二圖所載。

在第17—18節點間之縱梁與橫梁聯接方法,及在第X, VII曁第17節點之上下風梁聯接方法,均用活動之諭體,如第十三,及十四圖。

## (四)　橋桁加固計畫

將來改鋪雙綫軌道時,於現有之橋桁外邊,各添設同樣之橋桁1行,在兩行橋桁之間,以1鋼鈑及4角鐵,將豎肢與豎肢聯合,如第十五圖。更於現在作交叉式之上風梁組織內,增設橫加勁桿R (Strut),如第十六圖,使成爲具有堅强斷面之框架,藉以避免加固橫梁之困難。至於加固第2, 3號橋墩上豎肢之計劃,雖略有不同,而大致無異,其詳細設計,如第十七圖所載。

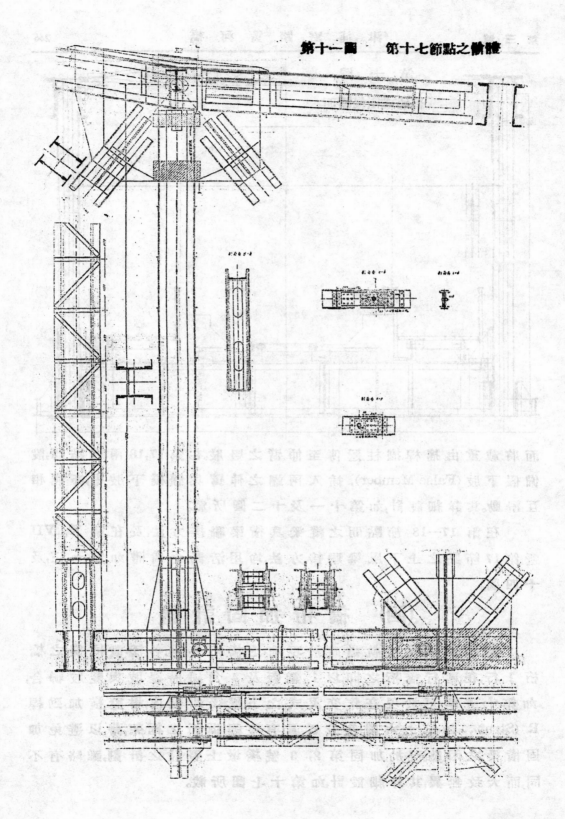

面非鉛直由圖形此圖即為橋面部之平曲頂弦中間節點
係在下陂 (Valley Member)，其尖端係向之彎曲下傾，如圖
互係橫之弦桿此。如前第十一及十二圖所示，
節點 17—18 照圖可之甚雜尤為複雜之形，皆使設有圖甚可，Ⅶ
節節之接由上為可，節點之線係所之向。

### 第十二圖　懸臂橋之擺柱與擺座

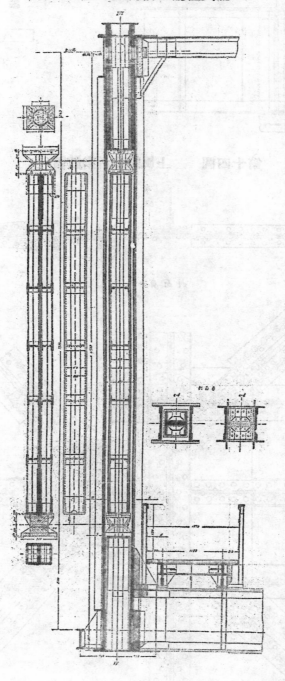

### 第十三圖　　縱樑在第十七節點處之推動示意圖

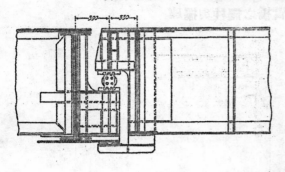

縱樑之輥座

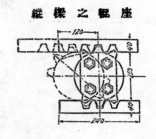

### 第十四圖　　上風梁之活動鉸體

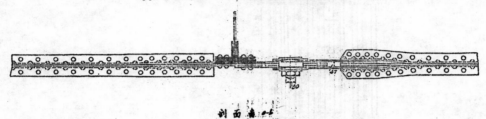

割面圖

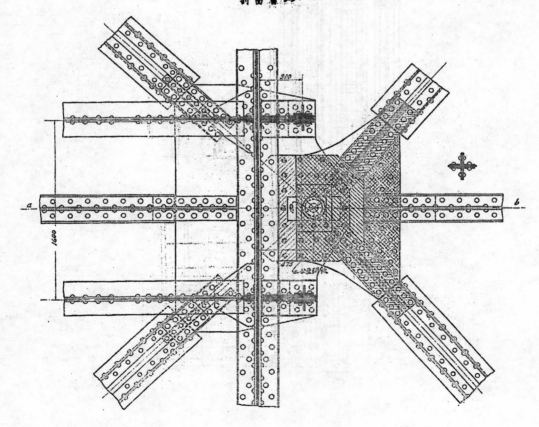

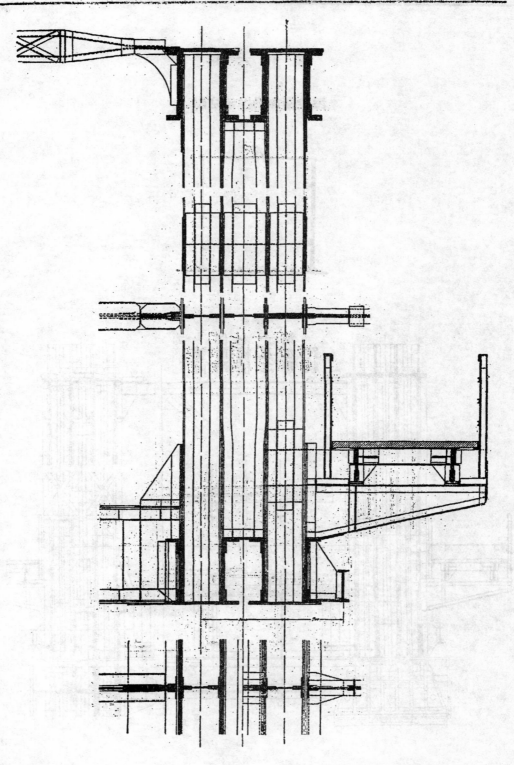

## 第 十 六 圖

### 添設橫加勁桿示意圖

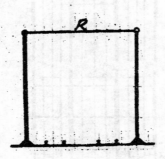

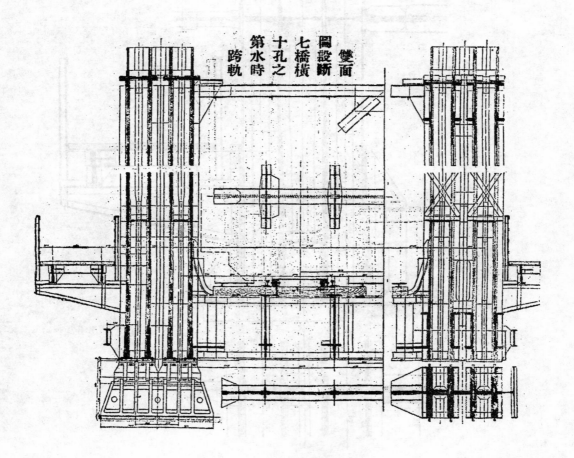

雙面
圖斷
七橋橫
第十孔之
跨水時
軌

# 平綏鐵路幹枝各綫改善橋梁計畫

## 金　濤

　　平綏鐵路自豐鎮迤西幹綫及口泉枝綫,從前建築之時,因經費不充,所有明橋橋墩雖已築成,橋梁多非正式。口泉枝綫之三十呎明橋及綏包段幹綫之二十呎及十二呎明橋,幾於全部均用方木或鋼軌充作臨時橋梁。其後雖經迭次籌議購換正式橋梁,均以路款不充,致難實現。嗣因臨時方木橋梁,易受火險,且已使用年久,木質難免朽壞,於民國十九年二十年間,將綏包段內十二呎明橋,一律暫先改用鋼軌橋梁。至於該段二十呎及口泉枝綫三十呎明橋,則以鋼軌長度不合,不得不仍行使用方木橋梁。惟曾將其中之木質朽壞者,一律換用新方木暫維現狀。然以明橋而用方木或鋼軌為梁,終非長久之計。改弦更張,固無日不在計議之中,所需鋼梁及鐵筋混凝土梁圖件,亦早經設計製成,待時實施。上年沈局長昌來長平綏路政,鑒於經濟支絀路務衰敝情形,非先大加整理,不足以言發展,爰與各主管處首領,詳加探討,議定復興路務計畫,呈部核准施行。該全部計畫中,關于工務方面者,除整理全路鋼軌枕木外,其重要部份,厥為改善綏包段及口泉枝綫橋梁辦法。茲詳舉其設計情形,以供閱者研究。

　　(1)　三十呎孔橋　平綏路原有標準,係用鋼梁,每孔按現在價值估計,約合洋 1537 元,但其載重量僅及古柏氏 E-29 之數。現經重新設計,繪圖估價,計合於古柏氏 E-35 之載重量者,每孔需洋一千八百餘元;合於 E-50 之載重量者,每孔需洋二千一百餘元。如改用鐵筋混凝土雙丁梁 (Beam and Slab)，使能負荷 E-50 之重量，則每孔祗需一千七百餘元。就需款一端而言，自以採用鐵筋混凝土梁為宜。但平綏路三十呎橋梁之需改善者，均在口泉枝綫枝綫之橋梁載重，依照 E-35，已合部定規範，毋需更大。且此項新梁，仍須與現有橋墩相稱，方能適用，倘改鐵筋混凝土梁，則其梁身太厚，若不鑿低墩頂，卽須提高路軌，用款固須增加，施工亦多困難。因以上種種原因，經卽決定採用新設計之 E-35 鋼梁，共計需購 22 孔，連同上梁鉚釘油飾等工資在內，需洋 39,788.48 元。（內鋼梁估值 35,718.48 元，工資估需 4,070.00 元）

（2）　**二十呎孔橋**　平綏路原有標準，亦用鋼梁，其載重量僅合古柏氏 E-27，每孔按時價估值約815元。惟此項橋孔，大都均在綏包段幹綫，按照部定規範，應能載古柏氏 E-50 之重量。當經設計比較，用鐵筋混凝土雙丁梁能載重 E-50 者，每孔估值不過八百餘元，載重能力倍增，而價值尚屬相當。因卽決定採用是項橋梁。計全綫共需 120 孔，合計需洋 102,826.80 元（內鋼料約值 90,106.80 元，國內工料約值 12,720.00 元）（參閱第一圖）。

（3）　**十二呎孔橋**　平綏原用之十二呎標準鋼梁，其載重量僅及古柏氏 E-22，每孔按時價約需洋323元。茲因此項橋孔均在綏包幹綫，改按 E-50 之載重量，另行設計估價。計鋼梁每孔約需 406 元，鐵筋混凝土雙丁梁每孔需洋約400元，鐵筋混凝土平版梁 (Slab) 每孔約需洋460元。雙丁梁身較厚於平版梁，施工之時，非將現有橋墩鑿去一部份，卽須提高路軌。經詳查各橋洩水情形及附近路綫能否提高，分別酌定，計需用雙丁梁者55孔，需用平版梁者382孔。如果採用鐵筋混凝土建築，連同國內工料在內，共需款洋 201,150.60 元，較之全用新設計之 E-50 鋼梁，用款雖見增多，然採用鐵筋混凝土橋梁，不特一勞永逸，維持省費，且行車亦較安適，並可利用國貨，故優點甚多。經卽決定按照上列數目，完全採用鐵筋混凝土橋梁，計需鋼料洋 163,836.60 元，國內工料洋 37,314.00 元。（第二及第三圖）

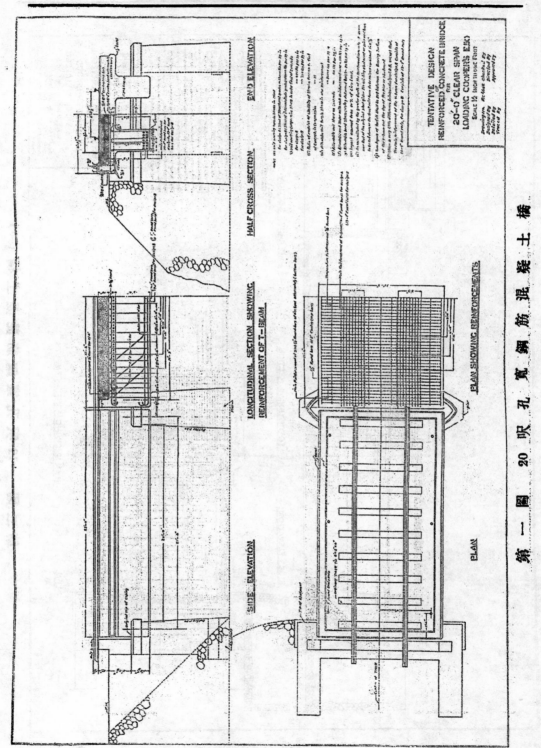

第 一 圖　20 呎 孔 寬 鋼 筋 混 凝 土 橋

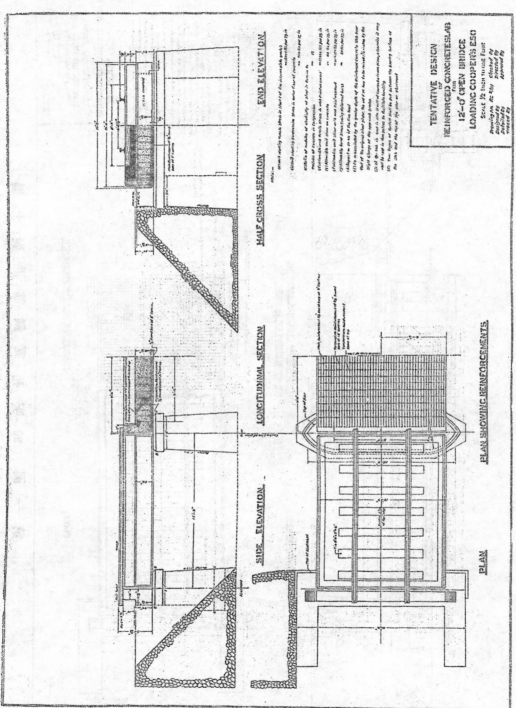

第二圖　12呎孔寬鋼筋混凝土橋（一）

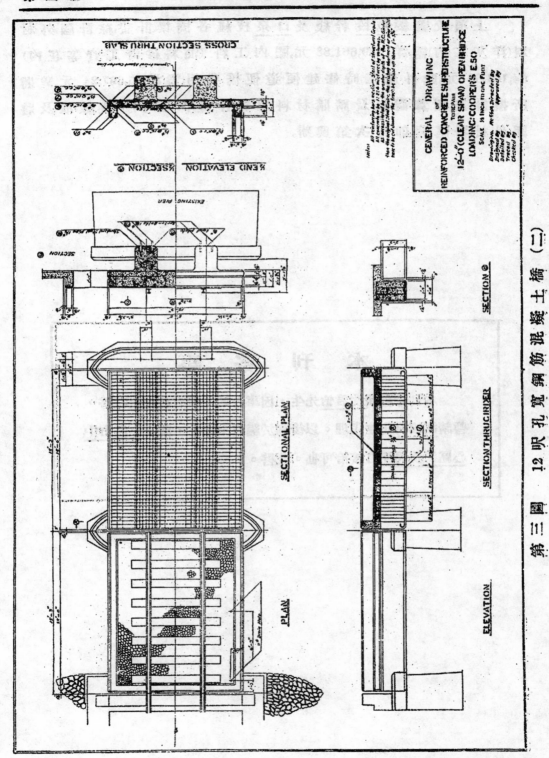

第 三 圖　i 12 呎孔覽鋼筋混凝土橋 (二)

　　上項改善綏包段幹綫及口泉枝綫各橋梁計畫,綜計國外材料(洋灰在內)需洋 289,661.88 元,國內工料（油料砂渣工資等在內）54,104.00 元,此外施工時修建便道便橋費用,需洋 35,697.24 元。業將所擬計畫預算圖表及請購材料單等件呈部核示,一俟核准及將國外材料購齊,卽行次第興辦。

# 本　刊　啓　事

　　本刊總編輯沈君怡先生，因事赴歐，所有總編輯職務，暫請胡樹楫先生代理。以後關於編輯上事件，請函上海市中心區工務局胡君接洽可也。此啓。

# 膠濟鐵路更換橋梁工程

## 孫寶墀

膠濟鐵路係德人建築,於 1899 年興工,1905 年通車,1914 年十一月為日人佔領,至 1923 年一月始由我國接管。

幹綫自青島至濟南,長 394 公里,幹支綫及岔道總長 625 公里。鋼軌每公尺 30 公斤,大部份用鋼枕。

全綫有鋼橋 918 孔,總長約 8200 公尺,混凝土橋 134 孔。鋼橋式樣有 46 公尺穿式花梁;30,25,20,及 15 公尺開頂花梁;40,35,30,及 20 公尺托式花梁;18,12,及 10 公尺穿式飯梁;15,10 及 6 公尺托式飯梁;以及 5,4,3,2,及 1 公尺工字梁。

鋼橋設計僅假定機車軸重 13 公噸,而以中華民國國有鐵路鋼橋規範書*覆核之,每橋各部份之載重量殊不一致:最小者合古柏氏 E-13 級,最大者合 E-36 級。听以參差者是之甚者,其一部份理由,固因計算衝擊力及壓桿應力之公式,德美不同。但各橋設計實欠周密,製造亦不甚佳,故載重量低弱,德管時代曾發生白沙河斷橋事變。

日管時代,因營業發達,添購美國「凝固式」機車,軸重約合古柏氏 E-35 級。該項較重機車,係民國二十年購置。單輪機車牽引 40 噸貨車以每小時約 40 公里之速度經過各橋,已超過多數桿件之法定載重量,但如修養得宜,尚可勉强維持。

無如民國十一年華盛頓會議中日開始贖路談判後一年之中,橋梁修養完全荒廢。十二年我國接收時檢查全路鋼橋,發見鏽

*民國十一年北京交通部頒布,大體採取美國標準

釘鬆動者在50％以上,裂縫之處亦屬不少,情形非常危險。果於二月十六日37次貨車經過雲河大橋時,突然出險,30公尺開頂花梁折斷二孔。當時趕修便橋以繼行車,至同年五月始行修復。

當局深知全路橋梁薄弱堪虞,經通盤籌畫,決定治標治本兩項辦法,積極推進。治標辦法為:

(一)限制行車載重及速度　規定「凝固式」機車不得兩輛銜接。列車經過舊橋時速度不得超過每小時20公里。

(二)加緊修養　抽換鉚釘,修補裂縫,重新油漆。並至少每三個月檢修一次。

(三)加固薄弱部份　縱梁兩端之結合鉚釘,抗剪能力不足者,加製托座。壓桿薄弱者,增加聯繫桿。節點薄弱者,增加鋼鈑及鉚釘。

(四)橋下添築木架　15及20公尺者築一架,30及40公尺者築三架。

(一)項立即實行。(二)(三)兩項於民國十五年完工。(四)項酌量需要情形,隨時增築,至民國二十年始全線告竣。

治本辦法為更換全路橋梁,以古柏氏E-50級為標準載重量。新橋設計,跨度在30公尺以上者用花梁,見圖(一)。

跨度自30至15公尺者用鈑梁。如地點適宜,則提高路基,將穿式改為托式,見圖(二)及(三)。

遇有石層不深之處,則將30公尺開頂花梁改為20公尺混凝土拱橋一孔(見圖四)或8公尺拱橋三孔;20公尺開頂花梁改為16公尺混凝土拱橋一孔。

如水道無關重要而地基堅硬時,則將30公尺開頂花梁改作三孔,20或15公尺者改作三孔。上層結構均用混凝土裹工字梁。

跨度10公尺者,或用穿式鈑梁,或利用舊料改造托式雙鈑梁,或用新闊邊工字梁,見圖(五)。

跨度自6至1公尺之工字梁橋,或用舊料改造,或全用新料,

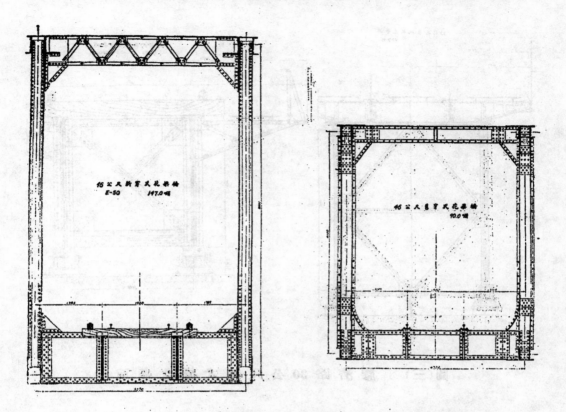

圖(一)　　膠濟路 46 公尺穿式橋之截面

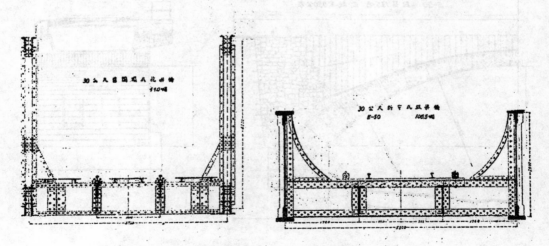

圖(二)　　膠濟路 30 公尺穿式橋之截面

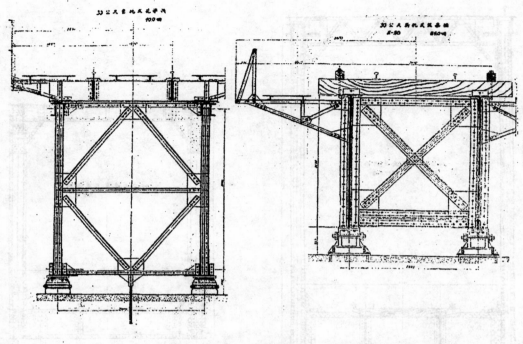

圖(三)　　膠濟路30公尺托式橋之截面

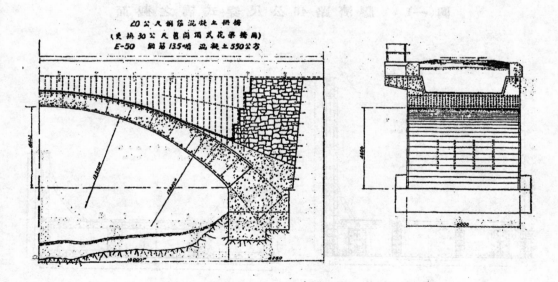

圖(四)　　膠濟路20公尺拱橋之截面

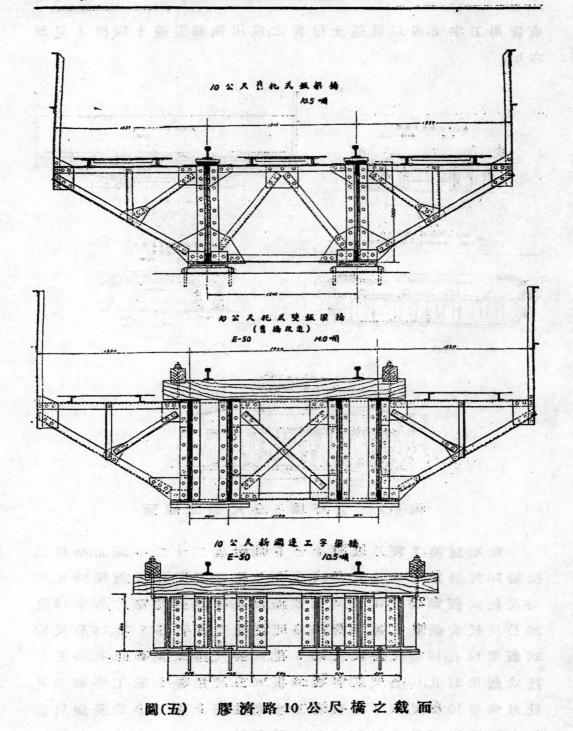

圖(五)　膠濟路10公尺橋之截面

或僅用工字梁,或以混凝土包裹之,或用鋼筋混凝土版橋（見圖六）。

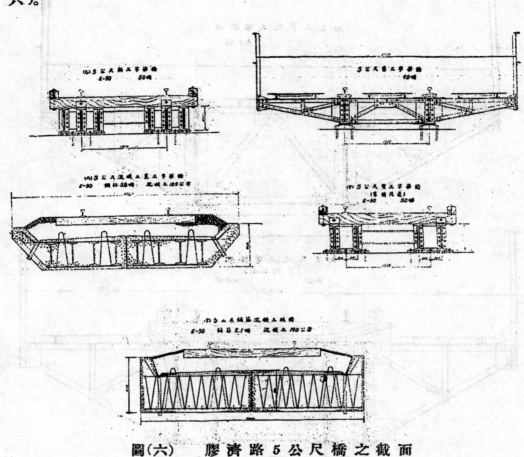

圖(六)　　膠濟路 5 公尺橋之截面

　　此項更換工程,自民國十三年開始,迄二十二年底止,全線巳換竣 70 %。計重建 46 公尺穿式花梁 1 孔,30 公尺穿式鈑梁 29 孔,30 公尺托式鈑梁 29 孔,25 公尺托式鈑梁 5 孔,20 公尺穿式鈑梁 16 孔,20 公尺托式鈑梁 7 孔,20 及 16 公尺混凝土拱橋各 1 孔,15 公尺穿式鈑梁 14 孔,15 公尺托式鈑梁 7 孔,10 公尺穿式鈑梁 11 孔。10 公尺托式鈑梁 21 孔,10 公尺工字梁 26 孔,10 公尺混凝土裹工字梁 23 孔。此外尚有 10 公尺以下之拱橋,工字梁,混凝土裹工字梁,及鋼筋混凝土版橋等 817 孔。共計更換 1008 孔。用款達三百七十餘萬元。

# 較 大 工 程

上舉巳換橋梁，總長在150公尺以上者，有李村河，白沙河，城陽河，大沽河，大沽河上流，濰河，及雲河等七座，工程較巨。茲以更換先後爲序，約略述之。

大沽河大橋在李哥莊膠東之間，公里59.196處。總長192公尺。原有30公尺開頂花梁六孔。以同長之穿式鈑梁更換之。十四年七月竣工，見攝影（甲）（1）至（5）。舊橋264噸，新橋639噸。工料費約十五萬元。

大沽河上流大橋在姚哥莊高密間，公里92.366處。總長151公尺。原有20公尺開頂花梁四孔，及30公尺開頂花梁二孔。以穿式鈑梁更換之。十四年五月竣工。舊橋192噸，新橋419噸，工料費約十萬餘元。

李村河大橋在四方滄口間，公里14.058處。總長228公尺。原有30公尺開頂花梁七孔。改建時將路基提高2.0公尺，以托式鈑梁更換之。十六年四月竣工。舊橋308噸，新橋588噸，工料費約十九萬元。

城陽河大橋在城陽站之西，公里32.364處。總長157公尺。原有開頂花梁25公尺者五孔，及20公尺者一孔，皆係斜式。改建時將路基提高1.5公尺，以托式鈑梁更換之。十六年四月竣工。舊橋186噸，新橋327噸，工料費約十一萬元。

濰河大橋在峐山黃旗堡間，公里143.865處。總長296公尺。原有46公尺穿式花梁三孔，30公尺開頂花梁三孔，及15公尺開頂花梁三孔。該處中部橋墩基礎不固，德日管理時代，均被大水冲陷，曾一再改造。更換之前，經詳細鑽探，有橋墩兩座認爲不穩，決予廢棄。另以氣壓沉箱方法建新橋墩三座，並將路基提高2.4公尺。新橋爲46公尺穿式花梁一孔，30公尺托式鈑梁六孔，及15公尺托式鈑梁三孔。十八年四月完工，見攝影（丁）（20）。舊橋462噸，新橋713噸，工料費：增築橋墩約九萬元，更換橋梁二十四萬元。十九年八月初旬，晉軍西退,將該橋西端15公尺托式鈑梁一孔炸毀一端。經向川崎添購一孔,於同年十二月更換修復。

雲河大橋在黃旗堡南流間,公里148.606處。總長260公尺。原有30公尺開頂花梁八孔。重建時將路基提高2.0公尺,以托式鈑梁更換之。十八年四月竣工。舊橋352噸,新橋672噸,工料費十八萬餘元。十九年八月,晉軍西退,將該橋西端一孔炸毀一端,腰鈑洞開約1×3公尺,見攝影(戊)(24)—(27)。全孔三分之一須完全廢棄。經向川崎添購一孔更換之,二十年一月修復。

白沙河大橋在滄口女姑口間,公里24.683處。總長256公尺。原有30公尺開頂花梁八孔。以穿式鈑梁更換之。十九年五月完工。舊橋352噸,新橋852噸,工料費二十二萬元。

此外總長近50公尺及以上者,有: (1)大港四方間之海泊河橋。原有20公尺開頂花梁二孔,於十六年以穿式鈑梁更換之,並將橋台橋墩向北加寬,以備承托貨物線之新橋。該項新橋亦為20公尺穿式鈑梁二孔,於十九年裝竣。(2)膠州芝蘭莊間之密水川橋原有30公尺開頂花梁二孔,十四年以穿式鈑梁更換之。(3)南泉藍村間之南泉西河橋。原有20公尺開頂花梁三孔,十六年以穿式鈑梁更換之。(4)濰縣站東之白狼河橋。原有30公尺開頂花梁三孔,十九年以穿式鈑梁更換之,見攝影(丁)(21)。(5)大圩河站東之大圩河橋。原有30公尺托式花梁三孔,十九年軍事毀壞,見攝影(戊)(24)—(27),二十年以托式鈑梁更換之。(6)朱劉店站西之桂河橋。原有20公尺托式花梁二孔,二十年以托式鈑梁更換之。(7)昌樂堯溝間之小丹河橋。原有托式花梁30公尺者一孔及20公尺者二孔,十九年軍事毀壞,二十年以托式鈑梁更換之。(8)昌樂堯溝間之大丹河橋。原有30公尺托式花梁三孔。十九年軍事毀壞,二十年以托式鈑梁更換之,見攝影(庚)(34)。(9)青州普通間之白楊河橋。原有30及20公尺托式花梁各一孔,十九年軍事毀壞,見攝影(戊)(24)—(27),二十年以托式鈑梁更換之,見攝影(戊)(28)及(29)。

(10) 馬伺周村間之孝婦河橋,原有 30 及 15 公尺開頂花梁各二孔,二十一年以穿式鈑梁更換之,見攝影(庚)(36) 及 (37)。(11) 棗園莊龍山間之洪家河橋。原有 20 公尺開頂花梁三孔,二十二年增築橋墩三座,以 10 公尺混凝土裏工字梁六孔更換之,見攝影(辛)(38) 及 (39)。

## 現　在　情　形

現在幹綫自青島至譚家坊 222 公里間之六小橋梁,一律為 E-50 級。

自譚家坊至周村 80 公里間,自 10 公尺以下之小橋均為 E-50 級。僅餘淄河及淄河兩大橋未換。

自周村至濟南 92 公里間,自 10 公尺以下之小橋均為 E-50 級。舊橋尚餘自 15 公尺以上者 31 孔。

張博支線自張店至博山約 40 公里間,自 10 公尺以下之小橋均為 E-50 級。舊橋尚餘 20 至 46 公尺者十孔。

又膠路自青島站起分期更換 43 公斤重軌。迄二十二年底止已換至公里 192 處之大圩河站。新軌大都改用美松木枕。惟車站內各股道仍為舊道。

## 將　來　計　劃

二十三年擬換大臨池北關間 30 公尺托式鈑橋一孔,15 公尺穿式鈑梁四孔,及 15 公尺托式鈑梁二孔。計舊橋 160 噸,新橋 262 噸,需工料費約八萬元。業於三月開工,限六月以前完工。

二十三年下半期及二十四年上半期,擬自大圩河站起,向西繼續更換重軌約 90 公里,直達張店。改良工程項下餘款無多,換橋工程擬暫停一年。

二十四年擬更換淄河淄河兩大橋。淄河大橋。在譚家坊楊家莊間公里 227.923 處。總長 288 公尺。有 30 公尺開頂花梁九孔。舊橋總重 396 噸。曾於十三年加固。十五年增築木架。十九年八月晉軍西退,第九孔東端被炸甚裂,幸有木架支撐,未致下墜,見攝影(戊)。事平旋即修復。關於新橋設計,經詳細比較:如用膠路標準穿式鈑梁需 960 噸。如改用穿式花梁則需 690 噸。相差 270 噸,以現在鋼橋時價計之,約合八萬餘元。第以「自10至30公尺跨度用鈑梁」之方針早經決定,且鈑梁橋造價固屬較昂,日後修養簡易,即使列車重量超出法定載重至50%亦毋需加固。故擬仍用鈑梁。工料費估需三十八萬元。

淄河大橋在淄河店辛店間,公里257.625處。總長452公尺,爲全路最長之橋。有40公尺托式花梁九孔及35公尺托式花梁二孔,舊橋總重 715 噸。橋墩順流建築,其橫軸與橋梁橫軸作14°—34′之斜角。惟橋梁兩端仍與縱軸正交。觀圖(一)(子),可見該橋薄弱之一斑。十九年七八兩月內戰期間受損兩次。第一次爲兩軍隔河對峙,橋身被砲彈擊傷二十餘處。第二次爲晉軍西退,將第二及第九兩孔之西端用炸藥轟毀,下陷各二公尺許,見攝影(己)(28)—(31)。用工人三百餘名,窮三晝夜之力,始得頂至原來高度,勉通慢車。嗣用舊料修補,重行油漆,並於橋下增築木架,至二十年十二月始完全修復,見攝影(己)(32)及(33)。根本更換辦法擬用同長之托式花梁。其附近20公尺橋二孔亦擬同時以托式鈑梁更換之。共需新鋼橋約1620噸。全部工程估需五十八萬元。

淄河濰河兩大橋換竣後,重軌亦已先期換至張店。預計二十五年自青島至張店280餘公里間,可以駛行E-40至E-50級之大機車,速度亦可增至每小時80公里。運輸效率,必大有增進。

二十五年擬更換幹線周村濟南間20公尺穿式橋三孔,20公尺托式橋八孔,30公尺穿式橋三孔,30公尺托式橋八孔,及40公尺托式橋二孔。計舊橋 856 噸,新橋 1755 噸,估需六十餘萬元。

同時擬更換張博支線20公尺穿式橋三孔,25公尺穿式橋一孔。30公尺穿式橋四孔,30公尺托式橋一孔及46公尺穿式橋一孔。

計舊橋 372 噸,新橋 890 噸,估需三十萬元。

如屆時路帑充裕,得照預定計劃進行,則全線更換橋梁工程可於民國二十六年完全告竣。

# 換 橋 方 法

較大工程,均先築便綫以維行車。所需便橋,概用美松製造。椿木用 10 吋方木,直柱用 12 或 14 吋方木,頂底橫木 14 吋見方。每軌之下用 9×18 吋縱梁三根。標準跨度爲 15 呎。高度在 15 呎以下者,卽以椿木作架;高度爲 15 至 35 呎者,用木架一層,高度在 35 呎以上者,用木架兩層。便橋木料拆下後,約可再用兩次。歷年所修便橋,以十八年之雲河便橋爲最長,共 600 呎,分爲 15 呎跨孔。以十九年之大丹河及白楊河兩便橋爲最高。大丹河便橋見攝影(庚)(34),共長 375 呎,分爲 25 呎跨孔十五孔,河底至軌頂最高處爲 45 呎。白楊河便橋,見攝影(戊)(22),共長 225 呎,分爲 25 呎跨孔九孔,河底至軌頂最高處爲 57 呎。

穿式花梁改作混凝土橋時,先於橋下搭設木架,暫將舊橋頂起,列車照常慢行通過。次改造橋台橋墩頂部(如須增築橋墩,則於搭架之前作成)。復次於橋下建造混凝土橋。俟堅硬後,將舊橋逐步拆卸或移去。鋼軌暫擱於方木之上。最後於無列車通過時間移去方木,搭裝枕木,並加填石渣,全部工程卽告畢事。凡 30 公尺開頂花梁改建混凝土拱橋[見攝影(丁)(16)—(19)及(乙)(9)—(10)],或增築橋墩改建混凝土裹工字梁,以及 15 公尺或 20 公尺開頂花梁改作混凝土裹工字梁兩孔時,均用此法。最著者爲二十二年洪家河 20 公尺開頂花梁三孔,改造 10 公尺混凝土裹工字梁六孔,採用此法,未築便綫,見攝影(辛)(38)—(39)。

自 20 公尺以下之單孔橋梁,均用推移法更換之。先於橋下搭設木架三座,將舊橋暫時頂起。然後修改橋台,並於鄰架上建造新橋,鋪設枕木,俟橋台頂部堅硬後,卽拆斷鋼軌,將舊橋向旁推出,新橋推進,重鋪鋼軌,即可通車。推移之時,橋下須墊圓銀,並佐以絞車,則一二小時即可竣事,不致就誤行車。最著者爲十九年軍事毁壞之鍪河橋,其第八孔之30公尺托式鈑梁,即用此法推換。二十三年大臨池王村間之墓京河橋,其30公尺托式花梁一孔,擬換鈑梁橋,亦將採用此法。又攝影(丙)(11)—(19)所示5公尺混土版橋,爲用推移法更換之又一種。

　　膠濟路四方機廠備有30噸及15噸起重機車各一架。遇有空閒,得調至路線上應用。故自20公尺以下之單孔橋梁,常用起重機吊換,15公尺及20公尺之橋,須先搭木架三座,中間一座暫支舊橋,前一座承托新橋,後一座備舊橋移擱之用,見攝影(乙)(6)—(8)及(庚)(35)。二十三年大臨池北關間擬換之15公尺單孔鈑梁,擬用此法更換。

# 橋　台　橋　墩

　　舊橋台橋墩皆爲混凝土建築,外砌花崗石面。有直接托於堅硬地層者,有用工字梁鋼樁十數公尺者,間有用開口木箱或板樁建造者,大體可稱堅固,我國接管以來,除因需要曾於數處改築雁翅,堆填礬石及增築防水石牆外,所有新施下層建築,以十七年灘河大橋增築橋墩三座爲最重要,均用氣壓箱方法,下沉約十公尺,墩身用1:2¼:5混凝土,水線以上亦用花崗石砌面;次爲二十六年北關站東增築6公尺跨度之橋台兩座,因須承托軌道三股及月台二道,除雁翅不計外,共寬23公尺,高8.5公尺,係鋼筋混凝土樺壁式建築,壁厚30公分,基礎托於黏土之上,未用木樁。此外因改孔而增築之橋墩甚多,有不打樁者,亦有打10吋方,20至30呎長基礎者。

　　舊橋台橋墩之頂部,均用床石承受橋槃轉底有一公分厚之洋灰漿,意使接觸面平整。惟該項灰漿均已壓碎,久失效用。更換橋梁時,例將床石移去,將舊混凝土鑿去少許,增築厚約80公分之鋼筋混凝土新冠於其上,見攝影(辛)(40)。新冠頂承受橋槃部分,絕

(1)

(2)

(3)

(4)

(5)

(1)—(5)大沽河橋工程攝影

(1)傾橋

(2)拆舊橋及安置第一孔新橋

(3)自南望第一孔新橋

(4)新橋東端

(5)試車

膠濟路更換橋梁攝影（甲）

(6)

(7)

(8)

(9)

(10)

(6)—(8) 十五公尺鋼橋

(6)吊去舊橋

(7)吊置新橋

(8)新橋落成

(9)十六公尺混凝土拱橋

(10)渭水河增築混凝土拱橋橋墩

膠濟路更換橋梁攝影（乙）

（11）　　　　　　　　　　　（12）

（13）　　　　　　　　　　　（14）

（15）

（11）—（15）混凝土板橋

　　（11）製就之混凝土板橋

　　（12）取去舊橋

　　（13）推入新橋

　　（14）舖石渣

　　（15）新橋落成

膠濟路更換橋梁攝影（丙）

(16)　　　　　　　　　　　　　(17)

(16)—(19)二十公尺混凝土拱橋

(16)搭木架　　(17)混凝土上工作情形　(18)新橋落成　(19)拆除舊橋

(18)　　　　　　　　　　　　　(19)

(20) 濰河大橋　　　　　　　(21) 白狼河橋

膠 濟 路 更 換 橋 梁 攝 影 （丁）

（22）白楊河橋（便橋）　　　　（23）白楊河橋（新橋）

（24）　　　　　　　　　　（25）

（26）　　　　　　　　　　（27）

（24）—（27）十九年軍事燬壞橋梁

　　十九年軍事波及膠濟路。八月初旬，中央軍自濰河大舉反攻，晉軍西退，用猛烈炸藥
　　轟燬橋梁十餘處，路線中斷，當由工務段工程車追踪趕修，經十晝夜繼續工作，始克
　　恢復全綫交通。

膠濟路更換橋梁攝影（戊）

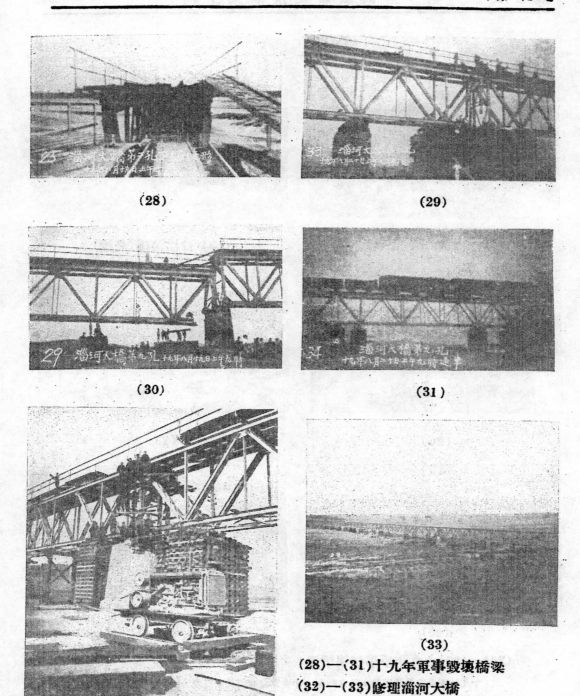

(28)　　　　　　　　　　　(29)

(30)　　　　　　　　　　　(31)

(32)

(33)

(28)—(31)十九年軍事毀壞橋梁
(32)—(33)修理淄河大橋
　　(32)第九孔橋端
　　(33)全景

**膠濟路更換橋梁攝影（己）**

（34）大丹河橋（便橋）

（35）小溝河新橋落成

（36）孝婦河新橋西端

（37）孝婦河新橋東端

膠濟路更換橋梁攝影（庚）

（38）洪家河橋（打樁）　　　　　　（39）洪家河橋改築混凝土橋

（40）白沙河橋橋墩新冠　　　　　　（41）白沙河橋橋轄

膠濟路更換橋梁攝影（辛）

對磨平。橋轑之底亦製造十分平整,直接置於混凝土面上,中間不加任何外物,見攝影(辛)(47)。錨釘孔於打混凝土時做好。新橋落平撥正後,即將錨釘插入孔內,灌以洋灰漿,使之膠固。

## 橋　面

舊橋不用枕木鋼軌直接鋪於工字主梁或縱梁之上,每隔約60公分置一特製軌托。

新鋼橋之縱梁,中心距爲1,980公尺,上鋪8″×8″×10′—0″之美松枕木,淨距約15公分。縱梁之上有角鋼,以22公厘之橫螺栓栓住枕木。鋼軌用螺絲道釘釘住,軌外約距25公分處置6″×6″之護軌木。托式鈑梁不設縱梁者,用較大之枕木,以同法鋪於肢鈑之上。枕木均塗臭油。接觸面及栓孔則刷護木油,大沽河橋面已鋪設八年,今仍完好。

混凝土橋與橋台之接觸面,均灌溶化之膠油,洋灰及砂子之混合物,以利漲縮。橋面鋪油砂紙二層,上塗膠油,以資防水。

## 舊橋用途

九年以來,拆下舊鋼橋計五千餘噸。一部份改造1至10公尺之小橋。一部份改作房架,水塔,天橋,雨棚等結構。尙餘鋼料約2000噸及整孔之橋約1500噸,擬讓售國內輕便鐵路或公路,及留作將來敷設延長線之用。

## 新鋼橋之採購

民國十四年,採購第一,二批鋼橋時原擬令投標商家設計。惟收到標函十數家。檢其設計圖樣,顏少完全合格者,遂改由工務處橋梁室自行設計,繪成總圖,以供承辦廠家繪畫廠用詳圖之根據。並聘定倫敦饒伯特公司爲常年檢驗工程司。嗣後各批咸照此辦理。除工字梁外,逐年採購之鋼橋如下表:

| 批　數 | 年　　份 | 鋼橋噸數 | 承　辦　者 | 代表商行 |
|---|---|---|---|---|
| 一 | 十四年 | 940 | 德國孟阿恩 | 博克威 |
| 二 | 十四年 | 645 | 德國孟阿恩 | 博克威 |
| 三 | 十五年 | 1,046 | 德國克盧伯 | 禮和 |
| 四 | 十六年 | —— | (此批係工字梁) | |
| 五 | 十七年 | 1,480 | 德國孟阿恩 | 博克威 |
| 六甲 | 十八年 | 1,944 | 日本川崎 | 三菱 |
| 六乙 | 十九年 | 70 | 日本川崎 | 三菱 |
| 七 | 十九年 | 912 | 德國克盧伯 | 禮和 |
| 八 | 二十一年 | 142 | 德國克盧伯 | 禮和 |
| 九 | 二十二年 | 162 | 英國 P.S.A.C. | 怡和 |
| 總　　數 | | 7,339 噸 | | |

　　鋼橋在青島交貨之每噸價格,十八年以前均在 200 元以下,十九年金價飛漲,幾至 320 元,至二十二年,始落至 260 元左右。

　　德英橋梁之野外鉚釘孔均於在廠內裝配時就地鑽出。每孔桿件各有專號,不能互換。故裝就後各部份非常緊貼,絕無縫隙。

　　日本神戶川崎車輛株式會社所製鋼橋,係採美國習慣。重要釘孔均先分別擋出略小之孔,再用寬孔器照鋼製模鈑修正之。同長同式各橋之桿件均可任意互換。結果釘孔均不能十分準對。加以製法較粗,鈑層之間不能緊密。十八年更換之白沙河大橋,完工三閱月,即發見雨水滲漏,以致油漆外面留有水痕之處甚多,嗣用塗木膏墊堵始止。

　　**附誌**　歷年主持膠濟路更換橋梁工程者,為前工務處長薩福均,今工務處長郟金光,前橋梁室工程司鄭華,今第一段正工程司王節堯,今第二段正工程司王洵才。直責辦理其事者為各分段工程司趙培梂,崔戢榮,胡佐熙,陸之昌,萬承珪,陳昆熊等。監修重要橋工者為幫工程司姚章桂,李為騄,徐堯,工務員李汝綸,過守常,宋連城,張肇亞,等。曾參與其事現已他調者有前第二段正工程司吳益銘,幫工程司陳祖貽,侯家源,王力仁,工務員金鑾等。

# 平漢鐵路建築新樂橋工程概要

## 汪禧成　趙福靈

## 導　言

　　平漢鐵路爲貫通我國北部之南北幹綫,而我國北部河流大部從西趨東,故路綫跨過大河極多。平漢路原來用比國資本,由比國工程師主持興築,當時限於資本,工程多甚簡略,橋梁建築亦然。橋梁上部構造俱用鋼料,橋孔最大有達六十公尺者,但大多數橋孔俱在三十公尺以下。鋼架構造俱甚瘦弱,其設計方法照現在之力學理論觀之,殊多不合;又計算橋梁各肢桿之應力,俱不加其衝擊力。照現行鐵道部規定之橋梁規範書。計算平漢路原有橋梁之載重力,實祇等於古柏氏荷重二十而已。現在行駛古柏氏荷重三十以上之機車,可謂危險已極。至於橋梁下部(卽橋梁基礎)亦因當時旣未得充分之參考材料,並爲節省工料,急於通車起見,建築亦甚簡單。除北平附近之蘆溝橋爲英國工程師主持,其基礎用壓縮空氣潛函建築構造堅固外,其他由比國工程師主持,築於惡劣地質上之橋基,係一律用打椿方法;大多數用木椿,間有用鋼鐵螺旋椿者;黃河及滹沱河橋乃其一例。木椿長約七公尺至九公尺,四邊圍以木板椿以防止水流冲刷力之及於木椿上。但平漢路所經河流,河底多爲細砂,水流湍急,冲刷力甚大,雖添加木板椿,仍不足以資防護,故又於基礎四周多投大蠻石,但遇大水時,橋台橋礅仍屢被冲毀,交通因之斷絕。

　　平漢路於 229 公里附近(屬於河北省新樂縣)與沙河相交。沙河發源於河北山西兩省交界處之山間,從水源至鐵路約長 160公里,流域面積約有 4000 平方公里。河底一面沙灘,河幅寬廣。夏季山洪暴發,水流湍急。於該河上築路時,架有鐵橋四座,以北岸第一座鐵橋爲最大,計長 30 公尺者七孔,及長 18 公尺者十六孔,其他三座俱爲長 18 公尺者二孔。各座鐵橋間,則連以路堤。橋梁基礎俱用上述打木樁方法。民國六年發生巨大洪水,第二及第四座鐵橋完全冲毀,路堤冲毀約五百餘公尺。第一座鐵橋被水冲毀橋墩兩座,於大水數日後測量其冲刷深度,最大者爲 8 公尺,於此可推測發水時實冲刷至 11 或 12 公尺之深度。除將第一座橋修理恢復交通外,其第二第四兩座則改爲 12 公尺九孔之拱形石橋。基礎打 9 公尺長之木樁,四圍復以木板樁保護之。至民國九年大水(較民國六年略小,)第一座大橋橋墩一座被水冲毀,新建之第四座橋(即拱形石橋)亦完全被水冲毀,可知水勢之大矣。乃於該處建築四十九孔 4.5 公尺之木架便橋,復在河床打洋灰混凝土一層,以防止河底土砂被水流冲刷,以迄今日。該木架便橋爲臨時性質,且已經過十餘年之久,木質有腐敗之虞,有從速修建正式橋梁之必要。查該處原有橋梁,俱以基礎入地過淺,水流湍急,冲刷力大,遂爲洪水所毀。自後建築新橋,自不宜再蹈前轍,基礎須特別堅固,以收一勞永逸之功。查該處河底地質,大部份爲砂礫,夾少許粘土,探鑽至河底下五六十公尺處,仍不見有堅硬岩盤。基礎構造似以用井筒方法爲佳,支持活荷重及靜荷重須倚賴井筒與地層內砂礫或粘土之摩擦抵抗力,及地盤之承托力。井筒須沈下甚深,俾河底土砂縱被水冲去相當深度,橋基仍不致發生危險。井筒基礎可用開頂做法或用壓縮空氣潛函做法。平漢路備有大小打水機數種,堪供應用,又有機器打樁機數部,可改作捲揚機之用。用前法時,祇須製造挖土機斗數部,並將舊存之潛水衣數襲修理,則可着手興築。如用後法,雖可縮短工作時間,惟工費較巨,需用機器較多,且又爲平漢路所無者。開頂沈井方法與普通挖水井法無大差異,有多數包工積有此種經驗,如用壓縮空氣潛函做法,則極難覓有經驗之包工,故決用前法。

# 地 質 調 查

　　該處河底曾於民國八年試鑽數處,深達河底以下五六十公尺。其地質種類不一,有細砂層,有粗砂層,有粘土層,又有砂層內夾石子者,但仍未達到堅硬之岩盤。建築新橋地點附近,前建有二孔10公尺橋一座,又九孔12公尺石拱橋一座,均先後被水冲毀。舊橋一部份沉入土砂內,未能除去。又歷年為保護橋基,減少水流之冲刷起見,於附近河中投下蠻石不少。故在井筒未沈下以前,擬於各建築井筒位置從新探鑽地質一次,以便預測井筒沈下時有無碰着舊橋或大蠻石之危險。探鑽地質工作,用平漢路之探地伕,從二十二年十二月六日開始。鑽驗之鐵管內徑為 2 公寸。先將南北兩橋台基地之地質探鑽完竣後,卽探鑽最接近舊橋之第一號及第二號(從北數起)橋礅基地之地質,每處探鑽約20公尺。於第二號橋礅處河底地面下 6 公尺處,曾經撞遇大石,並將其一部份取出。查其石質,與上述兩座被水冲去之舊橋所用石料完全不同,想為前此投落河內用以保護橋基之大蠻石。其餘各處所探之地質,與民國八年探鑽所得結果無異,第一層約 5 公尺為細砂,其下約 6 公尺為粗砂夾石子,又其下約 7 公尺為大粒粗砂夾石子,再經一層約 1 公尺之細砂,卽達約厚 6 公尺之粘土層。以上四處地質,於二十三年二月九日探完。因距井筒開工時期已近,且以其餘三處未探鑽之橋礅,地址俱離被水冲毀之舊橋較遠,故可毋庸續探。南橋台共探20公尺,費時十七日;北橋台探25公尺,費時十九日;第一號橋礅探22公尺,費時十三日;第二號橋礅探19公尺,費時十七日。共探86公尺,費時六十六日。所需工費計銀733元,平均每日可探1.30公尺,每公尺工費銀8.52元。

# 設 計 大 要

（1.）**橋梁孔數及孔寬之選定**　於該河上流建築堤壩，將該河之水，大部份導往北岸大橋，而於現在木架便橋處改築小橋，亦屬於一種計劃。經詳細研究，建築堤壩工程浩大，且北岸大橋之橋礅橋台，基礎淺弱，流水洗刷，岌岌堪危，將孔寬減少，則危險更大，決非良策。現在木便橋為四十九孔，各長 4.5 公尺，總長 220.50 公尺。新計劃擬定總長為 240 公尺。該處水位既高，橋梁以下承式為適宜，其孔數及各孔寬度之配合有下列數種：

(1) 八 孔 各 30 公 尺 長 之 下 承 鋼 鈑 橋，

(2) 六 孔 各 40 公 尺 長 之 下 承 鋼 桁 橋，

(3) 五 孔 各 50 公 尺 長 之 下 承 鋼 桁 橋，

(4) 四 孔 各 60 公 尺 長 之 下 承 鋼 桁 橋。

至於採用何種最為經濟，最為適宜，可作簡單之比較研究之：30 公尺之矮鋼桁橋，結構不堅固，鐵道部設計不採用此種型式，故不列入。橋台橋礅之價格，對於各種孔寬，雖稍有差異，惟因做法相同，其每個價格當無重大出入。為便於計算起見，橋礅價格每個假定為一萬八千元，橋台每個二萬五千元；又 30 公尺下承鋼鈑梁每架重 102 噸（俱按古柏氏荷重五十設計）40 公尺下承鋼桁梁每架重 131 噸，50 公尺鋼桁梁每架重 190 噸，60 公尺鋼桁梁每架重 260 噸，每噸鋼料架設及油漆費以三百五十元計算，與上列各項佈置辦法相當之總工料費約如下：

(1) 461,600 元；　(2) 415,100 元；　(3) 454,500 元；

(4) 468,000 元。

參閱上列數字，可知第二種佈置最為經濟。且平漢路鋼橋，除一兩座特殊者外（漢口附近頭道橋二道橋共有六十公尺橋三孔），其餘孔寬俱在 40 公尺以下，若新築橋採用 50 公尺或 60 公尺之孔寬，將來於保養上有許多不便之處。又第一種佈置如改用上承

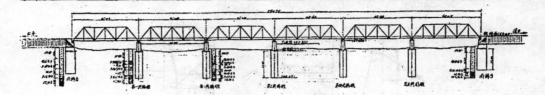

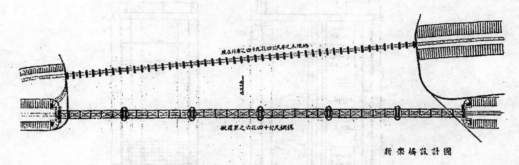

新樂橋設計圖

## 第一圖　　新樂橋設計圖

鋼鈑橋,則路堤須比採用第二種佈置約提高1.5公尺,非特築路堤工費增多,且離該橋約 170 公尺處有已成橋梁一座,若將路堤提高,非將該橋改造不可,故鋼料雖可減少,而總工費則較多。基於以上各點,新樂橋決採用第二種佈置建築之。至40公尺鋼桁之設計,則依照鐵道部最近設計之標準圖辦理。(參閱第一圖)

(2)井筒設計　沈井之井筒可用磚砌,或用鐵筋混凝土築成。每橋台橋礅可用井筒一個或兩個。普通磚砌井筒俱爲圓形,故於橋台橋礅寬大時多用井筒兩個。鐵筋混凝土井筒比磚砌者較爲堅固。沈放井筒時倘有發生傾斜情事,磚砌井筒有崩裂之虞。故於地質均勻之處,及井筒矮小,工作簡易,且數量甚少,模型板之費用較大時,以磚砌井筒較爲輕濟。至於本工程所用之井筒,沈下深度預定達17公尺,而地質不均,砂礫粘土凡歷數層,且井筒共有七個,其模型板可以反覆使用,故以用鐵筋混凝土建築較爲得策。每橋台橋礅各用井筒兩個較用一個可省材料及工費,但用井筒兩個時,恐各井筒之强弱不一致日後橋台橋礅有傾斜之虞,故本工程之橋台橋礅均用井筒一個。橋礅井筒作橢圓形(第三圖),以一寫道

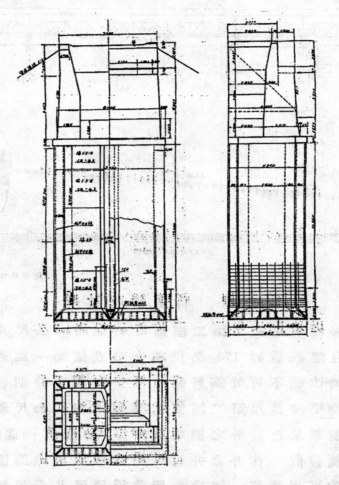

第二圖　新藥橋橋台設計圖

合橋墩上部形狀,一爲橢圓形利用穹弧作用,比較堅固,最爲經濟。
橋台上部形狀爲方形,若用橢圓形井筒則覺太大,故以用方形爲
適當(第二圖)。本工程所用之井筒,其構造俱依照旣往各種之先
例而決定之,橋墩井筒爲長徑 9 公尺,短徑4.4公尺之橢圓形,壁厚
65公分,中間壁厚 70 公分,井筒端角度爲 45 度,下端以鐵飯被覆
之,尖端用角鐵,中間壁只築至井筒壁直線之部份爲止,使潛水夫
得自由出入井筒左右兩室,井筒壁內設縱橫鐵筋。橋台井筒爲長
8.60公尺,寬 6 公尺之方形,壁厚 80 公分,中間壁厚 70 公分,鐵蹄橋

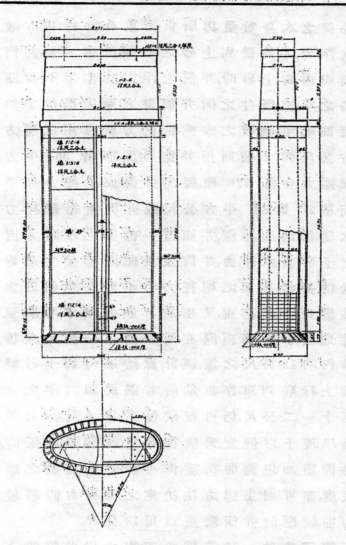

第三圖　　新樂橋橋墩設計圖

造與前者無異;中間壁尖端與外壁齊平,惟中央開一孔,使潛水侠
得自由出入井筒兩室。井筒壁用1:2:4之水泥混凝土,井筒填肚最
下層用1:2:4洋灰三合土,中層填清淨之砂;其上填1:3:6洋灰三合
土,最上層填1:2:4洋灰三合土。

　　(3) 井筒沈下深度　井筒沈下之深度,須根據井筒應負之載
重及水流洗刷深度而定。假定橋墩井筒沈下深度為低水位下17

公尺,算得井筒之本身重量與所負荷重合計約 1895 噸。井筒所受之總托力為浮力,井筒壁與土砂之摩擦抵抗力及井筒底地質之承托力。井筒四週為土砂時,井筒之浮力,其作用不甚顯明,為安全計,暫時省略之。根據旣往之例,井筒壁之摩擦抵抗力略為每平方公尺一噸至四噸半。精確之摩擦抵抗力祇可用試驗方法決定,今假定每平方公尺為 2 噸,則用井筒周圍面積 364 平方公尺,故井筒周圍之摩擦力合計 728 噸。假定井筒底承托力每平方公尺 40 噸,則因底面積為 30.88 平方公尺,故井筒所得總托力可達 1963 噸。若遇流水猛烈,河底冲深,井筒壁一部份之摩擦力因以消失;但井筒周圍之土砂被水冲去,井筒及橋礅同時發生確實之浮力作用,兩力互為消長,於井筒之總托力,當不致發生顯著之變更。井筒旣須能承載應負擔之荷重,又須於河底被洪水冲刷至最大深度時,仍不發生危險,即井筒頂應在河底面下一公尺,故橋礅與井筒實埋在土砂內有 18 公尺之深。經計算結果,河底土砂縱被水冲空 9 公尺,於橋上行駛列車,亦無危險。若遇民國六年之大洪水,河底土砂冲深至十一二公尺,仍可行駛慢車。以上計算井筒,各種托力俱不過根據學理予以假定。為愼重起見,於實際施工時,井筒沈下後,尙須於井筒頂加以測驗荷重,俾可確知井筒壁之摩擦力。橋台井筒沈下深度,亦可照上述方法決定之。惟橋台體積較大,而該處流水冲刷力亦較弱,故井筒深度祇用13公尺。

(4)井筒施工方法　　建築橋梁工程中,以井筒沈下工程較為困難。其做法如下:先於建築井筒地點,將地面掘平搗實後,安配鐵踭,再築井筒最下部之鐵筋混凝土,經過一星期,俟混凝土凝結後,即將模型板除去,將井筒內砂土挖出,使井筒緩緩沈下。若井筒內湧水不多,打水機可以抽乾時,則用人工直接在井筒裏挖取砂土。至井筒內湧水太多,不能在井筒裏工作時,則用挖土機斗挖取砂土至井筒沈下相當深度,即停止挖土砂工作,再築井筒身第二段(長4公尺),俟混凝土凝結後,照前法將井筒內砂土挖取。如遇井筒壁摩擦力太大,井筒重量不足,至不能沈下時,則於井筒頂加載鋼軌。如是以 4 公尺爲一段,將井筒沈至預定深度。即倒 1:2:4 混凝土一層,厚 4 公尺,在水中凝結。經過二星期後,將井筒內之水抽乾,再以混凝土及砂將井筒內部填塞。

# 工 程 預 算

新樂橋建築經費之預算如下:

| | | |
|---|---|---|
| 1. E 50, 40 公尺鋼梁六座 | 331,800.00 | 元 |
| 2. 鋼梁架設及油漆工料費 | 31,600.00 | ,, |
| 3. 橋礅井筒五個 | 77,686.10 | ,, |
| 4. 橋台井筒兩個 | 44,057.06 | ,, |
| 5. 橋礅五個 | 11,575.30 | ,, |
| 6. 橋台兩個 | 6,604.24 | ,, |
| 7. 築路堤及砌蠻石滑坡 | 12,864.00 | ,, |
| 8. 敷設軌條 | 7,490.00 | ,, |
| 9. 鑽驗地質工費 | 1,120.00 | ,, |
| 10. 雜費 | 15.703.30 | ,, |
| 總　計 | 540,500.00 | 元 |

做上列預算時,金價甚高,故鋼梁之價格亦隨之而高,若照現在之匯率,祗鋼梁一項,可省約十萬元。

除鋼梁須俟橋基工程進行至相當程度時再行購買外,其建築橋基需用之鐵料洋灰等,均已由本路自行購備,橋基及路堤工程則招商承辦,業於二十二年八月開標。計投標者共七家,投最低標者爲包工倫嵌,標價爲三萬八千餘元,投次低標者爲包工高錫章,標價五萬五千一百九十五元六角七分,而本路預算爲六萬五千八百二十九元八角七分(鐵料及洋灰除外)。包工倫嵌標價雖最低,惟其所附條件不妥,對於沈井時井筒內之水不負責任,故不取該標,而以投次低標價之高錫章得標承辦。

# 杭江鐵路金華橋及東蹟橋
# 鋼板樑施工紀實

支秉淵　魏　如

　　杭江鐵路已於民國二十二年十二月間全部通車。以縱長三百六十里,經歷浙西山嶺錯雜,溪流湍急之區域,施工庇材,其困難可知。而當事者竟能在極短時間內,運用拮据萬分之經濟能力,完成此浙西最大之交通樞紐;其辦事之迅速,措置之得宜,實有足為吾人矜式者。作者幸得附驥,曾為該路建築鋼鐵橋面六座,日夜經營,心力交瘁,卒能尅日完成,頗堪自慰。事後尋思當時籌備擘劃之苦心,一得之愚,頗有足供工程同志之參考者,爰為縷述如次。

　　**鋼樑式樣**　作者所建造之六座橋梁中,其最大者有二,均為載重 E-50 之板樑式。每孔長 77 呎,高 8 呎,寬 8 呎,腰板用 3/8 吋厚鋼板與 8×8×3/4 吋之角鐵,連接而成。蓋板用 3/8×16 吋鐵板。每面有 6×3½ 吋撐腰角鐵。兩板樑中間,用 3½×3½×3/8 吋角鐵,互相牽連。每孔重 33 噸。每橋全重約 400 噸。

　　**橋址地形**　上述二橋,一座建在金華江上,全長九百餘呎,分為十二孔。一座建在衢州附近之東蹟江上,全長 1000 呎,分為十三孔。所經河流,均為錢塘江上遊,乾涸時深僅數尺,瀰望沙磧。漲水時洪水滔滔,兩岸泛濫,挾沙走石,勢甚洶湧,但不崇朝而一瀉無餘。廣灘一片,盡為粗砂石礫所積成。塊之大者,直徑達六吋餘,其水勢之湍急,可想而知矣。

　　**工作規範**　全部設計圖樣,均由路局供給。一切規程,均以鐵道部橋樑規則為標準,由路局特派工程師駐滬監督。限期於材料到滬以後,二十日內,須完成四孔板樑之鑽眼及配料工作,即日出廠。以後每隔二十日,須送出板樑四孔。共計六十日內,須將全橋送出材料到達橋址後,限期每二十日內,須將橋樑鉚好四孔,裝妥四孔。前後計八十日內,須將十二孔橋樑鉚好裝完,預備通車,無論風雨,不得延期。

　　**工場佈置**　欲將八百噸重之橋樑工程,於短期間內,促其完成,非有寬大便利之工場,勢必至畏雨避風,延誤日期。此次所佔之工場面積,計上海廠內,有雨棚約七千方呎,空地六畝;天雨時又添張布篷,以蔽工人(攝影一)。金華江橋邊,時患泛溢。為預防妨礙工作起見,特於車站附近,擇一高地,建築臨時軌道,通入場內;以便每孔鋼橋鉚完以後,可用平車拖至離場十里外之橋址。場內架設臨時房屋及布篷,以蔽風雨。(攝影二)

　　東蹟江橋之工場在江心沙灘上。因該江中心,有極大之天然平灘,頗適于作臨時工場之用。又該處材料,均用船運,卸置灘上,裝好鉚釘,費用較省。惟江水盛漲時,或有淹沒之虞;故對於應用器具之易于移動,及不易為水所冲刷,為佈置時所最宜注意者。

　　**廠內設備**　廠內應用工具,冷作場內有滾床,剪床,冲床各一具,機器部有各種刨床,銑床,車床等多具。通力合作,綽有餘裕。

　　鑽孔樣板,為求迅速準確及耐用起見,無論大小,概用鐵板製成。抹眼之方法分為二種。長行眼孔之抹法,先在鐵料上彈一直中心線;然後憑樣板劃出每眼孔之其他中心線。至斜角接頭鐵板之眼孔,則由鑽好眼孔之鐵樣板照樣印出。

　　第二步為用定心冲點定每個眼孔之中心,藉此畫與眼孔同大之圓圈,四周冲小點,使鑽眼者有所憑藉,監工者易于視察。

　　鑽眼工作,事前曾購電鑽數具,以備試用。結果費工甚巨,效率極微。而上海板眼工人,依此為生者,不下數百人。此輩工人,可以臨時雇用,每人每日可扳七分眼孔自六十只至一百只,工資二元。其所鑽之眼孔,光滑雖不及電鑽,而準確則有過之無不及。

此次路局規定 7/8 吋眼子均須鑽出,故除 6/8 吋以下之小孔外,冲床應用極少。

此外如撐腰角鐵之灣曲部份,均用鐵模軋出。鐵板之不平直者,及角鐵之灣曲者,因有滾床及伸直器等之設備,均能應付裕如。

**鉚釘設備**　金華東蹟二橋,均在浙江西區,沿途裝運,極感困難,每件重量,愈輕愈妙。故全橋材料,于上海工場運出時,均係散件,達工地後,重行裝配鉚釘。每橋計有 7/8 吋鉚釘五萬只;約期于六十天內完工。在場應用之工具,有新中公司自製之二十匹馬力引擎三具,每具能拖動新中公司自製之六吋半徑壓氣機二具,足供八只鉚釘機需用之壓氣。場內壓氣總管,係用1¼吋鐵管,最長時達四百餘尺。支管或用鐵管,或用軟橡皮管,視工地之需要而定。(攝影三)

平均每只鉚釘機,須用五人工作,每日可鉚 7/8 吋徑鉚釘約二百只。惟鉚釘罩極易損壞,必須多帶備貨。所幸新中公司機器廠能自製造及焠火。故能供給不匱。

**裝吊方法**　全孔鉚成後,用千斤頂 (Jack screw) 四具,將橋高舉,推入三十呎長之平車二部於其下(攝影四)。車上放方木,佈重及四輪,方木之上,放 4×12 吋板,橋樑擱於其上,行動時,二車可左右轉折,行駛如意。裝妥後,以機車送至橋塲。

裝置笨重鋼樑,初時頗感困難,又因不熟當地情形,費時勞工,在所不免。

裝第一孔橋時,先用鋼架,兩座立於沙灘上,上疊12吋方木二十四根,再舖道木及鋼軌。將鋼樑平車推至橋墩,然後將鋼樑頂高,取出平車,同時將木樑鋼架等移去,逐漸以千斤頂緩緩將鋼樑下降。計費時約十天。因鑒於此種裝法,太費時日,立即改用木橋之方法。木橋長75呎,寬8呎,高7呎9吋,裝於第二及第三橋墩間。其上儲設鋼軌。當鋼橋及平車行過時,灣下(Defection)3—1/4吋,而無其他弱點發現。同時於第三及第四墩之旁,另立斜架二具,上置12吋方木各二根,其頂離墩20呎,兩架之距離為29呎,擱4×12吋之木板一塊,

（三）用冷氣鉚釘工作

（四）鋼樑上車俗啓

（一）在上海新中廠內製造鋼樑

杭江鐵路鋼板樑橋施工攝影（甲）

（二）在金華鉚釘釘竣工

（五）第二孔鋼樑上架

（六）木橋拖出後放下鋼樑

（七）第三孔鋼樑移安木架拖移第四孔

（八）第九孔鋼樑裝置完竣預備裝第十孔

杭江鐵路鋼板樑橋施工攝影（乙）

以作工人行路之用。平車取出後,將木橋墊高,下墊 3 吋鐵管數支,以搖車之力,將木橋在斜架之上,拖至第三孔地位,以備第三孔鋼樑之安立。斯時第二孔樑,照第一孔法,以千斤頂緩緩下降,至橋座之上。此孔連做木橋,計費時十天(攝影五及六)。第三孔工作甚為順利,計時四天,此後每孔僅三天,亦有不及三天,卽裝完者。(攝影七及八)

職工分配　廠內有工程師一人,助手數人,指揮及監督廠內全部工程;幷與工地工程聯絡,供給工地所需之一切材料,工人,及工具。有總工頭一人,專司支配工人之職。下有出樣工頭一人,司出樣,劃綫,及點孔工作。鑽孔工頭一人,司較對所鑽各孔之大小,及其距離之是否準確。起重工頭一人,司搬運重件,及試裝板樑。此外批鑿剪割,溥曲等工作,各有頭目專司其職。

金華江橋工場有工程師二人,助手二人,分司鉚釘及裝吊事宜。幷各設工頭一人,支配工作。此外事務員數人,司收藏材料,管理銀錢及接洽運輸等工作。東蹟江橋事務較簡,指揮工作之工程師,僅有一人。

以上三板樑工程,金華鋼板樑,開始於二十二年三月五日,至八月中旬完工。東蹟江橋工程,開始於二十二年五月中旬,至十月廿日完工。中間材料運輸,由滬而杭,以達金華衢州之工地,費時幾及三月。實際上每橋工作,不過二月餘而已。

# 北寧鐵路山海關橋梁工廠

聶 肇 靈

## 1. 引 言

我國鐵路建設,有五十餘年之歷史,九千餘公里之路線,所有鋼鐵橋梁,多由外國製造,運來各路安裝。每因借款國之習慣,或督工之未周,設計既未合標準,工作又多欠精良,致有昔年平漢膠濟之橋折車墮之慘劇發生,不惟路產蒙鉅大損失,卽商旅亦遭觸害,於此足徵橋梁技術之關重要。

中國有橋梁工廠乎?除少數關心人士外,恐多懷此疑問。前於二十年秋工程師學會開年會時,工程週刊編輯張延祥君,特約撰稿,曾草山海關工廠概要一文,登之週刊,惜限於篇幅,中多割裂。茲值橋梁專號之刊行,主編茅唐臣兄復殷殷以山海關橋梁工廠內容見詢,爰述梗概,俾世之熱心鐵路建設者,有以愛護而培植之,庶此橋梁技術之嫩芽,或不致遭風雨之摧殘而夭折也!

## 2. 沿 革

一八九二年,北寧鐵路築至灤州。爲謀工程上之便利計,購備建橋機械,招募熟練工匠,建立灤河鋼橋,總長計 2,200 呎,爲當時我國之最大橋工。翌年工程告竣,以歷經訓練之建橋工匠。一旦遣散爲可惜,乃設廠於山海關站,收容上項工匠,並於一八九四年三月六日開工。初稱山海關橋梁廠,約有員工三百餘人,佔地三百餘公獻,專造鋼鐵橋梁,供展修關外路線之用。嗣後製品種類逐漸增多,廠基及房屋亦屢有擴充.機械設備與員工人數亦隨之增加。唐楡段鋪設雙軌時,工作最稱繁重,員工幾達二千人。斯廠向歸工務處管轄,民國五年十一月改稱山海關鐵工廠。十八年十月改稱山海關工廠。十九年八月改隸廠務處(即今之機務處)。自開辦迄今,計有四十年之歷史。若以時間論,似為中國橋梁工廠之最老者。

## 3. 組　織

山海關橋梁工廠自開辦至民國十五年,均為英人主持,除各工房監工外,僅有工程司,繪圖員,司事等職,協助廠長,辦理一切廠務。後由華人任廠長,組織稍形完備,職制時有變更。最近辦事系統,如第一表:

第一表　　組織一覽表

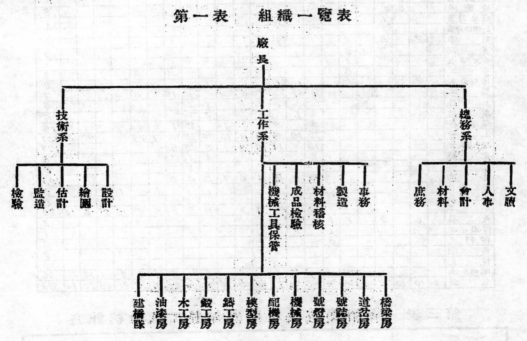

總務系設主任一員;文牘員,司事,書記,記賬,各若干人;辦理文牘,人事,會計,材料,及其他不屬於工作技術兩系之事項。

工作系設主任一員;監工,司事,查工,記工,工目,工匠,長工,學徒,

　　小工各若干人；辦理支配工作,製造程序,材料稽核,成品檢驗,機械工具保管,及其他關於工作上之事務。

　　技術系設主任一員；工程司,繪圖員,描圖,繪圖,學生各若干人；辦理鋼鐵建築物及機械等之設計,製圖,估計,監造,檢驗及其他關於技術上之事務。

　　廠內員工人數分類,據最近統計,如第二表所示。歷年員工人數增減情形,自民國元年起統計,如第三表。

### 第二表　山海關橋梁工廠員工人數分類統計表

| 職別＼區分 | 廠長室 | 總務室 | 技術室 | 會計室 | 時計室 | 查工室 | 收發室 | 橋樑房 | 模型房 | 配機房 | 機械房 | 號誌房 | 號燈房 | 鑄工房 | 鋼工房 | 道岔房 | 油漆房 | 木工房 | 建橋第一隊 | 建橋第二隊 | 建橋第三隊 | 建橋第四隊 | 合計 |
|---|---|---|---|---|---|---|---|---|---|---|---|---|---|---|---|---|---|---|---|---|---|---|---|
| 廠長 政治主任 | 1 | | | | | | | | | | | | | | | | | | | | | | 2 |
| 秘書 | | 1 | 1 | | | | | | | | | | | | | | | | | | | | 1 |
| 文牘員 | | | | | 1 | | | | | | | | | | | | | | | | | | 1 |
| 繪圖員 | | | 1 | | | | | | | | | | | | | | | | | | | | 1 |
| 繪圖生 | | | 8 | | | | | | | | | | | | | | | | | | | | 8 |
| 領班司事 | | | | 1 | | | | | | | | | | | | | | | | | | | 1 |
| 副領班司事 | | | | 1 | | | | | | | | | | | | | | | | | | | 1 |
| 司事 | | 2 | | 3 | 2 | 1 | 1 | | | | | | | | | 1 | | | | | | | 10 |
| 書記 | | | 3 | 3 | 1 | | | | | | | | | | | | | | | | | | 7 |
| 查工領班 | | | | | | 1 | | | | | | | | | | | | | | | | | 2 |
| 查工 | | | | | | 6 | 1 | | | | | | | | | | | | | | | | 7 |
| 練習查工 | | | | | | | | | | | | | | | 1 | | | | | | | | 2 |
| 監工 | | | | | | | | 1 | 1 | | | | | 1 | 1 | 1 | | | | | | | 7 |
| 工目 | | | | | | | | | | | | | | | 2 | | | | | | | | 4 |
| 副工目 | | | | | | | | | | | | | | | 2 | | | | | | | | 4 |
| 領班工匠 | | | | | | | | 3 | | 3 | | 1 | 1 | | 2 | 1 | 1 | | | | | | 13 |
| 工匠 | | | | | | | | 73 | 19 | 39 | 21 | 11 | 16 | 34 | 35 | 18 | 17 | 24 | | | | | 307 |
| 助手及長工 | | | | | | | | 78 | | 14 | 10 | 13 | 1 | 8 | 48 | 5 | | | | | | | 177 |
| 記賬 | | | 3 | | | | | 2 | | | | | | 1 | 1 | | | | | | | | 8 |
| 記工 | | | | | | | | | | | | | | | 1 | | | | | | | | 1 |
| 藝徒 | | | | | | | | 45 | 2 | 14 | 12 | 6 | | 13 | 4 | 6 | | | | | | | 103 |
| 小工頭目 | | | | | | | | | | | | | | | 1 | | | 1 | 1 | 1 | | | 5 |
| 小工領班 | | | | | | | | | | | | | | | | | | | 2 | 1 | | 1 | 5 |
| 小工 | | | | | | | | 24 | | 23 | 6 | 3 | | 11 | 3 | 3 | | | 15 | 21 | 6 | 16 | 138 |
| 夫役 | | 6 | | 3 | | 2 | 1 | | | | | | | | | | | | | | | | 12 |
| 儲料小工 | | | | | | | 1 | | | | | | | | | | | | | | | | 1 |
| 押料大閒 | | | | | | | 3 | | | | | | | | | | | | | | | | 3 |
| 司閒 | | | | 2 | | | | | | | | | | | | | | | | | | | 2 |
| 燒火 | | | | | | | | | | | | | | 10 | | | | | | | | | 10 |
| 臨時小工 | | | | | | | | | | | | | | | 5 | 6 | 1 | 6 | 3 | | 14 | | 36 |
| 合計 | 1 | 10 | 10 | 19 | 3 | 15 | 7 | 228 | 24 | 107 | 53 | 35 | 19 | 77 | 96 | 81 | 26 | 32 | 21 | 23 | 22 | 18 | 680 |

### 第三表　山海關橋梁工廠歷年員工人數統計表

| 年份＼職別人數 | 員司 | 工人 | 夫役 | 總計 |
|---|---|---|---|---|
| 民國元年 | 24 | 350 | 24 | 398 |
| 二年 | 24 | 478 | 22 | 524 |

| | | | |
|---|---|---|---|
| 三　年 | 24 | 421 | 22 | 467 |
| 四　年 | 24 | 451 | 22 | 497 |
| 五　年 | 25 | 452 | 22 | 499 |
| 六　年 | 25 | 429 | 22 | 476 |
| 七　年 | 25 | 420 | 21 | 466 |
| 八　年 | 27 | 445 | 22 | 494 |
| 九　年 | 33 | 542 | 31 | 606 |
| 十　年 | 43 | 977 | 42 | 1062 |
| 十一年 | 55 | 1277 | 51 | 1383 |
| 十二年 | 64 | 1801 | 59 | 1924 |
| 十三年 | 67 | 1858 | 69 | 1994 |
| 十四年 | 67 | 1355 | 69 | 1491 |
| 十五年 | 72 | 1232 | 52 | 1356 |
| 十六年 | 54 | 1058 | 19 | 1131 |
| 十七年 | 53 | 972 | 18 | 1043 |
| 十八年 | 57 | 941 | 19 | 1017 |
| 十九年 | 49 | 1017 | 20 | 1086 |
| 二十年 | 46 | 979 | 20 | 1045 |
| 二十一年 | 46 | 917 | 19 | 982 |
| 二十二年 | 39 | 822 | 19 | 880 |

## 4.　設　備

　　山海關橋梁工廠成立在四十年前,所有房屋及機械設備,雖不免因陋就簡,稍嫌陳舊,與現代化之歐美橋梁廠比較,自覺望塵莫及,惟工作上需要之設備,亦應有盡有,並不感覺缺乏。

　　廠基佔地面積約 800 公畝,房屋建築物面積約共 13,000 平方公尺。

　　房屋及軌道等之佈置,如第一圖;工廠全景如第二圖;橋梁房內景之一部,如第三圖。

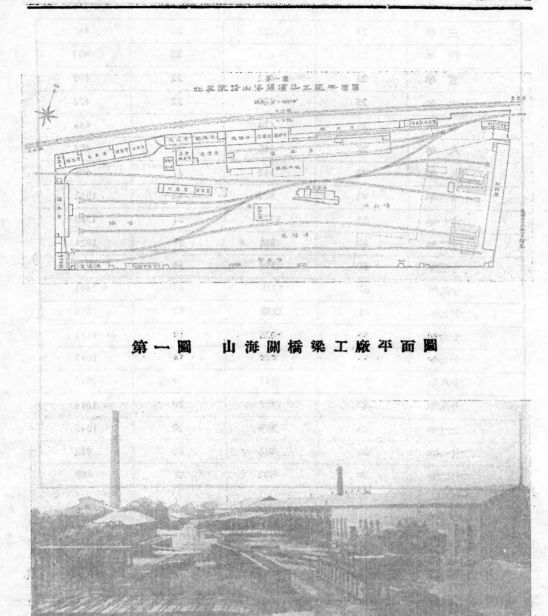

第一圖　　山海關橋梁工廠平面圖

第二圖　　山海關橋梁工廠全景

第三圖　　山海關橋梁工廠橋梁房之一部

房屋構造及各房所佔面積,如第四表所示。

第四表　山海關橋梁工廠房屋構造面積表

| 房屋名稱 | 構　　　　　造 | 面積<br>(平方公尺) |
|---|---|---|
| 總公事房 | 磚造木架白鐵瓦棱屋頂 | 343 |
| 收發室 | 磚造木架白鐵瓦棱屋頂 | 110 |
| 傢具及成品庫 | 磚造木架白鐵瓦棱屋頂 | 240 |
| 鍛工房 | 磚造木架白鐵瓦棱屋頂 | 970 |
| 鍋爐房 | 磚造木架白鐵瓦棱屋頂 | 300 |
| 汽機房 | 磚造木架白鐵瓦棱屋頂 | 300 |
| 機械房 | 磚造木房架白鐵屋頂 | 440 |
| 配機房 | 磚造木房架白鐵屋頂 | 560 |
| 號誌房 | 磚造木房架白鐵屋頂 | 470 |
| 油漆房 | 磚造木房架白鐵屋頂 | 280 |
| 模型庫 | 磚造鋼鐵房架白鐵屋頂 | 280 |
| 木工房 | 磚造鋼鐵房架白鐵屋頂 | 560 |
| 模型房 | 磚造鋼鐵房架白鐵屋頂 | 280 |
| 風車房 | 磚造鐵架白鐵屋頂 | 120 |

| 鉋 工 房 | 磚造鋼鐵房架白鐵瓦棱屋頂 | 9:0 |
|---|---|---|
| 烤 心 爐 室 | 磚造木架白鐵瓦棱屋頂 | 390 |
| 橋 梁 房 | 磚造木架白鐵瓦棱屋頂 | 3800 |
| 道 岔 房 | 磚造木房架白鐵瓦棱屋頂 | 1.000 |
| 電 機 房 | 磚造鋼鐵房架白鐵瓦屋頂 | 82 |
| 號 燈 房 | 磚造鋼鐵房架白鐵瓦屋頂 | 82 |
| 查 工 室 | 磚造木架白鐵瓦棱屋頂 | 280 |
| 工 具 房 | 磚造木架白鐵瓦棱屋頂 | 280 |
| 新 鍋 爐 房 | 磚造鋼鐵房架白鐵瓦棱屋頂 | 3:0 |
| 其　　　　他 | | 約 573 |
| | 總　計 | 13,000 |

各工作房主要機械設備,約如第五表所示。

### 第五表　　山海關橋梁工廠機械設備表

| 機械名華名 | 廠房名英名 | 機械房 | 配機房 | 汽機房 | 電燈房 | 鐵工房 | 道岔房 | 橋梁房 | 鍋爐房 | 風車房 | 木工房 | 磚工房 | 共計 |
|---|---|---|---|---|---|---|---|---|---|---|---|---|---|
| 衝 剪 機 | Punching and Shearing Machine | | | | | | | 5 | | | | | 5 |
| 承板刨邊機 | Plate Edge Planing Machine | | | | | | | 3 | | | | | 3 |
| 懸臂搖眼機 | Wall Radial Drilling Machine | | 1 | | | | | 36 | | | | | 37 |
| 鍛 匠 爐 | Smiths Furnace | | | | | | 40 | 19 | | | | | 59 |
| 水力鉚釘機 | Hydraulic Rivetter | | | | | | | 7 | | | | | 7 |
| 吹 風 機 | Rotary Blower | | | | | | | 3 | | 3 | | | 6 |
| 頂 直 機 | Straightening Machine | | | | | | | 2 | | | | | 2 |
| 輾鐵板機 | Bending Roll | | | | | | | 2 | | | | | 2 |
| 圓 鋸 | Circular Saw | | | | | | | 5 | | | | | 5 |
| 磨 鑽 機 | Drill Grinder | | | | | | | 1 | | | | | 1 |
| 水 壓 機 | Hydraulic Press | | | | | | | 2 | | | | | 2 |
| 風力鉚釘機 | Pneumatic Rivetter | | | | | | | 4 | | | | | 4 |
| 大 刨 床 | Planing Machine | | | | | | 5 | | | | | | 5 |
| 小 刨 床 | Shaping Machine | 3 | | | | | 4 | 1 | | | | | 7 |
| 鋸 床 | Sawing Machine | 1 | | | | | | 6 | | | | | 7 |
| 螺 絲 床 | Screwing Machine | 1 | 3 | | | | 1 | | | | | | 5 |
| 磨 鑽 機 | Double wheel Grinder | | | | | | | 1 | | | | | 1 |
| 車 床 | Lathe | 19 | 6 | | | | | 1 | | | | | 26 |
| 鑽 床 | Drilling Machine | 6 | | | | | | | | | | | 6 |
| 立 刨 床 | Slotting Machine | 1 | | | | | | | | | | | 1 |
| 螺 絲 機 | Screw Threading Machine | | 3 | | | | | | | | | | 3 |
| 刮 床 | Milling Machine | 1 | | | | | | | | | | | 1 |
| 磨 輪 | Tool Grinder | 3 | | | | | | 1 | | | | | 4 |
| 打 風 機 | Air Compressor | | | 1 | | | | | | | | | 1 |
| 水 力 櫃 | Hydraulic Accumulator | | | 2 | | | | | | | | | 2 |
| 水 泵 | Duplex Water Pump | | | 2 | | | | | | | | | 2 |
| 鍋爐所用水箱 | Feed Water Heater | | | | | | | | 1 | | | | 1 |
| 螺 杖 機 | Screwing and Tapping Machine | 1 | | | | | | | | | | | 1 |
| 汽 錘 | Steam Hammer | | | | | | 2 | | 1 | | | | 2 |
| 打腳釘及螺絲機 | Bolt & Rivet Forging Machine | | | | | | 2 | | | | | | 2 |
| 立式木鋸 | Vertical Saw Frame | | | | | | | | | | 1 | | 1 |
| 做模型床 | Pattern Lathe | | | | | | | | | | 1 | | 1 |
| 化 鐵 爐 | Cupala | | | | | | | | | | | 3 | 3 |
| 化 銅 爐 | Brass Furnace | | | | | | | | | | | 1 | 1 |
| 篩 沙 機 | Sand Riddler | | | | | | | | | | | 1 | 1 |
| 磨 沙 機 | Sand Grinding Mill | | | | | | | | | | | 1 | 1 |
| 大烤心爐 | Big Core Oven | | | | | | | | | | 4 | | 4 |
| 小烤心爐 | Core Oven | | | | | | | | | | | 1 | 1 |
| 柱板鑽機 | Rillar Drilling Machine | 2 | | | | | | | | | | | 2 |
| 美璧頭床 | Combined Milling Cutter & Twist Drilling Grinder | | 1 | | | | | | | | | | 1 |
| 汽 機 | Steam Engine | 1 | | 3 | 1 | | | | | | | | 5 |
| 發 電 機 | D. C. Generator | | | 3 | 1 | | | | | | | | 1 |
| 立 鍋 爐 | Vertical Boiler | | | 3 | | | | | 6 | 1 | | | 10 |
| 臥 鍋 爐 | Horizontal Boiler | | | | | | | | 2 | 1 | | | 3 |
| 抽 水 機 | Feed Water Pump | | | | | | | | 2 | 4 | | | 6 |

　　關於運輸設備,約有軌道 3 公里;車輛方面,除重載車輛用調車機車外,有十噸汽絞車 1 輛,五噸手絞車 1 輛,二噸手絞車 4 輛,大架橋車 2 輛,小架橋車 4 輛,爐灰車 5 輛,傢具車 2 輛,手車 1 輛,風包車 1 輛,大平車 4 輛,小平車 4 輛。廠房內搬運,除有軌道者可用平車外,計橋梁房有三噸天車 5 架,五噸天車 4 架,十噸天車 1 架,其長度均為 9 公尺(三十呎)。鑄工房有二噸天車 1 架,五噸天車 1 架,但均用手拉,稍感不便耳。

# 5. 員 工

　　廠內高級職員多由管理局委派,其他員司之任免升降,則由廠長呈處轉呈管理局核奪。匠工之進退賞罰,則由廠長呈處核准。至於員工之保障,雖無明文規定,但非特殊原因或重大過失,從不輕易更調或免革過去四年間匠工變動情形,如第六表所示。

　　第六表　山海關橋梁工廠過去四年間匠工變動數(概略)

| 年　　　度 | 在廠工人數 | 工　人　變　動　數 | | | | 變動率 |
|---|---|---|---|---|---|---|
| | | 採 用 數 | 解 備 數 | 死 亡 數 | 合　　　計 | |
| 19 年 | 1017 | 152 | 99 | 12 | 263 | 26% |
| 20 年 | 979 | 10 | 34 | 9 | 53 | 5% |
| 21 年 | 817 | 3 | 163 | 13 | 179 | 22% |
| 22 年 | 822 | 1 | 82 | 14 | 97 | 12% |

　　員司薪俸均以月計,惟工人辛工則以日計,最高者每日辛工一元八角四分,最低者每日辛工二角六分,但有計件工作時,出品超過規定數者,可得獎金若干。

　　工作時間冬季每日八時半,暖季每日九時半。如有緊急工作,須延長時間,則按時加給工資。

　　匠工每半月不曠工者,加給辛工一天;員工不犯過失者,每年有年終獎金若干;在一年中得請不扣俸辛例假十四天。每人每月暖季得購半價煤半噸,冬季一噸半;每年得請領本人及家屬往返本路免費乘車證一次。員工本人有病得就本路病院免費醫治；家屬醫病則收半價。

　　員工養老金章程，路局時有變更。最近規定核給退職員工酬金辦法五條：凡員工非過失退職，或年老力衰，或積勞病故者，均按在路服務年限，核給一次酬金，最多者可達十二個月薪資。

　　關於工人教育，以前設有工人夜校，匠工踴躍上學，頗著成績。後由扶輪小學接辦，工人之上夜校者，每日下午減少工作一小時，以示鼓勵。但榆關事變後，職工夜校暫停。員工子弟教育，則有扶輪小學免費收讀。

# 6. 工　作

　　山海關橋梁工廠之出品，大部供給鐵路建設。舉凡鐵路上需要之鋼鐵建築，及施工時需用之機械設備，均能製造並供理之。北寧路全線之鋼鐵建築物，及工務上用品，除初建時關內少數橋梁外，均由廠製造。近年除供給北寧路需要外，先後爲平漢，津浦，平綏，膠濟，四洮，呼海，吉海，洮昂，南潯，同蒲等路製造橋梁，房架，道岔，號誌，水鶴等工程用品。工作精良，較舶來品有過之無不及，爲國家堵塞漏卮不少。

　　以現時設備論，每年可造鋼鐵建築物 4,000 公噸，道岔 800 套，號誌 500 套，鑄鐵用品 800 公噸，又製造鋼橋跨度最大者可至 152 公尺（500 呎），但現時出品，鈑梁橋僅至 32 公尺（一百零五呎），櫺架橋 63 公尺（206 呎）。

　　製造品種類頗繁，不勝枚舉，爰舉其重要者分爲 (1) 鋼鐵建築，(2) 軌道配件，(3) 鐵路號誌，(4) 鑄金物品，(5) 機械工具，(6) 雜品等六類，如第七表所示。

　　去年完成之天津東站鋼鐵雨棚，如第四圖所示，即爲由廠製造並建立者。

## 第七表　山海關橋梁工廠出品一覽表

| 分類 | 華　名 | 英　名 | 附記 |
|---|---|---|---|
| 鋼鐵建築（Steel Structures） | 各種鋼橋梁 | Steel Bridges | |
| | 各式水櫃 | Water Tanks | |
| | 材料庫鐵門 | Collapsible Steel Gates | |
| | 天橋 | Overhead Bridge | |
| | 轉盤 | Turntable | |
| | 天氣鎖 | Air Locks | |
| | 天氣筒 | Air Shafts | |
| | 橋基鐵圈 | Caissons | |
| | 雨棚 | Rainning Shed | |
| | 天車 | Overhead Crane | |
| | 鋼瓦罩 | Steel Roof Trusses | |
| | 鋼窗格 | Steel Sashes | |
| 軌道配件（Track Fittings） | 各種道岔（轍叉等） | Points & Crossings | |
| | 道釘 | Dog Spikes | |
| | 魚尾螺絲 | Fish Bolts | |
| 鐵路號誌（Railway Signals） | 進站號誌 | Home Signal | |
| | 遠距號誌 | Distant Signal | |
| | 出站號誌 | Starting Signal | |
| | 轉轍號誌 | Point Indicator | |
| | 地燈號誌 | Ground Disc Signal | |
| | 號誌燈 | Signal Lamps | |
| | 守車尾燈 | Tail Lamps | |
| | 手提三色燈 | Tricoloured Hand Signal Lamps | |
| 鑄物金品（Castings） | 生鐵水管 | Casting Iron Water Pipe | |
| | 提汽爐 | Steam Radiators | |
| | 鑄銅件 | Brass Casting | |
| | 馬鞍式鍋爐 | Saddle Boilers | |
| | 立鍋爐 | Vertical Boilers | |
| | 車站水鍋 | Station Boilers | |
| 機械工具（Tools & Machines） | 車輪鑽孔器 | Track Drilling Machine | |
| | 造磚機 | Brick Pressing Machine | |
| | 螺絲千斤頂 | Screw Jacks | |
| | 水力千斤頂 | Hydraulic Jacks | |
| | 手絞車 | Hand Winches | |
| | 牛眼燈 | Buckaye Lamp | |
| | 壓字機 | Copy Press | |
| | 撥軌器 | Jim Crows | |
| | 起道機 | Track Lever | |
| | 椿架 | Pile Drivers | |
| | 汽水泵 | Steam Pumps | |
| | 手水泵 | Hand Pumps | |
| | 裝煤絞車 | Coal Cranes | |
| | 渦勵水泵 | Donkey Pump | |
| | 離水泵 | Centrifugal Pumps | |
| | 立水泵 | Vertical Pump | |
| | 臥水泵 | Washout Pump | |
| | 水鶴 | Water Crane | |
| | 放水門 | Sluice Valves | |
| | 空氣壓縮機 | Air Compressor | |
| | 磅秤 | Weighing Machine | |
| 雜　類（Miscallioneous） | 大轉橋車 | Bogie | |
| | 鐵甲車 | Armoured Car | |
| | 斗式土車 | Tip Cars | |
| | 劃車 | Trolleys | |
| | 小平車 | Flat Trolleys | |
| | 各樣行李車 | Baggage Barrows | |
| | 機車房煙囱 | Smoke Jacks | |
| | 房頂通風筒 | Venkilators | |
| | 天邊旁燈 | Side Lamps | |
| | 車站柱燈 | Platform Post Lamps | |
| | 車站牆燈 | Platform Wall Lamps | |
| | 火爐 | Heating Stoves | |
| | 飯爐 | Cooking Stoves | |
| | 暖氣風扇 | Heaters & Fans | |
| | 保險銀櫃 | Iron Safes | |
| | 公事桌椅 | Desk & Chairs | |
| | 螺絲釘帽 | Scraw Bolts & Nuts | |
| | 釘釘爐 | Portable Rivet Furnace | |

第四圖　天津東站鋼架雨棚

## 7. 經　費

　　山海關橋梁工廠之經費,分建設及維持二項,分別節述如下:

　　(1)建設費　是廠自開辦以來,逐漸擴充除機械設備外,原價不易查攷,茲就估計價值,條列於下。

　　　　(甲)廠址佔地面積,約 800 公畝,每公畝以 50 元計,共合洋
　　　　　　40,000 元。

　　　　(乙)公事房及工作房共計約 13,000 平方公尺,每平方公尺
　　　　　　以 30 元計,共合洋 390,000 元。

　　　　(丙)各工作房機械工具及搬運設備等約共合洋 821,000 元。

　　以上三項建設費估計共合洋 1,251,000 元。

　　(2)維持費　是廠維持費,不外材料與薪工兩種.材料隨製造及修理品之不同,種類既繁,價值亦異,茲就較重要者述之如下:

　　　　(甲)銑鐵每年約需 800 公噸,每噸價約 60 元。

　　　　(乙)鋼與熟鐵每年約需 4,000 公噸,每噸價自 120 元至 600 元
　　　　　　不等。

(丙)煤之消費每年約6,000公噸,每噸價4—5元。

(丁)機器油料每年約16公噸,每噸價自 250 元至 500 元不等。

(戊)其他木料,油漆,棉絲,白鐵,焦炭等雜項材料,每年用量約 50,000 元。

員司薪水,及工人辛工,每年約二十餘萬元,亦如材料視工作之繁簡,年各不同。茲就民國元年起,統計歷年用款及支配情形,如第八表所示。

第八表　山海關橋梁工廠歷年用款總數表

| 年　　份 | 一年用料總數 | 一年開支總數 | 附　　計 |
|---|---|---|---|
| 元　　年 | $　125,878.18 | $　55,696.81 | |
| 二　　年 | 99,676.82 | 61,404.41 | |
| 三　　年 | 184,111.29 | 63,164.16 | |
| 四　　年 | 111,434.83 | 66,160.51 | |
| 五　　年 | 124,513.89 | 67,800.59 | |
| 六　　年 | 111,506.51 | 68,611.88 | |
| 七　　年 | 114,171.23 | 65,027.22 | |
| 八　　年 | 155,347.62 | 67,584.00 | |
| 九　　年 | 151,665.62 | 78,894.94 | |
| 十　　年 | 375,559.36 | 119,364.51 | |
| 十 一 年 | 498,425.55 | 164,485.52 | |
| 十 二 年 | 833,116.45 | 282,261.85 | |
| 十 三 年 | 1,277,861.54 | 340,432.34 | |
| 十 四 年 | 1,441,299.68 | 405,627.73 | |
| 十 五 年 | 624,850.70 | 332,459.59 | |
| 十 六 年 | 703,508.00 | 262,916.83 | |
| 十 七 年 | 427,913.83 | 239,598.59 | |
| 十 八 年 | 259,767.52 | 248,453.95 | |
| 十 九 年 | 614,945.05 | 257,167.62 | |
| 二 十 年 | 1,493,058.15 | 265,632.25 | |
| 二十一年 | 916,425.70 | 201,337.08 | |
| 二十二年 | 581,429.94 | 210,355.33 | |

## 8. 結　論

竊查國有鐵路資產原價,除車輛及軌道外,以橋梁爲大宗,據鐵道年鑑第一卷所載,中華國有鐵路橋梁項下,共計費洋 103,844,190.62元,約合總資產額百分之十二強。如連道岔,號誌,給水設備,車站及機務上之鋼鐵建築物等併計在內,其原價恐超過總資產百分之二十以上,是山海關橋梁工廠製造出品,足供鐵路建設五分之一之需要。年來交通建設,積極進行,鐵道部旣限期完成粵漢隴海兩路,地方復興造杭江乍浦同蒲等路,需用橋梁,道岔,號誌及其他鋼鐵建築物等似不在少數。山海關橋梁工廠以環境關係,復需要大宗工作,以資維持。乃供求兩不相應,此其故可深長思矣!

自九一八後,北寧路路線縮短,用品自然減少。復以種種關係,加固橋梁計劃,又一時未能實現。關外各路,相繼喪失主權,旣不復照顧訂貨;關內各路,莫明楡關眞相,又不敢委託製品。因是山海關橋梁工廠基本工作,大受影響。故在楡關事變前,曾作遷廠計劃,以期根本刷新。發經考慮,卒未實行。現雖同蒲南潯等路委託製造橋梁若干架,北寧路本身復有改造灤河大橋之計劃,較之前年,生機稍暢,但此後榮枯消長,一面固有賴於北寧路當局之指導,一面尚有需於海內賢達之維護也。

# 錢塘江橋設計及籌備紀略(上)

茅 以 昇

## 緣 起

錢塘江橫亘浙中,素爲交通之障礙。其下游流經杭市,江面遼闊,波潮洶湧,行旅往來,固已久感不便。滬杭甬鐵路建造以後,阻於大江,全線割裂,造橋乃漸成需要。近年浙省建設,突飛猛晉,鐵路公路,日有進展,杭江鐵路已通玉山,公路完成且達兩千餘公里;復以錢江阻隔,致杭江鐵路止於西興,四通之公路亦多中斷;所有往來客貨,胥賴舟楫渡江,轉運頻繁,耗時增費,而杭江鐵路不能直通海口,沿線產物,無法暢通,所受影響尤大。兩浙人民,似存畛域;鐵路公路之效用,未能充分發展,已可惋惜;而農工各業,進行濡滯,尤爲經濟上莫大之損失。故爲浙省之實業文化及公安計,錢江交通,殆成今日迫切之需要;其爲鐵路公路之最急問題,更無疑義矣。

抑從全國之交通言之:以鐵路論,則玉萍線興造以後,杭江鐵路,西接粵漢,東達首都,將成東南系統之幹線(圖一);以公路論,則滬杭京杭國道,業經通車,杭廣杭福兩線,正在修築;將來西連江西,南通福建,又爲七省公路之幹線(圖二)。然皆阻於錢江,不能連貫,其影響於全國國防經濟,何可限量。是錢江之跨渡,于滬杭甬鐵路,則可進接甯波,於鐵路幹綫,則可溝通京粵;於七省公路,更可完成系統;利害所關,固非僅一省一路已也。

浙省自民元以來,對于錢江交通,卽屢有建橋計劃;皆以事艱

5733

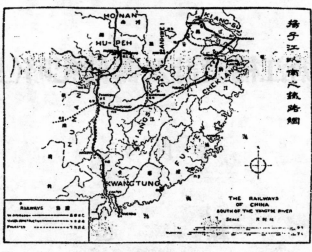

（圖 一）

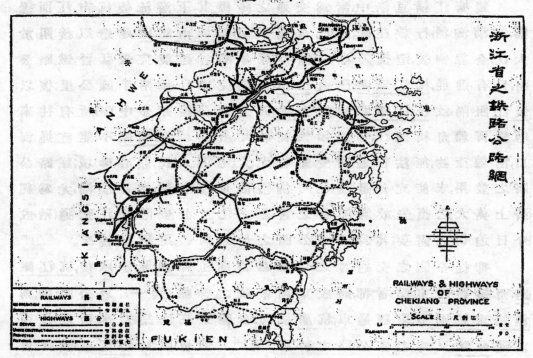

（圖 二）

工鉅，旋議旋輟。自曾養甫先生任建設廳長以來，以發展交通及改良農業爲全責；鑒於此橋關係重大，決意積極進行。因先組織專門委員會，從事研究及鑽探工作；經多次之討論，認爲建造橋梁，爲錢江交通最經濟之方法,因搜羅材料,特請鐵道部顧問美國橋梁專家華德爾博士代爲設計,於二十二年八月告竣。乃復組織錢塘江橋工委員會,爲進一步之工作,擬成建橋計劃書,以徵有關各方之意見。經費籌措,旣已就緒,遂於二十三年四月,成立錢塘江橋工程處,現已着手招標,預定七八月間動工,約兩年內完成。茲將設計經過分述如后:

# (一) 建 橋 理 由

通過錢江方法,不外輪渡,隧道,及橋梁三種,而各有其利弊:

(一)輪渡　用輪舶載運車輛渡江,本爲最節省之辦法,江面遼闊之處,尤爲合宜,但錢江水淺,沙灘變遷無常,兩岸之工程亦鉅。以南星橋西興而論,則兩端碼頭共長一公里以上,火車行經其上,必須建造引橋。且輪船不能過小,所費亦屬不貲。將來往返通航,尙須經常費用。在巨潮暴風之時,更須停輪候渡,有失便利交通之本意。

(二)隧道　在普通情形之下,隧道需費最鉅。錢江水面不通巨舶,底層細泥極深,不適開鑿隧道之條件。但從軍事觀之,隧道除洞口外,深藏水底,不易轟炸,亦有其特殊之價值。

(三)橋梁　橋梁需費在輪渡與隧道之間,而通行較便,維持保養亦最經濟。(1)以與輪渡相較,則兩岸沙灘,二者均須引橋,所費已屬相等,中間河流寬度,本與引橋之長,相差無幾,與其採用輪渡,長久開支,何如直接建橋,一勞永逸。况載運火車之渡輪,長大者則需費不貲,較橋梁所省有限,短小者則分批轉運,時間又不經濟,淺水時期,通航固已困難,若遇颶風高潮,更不及橋梁之安穩,故按錢江情形而論,輪渡決不勝于橋梁。(2)以與隧道相較,則錢江江底,泥沙極深;橋梁基礎,不妨深入,而隧道過低,則兩端進道必長,所費尤鉅。况隧道必需通氣及電燈設備。以同一運輸能力,隧道之經費,必遠在橋梁之上。且工程期間,旣無把握,將來洞中發生障礙修理尤爲困難。至於軍事關係,橋梁亦不乏防護之方法。故經縝密研究,權衡利害,按照錢江情形,深信維持最可信賴之交通,仍以建造橋梁為最經濟之方法。

## (二) 橋 址 選 擇

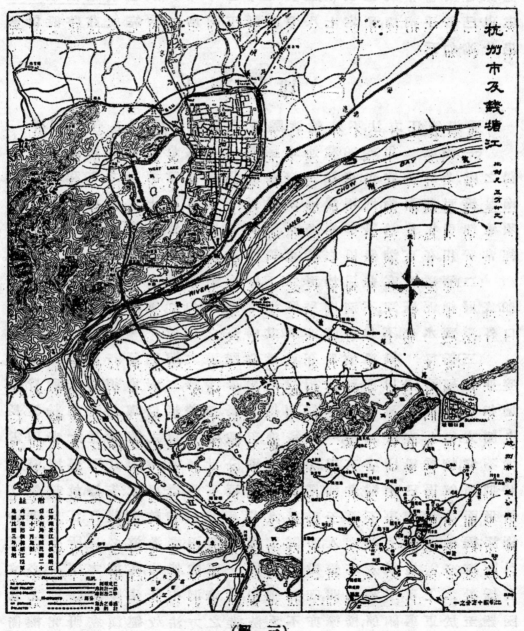

（圖　三）

杭州為鐵路公路集中之處,建橋地點,自應在其附近,以便銜接滬杭甬鐵路,杭江鐵路,及兩岸之各公路(圖三),雖地處錢江下游,水面遼闊,但若求其狹窄,繞至上游,則橋工固省,而路綫延長,不僅築路費款,將來長期繞越,財力時間,亦不經濟。就杭州地形而論,南星橋距城市最近,且為渡江碼頭,若可建橋,自屬便利;惜兩岸相距甚遠,江流無定,且潮水影響較鉅,建築經費,恐嫌過鉅。其他各處,

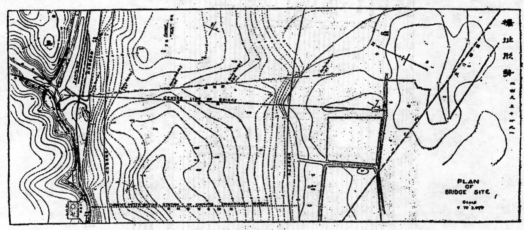

(圖　四)

經多次勘驗,似以閘口之滬杭鐵路終點為最宜。其他江面較狹(僅一公里),河身穩定,北岸沙灘亦少,且正對虎跑山谷,于聯絡各項路線,比較便利;從經濟上觀察,實非他處可及。故本計劃以閘口為錢江北岸之建橋地址,橫越河身,以達南岸(圖四)。

## (三) 橋基鑽探

錢塘江底,泥沙極厚,往年屢有造橋提議,皆以基礎困難,引為顧慮。民國二十一年建設廳勱議建橋,即先從事鑽探工作,以為設計之根據。此項工作由水利局負責進行,自二十一年十二月九日開工起,至翌年五月十二日止,計於選定橋址,鑽探五口,計河身三口,兩岸各一。最深之口,達「黃浦零點」下48公尺;最淺之口,亦至27公尺。所有五口各層土樣,均儲瓶封存,留待參考。其土質分配情形,

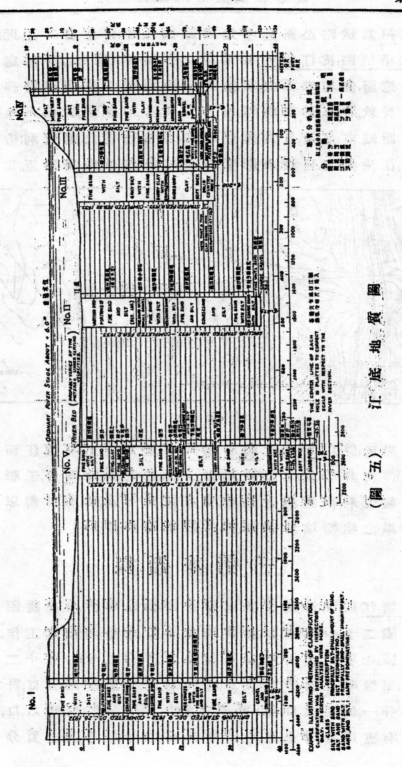

江底地質圖

（圖五）

略如圖(五)所示。大抵石層自北至南,傾斜甚驟,且在最北之口,已達 25 公尺以下,故各口所遇土質,均係軟泥細沙,揉和滲雜,間遇粗沙卵石,亦復無幾。欲建橋基於堅石之上,勢不可能,惟有加足基礎深度,利用四周泥沙之阻力,以減少底層之載重。經妥慎考慮,認為鑽探結果,於橋基設計,尚無特異之障礙。自成立工程處以後,復於主要橋墩,各鑽一口,以期周妥。

## (四) 錢江水文

錢江自浙省西南,奔赴東北入海;流經杭市,漸入海灣。故兩岸遼闊,江潮洶湧。據閘口站水文紀載(圖六),自民國四年以來,錢塘江最高水位,達「黃浦零點」上 9.45 公尺,最低水位 3.79 公尺,通常在 5 公尺至 7 公尺之間。除每年六月至九月間,水位較高外,終年無

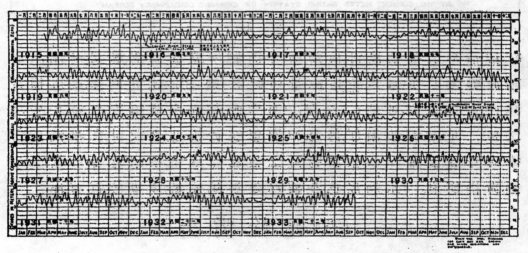

(圖 六) 錢 塘 江 閘 口 水 位

鉅大變化;此殆因河身廣闊,地近海口之故。每日潮汐漲落,通常為 1/3 公尺,有時達 1 公尺,最甚時曾達 2.65 公尺。但在橋址附近,錢江潮特具之潮頭,已漸形消滅。水流速度(最近兩年紀錄),最大每秒 1.58 公尺,最小每秒 0.03 公尺。流量最大每秒 14,626 立方公尺,最小每秒 164 立方公尺。含沙比重:最大 82/100,000,最小 5/100,000。以上

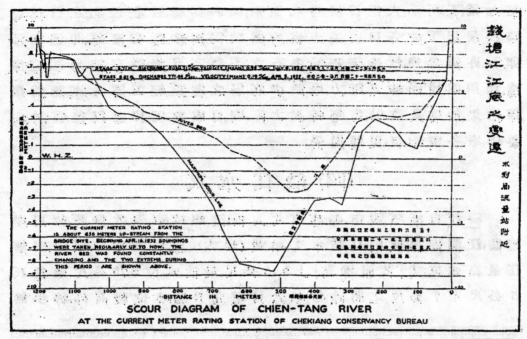

（圖 七）

江流情形,於橋梁設計,尚無顯著困難。所當注意者,厥為水流冲刷斷面變遷問題:據六和塔流量站記載（圖七）,江底刷深,在五個月以內,最深之處,可達5.5公尺,（南岸西與挑水壩附近曾達8公尺之多）, 足徵泥沙淤厚,仍易冲刷,影響於橋基之設計,良非淺鮮。所幸河身在橋址一帶,緊接彎道之後。北岸連山,中泓穩定,於橋梁規劃,尚稱便利。（水利局已在兩岸建築挑水壩,以期控制河流）。

## (五) 運 輸 需 要

據杭州錢江義渡最近統計,每日渡江人數,最少為一萬一千餘人;多至一萬七千餘人。其中有滬杭甬鐵路,杭江鐵路,及各公路之搭客;有赴浙東西之過客;有往來蕭山杭州之行人。杭江路通至玉山後,更有江西福建之行旅,運輸不為不繁。至于渡江貨物,現時尚難確實統計,但從閘口及南星橋兩站之運輸推算,將來每年渡江貨物,當在四十萬噸以上。故通過橋梁之運輸,計有火車,汽車,及行人三種;而每種皆甚繁密。本計劃內,特備鐵路,公路及行人道三種路面,各不相犯,一切車輛行人,均可同時通過,無須號誌控制,以期便利而保安全。

## (六) 線 路 聯 絡

　　錢江建橋之主要目的,爲(一)使杭江鐵路直達杭州,並通上海爲出口;(二)使滬杭甬鐵路,自杭州展至百官,完成線路;(三)使浙東浙西公路路線,連接貫通。故各路線如何過橋,及彼此如何聯絡,均應預爲籌劃,以期妥善。查橋之南堍,一片平原,本無阻礙,各路銜接,自可不生問題。惟北岸近山,人煙稠密,且滬杭甬路早有軌道,勢須遷就,除公路過橋,即接杭富線,無待研究外,鐵道登岸後,計有兩線,可通滬杭甬路;一自虎跑山谷,圍繞西湖外山,在艮山門附近接軌;一自虎跑山谷,經烏芝嶺後,繞回江干,在閘口南星橋之間接軌。兩法需費大異,各有利弊,茲爲目前經濟計,與鐵道部及杭州市政府商定烏芝嶺路線,爲聯絡鐵路之用(圖三)。

## (七) 設 計 標 準

　　以上所述,皆爲橋梁設計應行考量之事項;茲依此爲根據,並參照實地需要情形,擬定設計標準如后:

　　(甲)橋長　江面正橋在錢江控制線之間,計長1公里 (3280呎)。北

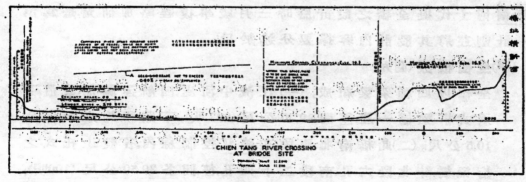

(圖 八)

岸引橋,計長 220 公尺(720 呎)。南岸沙灘引橋,計長 500 公尺(1640
呎)。共 長 1720 公尺 (5640 呎) (圖 八)。

(乙)橋寬　橋面應供鐵道,公路,及行人之用;計單線鐵道淨寬 4.88
公尺,公路淨寬 6 公尺,人行道淨寬 3 公尺,共需淨寬 13.88 公
尺(45 呎)。

(丙)橋高　北岸附近江流中泓之處,橋身距平時水面,淨空 9—
10.5 公尺(圖 八)。

(丁)墩距　橋墩距離,在江流深水處,最少 50 公尺,以便行船之用。

(戊)載重　橋梁載重,計鐵道須按照鐵道部規定之標準,相當於
古柏氏五十級 (Cooper's E-50)。公路須能行駛十五噸之汽車,
行人道須顧及人羣擁濟之重。

(己)坡度　橋面坡度,鐵道最大 6‰,公路最大 4%。

(庚)橋式　爲顧慮國防關係,及節省建築費起見,橋梁應取簡單
式樣。活橋固不必需,所有連貫橋,翅臂橋,懸橋,拱橋,及其他長
徑間之複雜形式,均當避免。

(辛)材料　鋼鐵及洋灰材料,均須遵照鐵道部之規範書。木料及
砂石等,依照普通標準。各料以儘量在國內採辦爲原則。

# (八) 第 一 計 劃 槪 要

二十二年春間,建設廳根據上述情形,函請美國橋梁專家華
德爾博士,代擬全橋之設計,歷時三月竣事,復經略加補充,是爲第
一計劃。茲將其設計內容擇要分述於后;

(甲)全橋槪觀(圖九)

全橋以四種架梁組成。(一)江流中泓處,因航運關係,設置下
承式桁梁橋一座,徑間 89.30 公尺(293 呎),下距平均水面,淨空
10.5 公尺。(二)此橋南北兩段,在錢江控制線內,各設上托式之
桁梁橋,計北段六孔,南段二十四孔,徑間各 30.50 公尺 (100 呎),
合計 915 公尺(3,000 呎)。(三) 北岸引橋,設置上托式之鈑梁十

四孔,每孔 15.25 公尺 (50 呎),合計 213 公尺 (700呎)。(四)南岸引橋設置鋼骨混凝土之鐵路樁架橋八十二孔,公路樁架橋二十四孔,每孔 6 公尺 (20 呎),合計鐵路橋 500 公尺 (1640 呎),公路橋 147 公尺 (480 呎)。

**(乙)橋身構造(圖十)**

橋面供鐵道公路及行人同時通過,取平層並列式;鐵道之東為公路,再東為人行道。上托式橋面,寬度 14.4 公尺 (47 呎 3 吋),下承式橋面,寬度 16 公尺(52 呎 6 吋)。由北至南之路面,自引橋至下承式橋,均與水平;下承式橋以南,直達南岸,則有 6‰ 之坡度,(但樁架上公路之坡度,則係 4 %)。橋梁承托路面之處,在鐵道係逐鋪枕木,上釘鋼軌;公路及人行道,則用鋼骨混凝土之路板。橋梁本身,採用鉚釘桁架之結構,上托式梁為華倫式,每孔三架;下承式梁為帕克式,每孔兩架;為求經濟起見,下承式桁架,並採用精鋼,以期減輕重量。至引橋橋身,在北岸係採用鈑梁式,每孔三架,南岸則用鋼骨混凝土之平板。

**(丙)橋基築法(圖十一)**

從鑽探結果,可知橋基工程,異常艱鉅,本計劃所採用者,係於橋墩之下,打入極長木樁,最深處須達 42.70 公尺 (140呎),務使樁頭能及堅實土層,以增載力。樁上橋墩用混凝土築成,中為矩形,兩端圓收,其高度係就河底情形規定,總使深入江底,不受水溜淘空;橋墩四週,另鋪護墩軟蓆,緊貼水底,以防冲刷。所有全墩施工程序如下: (1) 用竹柳鋼絲,編成護墩軟蓆,以重石墜沉於橋基地點,長約 33.50 公尺 (110 呎),寬約 21.40 公尺 (70 呎),中留一孔,備橋墩穿過。(2) 環繞橋墩之處,打入 18.30 公尺(60 呎)深度之鋼製板樁,作成圍堰,以便工作。(3) 在圍堰內,挖掘江底,至相當深度。(4) 用汽錘及水冲法,將長樁逐一打入。(5) 淘盡樁頭四週之浮土。(6) 在樁頭處,平舖混凝土一層,(水中澆作),作為圍堰之底,亦即橋墩之下部。(7) 將圍堰內

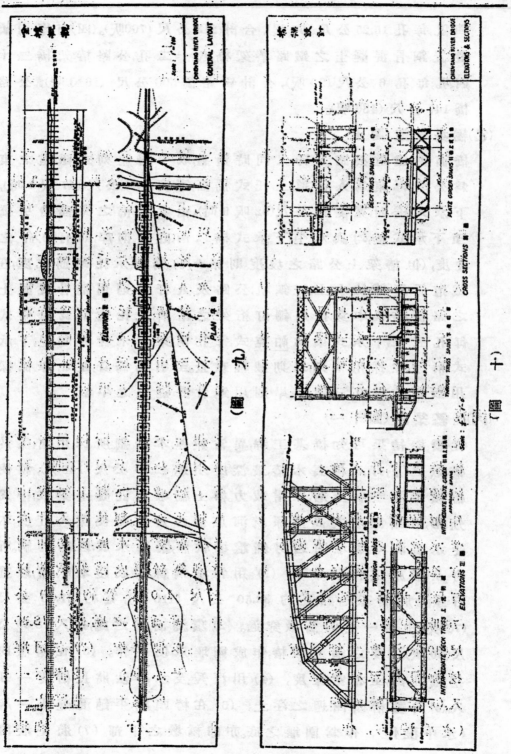

（圖九）

（圖十）

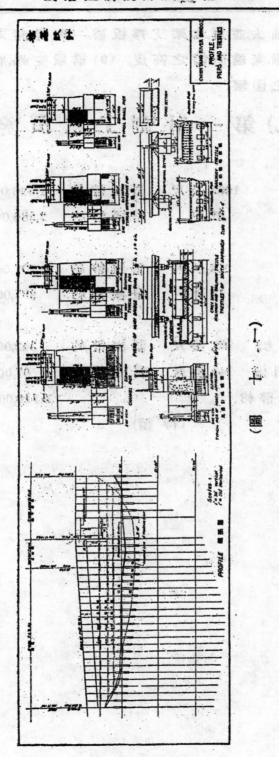

第十一圖（一）

積水全部抽去,並用木架支撐板樁。(8)將樁頭切平,舖放鋼骨,築做橋墩,漸達所需之高度。(9)橋墩完畢,將鋼板樁拔出。另築他處之圍堰。

## (九) 第 一 計 劃 工 款 預 算

(甲)正橋

　　桁架梁　　　　　　1003公尺　　計國幣約　　1,926,000元

　　橋墩　　　　　　　32座　　　計國幣約　　2,280,000元

(乙)北岸引橋

　　鋼鈑梁　　　　　　214公尺　　計國幣約　　207,000元

　　橋墩　　　　　　　14座　　　計國幣約　　297,000元

(丙)南岸引橋

　　鐵路樁架引橋　　　497公尺　　計國幣約　　342,000元

　　公路樁架引橋　　　146公尺　　計國幣約　　67,000元

(丁)全橋共計國幣約　　　　　　　　　　　　5,119,000元

(待續)

# 工程

二十三年八月一日　第九卷第四號

## 橋梁及輪渡專號(下)

茅以昇主編

中國工程師學會發行

請聲明由中國工程師學會『工程』介紹

5748

# 中國工程師學會會刊

# 工程

總編輯：沈怡

（胡樹楫代）

編輯：
黃　炎　（土木）
董大酉　（建築）
胡樹楫　（市政）
鄭肇經　（水利）
許應期　（電氣）
徐宗涑　（化工）

編輯：
蔣易均　（機械）
朱其清　（無線電）
錢昌祚　（飛機）
李俶　（礦冶）
黃炳奎　（紡織）
宋學勤　（校對）

## 第九卷第四號目錄

### 橋梁及輪渡專號（下）

主編　茅以昇

## 中國工程師學會發行

分售處

上海望平街漢文正楷印書館
上海民智書局
上海福煦路中國科學公司
南京正中書局
重慶天主堂街重慶書店
漢口中國書局

上海徐家匯蘇新書社
上海四馬路光華書局
上海生活書店
福州市南大街萬有圖書社
天津大公報社

上海四馬路現代書局
上海福州路作者書社
南京太平路鐘山書局
南京花牌樓書店
濟南芙蓉街教育圖書社

# 編輯部啓事

　　本刊「橋梁及輪渡專號」上下兩期,承　茅唐臣先生代爲徵稿主編,及　主持各鐵路,公路,城市橋梁輪渡諸君寵錫鴻文,使「工程」生色不少無任級佩,惟以篇幅有限(本刊每期篇幅例以百面爲率,本期約超過四十面左右,上期亦超過十餘面),　所有附送圖影間有須從割愛者,卽文字方面亦略有僭爲删減之處,尙希鑒原爲幸。又稿件內尙有羅英君所撰「鐵路與公路聯合橋」及余權君譯述「百年來橋梁建築之演進」兩篇,以非直接關係本國橋梁工程之論著(參閱第九卷第三期「編輯者言」)及因篇幅關係,擬改在以後各期中刊載,附帶聲明於此。

# 錢塘江橋設計及籌備紀略(下)

## 茅 以 昇

## (十) 計 畫 研 究

華德爾博士之設計,按照原送章本,自屬最經濟之結果。惟自二十二年八月浙江建設廳成立錢塘江橋工委員會後,對於最初決定之建橋條件,重加研究,認爲其中尙有應行修正之處: (甲)礅距 在江流深水處,原定至少85公尺,故華德爾博士之設計,採用鐵路公路平列式,以致橋礅過長,徒增重量,但錢江水淺,不通巨舶,而橋址又在杭州之上游,將來通過橋下之舟楫,未必需要甚寬之礅距;85公尺之限度,似可變更,雖縮至一半,亦無多大妨礙,最後改定爲50公尺。(乙)淨空 橋身距平時水面原定淨空 10.50公尺,依同一理由,經改定爲 9公尺。(丙)橋式 錢江冲刷之力甚鉅,而底層細泥極深。爲適應河床變遷起見,橋礅距離似以相等爲宜;橋梁構造,因此趨於一致,不但減少經費,且可增進美觀,而遇橋梁受損之時,搬移替代,亦比較便利,從各方關係言之,均屬妥善。以上三者爲建橋重要條件,如有變更,則華德爾博士之設計,失其精采。故委員會決定另擬各種設計,從事比較,並用同一單價及標準詳加估算,計共成六種,各有利弊,茲分述如下:(圖十二)

(一) 120 呎之上托桁梁 共29孔,計長 3480 呎,梁高 14 呎,其優點在佈置之經濟,上爲鐵路,下爲行人道,兩旁翅臂爲公路,所有桁梁隙地,均充分利用,而橋礅尺寸,亦大爲縮小。所有正橋之經費,估

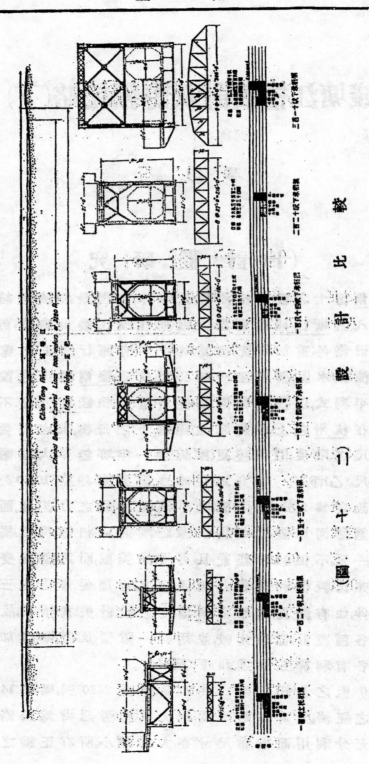

計僅需三百七十餘萬元。此種鐵路公路聯合橋之設計,在橋梁史上尚屬創格,堪稱新穎。惜徑間 120 呎,較小於規定,且公路來去單行,無避車之餘地,恐有阻礙交通之慮。(此點尚可在橋墩上設避車所解決之)。

(二) 153 呎之下承桁梁　　共23孔,計長 3519 呎。橋身係雙層建築,梁高 25 呎,下為鐵路,上為公路及人行道。計需經費約三百九十一萬餘元。此種式樣,於鐵路及公路之交通,最為便利,且各不相犯,無須信號控制,惟兩端引橋之建築需費略鉅。

(三) 164 呎之下承桁梁　　共21孔,計長 3444 呎,梁高 27 呎。中為鐵路,旁為公路及人行道,用翅臂梁支持,與鐵路同層並列。正橋需費約三百九十一萬餘元。此式兩梁受力不勻,公路交通易受阻礙,惟引橋較廉。

(四) 184 呎之下承桁梁　　共19孔,計長 3496 呎,梁高 28 呎。其佈置與第二種相同。計正橋需費約三百八十九萬餘元。

(五) 220 呎之下承桁梁　　共16孔,計長 3520 呎,梁高 35 呎。其佈置與第二種相同。

(六) 310 呎之下承桁梁　　共11孔,計長 3410 呎。因徑間苦長,兩梁相距較闊,故採用鐵路公路平層並列式,桁梁構造亦改為彎弦,藉減重量。但究以橋身過重之故,正橋需費至五百十二萬餘元之鉅。在各種設計中,最不經濟。

以上連同華德爾博士之設計(正橋需費四百二十萬餘元),共為七種。抉擇取捨,頗費研究。蓋橋梁理論,工程界已趨一致,以同一條件,同一市價而論,如為合理之設計,其經費決不能相差太遠。以上雖僅列七種設計,但若廣事推求,再及其他種種式樣,所得結果亦未能懸殊過甚。大抵每種設計,皆有其優異之處,而不能各方俱顧,十全十美;惟有以堅固,適用,經濟,美觀之基本條件為標準,斟酌取捨,權衡輕重,求其適合環境,比較完善者採用而已。上列七種設計中,經委員會之慎重考慮,認為 220 呎孔之設計,最為妥當,因決

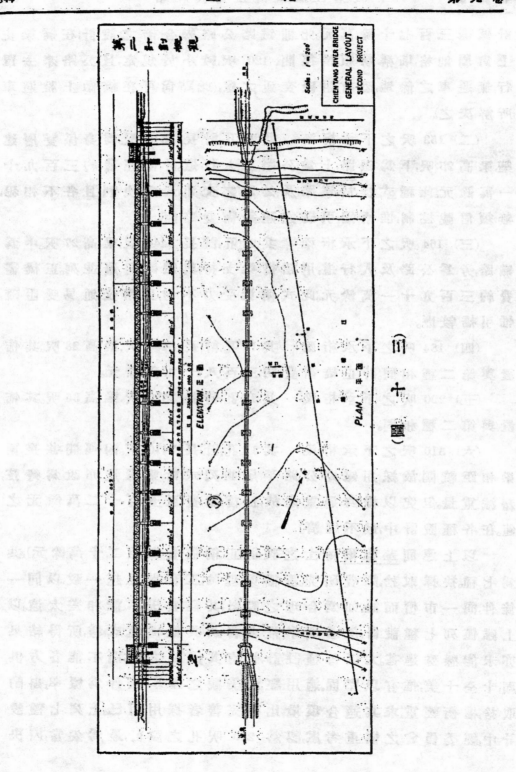

定以此招標,並繪具各部詳圖,以便估價,並以滬杭甬路接軌關係,將橋址中心綫略向西移,是為本橋之第二計畫。

# (十一) 第二計畫概要

(甲)正橋　在錢塘江控制綫一公里以內,設置雙層鋼梁橋16孔,每孔 220 呎,共長 3520 呎(圖十三)。上層中為公路,兩旁人行道,下層為單綫鐵道。橋身高 35 呎,桁梁相距 20 呎,採用華倫式之構造,接筍處悉用鉚釘。上層公路橋面係鋼筋混凝土建築,計厚 7 吋,承托於縱橫鋼梁之上,與花梁之上弦相接。下層鐵路橋面由鋼軌、木枕、及縱橫梁組成,聯結於花梁之直桿。上下兩弦皆有禦風梁架,採用鉚釘聯結式。所有橋梁設計悉按規範書計算,惟鋼質係採用普通炭鋼,若改用精鋼,則應力加大,橋身自可減輕。又於計算應力時,若假定鐵路公路同時負荷最大之重量,連同最大之衝擊力,則單位應力可增加八分之一,如同時更有最大之風力,及火車牽引力,則可增加四分之一;此皆不悖習慣,且具有充分理由也。橋端壓力每梁 440 噸。於活動橋座下,用鋼輥 7 枚,直徑 7 吋,俾作橋身伸縮之需(圖十五)。

全橋橋礅15座,悉用鋼骨混凝土建築。礅內留置空穴,以便減輕重量。上承橋座之處,礅蓋長 33.5 呎,寬 10 呎,厚 1.5 呎,兩端圓收。礅身自頂部長32呎寬8.5呎起,四圍用1:24之傾斜,向外鋪展,直至礅座為止(高度為零下 40 呎)。因鐵道坡度關係,最大礅座長 37 呎 7 吋。寬 14 呎 1 吋,最小礅座長 36 呎 6 吋,寬 13 呎。礅座中部鋪鋼筋網一層,下為木樁,每礅 220 根,每根最大載重35噸(連風力,江流之傾覆率在內)。木樁長度 50 呎至 80 呎,視江底地質臨時酌定(圖十四)。打入時之方法,與第一計畫略同,採用鋼板樁之水堰,惟入土較深耳。

以上橋基計畫,係根據初次鑽探結果。現為慎重起見,已於橋址中心綫,另行鑽探,每礅一穴,若發現其他情形,足以影響設計時,自當酌量修正。

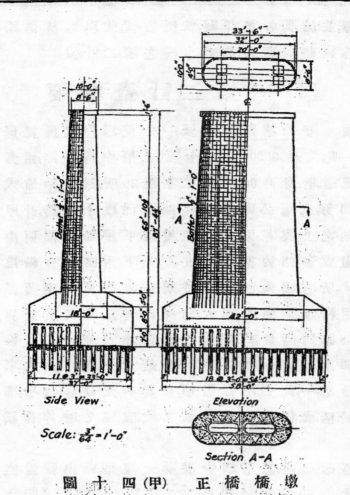

Side View

Scale: $\frac{3}{64}'' = 1'-0''$

Elevation

Section A-A

圖 十 四 (甲)　正 橋 橋 墩

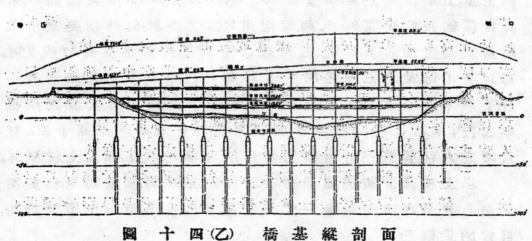

圖 十 四 (乙)　橋 基 縱 剖 面

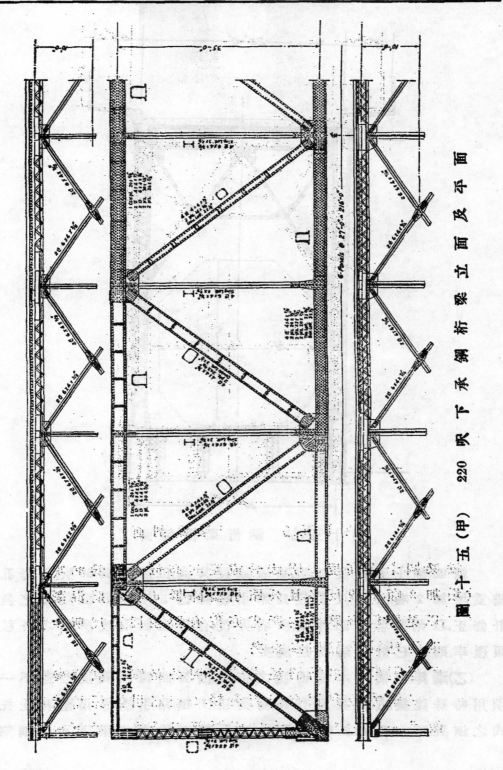

圖二十五 (甲)　220 呎下承鋼桁梁立面及平面

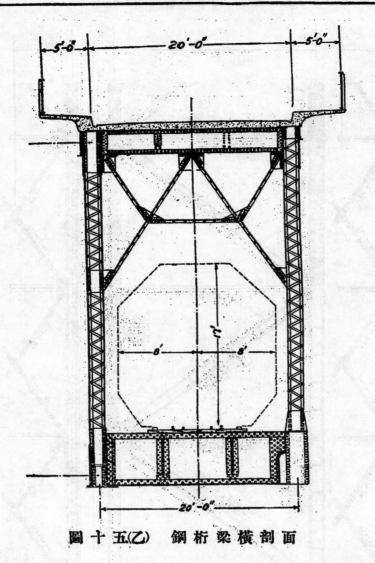

圖十五(乙)　鋼桁梁橫剖面

　　橋梁(圖十五)高度 35 呎,論者或疑其高,但若改爲 30 呎,則每孔橋重增加 2 噸,所費反多。且公路引橋降低 5 呎,須將混凝土之設計修正,以免影響鐵路淨空,所省亦復有限,至因高度所生之各種傾覆率,則均已計算驗明無虞矣。

　　(乙)兩岸引橋　本橋橋堍之佈置,因公路鐵路高度參差不一,須用特殊建築,方能與原有路面銜接:(1)鐵路引橋,係用兩孔上托式之鋼鈑梁,一長 64.5 呎,一長 63 呎,緊接正橋之花梁,下承以鋼筋

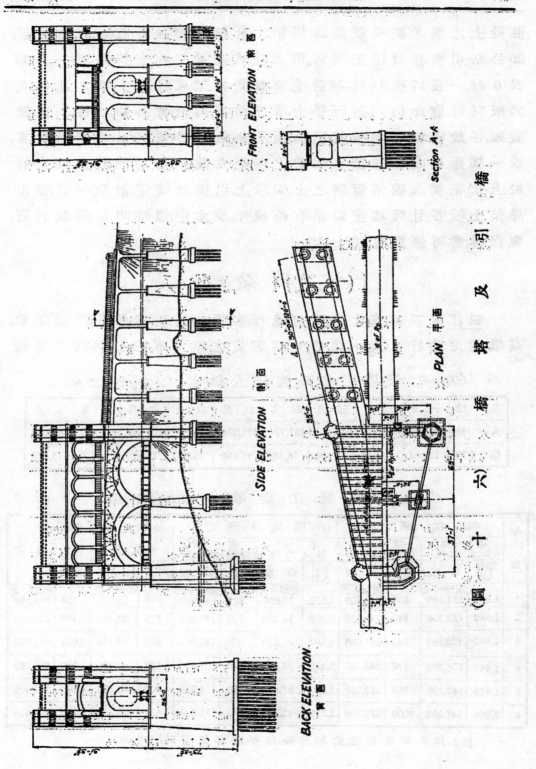

FRONT ELEVATION　正面

Section A-A

PLAN　平面

SIDE ELEVATION　側面

BACK ELEVATION　背面

（圖十六）　橋塔及引橋

混凝土之橋墩。鈑梁盡頭改用墊土托軌,外加護石,直至鐵路正軌。
(2)公路引橋,在緊接正橋處,用上托式花梁二孔,支持路面,一長62
呎 6 时,一長57呎 11 时。越過花梁,改用結架式混凝土梁 5 孔,每孔
30 呎 7½ 时。逾此仍用護石墊土,承托路面,與原有公路相接。(3)正橋
盡頭,各設橋塔一座,掩護引橋兩孔,藉壯觀瞻,並將公路路面放寬,
成一梯形平台,俾作瞭望休憩之所。平台建築仍用混凝土梁,支持
於上托花梁及橋塔護牆之上。(4)以上引橋及橋塔,兩岸一式,惟南
岸墊土較長,且因坡度關係,有時或半浸水中,惟時間甚短,並有石
塊保護,當可無虞也(圖十六)。

# (十二)橋梁收入

　　錢江大橋落成之後,所有通行客貨,均可酌量收費,以償工款。
茲擬規定:除行人(表一免費外,其客貨之經火車或公共汽車運輸

### (表一)　錢塘江每日渡江人數表 (民國二十二年)

| 月　　份 | 一　月 | 二　月 | 三　月 | 四　月 | 五　月 | 六　月 | 七　月 | 八　月 | 九　月 |
|---|---|---|---|---|---|---|---|---|---|
| 人　　數 | 528,683 | 453,254 | 472,163 | 487,736 | 491,074 | 462,748 | 475,805 | 449,670 | 466,673 |
| 每日平均 | 17,000 | 16,200 | 15,200 | 16,200 | 15,800 | 15,800 | 15,400 | 14,500 | 15,500 |

### (表　二)　錢江橋收入估計表

| 年度 | 杭　江　鐵　路 客運 每人二角 | | 貨運 每順七角五分 | | 滬杭甬鐵路 客運 每人二角 | | 貨運 每順七角五分 | | 公共汽車 每人二角 | | 車輛 汽人力車車 | 總額 |
|---|---|---|---|---|---|---|---|---|---|---|---|---|
| | 每日人數 | 金額 | 每日順數 | 金額 | 每日人數 | 金額 | 每日順數 | 金額 | 每日人數 | 金額 | | |
| 1 | 1,600 | 國幣元 117,000 | 800 | 國幣元 219,000 | 1,000 | 國幣元 73,000 | 500 | 國幣元 137,000 | 500 | 國幣元 36,500 | 2,000 | 國幣元 584,500 |
| 2 | 1,680 | 122,800 | 840 | 230,000 | 1,050 | 76,600 | 525 | 144,000 | 525 | 38,400 | 2,000 | 613,800 |
| 3 | 1,760 | 128,500 | 880 | 241,000 | 1,100 | 80,400 | 550 | 151,000 | 550 | 40,100 | 2,000 | 643,500 |
| 4 | 1,840 | 134,200 | 920 | 252,000 | 1,150 | 84,000 | 575 | 157,600 | 575 | 42,000 | 3,000 | 672,800 |
| 5 | 1,920 | 140,200 | 960 | 263,000 | 1,200 | 87,600 | 600 | 164,500 | 600 | 43,600 | 3,000 | 702,100 |
| 6 | 2,000 | 146,000 | 1000 | 274,000 | 1,250 | 91,300 | 625 | 171,500 | 625 | 45,600 | 3,000 | 731,400 |

　　註:第六年後,假定歲無增益,每年仍係國幣731,400元。

者,均照南京浦口間之輪渡成例,分別收費。估計橋成之後,各種運輸收入,每年可達六七十萬元(表二)。

# (十三) 籌 款 計 畫

本橋既有收入,且屬確實可靠,籌款本非難事;惟工程需款五百萬元之多,費時兩三載之久,衡諸國內經濟情形,豈能嗟咄立辦,祇有擬定籌款原則,保障投資安全,庶得社會信用。一年以來,經建設廳長曾養甫先生之努力奔走,及各界之熱心贊助,所有建橋經費悉已籌足。在國家多事之秋,籌辦如此偉大建築,凡我工程界同人,皆當引為慶幸也。

# (十四) 招 標 進 行

本橋規模宏大,曠觀國內已建各橋,除平漢鐵路黃河橋外,殆無其匹。益以江潮洶湧,地質不佳,橋基困難,尤所逆料。此後實地建造,自非妥慎規劃不可。本橋經費籌足後,建設廳即於四月一日成立錢塘江橋工程處,主持一切工程。先辦招標手續,將全部工程,別為數項,分合取捨,悉聽投標者之選擇。復恐本橋設計,尚非盡善,於招標時聲明,歡迎其他設計,以便集思廣益;凡投標者均可自擬設計,連同標價投送,藉資比較。計自二十三年四月十五日招標起,至五月底為止,領標者已有三十餘家。預定七月二十二日開標,八月下旬開工。倘無意外阻礙,民國二十五年底,當可全部竣事。屆時我國第一鐵路公路聯合橋,將於錢塘江頭出現,而東南鐵路公路之系統,賴以完成,豈僅浙江一省之幸而已哉!

〔附誌: 本篇附圖,悉係錢塘江橋工程處李洙君特製,書此誌謝。〕

# 隴海鐵路灞橋及舊灞橋

李　儼

## (一)　概　論

　　隴海鐵路潼關西安段,於距西安東二十里處,經過灞河。該河出秦嶺籃田谷,左匯滻,北流入渭,原名籃,又名滋,秦時改名霸,今從水經注作灞河。參看第一圖灞河地形平面圖。

　　灞河寬 450 公尺,卽古代「灞橋折柳」之處。但唐代舊橋經幾度滄桑,已無片石之存。現在所留石橋一座,共六十七門,每門平均寬 5 公尺,爲道光十四年(公元 1834 年)官紳集資,與滻橋同建者。兩橋共費銀十萬三千六百餘兩,雖非唐代灞橋舊址,亦尚宏大,可通大車汽車,如影(一),影(二)所示。

　　隴海路潼西段接連潼關西安,灞河爲必經之路。民國十五年及二十年,曾經測量計劃,迄未定議。民國二十一年,作者領隊作最後測量,審度再三,方定設置鐵路鋼橋於舊石橋下游 170 公尺處。至橋式之選擇,本有拱橋或鋼筋混凝土橋之議,最終決定採用 16 孔,25 公尺穿式鋼橋。由兩端混凝土橋台後面計算,共長441.80公尺。鋼橋按國有幹路情形,照古柏氏五十號活載重標準設計。其混凝土工程預算約爲十三萬元,鋼橋價值稱是。於民國二十二年十一月開工原限民國二十三年五月底完工,以工程艱鉅,未克全部如期告竣。二十三年底,隴海路列車當可經過此橋,通達西安。

　　按舊橋成於道光十四年(公元 1834 年),新橋成於民國二十三

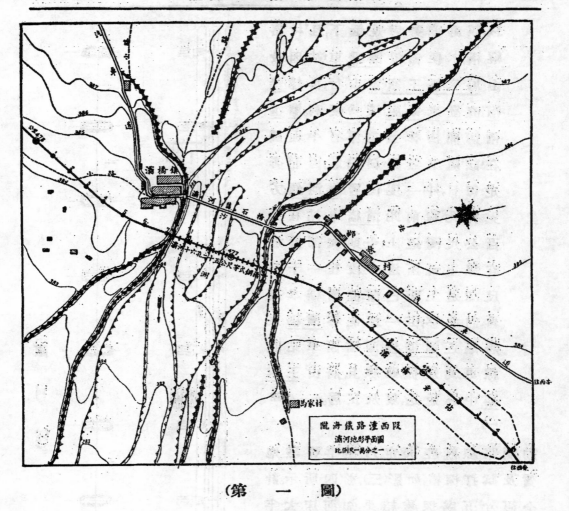

（第 一 圖）

年(公元 1934 年)，相距適及百年，且相隔咫尺，爰略述其先後施工概
況於後，用作紀念。

## (二)鐵路橋之勘測及設計

民國二十一年春夏間，作者率領定線測量隊，在隴海潼西段
勘測，其報告第五份，關於灞橋附近勘測情形，有下列之記載：

「……路線向灞河堡灞河鎮中間前進。至灞河時，在舊橋南一
百七十公尺處，平行通過，而進出鋼梁橋之前，幷留百公尺餘
地，爲曲線直線間緩和地位。過灞河後，原擬近南牛村南通過，

以該處地勢尚是低下，且村落縱橫，不便佈置灞橋車站，因改由馬家橋王家寨南行，再越滻河，直登米家崖較爲便利。灞滻兩河間樹林叢集，原有平面圖，在該處又無詳細記載，因而奔走旬日，幷一度住居灞河鎮，方覓得此線。前此灞橋車站在六百公尺灣道上，今則大部置於直線上，祇西邊一段在一千公尺灣道上而已。灞滻兩橋本擬再向北移，但一經北移，灞橋東將逼近灞橋堡，灞橋西車站直線更爲短促，路線且將由王家寨中心通過，碍及民居。……」(註一)

勘測路線既經決定，乃從事探驗地質及試打探椿，如影(三)，影(四)所示。計全河分五處探驗結果，知河床大半爲粗細砂及石子所組成。乃根據所得結果，採用橋底打椿，其設計如第二圖及第三圖所示，以混凝土爲座上架穿式鋼橋，計25公尺者16孔共長400公尺。

## 鐵路橋施工概況

(註一)　見隴海鐵路潼西工程月刊第二卷第六期第六頁

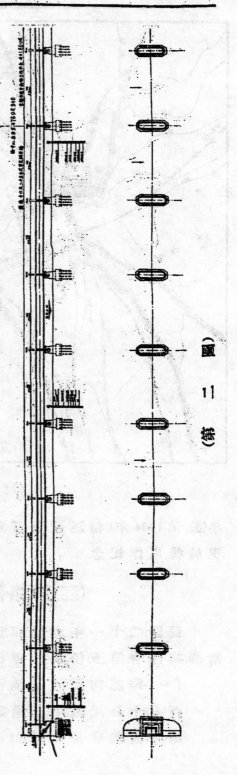

第二圖

影 (一) 灞河舊石橋全景

影 (二) 灞橋牌樓

影(三)　探驗灤河地質

影(四)　就灤河河床試打探樁

影　(五)　灤　橋　打　樁　工　作

東橋台

平面　　　　　　　　　　　　　　　縱面

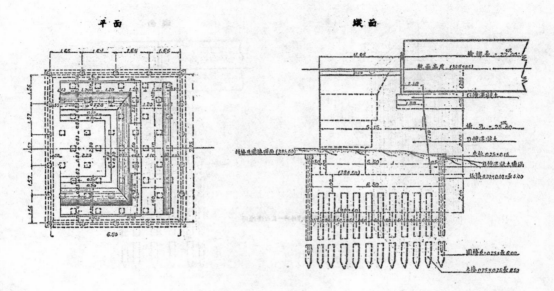

第一至第六橋墩

平面　　　　　　　　　　　　　　　縱面

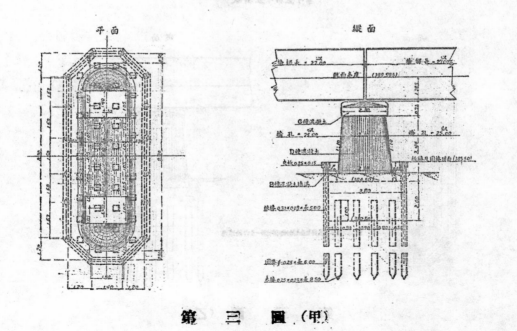

第　三　圖（甲）

第七至第九節墩

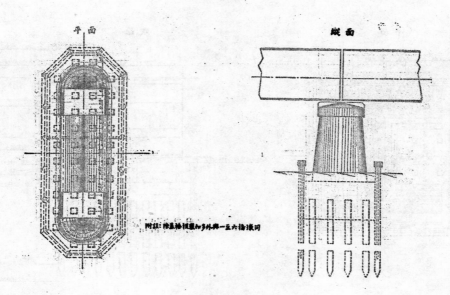

平面　　　　　　　　　　　縱面

附註：除基椿根數加多外與一至六橋墩同

第十至第十五橋墩

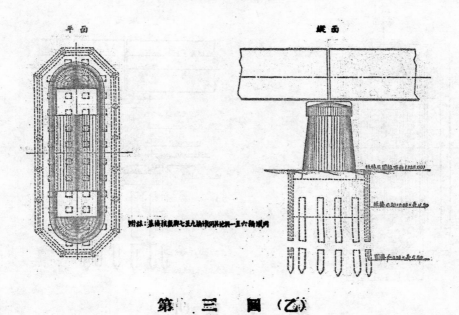

平面　　　　　　　　　　　縱面

附註：基椿根數與七至九橋相同其餘與一至六橋墩同

第　三　圖（乙）

西橋台

縱面　　　　　　　　　　　　　　　　平面

第　三　圖（丙）

（甲）打樁　灞橋設計,既決定基底打樁,因即於民國二十二年十一月着手施工。先按投標手續,選定集成公司爲本橋包工,幷由路局製就三百公斤五百公斤,八百公斤,一公噸人力樁架十六架,幷兼用機力打樁機一架。第四圖所示之打樁架爲三百公斤錘用者其五百公斤八百公斤,一公噸者,按比例配製其打樁次序,先打圍樁板樁後,再進行基樁工作其圍樁板樁佈置,如第五圖。最初預定板樁頂面與地面齊平,後以排水爲難分別提高 0.50—1 公尺,如第二圖,第三圖所示。

圍樁板樁工作完畢後,乃將板樁內積土挖去一部分,再分別開打基樁。按在砂礫基下打樁,如地位過狹,常感困難。是以第一次東西橋台原定爲用20公分見方美松,長 8.50 公尺者,56根,後改爲45根各橋墩原爲44根者,後改爲38根。現在橋墩下尚有一部分爲44根,又一部分爲38根者。此橋打樁工作最爲費時,雖有時晝夜兼程工作,尚未能如期完成。其平均打入深度亦不過 6 公尺。工作緊張情形,觀影(五)可見一斑。

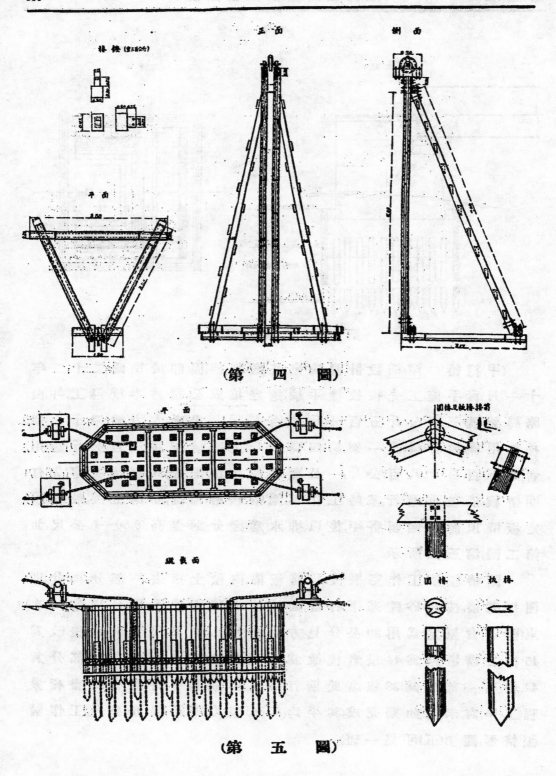

（第　四　圖）

（第　五　圖）

(乙)防水設備 基樁工作完畢後,卽陸續進行橋墩橋台混凝土工作。但進行混凝土工作之先,應有防水設備。灞河河面寬大,民國二十三年春季雨水特多,防水設備,頗感困難。隴海路灞橋漆橋工程本同時進行,原定各備直徑 5 吋之 7 馬力機力抽水機三具,人力抽水機若干具,後以今年春夏雨水較多,往年河中沙洲亦被淹沒,乃設法將漆橋基脚先行完成後,將六架機力抽水機集中灞橋,以備應用。

至每墩防水方法。大致為擋水壩及木板樁二種設備。擋水壩及木板樁又分遠近兩層設備。如灞河水流,本向東流,乃先將西向各墩完成後,在上游以擋水壩及木板樁築灞,將東向水流一部分,改向西流,原處水勢,因而減殺,乃於每墩周圍圈以滿裝沙礫之蔴袋,中填泥土成壩。幷於壩外於必要時隔以板樁,以防崩場。又備機力抽水機六架,以四架或五架專備抽出基脚積水,以一二架為備用。安置抽水機情形,可參看第五圖。如防水設備工作已經告成,便可安然開挖基脚內土方,幷灌注混凝土矣。

(丙)灌注混凝土 混凝土之成份,分為數種。除冠頂及橋梁跟座用庚種混凝土外,全橋基脚及橋身均用丁種混凝土。至填塞水井則參用丁己兩種;填塞孔隙則參用乙丁兩種。茲將各種混凝土成份,分別記錄,如下表:

| 類別 | 每一立方公尺石子 | | 每一橋水泥 ＝0.10754 立方公尺 | | 每一立方公尺沙 | | 類別 |
| --- | --- | --- | --- | --- | --- | --- | --- |
| | 沙 | 水 泥 | 沙 | 石 子 | 石 子 | 水 泥 | |
| | 立方公尺 | 公 斤 | 立方公尺 | 立方公尺 | 立方公尺 | 公 斤 | |
| 乙 | 0.600 | 102 | 1 | 1.666 | 1.666 | 170 | 乙 |
| 丙 | 0.600 | 153 | 0.667 | 1.111 | 1.666 | 255 | 丙 |
| 丁 | 0.600 | 204 | 0.500 | 0.833 | 1.666 | 340 | 丁 |
| 戊 | 0.600 | 255 | 0.400 | 0.666 | 1.666 | 425 | 戊 |
| 己 | 0.600 | 306 | 0.333 | 0.555 | 1.666 | 510 | 己 |
| 庚 | 0.600 | 357 | 0.286 | 0.476 | 1.666 | 595 | 庚 |

至建築混凝土所用材料沙與石子就近取諸灤河而水泥則購自唐山由灤關運來,每桶運費約達二元以上。前述防水工作既已辦妥,乃於基脚土方挖畢後,再於基脚下層挖深30公分,以備鋪填舖石。另於基內選擇三處至五處,開40公分見方,深1公尺小井,以便安置抽水機龍頭,幷於四圍圍以木板,直達基面,如深井然。同時因基脚入土參差不齊,另用小號工字鐵(100×50×5公釐)加固,如第六圖。各橋墩台,基脚多於一日打完混凝土,幷繼續抽水十三至十八小時。而開打混凝土期間,亦常令水平面在基脚下。經過三五日後,再除去深井圍板,以已種或丁種混凝土沈入井底,將其空際塞住。至此基脚混凝土工作乃告成功。

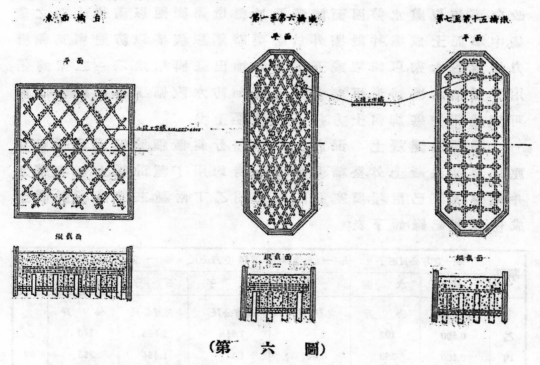

(第 六 圖)

基脚混凝土工作既完,乃按序進行橋座混凝土及冠頂與橋梁跟座混凝土工作。全橋墩台工程,於是告竣。

# (四)舊石橋槪况

關於道光十四年所修舊石橋，灞橋圖式(註二)一書有下列記載：

「橋長一百三十四丈，橫開六十七龍門，直豎四百八砥柱，分六柱爲一門，每門底順安石盤六具，深密釘樁，上棠梁軸四層，平砌石梁，橫加托木，疊架木梁各一層，滿鋪木枋一層，邊加欄上枋各二層，平築灰土，上鋪壓簷石一層，棠砌欄杆石各二層，量寬二丈八尺，湊高一丈六尺，兩岸築灰堤。」

其詳細「修橋法則」，詳下文第六節。

民國二十一年作者測量此線，曾就地量度舊石橋龍門尺寸如下(橋孔次序由東向西數計：(註三)

| 橋孔次序 | 橋孔寬度(公尺) | 橋孔高度(公尺) | 橋孔次序 | 橋孔寬度(公尺) | 橋孔高度(公尺) |
|---|---|---|---|---|---|
| 1 | 6.30 | 1.20 | 16 | 4.90 | 1.30 |
| 2 | 6.70 | 1.10 | 17 | 4.90 | 1.30 |
| 3 | 7.00 | 0.90 | 18 | 4.50 | 1.10 |
| 4 | 4.90 | 1.10 | 19 | 5.20 | 1.30 |
| 5 | 5.40 | 1.10 | 20 | 4.90 | 1.20 |
| 6 | 4.40 | 1.10 | 21 | 5.00 | 1.30 |
| 7 | 5.40 | 1.30 | 22 | 5.10 | 1.20 |
| 8 | 4.90 | 1.30 | 23 | 5.10 | 1.20 |
| 9 | 5.00 | 1.10 | 24 | 5.00 | 1.20 |
| 10 | 4.90 | 1.20 | 25 | 5.20 | 1.20 |
| 11 | 5.10 | 1.10 | 26 | 4.90 | 1.20 |
| 12 | 4.80 | 1.30 | 27 | 5.20 | 1.20 |
| 13 | 4.80 | 1.20 | 28 | 5.00 | 1.20 |
| 14 | 4.90 | 1.30 | 29 | 4.75 | 1.20 |
| 15 | 5.00 | 1.30 | 30 | 5.00 | 1.30 |

(註二)　該書內容，分勸諭捐輸告示，重建灞橋募稿，灞橋部文，重建灞橋記，捐寶姓名，灞橋圖式，修橋法則等節。

(註三)　見隴海鐵路潼西工程月刊第二卷第六期，第九至十五頁。

| 橋孔次序 | 橋孔寬度（公尺） | 橋孔高度（公尺） | 橋孔次序 | 橋孔寬度（公尺） | 橋孔高度（公尺） |
|---|---|---|---|---|---|
| 31 | 5.20 | 1.40 | 50 | 6.00 | 1.15 |
| 32 | 5.25 | 1.40 | 51 | 5.40 | 1.15 |
| 33 | 5.15 | 1.40 | 52 | 5.70 | 0.90 |
| 34 | 5.15 | 1.30 | 53 | 5.60 | 0.85 |
| 35 | 5.30 | 0.40 | 54 | 5.55 | 1.10 |
| 36 | 5.50 | 0.50 | 55 | 5.50 | 1.15 |
| 37 | 5.30 | 0.60 | 56 | 5.60 | 0.90 |
| 38 | 4.90 | 0.60 | 57 | 5.65 | 0.85 |
| 39 | 4.90 | 0.45 | 58 | 5.40 | 0.90 |
| 40 | 5.20 | 0.50 | 59 | 5.20 | 0.90 |
| 41 | 5.20 | 0.60 | 60 | 5.55 | 0.90 |
| 42 | 5.30 | 0.90 | 61 | 5.45 | 0.90 |
| 43 | 4.70 | 0.80 | 62 | 5.45 | 0.90 |
| 44 | 5.10 | 0.90 | 63 | 5.60 | 0.95 |
| 45 | 5.10 | 0.90 | 64 | 5.95 | 0.85 |
| 46 | 5.40 | 0.90 | 65 | 5.70 | 0.85 |
| 47 | 4.85 | 1.00 | 66 | 5.60 | 0.70 |
| 48 | 5.50 | 1.00 | 67 | 5.50 | 0.65 |
| 49 | 5.50 | 1.00 | | 平均 5.00 | |

就中橋孔高度，按第八圖舊石橋橫截面圖，原不止此數。其現在高低不齊，則百年來河沙塔塞所致也。

## (五)舊石橋之建築材料與工具

瀟橋圖式一書，於修建灞河舊石橋一切材料工具曾繪圖貼說，一一臚擧。茲轉載如下(第七圖)：

(子)碾盤式　碾盤徑四尺五寸，厚一尺。中心鑿卯，徑五寸，深五寸。離邊五寸鑿一透卯，徑五寸，穿橋下釘。

(丑)轆軸式　轆軸徑三尺，高二尺。盤上第一層轆軸，下面鑿柱卯一個，徑三寸，深五寸；上面鑿陰卯一個，寬一尺，深寸半。陰卯內再鑿安鐵柱卯眼一個，

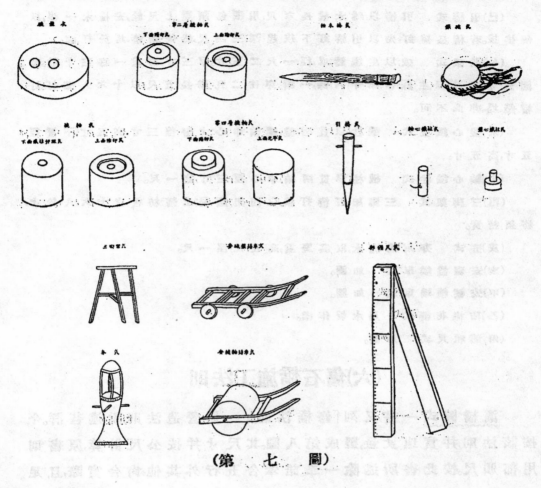

（第　七　圖）

徑三寸,深五寸。

　　(寅)第二層轆轤式　第二層轆轤下面鑿陽卯一個,徑一尺,高寸半。陽卯中心再鑿鐵柱卯眼一個,徑三寸,深五寸。上面鑿陰卯一個,徑一尺,深寸半。卯內再鑿鐵柱卯眼一個,寬三寸深五寸,第三層轆轤與第二層同。

　　(卯)第四層轆轤式　第四層轆轤,下面鑿陽卯一個,徑一尺,高寸半。中心再鑿鐵柱卯眼一個,徑三寸,深五寸,上面光平。

　　(辰)柏木樁式　柏木性堅質潤,入水千年不朽,冬取者良。擇其粗而直者,削去枝節,乘濕帶皮用,則不燥裂,色白而綿者佳心紅而起屑者營制柏,不可用。每根徑五六寸至七八寸,長一丈三尺。每盤下釘十三根,內近水一根留高一尺,套佳磣盤。透出卯外,再繞磣盤釘隨樁八根。

　　柏樁頭先用蔴辮二條,將楓絞佳,以免破損。

（巳）引椿式　　引椿以榆木裁長六尺，用鐵包頭。離上尺餘，安橫木一根，以便搖拔。若椿長難釘，先以引椿釘下拔起深三四尺，然後插椿，易於打硪。

（午）鐵硪式　　硪以生鐵鑄成，徑一尺二三寸，厚三寸，約重一百三十觔。週圍三十二孔，以生蔴精辮十六條，一辮穿住二孔辮長五尺，以十六人擡打。釘椿築堤，非此不可。

（未）盤心鐵柱式　　鐵柱以貫硪盤，轉軸中心，上層徑三寸，高五寸。下層徑五寸，高五寸。

（申）軸心鐵柱式　　鐵柱以貫兩輪，中心徑三寸，高一尺。

（酉）三脚架式　　三脚架釘椿打硪，以四架圍擺，上搭枋板，立十六人於上，務須結實。

（戌）夯式　　夯用榆桃木，取其堅重，高五尺，徑一尺。

（亥）安硪盤綏車式　　如圖。

（甲）安轉軸綏車式　　如圖。

（乙）插梅花椿式　　用木板作樣。

（丙）部頒尺式　　如圖。

# （六）舊石橋施工法則

灞橋圖式一書，又列「修橋法則」，一切營造法則，說述甚詳。今按該法則，幷實地丈量，製成第八圖。其尺寸幷按公尺計算，原書則用部頒尺。按此書所述除一二語牽合五行外其他尚合實際，且足以見當日工作情形及其制度。原文如下：

（子）開挖引河　　灞河水勢甚急，河身較昔年漲寬數十丈，水分南北中三路泛溢，非歸總一邊則釘椿無從措手。離橋東五里許，自南至北，斜築堤一道，淘深三四尺，以稻草沙土逐層築起，外坦內陡。底寬一丈二尺，收頂八尺。龍口水勢洶湧，用布囊數百，盛碎石於內沈下，乃易於合。再於堤外密釘木椿，編柳條圍護，引南隅之沙水盡歸北流。俟南頭工竣，再改堤引水南流。

（丑）定向引椿　　釘引椿，先用羅盤審定方向，以藤繩牽長一二丈，將盤針對準。牽繩不宜過長，長則展軟不準。牽定方向，以柏木椿依繩釘下，每根離一丈，再由第一根埃次順釘，向自端正。灞水來自乙辰，去從辛戌，水口末山丑向辛未辛丑分金。

（寅）水平刨沙　　定水平俟沙澄水定，釘準引椿，刨去浮沙，以見水爲平。量

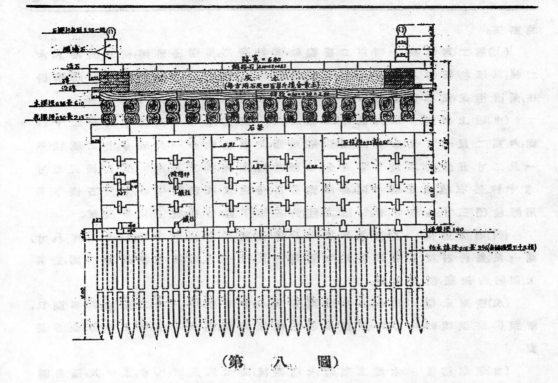

（第　八　圖）

至引椿何節,於水平上繩引椿一橫線為記。安砌磉盤,即以橫線為平。

（卯）分澗刨槽　刨槽從橋頭丈量,每澗自第一排磉盤中心,盡至第二排磉盤中心,計中空若干尺,於兩排磉盤中心,各釘一椿如磉盤徑寬四尺五寸,即於中椿兩邊,各刨寬二尺五寸,共寬五尺為一槽。刨深三尺,若水小沙乾,加深更穩;

（辰）釘梅花椿　釘梅花椿,以先釘之中椿一根為準。再以椿式套於中椿,按眼排插。惟迎水一株,鑿眼通透,椿從眼中釘下。量磉盤透眼,與迎水中線尺寸針對,免有參差釘椿須時刻監察,非打破毛頭,不准歇鑼,以防匠工偷減暗鑼。

（巳）安砌磉盤　安磉盤先將梅花椿按水平鋸齊,稍有高下則磉盤不平。先以厚木枋鋪路用絞車裝運至槽口,將磉盤透眼對准,從椿上套下。再用墨線,在兩頭中線拉直,與磉盤中線針對,於盤下椿頭挨次擠過。椿有空虛處,用熱鐵片墊塞,務使根根着實,稍有活動,便傾側不能穩固。

（午）安砌轆軸　砌轆軸照前以板鋪路,用絞車運至槽口,對準磉盤中心卯眼。先以糯汁牛血拌灰錘融,每層約用灰五十斤,填卯眼內次將鐵柱安入,用木槓將轆軸四面攬起,對準上下卯眼,平平放下。底有不平,選片墊塞,以兔勘搭。

（未）第二層轆轤　　砌第二層轆轤,其勢漸高,須兩邊搭架,橫頭斜搭大木二根,以厚枋板從上而下,鋪至地平。將轆轤放倒,下用木棍墊住,上以藤瓣掛住,漸滾漸送,至已砌轆轤上放平,仍用前法安放。第三四層均照此法。

（申）軸上架梁　　每排轆轤上,加石梁一層,寬厚均一尺二寸,共石二十四條,內長二尺七寸五分者四條,分搭兩頭,實砌轆轤心一尺五寸,盧出轆轤外一尺二寸五分,共二尺七寸五分。每頭井砌兩條,湊二尺四寸。又長四尺五寸者十條,搭在轆轤五空中間,亦兩條并搭。接縫俱在轆轤中心,兩頭石條下另用鐵柱,徑三寸長五寸者。每頭二柱,於石梁下鑿暗卯安下,以期堅穩。

（酉）梁上加托　　石梁上每排勻分橫粗托梁木枋十五塊,長七尺,厚八寸,寬一尺。先將石梁上槽口十五,均鑿寬一尺,深一寸。再將木枋兩頭削圓,安其上,則橋洞雖闊,梁木愈堅。

（戌）橫架木梁　　托木上每洞橫搭大木十五根,徑一尺二三寸,長準洞口,兩頭俱搭至轆轤中心。再用螞蟥鐵釘,兩頭鈎住,連成一根,彼此相牽,全身著實。

（亥）順鋪枋板　　木梁上順鋪木枋四塊,長七八尺,厚八寸,寬一尺,通身聯為一排,每枋一塊,用暗鬥二個,每個長五寸,寬三寸,厚一寸。每塊接縫處嵌柏木銀錠扣一個,橫直相連,雖經重載,往來不至移動。

（甲）疊聚攔枋　　底枋上兩邊橫安攔土枋二層,均長七八尺,寬八寸,厚一尺。枋中間底下俱用暗鬥兩個,上面接縫嵌銀錠扣。橋外兩邊用螞蟥長釘,從梁木牽至木枋釘住,以防築打灰土。木枋外橋,攔土枋內,滿築三合灰土二尺,作法詳後。

（乙）安路板簷石　　灰土築與枋平,兩邊順排路板石一層,長三尺,寬五寸,飛出橋邊七寸作簷,上加攔牆石,壓住一尺一寸;其餘一尺二寸,留內作路。

（丙）簷上攔牆　　路板石上加攔牆石二層;下一層,厚一尺一寸,寬一尺一寸;下一層厚一尺,寬一尺,外面與橋邊齊,仍用糯汁牛血拌灰嵌住,接縫俱加鐵錠。

（丁）牆上攔杆　　攔牆石上,兩邊各排攔杆一百二十個,每個相離一丈一尺。鳥獸花果,不拘式樣。每個高一尺五寸,方方五寸,鑿眼於攔牆石上,深入四寸,露明一尺一寸,用糯汁牛血拌灰嵌定。兩頭用犀象各二個,以分水騰橋,并壯觀瞻。

（戊）簷下風板　　橋外兩邊飛簷石下,滿釘風板二層,每層高一尺,厚三寸,糊以桐油蔴灰梁木枋板，無虞風雨剝落。

（己）灰土堤法　築灰土堤以高二丈爲率，堤根刨槽五六尺，堤身罷明一丈四五尺，做黃河走馬堤勢，外坦內陡，底寬二丈四尺，頂厚八尺，上下均折一丈六尺。每堤一丈，打土三十二方，每方寬厚皆一尺，裏皮用灰土二步，每步計一尺，外皮灰土五步，填槽灰土二步，蓋頂灰土四步。約堤一丈，打灰土十一方，素土二十一方。土工八鎚，八夯四硪。土近者每方不過價銀五六錢，石灰每方四百斤，十一方合用灰四千四百斤。每堤一丈，高二丈，厚一丈二尺，取土遠近，買灰貴賤不等，約估工料不過銀三十兩。果其築打如法，築數百丈爲一大塊，無可乘之隙，而其底寬二三丈，卽有搜根之水，亦不能遍地鑽進，俾數百丈一同傾圮也。又堤過於當衝，必須於堤頭上離八九丈，另作水箭一道逼溜向外，箭頭寬一丈，尾寬五六尺，長十丈，水向外射，則堤不受衝突，可期永固。其箭亦須用灰土包築，與正堤同。蓋灰色白屬曰靑龍，較曰角水，取金尅木義，其氣猛烈，入水必嗔，改堤之事，莫當其氣不致有獾窩蟻穴也。此法得之殷方伯如煌。前守漢中時，見山河堰石堤用海塘勾鬥法，旋作旋衝，由於水緊而銳，能從石縫攻入，又柔而善搜，每從石底滶空。縫裂底空，狂瀾一聚，未有不牽連而圮者。因築灰土堤二百丈，裹堤內外皆滶水，歷久不傾，於洧城西南角當衝之處打灰堤三百丈，迄今鞏固，可以爲法。

# 京滬滬杭甬鐵路橋梁概況

## 濮登青

京滬滬杭甬兩路,所經地面,港汊縱橫,故橋梁涵洞極多,計京滬綫 311 公里,有橋梁 257 座,涵洞 408 座,滬杭綫 210 公里,有橋梁 180 座,涵洞 244 座,曹甬段 78 公里,有橋梁 52 座,涵洞 72 座,其總共長度,均佔全綫長度百分之十以上。京滬綫大橋極少,其每孔跨度,最大者不過 18 公尺 (60 呎),每橋長度,數孔合算,最大者不過 73 公尺 (240 呎),滬杭綫在石湖盪前後,大港數見,故大橋亦多,由 49 公里起至 65 公里止,凡路綫 16 公里之內,計有 91 公尺 (300 呎) 單孔橋梁一座,66 公尺 (216 呎) 單孔橋梁一座,61 公尺 (200 呎) 雙孔橋梁二座,46 公尺 (150 呎) 單孔橋梁一座,30 公尺 (100 呎) 單孔橋梁一座。此外亦惟小橋,每孔最長者不過 18 公尺 (60 呎) 而已。兩路橋梁之構造法:自 3 公尺 (10 呎以下者多為圓拱,3 公尺以上者多為輾軋梁,6 公尺 20 呎) 以上多為鈑梁,30 公尺 (100 呎) 以上均為桁梁,橋基則分磚,石,混凝土三種,俱屬平常造法,茲不具贅,僅擇其具有特殊情形者,為述數款如下:

(一) 橋梁載重力量之覆算 兩路創辦伊始,所有各種橋梁之設計,多委託工程顧問辦理。民國六年,集合兩路橋梁圖本,逐橋計算,乃發現其中有載重力量甚少者,按兩路彼時列車重量,大約在古柏氏載重 (Cooper's loading) E 30 至 E 35 之間,而橋梁之載重能力,有低至 E23.5 者。容或當時計算法,與覆算時所用者不同,故結果不一致,例如計算衝擊力,用德國範式,比用英美範式所得結果,往往

## 京滬路橋梁各部分載重能力（合各柏氏載重額）計算表

| 類別 | 主梁試雙軌橋之全載之能力 抗壓邊 | 抗拉邊 | 展部 | 邊部螺釘 | 雙軌橋之中梁 抗壓邊 | 抗拉邊 | 展部 | 邊部螺釘 | 橋梁(模) 抗壓邊 | 抗拉邊 | 展部 | 邊部螺釘 | 承動梁抗剪能力 展部 | 邊部螺釘 | 最小數 |
|---|---|---|---|---|---|---|---|---|---|---|---|---|---|---|---|
| 2.0公尺(6呎)托式 | E57.3 | | E58.4 | | | | | | | | | | | | E57.3 |
| 2.5公尺(8呎)托式 | E44.4 | | E48.9 | | | | | | | | | | | | E44.4 |
| 3.0公尺(10呎)托式 | E55.4 | | E58.1 | | | | | | | | | | | | E55.4 |
| 3.5公尺(12呎)托式 | E48.9 | | E63.8 | | | | | | | | | | | | E48.9 |
| 6.0公尺(20呎)托式 | E39.3 / E44.2 | E40.1 / E44.3 | E46.0 / E65.3 | E25.8 / E31.5 | | | | | | | | | | | E25.8 / E31.5 |
| 9.0公尺(30呎)托式 | E35.2 / E42.9 | E35.85 / E42.9 | E55.4 / E86.1 | E33.2 / E45.0 | | | | | | | | | | | E33.2 / E42.9 |
| 12公尺(40呎)托式 | E37.0 / E44.1 | E36.8 / E42.75 | E53.9 / E82.1 | E33.2 / E42.7 | | | | | | | | | | | E33.2 / E42.7 |
| 18公尺(60呎)托式 | E39.05 / E46.9 | E39.7 / E46.8 | E66.9 / E104.2 | E41.25 / E56.1 | | | | | | | | | | | E39.05 / E46.8 |
| 18公尺(60呎)托式 | E89.5 | | E86.6 | E30.8 | | | | | | | | | | | E29.1 / E30.8 |
| 2.5公尺(8呎)穿式 | E96.5 | | | E26.8 | | | | | | | | | | | E26.8 |
| 3.0公尺(10呎)穿式 | E69.7 / E74.6 | | E80.0 | E23.1 | | | | | | | | | | | E26.8 / E28.1 |
| 3.5公尺(12呎)穿式 | E50.4 / E53.4 | | E72.9 | E24.0 | | | | | | | | | | | E24.0 / E25.1 |
| 6.0公尺(20呎)穿式 | E42.7 / E47.8 | | E69.3 | E25.4 / E26.8 | | | | | | | | | | | E25.1 / E26.8 |
| 9.0公尺(30呎)穿式 | E31.7 / E37.8 | E32.65 / E38.2 | E49.9 / E76.8 | E28.9 / E40.3 | E35.65 / E42.1 | E35.1 / E37.5 | E32.5 / E50.0 | E24.3 / E38.9 | E32.6 / E34.0 | E33.7 | E47.2 / E63.6 | E23.5 / E27.55 | E46.5 | | E23.5 / E27.55 |
| 12公尺(40呎)穿式 | E35.05 / E39.7 | E32.6 / E40.3 | E61.7 | E38.2 / E51.1 | E35.1 / E37.5 | E40.2 / E61.5 | E40.2 / E61.5 | E36.9 / E49.6 | E32.6 / E34.0 | E33.7 | E47.2 / E63.6 | E23.5 / E27.55 | E46.5 | | E23.5 / E27.55 |
| 18公尺(60呎)穿式 | E33.8 / E40.0 | E31.8 / E36.5 | E54.9 / E85.0 | E34.0 / E45.7 | E33.85 / E39.5 | E34.55 / E41.2 | E35.35 / E54.7 | E32.2 / E43.5 | E34.3 / E35.7 | E34.95 / E37.3 | E52.2 / E70.3 | E28.9 / E34.1 | E52.2 | | E28.9 / E34.1 |
| 20公尺(64呎)穿式(斜撐) | E36.1 / E42.3 | E33.85 / E38.5 | E50.5 / E78.2 | E31.0 / E41.3 | | E41.2 | E54.7 | E43.5 | E34.95 / E37.3 | | E52.2 / E70.3 | E28.9 / E34.1 | E52.2 | | E28.9 / E34.1 |
| 4.5公尺(15呎)托式 | E44.8 / E47.25 | | E66.9 / E90.5 | | | | | | | | | | | | E44.8 / E47.25 |

【附註】表中各格內：上行所列之數係保按美國法求（單位應力不隨跨度而異，另加衝擊變應力）計算之結果；
下行所列之數係就保按英國法求（單位應力隨跨度而異，不加衝擊應力）計算之結果。

略低，是其例也。查普通用鋼力量，其安全系數，約有三四倍，上項情形，對於前此行車安全，本不成問題，惟現代列車載重，日有增加，兩路爲逐漸改進計，故決計先將槽形橋梁，換爲輥軋梁。此項槽形梁，在滬杭路，有 2.5 公尺（ 8 呎）孔者，3 公尺（10 呎）孔者，3.5 公尺（12 呎）孔者，於民十五六時，已一律換爲輥軋梁。京滬路之槽形梁，有 6 公尺（20 呎）者多處，其構造比較堅固，現在暫不更換，其較短者，亦已着手一律換爲輥軋梁。此外各鈑梁橋力量，亦有甚低者，但以經濟關係，尚未有更換計劃。京滬路橋梁載重力量之覆算，如上表。滬杭路橋梁，曾亦覆算，製有同樣圖表，因管理局燬於一二八事變，遂無存稿。考附表內所示各節，各橋最弱之點，往往在鉚釘，不知當時設計者如何計算。槽形梁設計，甚屬罕見，如第一第二兩圖。其優點爲自軌面至梁底，尺寸甚小，故橋下與水面間可留較高之淨空。滬杭路之 61 公尺（200 呎）桁梁之載重力量，有少部份，亦在 E 30 以下，其弱點亦在鉚釘及連接部份，與長條大料不相伴稱。

　　（二）河道之開寬　　此在滬杭路上凡三見。一爲第三十八號橋，一爲第四十三號橋，一爲第三十號橋，皆在石湖蕩前後，其河道與太湖相通者也。第三十八號橋之地位，河面寬 91 公尺（300 呎），在開辦時，建築 30 公尺（100 呎）桁梁橋兩孔於此。其西首橋墩，築在河中，築堤與大岸相連。此橋築成之後，河流甚急，乃在東首另鑿一渠，另建 40 呎輥軋梁橋兩孔，以洩水勢。但所神甚少，結果大河內橋墩兩旁，被水衝激，深至 20 公尺，東西兩岸日見崩陷。當時恐中流橋墩危險，因在四周多拋亂石，以作保護，致橋梁中綫之河道橫剖面積，僅及天然河流百分之四十，河流奔疾，舟楫視爲畏途。民國五年，兩路當局乃決計另築新橋於原有路綫之北，而改移路綫。新橋爲 91 公尺（300 呎）單孔桁梁，卽現在之第三十八號橋是也。第四十三號橋地位，河面寬 61 公尺（200 呎），舊時塡河築堤，而置鐵路於上。十年以來，附近居民感水利不便，耕種困難，乃要求復開河道。民國十三年乃建 66 公尺（212 呎）桁梁橋於此，再挖河道，以通水利。第三十號橋地

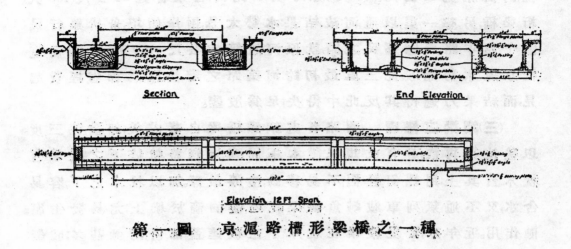

第一圖　　京滬路槽形梁橋之一種

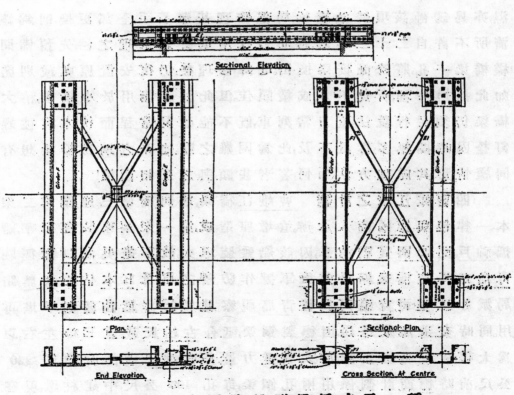

第二圖　　京滬路槽形梁橋之又一種

位,河面原寬 61 公尺(200 呎),舊時塡寨此河,在東首建 30 公尺(100 呎)桁梁橋,另鑿一渠,以通河流。結果水勢太急,兩岸傾圮,舟楫難行。民國十四年路局應鄉民之請,就原河道,築 46 公尺 (150 呎) 桁梁橋,復挖水道,水勢始殺。此三處最初跨河築路之辦法,原爲節省經費起見,而結果乃適得其反。此中得失,足爲殷鑒。

(三)鋼梁之修理 兩路各處鋼鐵橋梁,自落成後,卽塗漆三度。以後按期再漆,著有成規,保護本極周到。惟鐵路軌條下之縱梁,有枕木蓋其上,用螺釘栓固,不易移動,塗漆最難。加以枕木之下,容易含水,又不通氣,列車載鹹魚鹹菜經過,鹽滷滴於梁上,尤易發生腐蝕作用。近年來,發現縱梁在枕木下之被遮蓋部份,銹蝕甚多;肢飯有鉚釘者,銹蝕尤甚。此外則下承式(托式)桁梁橋近水部份常受潮濕,亦易銹蝕。該項銹蝕橋梁,局部修理,甚難着手,全部更換,則爲經濟所不許。自二十二年起,路局乃採用電銲爲修理之法,先預備同樣橋梁一孔,將銹蝕橋梁換出。電銲修理後,仍復安置原處或別處。如此抽換修理,所費不多,成績頗佳。但此法祗能用於小橋梁,稍大橋梁仍須另行設法。蓋日常列車,旣不能改易常程,而枕木復被螺釘栓固,時間無多,拆置不及,此爲困難之點。他路之鋼鐵橋梁,想有同樣情形。其處理方法如何,著者甚願與之互相商榷!

(四)曹娥江橋之計劃 曹娥江橋梁,連同橋墩三座,鋼梁二架,本一律包與德國商人承辦。迨墩座造成,第一架鋼梁裝運來華,船抵神戶,聞德國宣戰消息,因該船兼裝軍火,故不進吳淞口而徑駛青島起岸,旋橋梁鋼料爲德軍挪作防禦之用。及日本佔據青島,路局派總工程司克禮阿前往青島視察,見肢體多屈曲銹蝕,不堪再用。同時交通部及路局,因德製鋼梁,祗合古柏氏載重 E 35 左右,以爲太輕,故擬另行設計,加大載重力量。查曹娥江橫剖面,約寬 220 公尺,前時德商計劃,係用兩孔鋼梁,每孔 105 公尺,中建柱墩,現在中流柱墩一座,及靠岸墩座翅牆,均完全無損。民國七年路局依照古柏氏載重 E 50,另行設計桁梁橋,仍利用原有墩座。所有詳圖,及招標章程,本已預備妥善,以便應用,乃值國家多故,未能興工,致一二八事變時,該項圖樣章程,復燬於火,其後僅從甯波工務段,尋得該項舊藍圖一份,現尚未整理就緒,故不獲載入本篇。剩下浙省當局,銳意築造錢塘江橋,此橋一成,兩路滬杭段及曹甬段即當接通,則曹娥江橋,有不能不造之勢。查國有鐵道規定,各幹綫之橋梁力量,為古柏氏載重 E 50,而次要綫,得採用 E 35,現為省節經濟起見,曹娥江鋼梁載重力量,擬以 E 35 為度,正由路局工務處着手設計。至於採用何種式樣,或仍分兩孔與否,則尚未具體決定。

# 北寧鐵路北倉鋼筋混凝土橋

## 華 南 圭

　　海河匯河北五大河流而入海,爲天津海航唯一之徑途。民國十五年冬,淤塞極甚,所有航海火輪,除吃水甚淺者外,均須停泊塘沽,不能直達天津,以至天津之商埠地位有搖動之虞。整理海河委員會就經濟能力之所及,亟謀治標之方。

　　查海河淤塞之故,乃由永定河水挾沙帶泥奔騰而來,雖有挖淡機船時加疏濬,奈沙泥旣多,沉澱又速,以致逐年淤塞,河身日高。整理海河委員會有鑒於此,乃擬於北運河東岸屈家店附近,挖一新河,名曰引水河,引導永定河混水,穿過北寧鐵路,流入鐵道東面之窪地,使流率減少,沙泥沉澱,故名曰「放淤區域」。沙泥沉澱後,將水由新河洩入金鐘河(名曰洩水河)轉入海河,仍注於海。在引河之首,築有進水閘,船閘,及節制閘,在洩水河之首,築有洩水閘,而在穿過北寧鐵路處,添修橋梁,以便水流通過。

　　民國二十年一月底,整理海河委員會函請北寧路在北倉附近,添築一橋。當經雙方商定橋梁之總長,跨度之長短,水流之高度及流量,以及建築費之擔負方法。迨是年三月底,乃開始設計。以時間之需要,及價值之經濟,採用鋼筋混凝土建築。五月初圖件完成。復由雙方函商決定:一切招標,監工,購料,付款等手續,均由北寧路局代辦,並由海河委員會照撥該橋預算所需款項,交由北寧路局管理,而於工程完竣後結算。十一月底北寧路局乃籌備一切工作詳圖,并規範書等,以便開工。

永定河春汛,據歷年記載,約在每年三月下旬。引水河既導永定河水穿鐵路而放淤,則鐵路路綫勢須於三月下旬以前挖斷,幷應將挖斷處中部所需新橋之橋墩椿基,於同時期前築成,庶放水時,不致妨礙工程進行,且在鐵路路綫挖斷以前,必須在原綫左近添築便道及防水工程,俾資照常行車。

民國二十一年一月初,便道便橋工程開始,一月中同時進行抬高路基土方及路堤防水石坡等工程。二月中便道便橋均告完成,乃於試車後,正式通車。原有路綫於是挖斷。三月初,正式橋梁開工,由最中部開始,向兩端進行。先事打椿工作,繼之以混凝土下層橋基,上層橋基,橋墩,橋台及橋梁等工作。五月中旬,全橋工程完成。

海河委員會既決定於是年伏汛實行放淤,北甯鐵路乃提前完工,於六月二十日正式通車。當時以路堤既因修橋而提高,新土勢須低陷,且新橋新鋪道碴,尚未砸實,故對於行車曾加以速度之限制。是年七月一日實行第一次放淤,永定河濁流於是日正午開始在橋下流過,所挾沙土漸次沉澱於路綫東之放淤區域。

北甯路由北平至天津本為雙綫。自庚子變亂被毀,乃改為單綫。是以全段橋梁,所有橋台橋墩均可擔負雙綫,而橋身則屬單綫。本橋計劃自應與全段一律,是以橋台橋墩乃按雙綫設計,而樑乃按單綫設計,以備他日添修雙綫時,不致因此一橋而增格外之困難也。

該橋橋身用鐵筋混凝土。橋台,橋墩均無鐵筋。共計二十一孔,

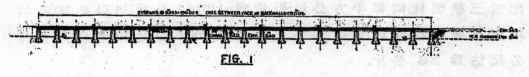

圖(一)及(二)橋台及橋墩立面及平面位置圖

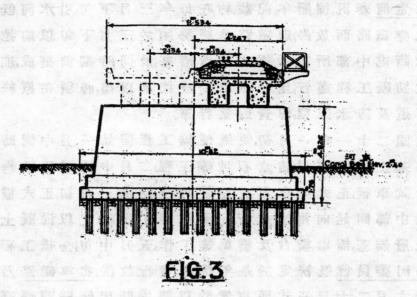

## FIG. 3

圖（三）　　橋　墩　正　立　面

如圖（一）及（二），每孔長 9.108 公尺共長 190 公尺，墩頂寬 1.180 公尺，如圖（四）。橋底至河底淨空高度 3.1 公尺，樑為 T 形，兩 T 平立，其間以混凝土作板，而將兩 T 聯絡之。左右亦有翅式之緣邊，形如盤式，以便承受道碴如圖（三）及（五）。每樑之長度為 9.04 公尺，而其支點之距離為 8.53 公尺，如圖（六）。道碴厚度為 0.305 公尺，其下墊土 0.305 公尺，其目的在勻配壓力，幷減少衝擊力。活重係以古栢氏 E 50 為標準，即政府所頒之標準活重也。

　　橋身總寬為 4.27 公尺，如圖（五）。板之設計，假定機車軸重量分配於三根軌枕，則每平方公尺平均負 11072.7 公斤，加以死重（包括塡土石碴軌枕鋼軌）每平方公尺平均負 705.5 公斤，樑之自身重每公尺估為 208 公斤。

　　假定混凝土板一條，寬 0.305 公尺，長 4.26 公尺，看作一樑，則在支點發生之撓力動率為 1504 公斤公尺，而其剪力為 3293 公斤。就撓力動率計算，所需之剖面為寬 0.305 公尺，厚 0.255 公尺，加護鐵眉厚 0.038 公尺，總厚為 0.293 公尺。所需之耐力鐵筋為 6.06 平方

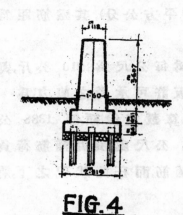

**FIG.4**

圖（四）橋墩側立面

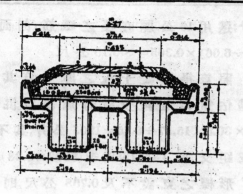

**FIG.5**

圖（五）　橋梁橫剖面

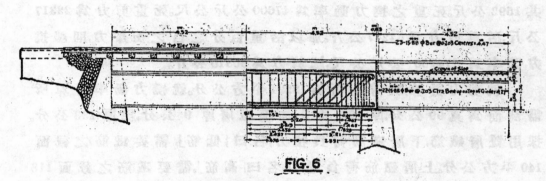

**FIG. 6**

圖（六）　橋梁側立面及縱剖面

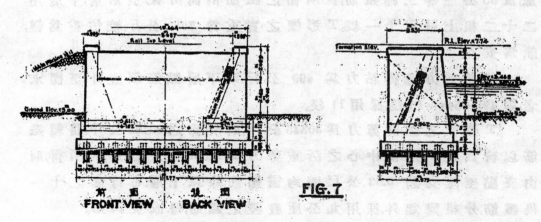

FRONT VIEW　　BACK VIEW

**FIG.7**

圖（七）　橋台正立面及側立面

公分;選用16公厘直徑之鐵筋(剖面約1.9平方公分),其鐵筋距爲
(1.9÷6.06)×0.305=∽0.10公尺。

照算得混凝土板之厚計算其重量,爲每公尺爲 210 公斤,與
上述估重相差甚少,故毋庸覆算。混凝土板許可承受之剪力,爲
25.4×30.5×15.87÷6.45=1905公斤,其不足計算數之餘額,即 1388 公
斤,在距支點 (3×1388)÷(3293×3.28)=0.384 公尺處,須由輔筋荷負,
即 T 形樑之寬,設不及 0.768 公尺,則需要輔筋,而在此狀況之下,將
採用 9 公厘直徑之鐵筋,且彎成鈎形。

T 形樑之設計:─死重(包括混凝土板寬2.135公尺,連同塡土
道碴軌枕鋼軌,及本身估重,每 0.305 公尺爲 771 公斤)每 0.305 公尺,
共 1592 公斤。死重之撓力動率爲47600公斤公尺。死重剪力爲22317
公斤,活重剪力爲34247公斤。加以活重百分之百之衝擊力,則總撓
力動率爲 174200 公斤公尺,總剪力爲90810公斤。

就剪力計算,所需剖面爲12294平方公分。就撓力動率計算,所
需剖面爲寬99公分,厚 124 公分,加護鐵層厚 9 公分,總厚 133 公分。
採用雙層鐵筋,下層鐵筋荷負拉力,名曰「低筋」,需要鐵筋之截面
140 平方公分。上層鐵筋荷負壓力,名曰「高筋」,需要鐵筋之截面 118
平方公分。乃就津市所能供給鐵筋之直徑,採用直徑25公厘,28公
厘,及 35 公厘等三種鐵筋,就所需之鐵筋剖面分配於兩層,下層用
二十二根,上層用十一根。T 形樑之實重爲 758 公斤,較估重爲輕,
頗爲安全。

就總剪力算得粘力爲 499 公斤,則下層鐵筋須直升至樑末
者,需 499÷544=10 根,採用 11 根。

T 形樑之應許剪力爲30345公斤,則所餘之60465公斤,將賴鐵
筋以荷負之。T 形樑中心之活重剪力爲14560公斤,就比例所得,則
由支點至離支點 3.52 公尺間,均需輔筋,除以下層可彎起之十一
根鐵筋,分組彎起外,採用九公厘直徑之鐵筋,彎成雙鈎形。

需要之承受面寬0.991公尺,長0.473公尺,於是用1.016 公尺寬

之橋墩,兩面各加0.051公尺,墩頂寬爲1.118公尺。

雙綫橋墩之本身,佔重爲 166 公噸,加以列車及 T 樑及土板,並填土軌枕鋼軌等,每孔實在重 179 公噸,共重 345 公噸。基樁之荷負力,每根在北倉附近土質內,可達8.5公噸,則每噸需要基樁41根,事實上用42根。

雙綫橋台之本身,佔重爲 348 公噸,加以列車及 T 樑及土板,並填土鋼軌等,半孔實在重 89.5 公噸,共重 437.5 公噸,需樁52根,事實上用54根。

橋墩橋台之基礎之下層,用1:4:8之混凝土,橋墩橋台之基礎之上層,及橋墩橋台本身,除最上0.914公尺外,均用1:3:6之混凝土。橋墩橋台之高處0.914公尺及 T 樑並混凝土板,均用1:2:4之混凝土。

全橋連同便道便橋,共費銀圓 134,984.64 元,其中便道1310公尺,便橋 33.6 公尺,共費 27,628.83 元;抬高路堤土工,費 12,589.45 元;護堤之碎石坡,費 5,713.03 元,束水堤費611.24元,T 樑及土板並墩台,共費 88,442.09 元。實際橋梁本身建築工料費每公尺計洋 465.48 元。

# 平漢鐵路馮村新橋基礎計劃

薛 楚 書

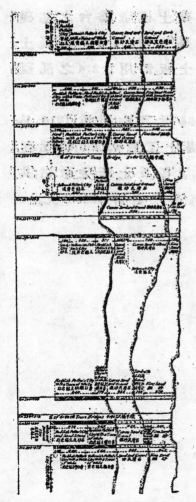

圖(一) 鑽驗地質結果

## 導 言

　　貫流馮村之泜河，源出於山西之太行山，其水流情形，與華北各大河流，大抵相同。每屆夏汛，河流水面，驟升驟降，輒於一二日內，甚至十數小時中，河面滿漲，或退落復原。四十年來，最大之水患，共發生三次。一在民國紀元前十二年，一在民國九年，一在民國十三年。基於民國十三年洪水高度，茲定該河最高水位為 +89.00 公尺，最低水位為 +86.00 公尺。查初築路時，假定該河之最高水位為 +85.60 公尺，較現在所定實低 3.40 公尺。

　　洪水發時，常有樹枝等物，隨流而下。冬季則乾涸，無冰塊冲擊橋墩之患。河中無船隻航行。

　　河床地層之構造，曾經平漢路於民國十四年派監工龔兆基鑽孔研究，知其最上層全係細沙，次層為粗沙及砂礫，再下則為黃紅色黏土(圖一)。

夏汛之水勢既急,其掏挖河床流沙之力亦猛。其最甚者,可掏挖至河床下約 8 公尺處,(高度 +76.50 公尺處。)至於掏挖至 5—6 公尺深處,實為每次洪水時所常有。

關於泜河分水嶺(Watershed)內之面積,向無準確地圖,可資根據為計劃橋孔大小之用。現在規定之洩水量,根據二點:(一)現有木質便橋上游 600 公尺處,測得之泜河截面,於高水位時為 2200 方公尺。(二)估計水流平均之速度,每秒鐘約 2.50 公尺。

平漢路路綫跨越泜河者有兩處。原建有 3 孔 30 公尺橋梁一座。又 1 孔 12 公尺及 2 孔 8 公尺橋梁一座,因基礎過淺早被冲去。嗣再建 4 孔 30 公尺一座,又 2 孔 40 公尺一座,均屬下承桁梁式(Pony Truss),但基礎仍薄弱,復於民國十三年,被水冲毀。其後遂架木質便橋,以維交通。迄今十載,木質漸朽,荷力日弱。加以橋基不甚堅固,一旦山洪暴漲,冲毀堪虞。故修建新橋實為行車安全之急務。

## 設 計 要 素

細究泜河之情形及舊橋之歷史,與設計新橋有密切之關係。茲將各項設計要素,簡略說明如下:

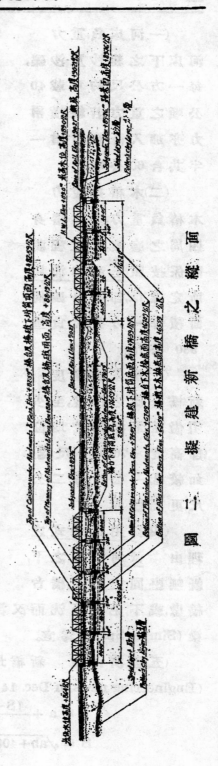

擬 建 新 橋 之 縱 面 圖

（一）河床負重力
河床下之粗沙及沙礫，每一方公尺約可載40公噸之重力；若縱橫兩力亦加入計算，可增一半，共合60公噸。

（二）木樁負重力
木樁負重力，全靠樁身四周之磨擦。本工程設計係按照上海濬浦局所定標準，即樁身四周面積每一方公尺負重980公斤。

（三）橋基之深度
新橋基礎之深度，至少須做至最深掘挖地位（即高度 +76.50公尺處），如較低一公尺或二公尺，更屬穩固。

（四）採用單梁式之理由　泒河河床之下，既無堅固之岩石橋台橋墩，或不免有下沈而又深淺不等之虞。故新橋以用單梁式之鋼梁（Simple Spans）為宜。

（五）經濟跨度　新橋最經濟之跨度，可採用美國工程新聞（Engineering news of Dec. 14, 1889）上所載之公式求之：

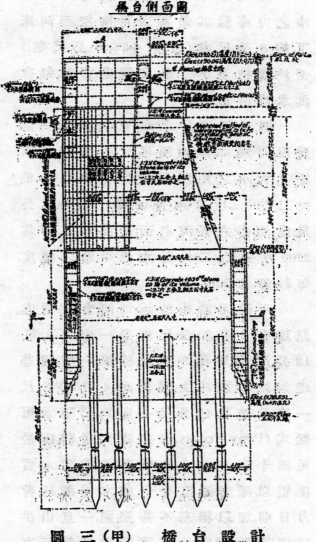

橋台側面圖

圖　三（甲）　橋　台　設　計

$$C = a + \frac{(S-20)^2}{b} \quad\text{.........................(1)}$$

$$S = \sqrt{ab+400} + Pb \quad\text{........................(2)}$$

其中 C ＝ 每孔橋梁之建築費(以銀元計)

S ＝ 每孔橋梁(自橋座中點至橋座中點)之跨度(以呎計)

p ＝ 每個橋墩之建築費(以銀元計)

a 及 b 為常數

今假定載重古柏氏 E－50,孔寬30公尺之穿式鋼鈑梁(Thru. Plate Girder)(跨度31.2公尺)重98公噸,每噸工料費約估美金80元(就地安設費在內), 又 40公尺孔寬穿式鋼桁梁 (Through Truss) (跨度41.4公尺)重130公噸,每噸工料費美金85元(就地安設費在內);美金

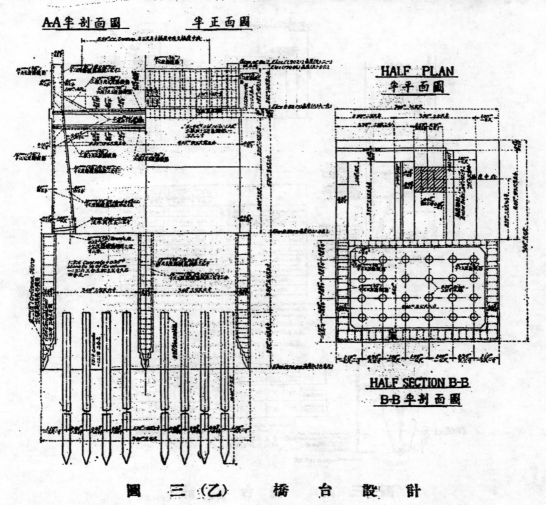

AA半剖面圖　　　半正面圖

HALF PLAN
半平面圖

HALF SECTION B-B
B-B半剖面圖

圖　三　(乙)　橋　台　設　計

一元合圖幣三元三角,則其建築費分別爲:

$$C = 98 \times 80 \times 3.30 = 25,900.00 元$$

$$C = 130 \times 85 \times 3.30 = 36,500.00 元$$

將此數代入上述公式(1)內,得

$$25,900 = a + \frac{6779.9}{b} \quad\cdots\cdots\cdots\cdots\cdots\cdots(3)$$

$$36,500 = a + \frac{13409.6}{b} \quad\cdots\cdots\cdots\cdots\cdots\cdots(4)$$

解(3)與(4)得 a=15,080, b=0.626。

假定每座橋墩之價值 P=19,500.00元,

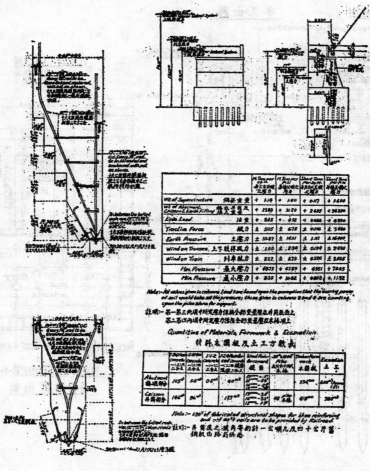

圖 三 (丙) 橋 台 設 計

將 a, b 及 P 代入公式(2)內

　　S=148 呎 =45公尺跨度 =40公尺孔寬。

　由此觀之,如用40公尺之孔寬,則橋上鋼梁及橋下基礎建築費之總數,爲最經濟。

　(六)軌底高度與水位之關係　新橋上之鋼軌底高度,應較現有軌底高出 2.17 公尺(由高度 +88.04 升爲 +90.21),使最高水位僅能與主梁下肢桿相接,同時亦可增大河流之水道。

　(七)孔數之研究　水道應需之截面,可採用范甯(Fanning) 氏之水量公式,推算如下:

　公式　　$Q=200 M^{\frac{5}{6}}$

　其中　　Q=每秒鐘排洩之立
　　　　　　方呎數,

　　　　　M=受雨面積方哩數。

　實測河道之橫斷面積=2,200
　　　方公尺,即 23,700 方呎。

　估計平均水流速度每秒鐘
　　　爲 2.5 公尺,即 8.20 呎。

　故　　$Q=194,340=200 M^{\frac{5}{6}}$

　及　　$M=(971.70)^{\frac{6}{5}} = 3846$ 方
　　　哩。

　再按鄧氏(Duns)受雨表(Drainage Table) 推求水道應需之截面,則 3846 方哩受雨面積,應有排洩水道截面 11,930 方呎,顧本河受雨區域之蓄水力量甚爲薄弱,故此數須加 30 %,即

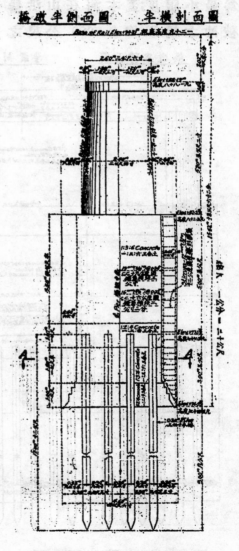

橋敬半側面圖　　半橫剖面圖

圖四(甲)　橋墩設計

水道截面應為:　1.30×11,930＝15,509方呎

若用40公尺桁梁橋,每孔洩水面積約160方公尺,或 1,720 方呎,則

需要之孔數 ＝15,509÷1720＝9

雖然一切水道公式,皆須斟酌損益,方合實情,故實地觀察,不能偏廢,尤在工程師之善用其學識經驗。但前所求得 9 孔之數,似為最小限度;蓋本河在山洪暴發之時,狂溢為災,殷鑑未遠,而前次被冲之橋,以總合 220 公尺之長,猶不能弭患,則 9 孔之外,再增加

橋墩半傍面圖　　　半縱剖面圖　　　　　　　　HALF PLAN 半平面圖

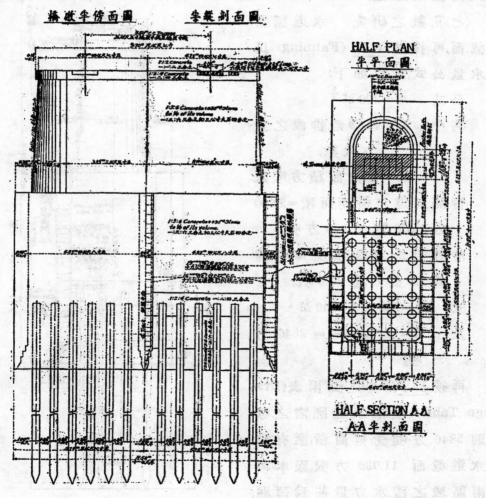

HALF SECTION A A
A·A半剖面圖

圖 (四)(乙)　橋 墩 設 計

一二孔,亦不爲多。苦減少至9孔以下,殊非安全之策;既不安全,必有災損,就經濟言,亦屬非宜。

(八)新橋之位置　附近路綫跨越處,泜河河流,分歧爲二:其北道流量較大,近三十年來,有遷移向南道之趨勢。其南道則未改變地位。兩道河流面闊,幾等一公里。其水量斷非一橋可以容納通流者。故現定5孔40公尺橋一座,跨越北河道,4孔40公尺橋一座,跨越南河道。兩橋之間,隔以道堤,護以鱉石(圖二)。

(九)各項縱橫力　一切之縱橫力,均已計算在橋墩設計中,下列各項縱橫力,乃假定以資設計者。

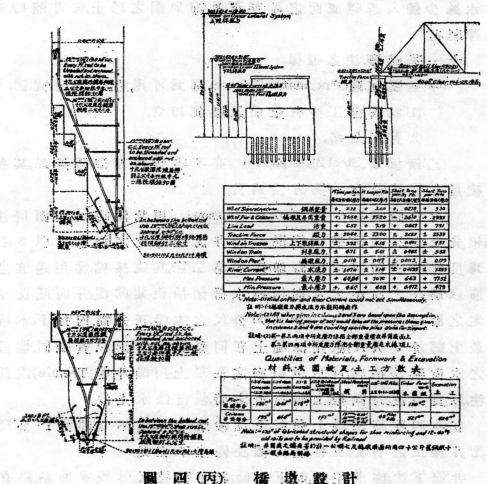

圖　四　(丙)　橋　墩　設　計

(甲)列車縱力(Tractive Force) $T = \frac{1}{4}\left(4 - \frac{L}{30}\right) - 12$

此中　　T＝活重百分數之縱力；

　　　　L＝載重長度之公尺數。

(乙)風之橫力＝上肢桿及下肢桿每公尺 300 公斤。

(丙)列車之受風力＝規定之分布活重之10％。

(丁)橋墩所受之風力＝每一方公尺之豎影面積100公斤，

(戊)水流力＝每一方公尺之豎影面積 830 公斤。

(十)浮力及沙土阻力　基礎所受之重量，將全歸河床地盤及木樁周圍之阻力擔負之；其浮力及井筒與沙土之阻力，均未計入，因水殊少侵入基礎底面之可能，而井筒周圍之砂土，又可隨時被水冲刷也。

(十一)基礎築法之選擇

(甲)氣壓沉箱(Pneumatic Caisson)固為可用，然不甚合宜，因：

(1)我國包工少有能用氣壓沉箱者。

(2)費用太昂。

(乙)鋼板樁(Steel Sheetpiling)　亦不甚適用，因鋼價過昂，其費用較用鐵筋混凝土井筒方法為貴。

(丙)鐵筋混凝土井筒(Open Caisson)　用此法時，河底面層沙土，須先挖平，然後建築鐵筋混凝土井筒，逐節沈之。每節高以 3 公尺為度；當第一節將沈沒時，即接建第二節，其連接處，應用適宜之鐵筋以鑲合之。筒中之水，則用抽水機頻抽，使其乾涸。井筒既沈至預定之深度時，則繼以 0.30×12.00 公尺之木樁，在井筒內打下。木樁之最上部份 3 公尺，應用混凝土在筒底搗實封護，以資凝固。倘井底之水尚無法抽乾，可更以稠密之混凝土用漏斗管(Tremie)設法灌注，以資封護。封固後，上層填肚之時，無復餘水上浸。

在我國建築混凝土井筒，下沈沙土中，深度不宜超過10公尺；因沈井施工之不易，及各種機械設備之不充足。

井筒下沈，務求正直。如下沈時，其平面位置與規定地點，略有差異;應按下法糾正而補救之:欲使井筒向甲方移動,須先將甲方井筒底之土挖出,填於甲之對方井筒外部,則井筒自能向甲方傾斜下沉;然後再反其法而行之,以矯正其垂直之位置。

　　井筒設計,四周尺寸,須較橋墩略大。普通以加大30公分為度,俾下沉後,位置與規定地點,稍有差異時,尚可將橋墩略事移動。

　　井筒牆之設計,宜有充分之縱橫鐵筋,以抵禦下沉工作時所發生之各種應力;牆中更宜備有相當之馬蹄鐵筋,以禦下沉時所受之剪力(圖三及圖四)。

# 杭江鐵路江山江橋

## 吳 祥 麒

**(一)位置** 江山江亦名江山港,發源於仙霞嶺,北行百餘里,經江山縣城,會合馬金溪烏溪港於衢州,名衢港,是為錢塘江中股幹流。杭江鐵路路線跨越該江於江山縣下游約十二公里處。在擇定橋址之先,曾將歷來最高與最低之水位高度,以及平面縱斷面形勢,匯水面積等,詳細測計,並於該處上下游數十里間,從事勘察。經一再研究結果,以椰樹汰及航頭村兩處為最合於建橋之位置。該兩處相距僅數公里,均曾用鑽探方法,以明各該河床下之地質情形,藉作工程計劃之根據。又經多方比較,乃決定採用今址(航頭村)。

**(二)鑽探** 上述兩處之鑽探工作,係以錘擊鑽法(Churn Drill)與水力衝洗法(Water Jet)同時并用。其工作情形及所得結果略述於下:

圖(一)示工作時工具之佈置方法。於高約20呎之四脚木架頂上,安設雙輪滑車一具,輪中穿有 ³/₄ 時徑甲乙兩繩。甲繩繫於鑽管上端以下約一呎處。鑽管係用 1 時徑,5 呎長之鋼管,按所需之長度接成之管之下端螺紋與鑽頭 D 相接,上端則與旋轉管 S 之下部連接〔旋轉管 (Water Swivel) 上部不動時,下部可旋轉自如,雖有水通過上下兩管,其接合之處並不漏水。〕旋轉管之上部,則用彎頭與膠皮管,以連接於抽水機,然後以人工或柴油引擎發動之。鑽管外置 2¹/₂ 時徑之套管(亦按所需長度以 5 呎或 8 呎長之鋼管接成)。套管之下端螺紋與管靴 E 相接,其上端置有管帽 H.可承

5802

受錘擊。錘重約70磅，繫於乙繩。此工具佈置之大概情形也。工作之時，抽水機將水壓入膠皮管，經鑽管而至鑽頭。各種鑽頭均爲空心，下端及附近壁部，有 $\frac{1}{4}$ 或 $\frac{3}{8}$ 吋徑小孔，水自孔出，速度激增，故衝洗力亦強，於是泥沙卵石等均得鬆散，順水流動。同時工人拉動甲乙二繩，甲繩將鑽管上下提放，使鑽頭向河床搗擊，凡經水冲鑽擊之處，漸成深穴。鑽管鑽頭及套管管靴等，均得繼續深入河床。乙繩提動鐵錘，打擊套管，助其下沉。其時冲出之水隨帶泥沙卵石，自鑽管套管間溢出套管上口之外，卽於該處用鐵紗布及盆具之屬，將冲出之混合物接貯。隨時取沉澱物檢查之，卽可明瞭各該深度之地質組織。

　　用上述方法，工作進行速度視鑽探所經過之土石堅度而別。設無巨大石塊或卵石，每日可下數呎至十餘呎不等。但每

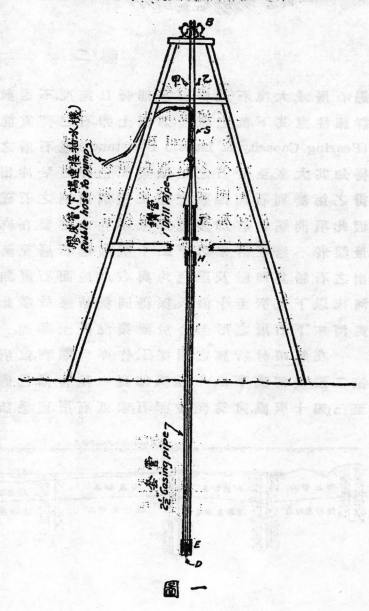

圖一

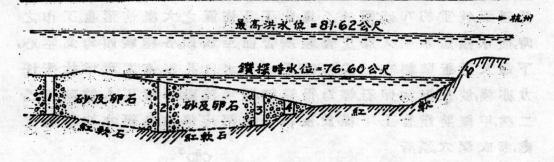

# 圖 二

遇石層或大塊石及卵石等,則每日速度,不過數吋至三呎左右。如詳細注意其下沉之速度,則泥土卵石之荷重能力,與四週支持力 (Bearing Capacity & Lateral Resistance) 或石層之軟硬程度等,均可得知其大概。至於石之組織與顏色,亦可於冲出之沉澱物中檢查得之。第辦別石類困難之點,在鑑別所遇之石確為石層抑為塊石,因此項問題常有加多或加深鑽孔之必要。在椰樹淤計鑽四眼,其最深者不過在河床以下二十呎即達石層(見圖二),在該深度所冲出之石粉,其組織及顏色均與右岸地面石層相同;其餘三眼亦在河床以下五呎至十餘呎,探得同樣結果。故鑽此四眼已足明瞭該處河床下石層之形勢,合於建築混凝土基礎。

　　在航頭村所施之鑽探工作,亦尚順利,但所探六眼(見圖三),除第二眼於河底下二十五呎即現一種青黑色礁石外,其餘五眼鑽至三四十呎處,尚為泥沙卵石,未抵石層。因悉該處河床地質,不屬

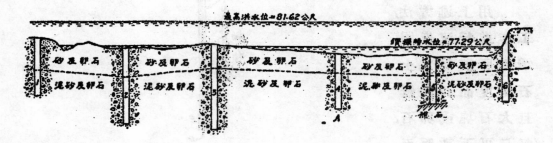

一致。惟自第四眼以至左岸間之河底下四十呎以內,無石層或礁石之類,可無疑義,故該部地質情形,適於建築木椿基礎,所難於預料者,祇第四眼以至右岸間之河床地質耳。欲明瞭更詳細之河床地質情形,自非在該處多加鑽探不可。第根據已往鑽探橋基之經驗,深知若遇此種礁石層,耗工費時最多,因常有兩眼相距雖僅數呎,而所得結果相差至巨,有鑽下數呎即抵礁石,有數十呎未抵石層者。此種推測果於開工後證實,詳施工概況)是以雖加多鑽探眼數,亦未必可得有効之結果,故擬先將橋址決定,幷設計橋座橋墩之尺寸與位置等,俟將來於必要時即在各該橋墩橋座範圍以內,施行鑽探工作,或打試椿,較爲簡捷。因遇礁石,則雖在一墩一座以內,其地質之變幻,亦非三數鑽孔可得知其詳情也。

　(三)計劃　根據調查及測量所得兩處之最高洪水位高度,匯水面積,以及鑽探結果,對於此橋之計劃,曾作下列之討論:

　(甲)橋址之決定　榔樹淤之河床石層雖較高,而左岸淤灘散漫,橋孔長度旣因匯水面積及洪水時之流速所限,自不能較在上游之航頭村爲短,則該岸須整理河道,工巨費多,在所難免。且右岸水深流急施工亦難。航頭村則兩岸整齊,可免整理河道之煩,幷如前節所述探鑽結果,至少大多數橋墩橋座可採用木椿基礎施工旣易,所省亦多,故對於時間與經濟,均以採用航頭村(即今建橋地址)橋址爲適宜因決定焉。

　(乙)橋式　根據以往設計各橋及金華江橋所得之經驗,知軌面至橋墩底約在四十呎左右之拱橋及上承式鋼板梁橋,所需之建築費大致相同。採用鋼橋,可分工幷進,建造較爲迅速,拱橋則可多用國產材料,且爲永久性。惟以金玉段通車限期特迫,且航頭村橋址較適於建造鋼橋,因採用上承式橋鈑梁橋。

航頭村上游之匯水面積經測計約爲2.275平方公里,然後以泰爾伯(Talbot)公式算得流水面積,應爲一萬平方呎。假定洪水時水深20呎,則橋孔之總淨寬應爲550呎,乃決定採用88呎跨度

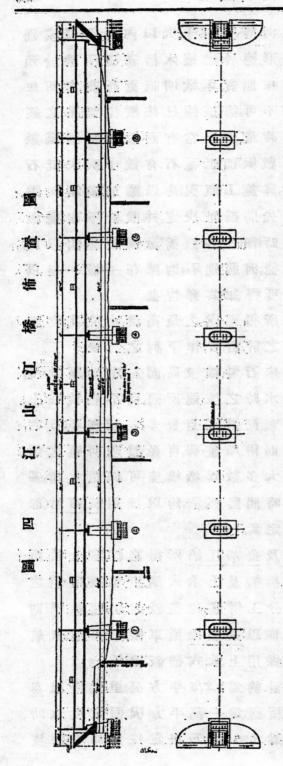

江山江橋佈置圖 第四圖

之鋼鈑梁橋 7 孔圖四。

（丙）活載重風力及其他　設計時假定風力為每平方呎 30 磅水流速率為每秒鐘 10 呎據此援用公式 $P=KW\dfrac{u^2}{2g}$（因橋墩均為半圓形故系數 K 可假定為 0.75）計算每平方呎所受之水力應為 75 磅牽引影響力 (Tractive Force) 為活載重之 20%，基礎樁安全荷重力為 30 噸上下兩部所受之活載重均定為古柏氏五十號。但建造鋼鈑梁時暫將蓋板取消鋼鈑梁肢部 (Flange) 仍可受古柏氏二十五號之活載重擬俟杭江路列車載重增至古柏氏活載重二十五號以上時再加鉚此項蓋板以期節省現時工料費。鋼梁各部份之用料以及設計均依照部定國有鐵路鋼橋規範書之規定計算之（圖五。

（四）施工概況　第三至第六橋墩及近玉山方面之橋座於施工後得知其基礎實際情形均與設計時所預擬者頗為符合。建築基礎時先用麻袋粘

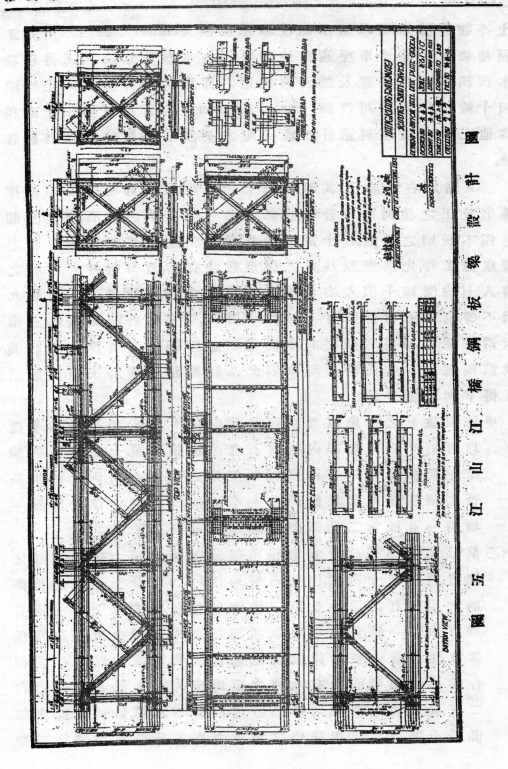

土等物築防水壩以擋水,然後以木沉涵 (Timber Caisson) 用人工開挖,使沉於壩中墩座適當地點,再以抽水機抽水,使人工得以在木沉涵內開挖基礎。及挖至原規定之深度,即行打樁,其入土均深四十餘呎。打樁係用汽錘 (Steam Hammer), 每日可打樁二十餘根。其他工作亦尚順利。總計四墩一座之全部工程,費時約百日即告竣。

　A點之右部(圖三),其河床以下之究竟狀況,為在先所不能探悉者,施工之後則逐漸發現。該部二墩一座以下之礁石,起伏凸凹,呈極不規則之狀態。在十數呎內,其深淺相差頗巨。在杭州方面之橋座施工時,先挖至原規定之深度,然後打樁。最初所打前三排之樁,入土約深四十呎左右,自第六排以後之樁,只能打下六呎至九呎不等,第四五兩排雖打入較深(十餘呎),但多傾斜滑動。由第三第六兩排深度相差數觀之,其中間礁石必有極陡之坡度,毫無疑義,故第四五兩排有此特異現象。因此基礎築法殊難解決,經熟思結果,得下列二種方法:

(甲)將原設計之橋座位置略向後移(向杭州方面),於是全部基礎均可於十呎深度以內,挖達石底,然後築混凝土基礎。該部開挖至此深度,尚不甚困難,惟鋼鈑梁之長度,必將因此而加長,否則須在該座與原設計第一墩之間,擇一適當位置,加築一墩,將一孔改為二孔,鋼鈑梁亦須隨孔長而改製之。

(乙)將該座下部基礎分為前後兩部。後部築於第六排樁以後之位置,開挖至十呎深,即抵石層,均用1:3:6混凝土灌注之。前部則利用已打之第一至第三排木樁,幷於前方及下游一邊,各加打木樁一排,俾將全座基礎面積加大,以適合安全程度。後部灌注混凝土,使達原設計之基礎底高度後,即將前後兩部,合為一整個平面。所有木樁之頂,均沒入上部混凝土基礎內二三呎。至於第四五兩排已打之樁,亦不取消,但於設計上部混凝土基礎時,該兩排樁之荷重力,概不計及,僅加鋼筋以策

汽　錘　打　樁

水中灌注混凝土

橋　墩　模　型

安　設　橋　座

圖（六）　江山江橋施工攝影 (1)

銅橋未完成前之
運料銅橋 →

← 工場鳥瞰

安設銅梁 →

圖（七）　　江山江橋施工撮影（2）

安全。

以上兩方法，經一再考慮，對於(甲)法恐變更鋼梁長度，費時太久，且移動後之橋座位置，難保不再發生意外情形，殊覺未盡妥善。(乙)法用複式基礎，易於工作，時間經費均可節省，且照該座形勢及橋式觀之，如此設施，亦屬堅固。故決定採用(乙)法，施工頗為順利。

至於在 A 點之右(圖三)第一第二兩橋墩基礎，雖亦為不規則之礁石，但百分之九十均在原設計基礎深度以下五呎至十一呎，相差尚不若右岸橋座之甚。故利用木板樁及抽水機，將兩橋墩基礎先後挖達石層，惟尚有約深十呎之小石縫，面積窄小，無法掏挖。經再三研究，亦覺無掏挖之必要，蓋因已經挖出之大部石層，其深度均在河水冲刷深度之下，況該小石縫內均為卵石粘土，其荷重能力甚佳，故不予挖去，於工程安全上，亦無妨礙。即就已經挖出之石岩上，鑿成適當荷承之面及接筍，然後築混凝土基礎與墩座，而全橋墩座混凝土工程，於是告竣。

上部鋼鈑梁之製造情形，與金華江橋略同。至於安置方法，則與金華江橋不同。其法先在橋墩之間搭木架(Crib Work)數座，使約與橋墩同高，即將鋼角鋼板等在橋墩及木架上裝配拼合，將配成之鋼梁中部，墊至適當高度 (Camber)，再施鉚釘工作。此種方法，用於跨度較長之橋，甚為簡便，惟鉚釘工作，不若在地上之便利，且如遇洪水時期，則此法亦難適用耳。

(五)結論　本橋為杭江路全路跨度最長之橋。當開工時因交通不便，對於機件之設備，材料之輸送，煞費困難。開工後又因首座及一二兩墩基礎變更，工作之困難，較之金華江橋工程殆有過之。自二十二年三月七日開工，於同年十二月二十日竣工。全橋長618呎，每孔跨度88呎，共費工料價十八萬五千四百餘元。

# 杭江鐵路金華江橋

吳　祥　麒

## (一) 概　論

　　金華江源出浙江之東陽縣,匯東義永縉金武六縣之水,合流入錢塘江。杭江鐵路由金華西進,約四公里處,築九百餘呎長之橋,跨越金華江,與上遊二里許之十三孔長之通濟橋,遙遙相對,構成金華江江面之偉觀。此橋為杭江路重大建築之一,當選擇橋址時,曾有三處相互比較,一在蘭谿之方下店,一在金華至蘭谿間之竹馬館附近,一即現今建造此橋之金華寺園,經詳細勘測及探驗橋基結果,因該處江面整齊,河底石層較高,橋工所省甚多,而杭江正綫里程亦可短縮不少,將來通南昌,連南潯,達萍鄉,通粤漢,錢塘江大橋完成,可直達京滬,所關行車時刻,殊非淺鮮,乃決定今址。

　　此橋流域面積約計6,100平方公里,以此計算,並證以上遊之通濟橋情形,實需橋孔流水面積為1,800平方公尺,設計之初,本定鋼鈑梁橋及混凝土拱橋兩種,計算總價不相上下,後因鋼鈑梁橋可分工並進,時間較為經濟,遂決定用鋼鈑梁橋。該橋全長922呎4吋(橋座與橋座間淨長),凡十二孔,孔長77呎4吋,橋面至河床高約50呎(第一圖),鋼鈑梁係上承式,長77尺,高8呎,均按古柏氏五十號活載重設計(第二圖)。混凝土橋墩橋座(第三圖)由遠東建築公司承做,共計工料包價約133,800元,鋼鈑梁工程由揚子建業公司承做,共計工料包價約125,700元,於二十一年十二月開工,至次年八月告竣。茲將建造時工作狀況略述如下:

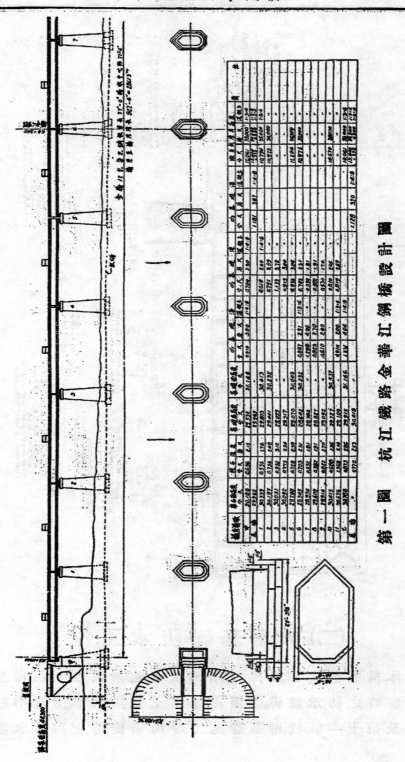

第 一 圖　杭 江 鐵 路 金 華 江 鋼 橋 設 計 圖

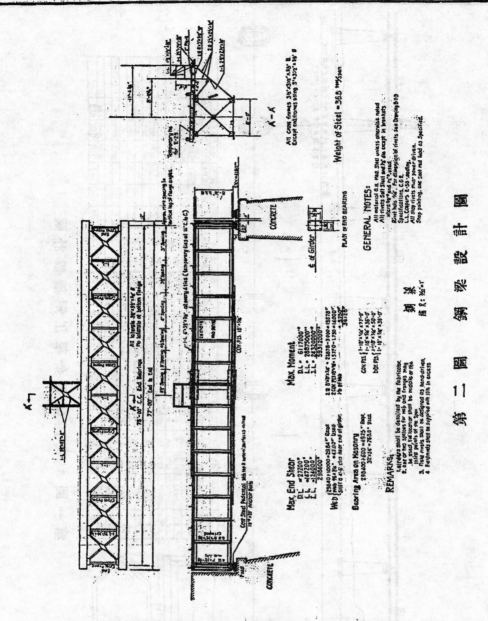

第二圖　鋼梁設計圖

## (二) 墩座基礎防水工作

當本橋設計之初,原擬採用鋼板樁法,或混凝土沉箱法,以為建築墩座時之防水設備。後因兩岸砂土堅緊,水源滲透不旺,故兩端橋座及第十一號橋墩基礎施工時,均未使用上列防水設備。砂

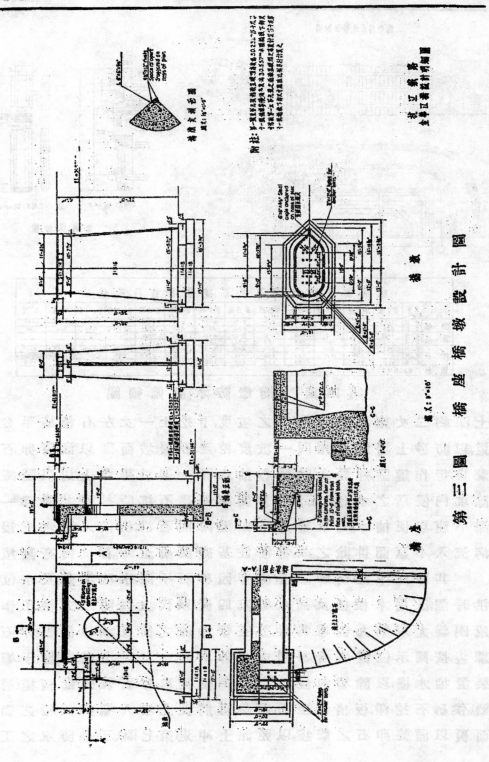

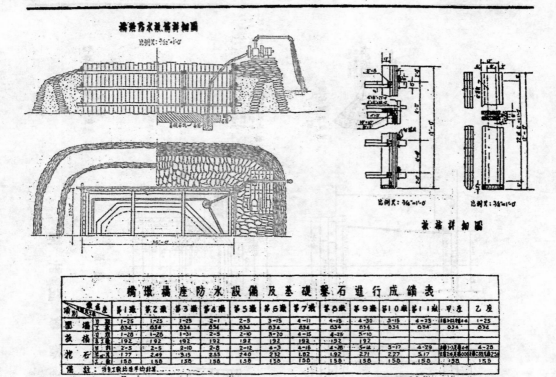

橋墩橋座防水設備及基礎鑿石進行成績表

第四圖　　橋墩防水設備細圖

土深約二丈,施工時先用1:1之坡度,下挖至一丈左右後,築平台一道,以防砂土坍卸再用同一坡度,挖至石層坡面,砌以滿裝卵石之蔴袋,藉作護壁,幷置4吋離心抽水機一架於平台上,用以隨時排除坑內侵積之水(第五圖)。當開鑿基礎石坑時,幷于其旁鑿一較深小窟,以便抽水石坑鑿成後,四邊附開石溝,使侵入之水,直接由溝流入小窟而排除之。故當灌注基礎混凝土時,石坑內毫無積水。

　其餘江中諸橋墩之基礎,亦因砂石不深,水流湍急,及水位時洪時涸,改用木板椿及擋水墻(第四圖)以代上述防水方法。工作稍感困難,尤以第九號墩爲最,蓋正當中流之衝也。法以滿裝卵石之蔴袋,按圖示位置,將橋墩圍成裏外兩圈中填泥土成墻,卽于墻上裝置抽水機,以除墻內侵積之水,俾便挖取砂石及裝置板椿(第六圖)。俟砂石挖淨,板椿沉至石面後,再將泥土填入墻與板椿之間,上面覆以滿裝卵石之蔴袋,以免泥土冲走(第七圖)。于是防水之工作

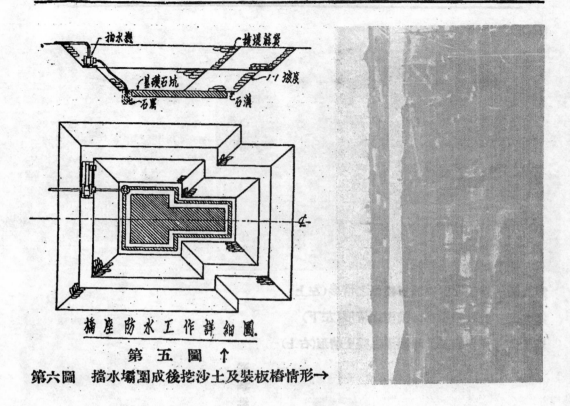

橋座防水工作詳細圖．

第 五 圖 ↑

第六圖　擋水壩圍成後挖沙土及裝板椿情形→

第七圖　　木板椿裝成預備壙土時情形

第八圖　安裝北橋座頂部模型之情形(左上)

第九圖　安裝橋墩中部模型之情形(左下)

第十圖　用便橋及升降機灌混凝土情形(右上)

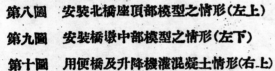

第十一圖　卉和橋之佈置及工作情形

告成。可以安然開鑿基礎石坑及,灌注混凝土。有時板樁之內,仍有少量侵積之水,則用上述開溝鑿窟辦法,用機器或人力以排除之。故灌注基礎混凝土時,未受流水之洗刷。

## (三) 灌注墩座混凝土工作

　　**材料準儲**　黃砂石子為本橋建築材料之大宗,均係採自附近江灘之上,品質頗佳。黃砂過 $\frac{1}{4}$ 吋篩後,用五桶連洗法洗之,石子過 $1\frac{1}{4}$ 吋篩後,以江中急流水洗之,故均十分勻潔。洋灰全用國產馬牌,鋼筋用竹節馬丁鋼。以上材料,均由包商先送樣品,經驗明合格後使用。

　　**模型製造**　模型木料悉用俄國松木,因其性硬不易走樣也。

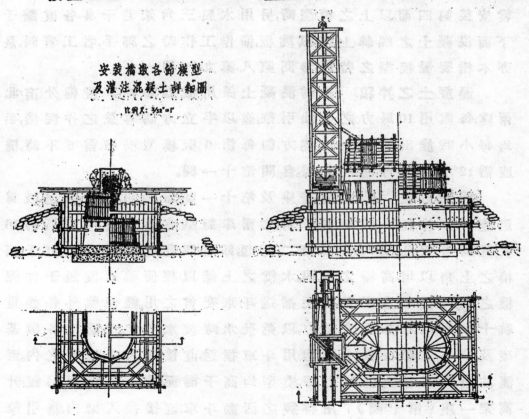

安裝橋墩各節模型
及灌注混凝土詳細圖

比例尺:$\frac{3}{32}'=1'$

第十二圖　安裝橋墩模型及灌注混凝土詳細圖

除墩座頂部模型外,每節高約 7 呎,厚均 2 吋,外置橫帶三道,豎帶若干條。當安裝橋墩第一節模型時,先將板樁下層之帶,頂于基礎混凝土之四週,方將原有之撐木拆除,改如第十二圖示之形狀,以免橫壓力崩壞板樁之危險,幷于距模型頂部半呎下之四週,安置 2 呎長之螺絲若干根,將其半長打入混凝土之內,備作安裝第二節模型之立腳,及繫牢第二節模型豎帶下端于混凝土之用。其更換板樁中帶及上帶撐木情形,亦如前述之法。又當安設第三節模型時,其上口已在板樁之上,除于其模型頂部下仍裝若干短螺絲外,幷須另製螺絲棍一套,緊繫于豎帶上端,以免支頂模型上口之煩。混凝土灌注後,此種特製螺絲棍,仍可拆去,備作安裝上節模型之用。如此可以省去支木甚多,且可免去江水衝動支木之危險。又當安裝第四節以上之模型時,另用木製三角架若干具,各直繫于下面混凝土之螺絲上,搭以跳板,備作工作時之腳手,省工省料,是亦本橋裝置模型之特色。參閱第八,第九兩圖。

混凝土之拌和　　全橋混凝土係用機器和拌,其設備分南北兩處,每處用10馬力之柴油引擎,拖以半立方碼容量之拌泥機,平均每小時能出混凝土 2 英方,卽每節 6 呎模型橋墩,需 6 小時,橋座需12小時,卽可灌注完竣。參閱第十一圖。

輸送方法　　除兩端橋座及第十一號墩仍用人力輸送,較爲迅速外,其餘江心諸墩,則于南北兩岸對築木質便橋一座,高約16呎,寬爲 6 呎,孔長20呎,由第二孔起,每隔四孔有兩排木樁,釘于板樁之上,藉以增高橋之穩固。木橋之上舖以輕便軌道,直通于拌泥機之前,幷設相當叉道,以便推送斗車交會之用。輕便軌外各壓重軌十根,用以增加橋之重力,以免發水時被水浮起。當灌注各墩基礎及第一,二節混凝土時,均用斗車推送,直接傾入于模型之內。至灌注第三節以上混凝土時,模型均高于橋面,故于各墩間,另設升高架一座(第十圖),用特製之活動斗車,直接推入架內,藉引擎牽動升降機之力,吊高鉄斗,自動將混凝土傾入于模型之內,倒完

仍用機器之回力,將鐵斗降于車盤之上,推囘另盤。如此輾轉輪送,
頗爲迅速。

# (四)鋼板樑工作狀況

**鋼料準備**：本橋鋼板樑計共十二架,每架重約37噸,其鋼料
係由包商直接購自德國,成分均遵照交通部鋼板樑規範書所需
定製,全係大陸馬丁貨品。到滬時經路局派員查驗合格後,運送滬
廠製造。

**鋼樑製造方法**　全橋鋼料經驗收後,運送上海新中鐵廠製
造打眼裁剪,一切均用人工,如角鐵以手鋸截之,鋼板用鎚鑿截之,
打眼用手扳鑽鑽之之類,蓋因用機器反不若人工之敏捷也。裁剪
鑽眼工作完畢後,在廠先行試裝一次,經詳細檢查幷標記後,再爲
卸下塗一度之紅鉛油,然後全數由滬運至杭江路金華車站附近,
立廠加裝鉚釘。計鋼樑每架約有六千五百餘釘,全用冷氣鎚裝鉚,
平均四日可鉚一架。

**鋼板樑運送方法**　鋼板樑鉚成後,先用千斤頂四具,將其架
高,推入30呎長之平車二輛,幷先墊以方木及板片,俾平車行駛時
轉折自如。鋼板樑裝妥後,用機車推送至橋頭,以備安裝。

**鋼樑安裝方法**　當安裝第一孔鋼樑時,所用方法甚爲笨拙;
法先在第一孔之間裝置四柱鋼架二座,上面舖疊方木若干根,使
其與橋面相平,然後舖以枕木鋼軌,將平車推入正確位置後,用千
斤頂架高鋼樑,取出平車,陸續抽去墊木,使鋼樑降至混凝土頂面
爲止,然後拆去鋼架。此法施於岸上,共費時十日,始裝好一架;若用
於江心諸孔,則必須先於水內墊出鋼架基礎,方能裝立鋼架,及舖
墊方木釘軌等,則所需時間,當不止'十日;況江洪屢發,萬一鋼架因
之衝動,其損失更不堪設想矣。是以安裝第二孔以後之鋼樑時,改

---

\* 參閱本刊九卷「橋樑及輪渡專號(上)」308-313頁支秉淵魏如兩君所撰「杭
　江鐵路金華橋及東陽橋鋼板樑施工紀實」。

用木橋架方法,先于孔之兩端各立斜木三角架兩具,與混凝土頂
面相平,並牢繫之,然後將木製之橋架長75呎,高 7 呎,寬 8 呎,平放
於其上,并釘設軌道。當平車推進木橋架,藉斜木三角架之支力,僅
下灣时許,並無其他弱點發現。如是一孔裝完後,木橋架可以由斜
木三角架之上,拖至他孔再用工作極為迅速,平均每架需時三日,
即可裝完。

# (五)　結　　論

　　我國巨大工程,亦屬不鮮,惟類皆借重外人;故每一工程,往往
耗費巨額之金錢,與悠久之時間,始告厥成。此橋之建築,係國人自
行設計,招本國包商承做,盡量利用本國人工,而材料機器亦皆力
求採用國貨,是以長千呎高五丈之橋樑,僅費工料洋二十六萬餘
元,歷時八閱月,即告完成,洵有可記之價值。爰記其始末,以就正於
當世之關心工程者。

# 道清鐵路橋梁概況

## 孫 成

　　道清鐵路西緣太行南麓，東沿黃河北岸，所經地帶，均屬平野，河流極少。是以沿綫橋梁無多，跨度甚小。計30呎者9孔，20呎者118孔，12呎者5孔，10呎者38孔，餘均10呎以下之涵洞。總延長爲3576呎，佔路綫之 0.78 ％ 强。各項橋梁中，10呎以上者多係承式鈑梁，10呎者均係承式工字梁。另有混凝土半圓拱橋26孔，跨度則分20呎及12呎兩種。涵洞則有明渠暗渠之別，暗渠均爲混凝土造，或爲方形，或爲拱形。明渠則大半屬工字鋼梁，亦有以建築時材料缺乏，急於通車，暫用木梁者，經歷年更換，現尙餘5孔，仍在更換中也。

　　道清鐵路興建之時，係英商福公司(Pekin Syndicate)備款自築，各項橋梁均由英商大成公司(Pearson & Son Co.)承造。洎乎工竣，始歸國有。接收之際，圖册案卷，多未清交，洋員管理之時，亦未加整理。作者于民國十一年來掌斯路工務，以設計圖案，均散佚不全，曾加以考證複核。按其原來設計時之活載重，約當古柏氏三十級 (Coopers E—30)。揆之當時機車爲蒙古式(2—8—0)，總重46噸，合古柏氏二十七級半，正足擔荷。後於民國二年因新購大西洋式(4—4—2)機車一輛，總重 120 噸，合古柏氏三十四級半，沿路鋼橋均經加固，惟橋墩，橋座，混凝土拱橋及10呎以下之涵洞，則未加增修。茲將各項橋梁分述如下：

　　(甲)鋼橋　　跨度30呎者，梁深 3 呎，腰鈑厚 $3/8$ 吋，肢部角鐵爲 4″×4″×$3/8$″，上下加11吋寬，$3/8$吋厚之蓋鈑各一塊，長與梁齊。後於加

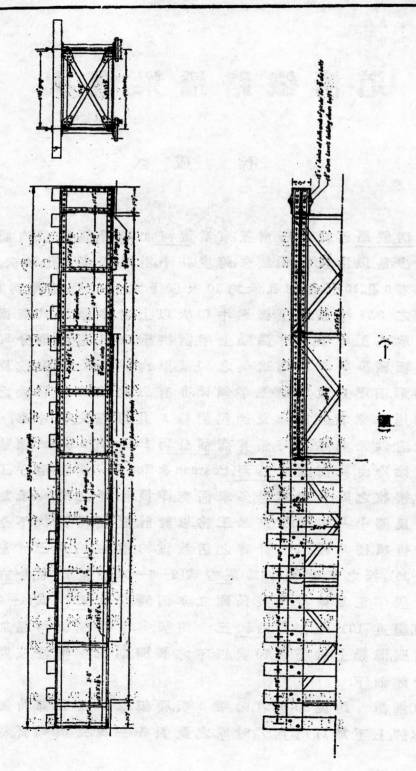

固時,復加15呎4吋及22呎9吋之蓋鈑各兩塊,寬厚與舊蓋鈑同。其載重能力為古柏氏四十級(圖一)。

　　20呎跨度之鋼梁,深2呎,厚$\frac{3}{8}$吋,肢部角鐵為$4'' \times 4'' \times \frac{3}{8}''$,上下加11吋寬,$\frac{3}{8}$吋厚之蓋鈑各一塊,長與梁齊。加固時復加11呎4吋之蓋鈑二塊,寬厚與舊蓋鈑同。其載重能力為古柏氏三十五級。至於民國二年以後增築之20呎孔鈑梁,如高度許可時,則採取深3呎,厚$\frac{3}{8}$吋之腰鈑(圖二)。

　　10呎跨度之工字梁,深1呎,肢寬6吋,每呎計重54磅。加固時於下面復加$\frac{1}{2}$吋厚,1呎寬之蓋鈑兩塊,一長5呎,一與梁齊,成一不對稱之截面,核其荷重,僅達古柏氏三十三級。於此亦可見洋工程司之不可盡信賴也,現擬於上面再加同樣之蓋鈑二塊,以增安全。

　　(乙)橋墩橋座　各橋橋墩橋座(圖三),多為混凝土建築,亦有用料石砌造者,橋座分凹字式(U Abutment)及翼牆式(Wing Abutment)兩種,立腳採階台形。因沿綫土質甚堅,每平方呎安全荷重最高至5噸左右,故罕有用木樁基礎者。河中平時甚少流水,以是立腳之最淺者僅在地平下4呎,其最深者達15呎,另有臨時橋座(Buried Pier)一種,除兩端帽石較高並帶土擋外,餘與橋墩相似,乃屬臨時計劃,擬於水道不敷宣洩時增加橋孔者。

　　(丙)拱橋　拱橋計有12呎及20呎跨度兩種,拱環均為1:3:6混凝土造成,拱壁用片石及1:5之水泥灰漿疊砌。拱背則用1:5:10之混凝土或片石填築,再用土填實至橋面為止,橋座用料石及1:5之水泥灰漿疊砌,每3呎隔以1呎厚之混凝土,橋墩及立腳則全用1:4:8之混凝土,12呎跨度之拱環半徑為7呎6吋,拱厚1呎,20呎跨度之拱環半徑分10呎及12呎兩種,拱厚則有1呎4吋及1呎6吋之別。是項拱橋所取材料均係國產,修養工作亦極簡便(圖四)。

　　上述橋墩,橋座及拱橋,設計時之活載重均為古柏氏三十級。機車加重以後,並未設法加固,至今二十餘載,亦未見其有脆弱之

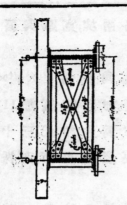

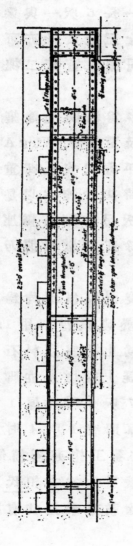

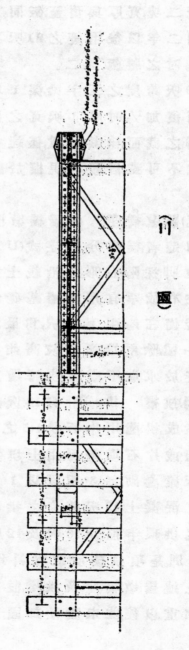

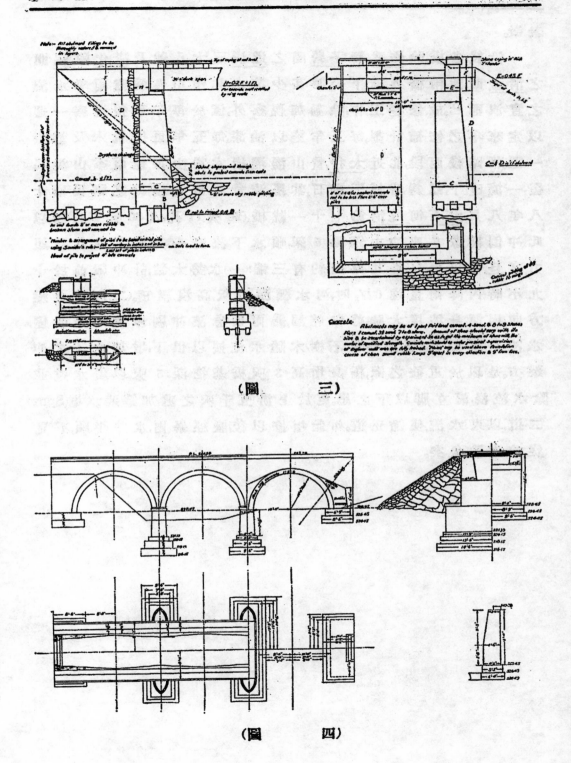

（圖　　　三）

（圖　　　四）

表徵。

　　沿綫各橋,除修武獅子營間之道清三十八號,及清化陳莊間之清孟四號兩橋外,橋下平時甚少流水,其作用僅為霜雨季水流之宣洩而已。故修養工作,除勤加視察外,僅於每年秋後巡察一週,以定來年之修補計劃。每三年施以油漆。每五年更換枕木及墊板一遍。惟路綫西段,北近太行,童山濯濯,樹木稀少。每逢雨季,山洪暴發,一瀉直下,雖為時僅三數日,其暴流急湍常為橋梁之禍。民國十八年八月,大石河道清第七十一號橋,(20 呎 11 孔,及 30 呎 4 孔)即以此冲倒橋墩 5 座,冲去鋼梁 5 架,順水下流至一英里之遙,其破壞力之巨,可以想見。推其原因,約有三端:(一)水勢太猛,計冲毀前於十九小時內降雨量達 $6\frac{1}{2}$ 吋,河水驟漲 17 呎,高沒橋頂。(二)河流更變方向,因河身坡度太陡,終年乾涸,遇雨則急流冲刷,以致河身改變,水流斜擊橋墩。(三)山中沙石樹木隨水流挾以俱下,增加水流之冲擊力。是以於重修之際,橋身增高 3 呎,橋基挖深 5 呎,以廣水道,並除水流浸灌立脚以下之患。更於上游五千呎之處,加築迎水壩(Spur)二道,以束水流,使歸正道。如此增修以後,歷經暴雨,水勢平順,不見從前之險象矣。

# 湖南公路橋梁概況

## 周 鳳 九

湖南公路肇始於民國初年之修築軍路。至民國十一年後,全省民衆對於築路之重要,始有相當認識。計劃實施,漸有規律。終以財力有限,十餘年來,築路僅一千四百餘公里,其中橋梁約千餘座。茲述湖南公路橋梁之概況如次:

(一)建築材料 湖南地勢,平原山嶺錯雜。建築材料,如磚石,木材,石灰等,產量顧多,故橋梁建築,以上項材料爲主要。鉄料水泥購自滬漢,價值較昂;工程較重要或因其他原因需要者方用之。統計湖南全省橋梁材料,用磚石者約佔百分之八十(以長度計);用木材做梁面台架者約佔百分之十;用混凝土,鋼筋混凝土及鉄材者各約佔百分之五。橋墩材料多係青色石灰石,花岡石,青磚等,取其價廉,且堅固耐久。混凝土價昂,多用於橋脚基礎層,用於墩上者特少。礫岩砂石多易於風化剝蝕,故不常用。石料分釉方石(Ashlar),方石(Range Squared Stone),毛方石(Squared Stone),亂石(Rubble)四種。釉方石用作拱石,方石用於大橋之墩或墩之較高者,毛方石則用以砌小橋。高度在1.5公尺以下之橋墩,除轉角處外,全用亂石砌築,費用大省,且若砌築得宜,使能聯結成一整塊,亦極堅實耐久。磚料係就地開窰燒煉,多屬青色,較石料爲經濟,而其耐久性亦不稍遜。橋面材料:砌拱甕者爲青磚或釉方石,用鋼筋混凝土者最少;桁橋橋面或用鋼筋混凝土及鋼梁,或專用木材,各依計劃情形而異。木材多係杉木,因樅木雖價較廉,但極易腐朽(外國松木未曾使用),故不用。

砌亂石所用之膠泥,係石灰三合砂。

　　(二)式橋種類　湖南現有之公路橋梁,屬於永久性質者居多(約百分之八十五,以長度計);半永久性質者次之(約百分之十);屬臨時性質者蓋寡(約百分之五)。以橋面論:分拱橋,桁橋兩種,隨路堤高下,水量大小,及材料採集情形,因宜計劃。拱橋有磚拱,石拱,鋼筋混凝土拱三種。桁橋有鋼筋混凝土梁面,鋼筋混凝土梁木面,鋼梁鋼筋混凝土面,鋼梁木面,及木梁木面五種。凡完全不用木材,寬度自 6 公尺至 7 公尺者,屬永久式;石墩木面,寬度與永久式略同者,屬半永久式;木架橋寬度改窄至 4 公尺者,屬臨時式;此種橋梁於迅速完成之軍事區域內用之。鋼梁係用角鐵,工字鐵等,其靜儀較鋼筋混凝土梁為輕,並可減省搭架裝模等工作,即遇春夏季河港水位高漲時,亦可施工。此項鋼梁有時利用廢軌替代,費用稍省。

　　(三)建築費及圖樣　湖南公路橋梁之建築費,依其構造及建築情形而有差異。茲將跨度較大者數座之計劃圖(圖一至六參觀攝影1—9)及所支建築費分析統計(表一至二)附錄於後(活動載重規定:屬臨時式者為五噸汽車,屬永久式者為十五噸汽車)。又已成公路之橋梁涵洞長度及建築費及工料單價見表(三)及(四)。

表(一)　湖南已成公路跨度較大橋梁建築費統計表

| 橋名 | 總長(公尺) | 寬度(公尺) | 高度(公尺) | 建築費(元) | 平均每公尺建築費(元) | 說明 |
|---|---|---|---|---|---|---|
| 永豐橋 | 53.6 | 7.3 | 7.6 | 40198.00 | 750 | 下承式鋼筋混凝土弓形橋,計二大孔,兩端橋台各建一小孔,橋台橋墩均係石建,其構造詳圖(一)及(二)。 |
| 老龍潭橋 | 41.2 | 6.6 | 7.3 | 24000.00 | 582 | 上承式石拱橋,計二孔,拱上及橋台橋墩加建小孔十一個,均係石建。 |
| 白竹橋 | 33.5 | 6.2 | 9.1 | 18773.00 | 560 | 上承式石拱橋,計一孔,拱上及兩端橋台加建小孔十二個,全橋均係石建,其構造詳圖(五)。 |
| 潙江橋 | 126.8 | 7.2 | 7.3 | 73650.00 | 580 | 上承式鋼筋混凝土桁橋,計八孔,兩端橋台各建一小孔,橋台橋墩均係混凝土建。 |
| 熊家河橋 | 80.5 | 6.2 | 4.9 | 41290.00 | 513 | 上承式鋼筋混凝土廢軌梁桁橋,計十一孔,橋台橋墩均係混凝土建。 |
| 丹龍橋 | 42.7 | 6.7 | 8.3 | 16370.00 | 383 | 上承式磚拱橋,計四孔,橋台橋墩均係特製大號煉磚修建,其構造詳圖(六)。 |

| | | | | | |
|---|---|---|---|---|---|
| 漤口橋 | 27.4 | 7.0 | 7.6 | 16520.00 | 600 | 上承式石拱橋，計三孔，梁台橋墩均係石建。 |
| 望蔴橋 | 35.4 | 6.2 | 10.6 | 22100.00 | 624 | 上承式鋼筋混凝土桁橋，計三孔，橋台橋墩均係混凝土建，其構造詳圖（三）。 |
| 泗汾橋 | 79.3 | 6.2 | 6.3 | 41320.00 | 520 | 上承式鋼筋混凝土桁橋，計七孔，橋台橋墩均係特製大號煉磚修建，其橋面構造與望蔴橋同。 |
| 腰陂橋 | 49.4 | 3.7 | 6.1 | 8610.00 | 174 | 上承式鋼梁木面桁橋，計六孔，橋台橋墩均係石建，其構造詳圖（四），（此係刪屬策准區域內之橋梁建築）。 |

## 表（二）　湖南已成公路跨度較大橋梁建築費分析表

| 橋　名 | 總長（公尺） | 建築費（元） | | | |
|---|---|---|---|---|---|
| | | 橋　基 | 橋　墩 | 橋　面 | 合　計 |
| 永豐橋 | 53.6 | 5996.00 | 10238.00 | 23967.00 | 40198.00 |
| 白竹橋 | 33.5 | 3143.00 | 6344.00 | 9286.00 | 18773.00 |
| 潙江橋 | 126.8 | 19912.00 | 16806.00 | 36932.00 | 73650.00 |
| 殷家河橋 | 80.5 | 7280.00 | 13035.00 | 20975.00 | 41290.00 |
| 丹龍橋 | 42.7 | 1530.00 | 5655.00 | 9185.00 | 16370.00 |
| 望蔴橋 | 35.4 | 4421.00 | 5745.00 | 11934.00 | 22100.00 |
| 腰陂橋 | 49.4 | 2172.00 | 3438.00 | 3000.00 | 8610.00 |

## 表（三）　湖南已成公路橋梁涵洞長度及建築費統計表

| 段別 | 公路里程（公里） | 合計橋涵座數 | 合計橋涵長度（公尺） | 橋涵建築費總數 | 平均每公里公路之橋涵長度（公尺） | 平均每公里公路之橋涵建築費 | 平均每公尺橋涵建築費 | 說　　明 |
|---|---|---|---|---|---|---|---|---|
| 潭寶段 | 225.53 | 403 | 1261 | 476,400.00 | 5.6 | 2112 | 378 | 自湘潭經湘鄉至寶慶桃花坪 |
| 長宜段 | 385.52 | 488 | 1649 | 773,791.00 | 4.3 | 2007 | 469 | 自長沙經湘潭衡山衡陽耒陽彬縣宜章至湘粵交界之小塘。 |
| 衡洪段 | 54.80 | 49 | 141 | 60,300.00 | 2.6 | 1100 | 427 | 自衡陽至洪橋。 |
| 長常段 | 181.94 | 128 | 932 | 379,000.00 | 5.1 | 2083 | 407 | 自長沙經寧鄉益陽至常德。 |
| 長永段 | 31.46 | 29 | 80 | 40,000.00 | 2.5 | 1271 | 500 | 自長沙至永安市。 |
| 黃高段 | 34.56 | 39 | 177 | 79,600.00 | 5.1 | 2303 | 450 | 自黃花市至高橋。 |
| 醴茶段 | 115.22 | 104 | 580 | 230,300.00 | | 1998 | 397 | 自醴陵經攸縣至茶陵。 |
| 常桃段 | 33.98 | 26 | 106 | 40,400.00 | 3.1 | 1189 | 381 | 自常德至桃源。 |
| 合　計 | 1063.01 | 1266 | 4926 | 2,079,791.00 | 4.7 | 1957 | 422 | |

〔附註〕(1)尚有新成公路三百八十餘公里之橋梁涵洞因統計表報未據竣，未列入上表。

(2)長永段橋梁涵洞所用石灰及磚均由湘潭運來，故建築費特昂。

(3)長宜段有半永久式橋四座，總長71公尺，長常段有臨時式木橋一座，總長59公尺，常桃段有臨時式木橋一座，總長10公尺；其餘均係永久式建築。

## 表（四）　湖南公路局橋梁涵洞工料單價表

| 類別 | | 單位 | 單價（元） | 說明 |
|---|---|---|---|---|
| 採石 | 細方石 | 立方公尺 | 9.00—10.00 | 工料在內。 |
| | 方石 | 立方公尺 | 4.50—5.00 | 工料在內。 |
| | 毛方石 | 立方公尺 | 3.00 | 工料在內。 |
| | 亂石 | 立方公尺 | 0.60—0.70 | 工料在內。 |
| 磚石砌工 | 乾砌亂石 | 立方公尺 | 0.55 | |
| | 濕砌亂石 | 立方公尺 | 0.90 | 石灰在外，但砂子運距超過五十公尺者，酌給運力。 |
| | 砌細方石 | 立方公尺 | 3.20 | |
| | 砌毛方石方石 | 立方公尺 | 2.00 | |
| | 砌磚 | 立方公尺 | 1.20 | |
| 混凝土工 | 明山井頭25公分—40公分菱角石 | 立方公尺 | 1.80 | |
| | 明山井頭20公分菱角石 | 立方公尺 | 2.50 | |
| | 到1:2:4混凝土工 | 立方公尺 | 2.50 | |
| | 到1:3:6混凝土工 | 立方公尺 | 1.80 | |
| 土法煉磚 | 2×4½×9 | 萬 | 80.00—90.00 | |
| | 2¼″×4½″×9¼″ | 萬 | 110.00—120.00 | |
| | 2¼″×5¼″×11¼″ | 萬 | 130.00—140.00 | |
| | 2¼″×5¼″×9¼″ | 萬 | 104.00—110.00 | |
| 石料運價 | 細方石方石毛方石運力 | 立方公尺 | 0.22 | 在三十公尺以內。 |
| | 加距離 | 立方公尺 | 0.02 | 超過三十公尺以外，每五十公尺加價。 |
| | 亂石運力 | 立方公尺 | 0.15 | 在三十公尺以內。 |
| | 加距離 | 立方公尺 | 0.02 | 超過三十公尺以外，每五十公尺加價。 |
| | 菱角石運力 | 立方公尺 | 0.15 | 在三十公尺以內。 |
| | 加距離 | 立方公尺 | 0.02 | 超過三十公尺以外，每五十公尺加價。 |

　　（四）橋梁修養　湖南公路橋梁屬永久式者為多半永久式及臨時式者僅佔少數，每年秋冬季由養路員司將橋梁腳部檢查一次。遇有河床洗空，或護牆移動者，則立即加以整修。統計此項費用，尚屬輕微，木橋木面橋之木質橋面大約每六年須更換一次，木梁大約可耐十餘年之久。

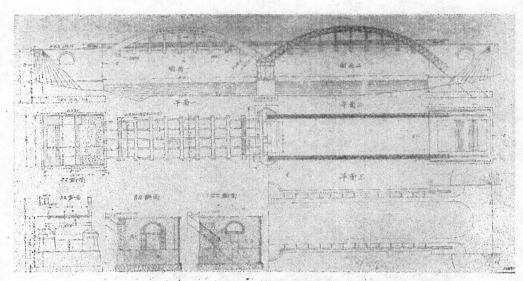

圖（一）　永豐橋設計圖

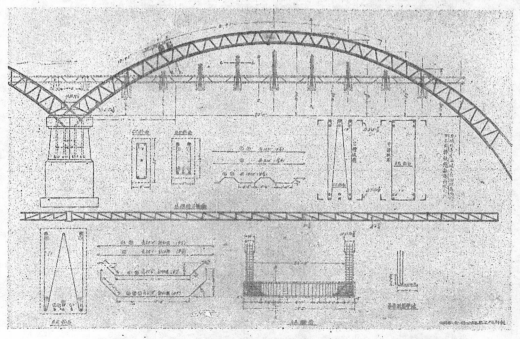

圖（二）　永豐橋鐵筋構造詳圖

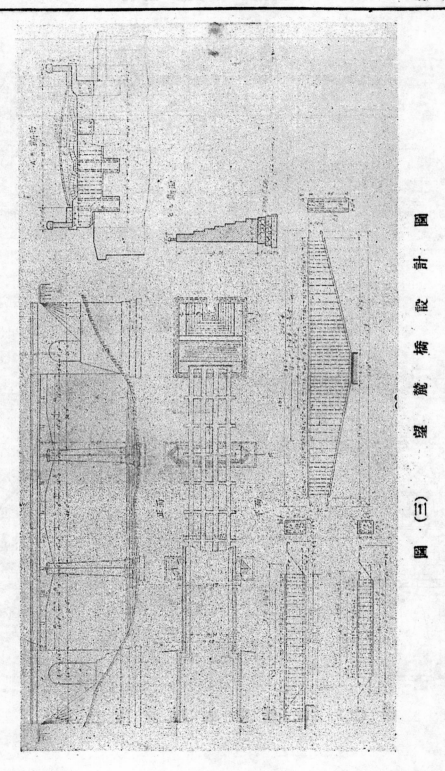

圖 · 計 · 設 · 橋 · 麓 · 望

圖 · (三)

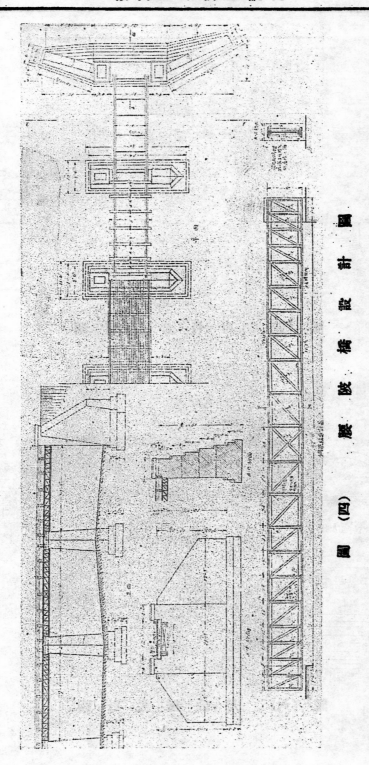

陝 陝 橋 設 計 圖

圖 （四）

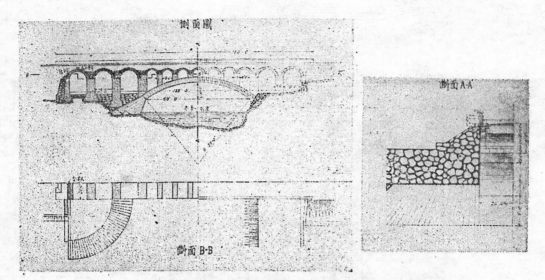

圖（五）　白 竹 橋 設 計 圖

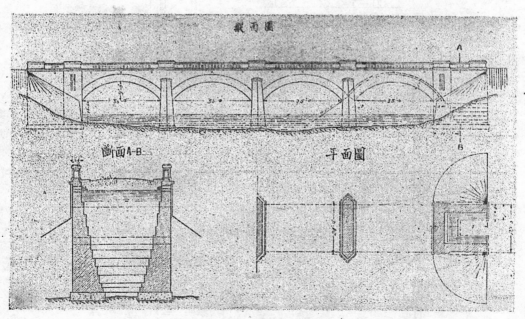

圖（六）　丹 龍 橋 設 計 圖

（1）永豊橋

（2）江底橋

（3）屈家橋

（4）澬江橋

（5）瀝陂橋

湖南公路橋梁攝影 (1)—(5)

（6）白竹橋

（7）老龍潭橋

（8）漻口橋

（9）丹龍橋

湖南公路橋梁攝影（6）—（9）

# 天津市之活動橋

## 楊豹靈　熊正秘

## (一) 緒　言

天津為華北之門戶,交通輻輳,文物昌盛。在昔閉關時代,已屬要埠;迨後海口通商,益形繁榮。市內運河橫貫東西,通海河,直達大沽口。以市民之增多,市區之開展,交通阻隔,漸感不便。故對橋樑之建築,較他埠更為注意。攷最初所賴以聯絡市區南北者,除船渡之外,多用浮橋(Pontoons);以其建築費用較康,易於鋪設也。浮橋以木船相聯繫,上蓋木板,能隨水潮漲落,且便於解開移動,以利舟楫。惟以市內汽車電車之發達,自無復長久存在之可能,遂有鋼橋之籌建,而以大紅橋姑灘之有金鐘橋老鐵橋之鋪造。金鐘橋猶存,老鐵橋已拆去,大紅橋則毀於水,而暫用浮橋矣。拳匪之亂後,袁世凱督直,又有金湯橋金鋼橋(卽舊金鋼橋)及萬國橋(卽舊萬國橋)之設置。至於較為完備新穎之新金鋼橋及新萬國橋之建造,則近十餘年間事也。

## (二) 較舊橋樑概況

華北進出口貨之輸運,率以天津為樞紐,其所賴以為工具者,舟楫實居重位。運河流經天津,直達海口,水上交通之頻繁,遂使市內橋樑之建築,莫不採用活動式,以便依時啓閉,以利船隻。除新金鋼橋及新萬國橋外,舊建猶存者尚有金鐘,金湯,金華及舊金鋼等四橋。其分佈情形如圖一。

圖（一）

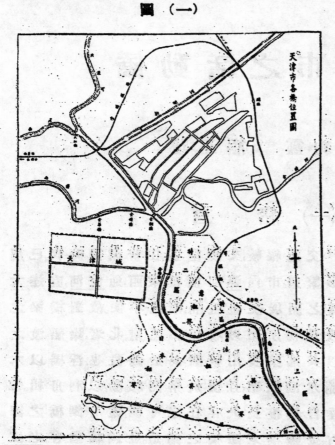

天津市各橋位置圖

（甲）金鐘橋　金鐘橋位於舊城之北，三條石南口，跨南運河，起建於清季光緒年間。橋身構造為雙葉開動承槓式，用人力啓閉。孔數三，共長40.25公尺，寬7公尺。橋桁外有便道，寬各1.50公尺。橋面為木板，橋墩為鐵椿，橋座為石砌。是為津埠第二次建造之鐵橋，僅次於大紅橋而已。見影(一)。

（乙）金湯橋　金湯橋一名東浮橋，在公安局前，跨海河，河北各區赴老車站必經之道也。

起建於清代袁氏督直時，為旋動承槓式鐵橋，賴電機開動。有孔三，共長76.40公尺，寬10公尺。便道分設橋桁外，各寬1.65公尺。橋面鋪木板及渣石，上敷單軌電車道。橋墩及橋座均為磚砌。見影(二)。

（丙）金華橋　金華橋又名北大關橋，位於河北大街之南口。橋身為雙葉開動承槓式，跨南運河，長37.60公尺，寬10.30公尺，分三孔。橋桁內之兩旁有高出之便道，各寬1.50公尺。橋面為木板，橋基為沈箱，座以石建，用人力啓閉。見影(三)。

（丁）舊金鋼橋　舊金鋼橋位於省府前，亦用人力啓閉之雙葉開動承槓鐵橋也，跨北運河，長76公尺，寬6.45公尺，孔數三。便道在橋桁內，寬各1.10公尺。橋面鋪木板，橋基為沈箱，座為石砌。今則以市內交通日繁，其旁加建有新金鋼橋一座，此橋僅供行人及大車

影(一) 天津市金鐘橋

影(二) 天津市金湯橋

影(三) 天津市金華橋

5841

影(四)　天津市澄金鋼橋

影(五)　天津市新金鋼橋

影(六)　天津市新禹圖橋

通駛而巳。見影(四)。

## (三) 新 橋

(甲)新金鋼橋　自河北新車站開闢以來,市區南北之交通更為繁複,橫跨運河之舊金鋼橋狹仄陳陋,不克應付,因有另建新橋之議。民國十一年秋,合同簽定,旋卽開工。全橋之設計及材料由美國 Strauss Bascule Bridge Co. 承包,而以大昌實業公司主持安裝之工事。工作進行極順利,民國十三年春間蕆事。全橋概觀見影(五)。建築經費約五十萬元。

橋身為雙葉開動式(Double leaf Strauss Bascule Bridge),以兩種架樑組成。計(一)橋之兩端近岸處,設彎絃桁樑各一葉,長 22.86 公尺 (75 呎),如圖(二)及圖(三)。底絃平直無彎曲,蓋「開動桁樑」(圖四)之靜重達於引橋時,使引橋上彎,適足抵消引橋自身相反而向下之彎曲也。(二)河流中部不寬,接橋處不需橋墩,而航運甚忙,因設置雙葉開動桁樑一孔,兩葉各長 21.41 公尺(70 呎 3 吋)。近引橋之兩端,裝有重體(Counter-weight)各一具,所以於開動時維持平衡者。重體之全部以鐵筋混凝土築成,配合宜精確。開橋時,以電機之發動,重體下墜,桁樑繞橫軸而旋啓,其角度為89°30'。其靜重集中於支柱 (Trunnion post),而達於引橋。

橋基用氣壓沈箱,深及24.38公尺(約 80 呎),橋墩及橋座均為鐵筋混凝土。橋面供公路及行人之用。公路之淨寬,在中孔為10公尺 (33英尺),兩端 10.67 公尺(35英尺)。人行道置於橋桁之外,在中孔為2.13 公尺( 7 呎),兩端2.44公尺( 8 呎)。公路上鋪鐵筋混凝土,蓋以瀝青油。人行道在中孔釘以木板,兩端亦係鐵筋混凝土。原有敷設電車軌道之擬議,迄未實現。

(乙)新萬國橋　萬國橋跨海河,位於法租界與特二區之間,為市內之繁盛區域,清末卽已築橋,今日之新橋則民國十二年所改建者。橋工為法租界工部局所主持,海河工程局曾於審標時參與

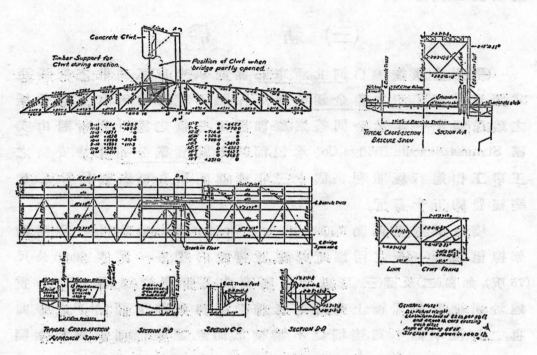

圖(二) 天津市新金鋼橋(正橋及引橋)

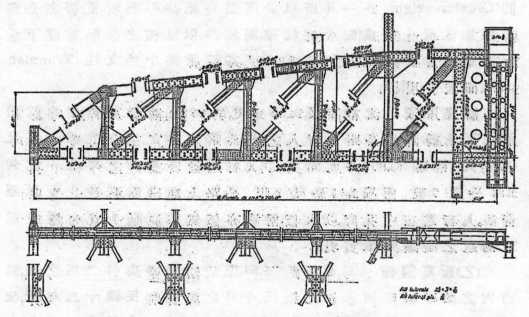

圖(三) 天津市新金鋼橋(引橋桁梁)

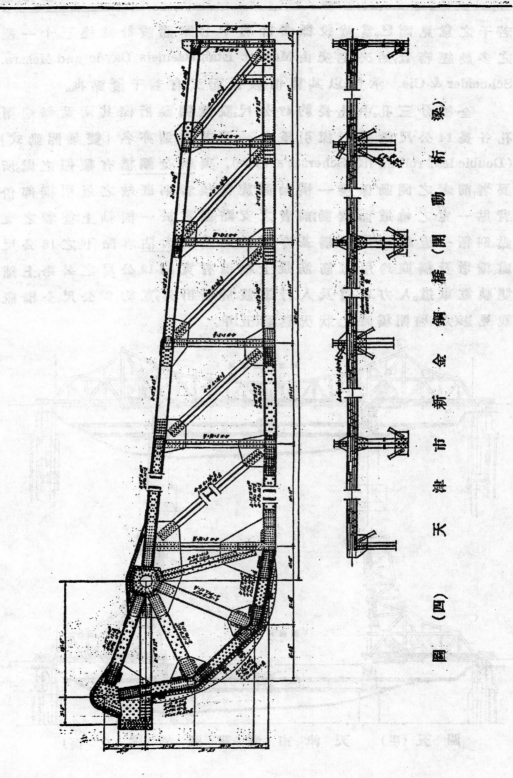

圖（四）　天津市新金鋼橋（開動桁梁）

若干之意見而已。當時投標者計有十七家而設計竟達三十一種之多,殼經審查,始決定交由 Messrs. Etablissemets Dayde and Messrs. Schneider & Cie. 承包,以其標價較低,而又有若干優點也。

全橋分三孔。中孔長約47公尺,設置開動桁樑共兩葉;每端兩孔各長14公尺,設置桁樑引橋各一葉。其構造亦名「雙葉開動式」(Double leaf rolling lift Scherzer's Type),與新金鋼橋有類似之處,所異者,前者之開動係繞一橫軸而旋轉,後者則底絃之近引橋部份背貼一定之軌道而滾動;前者之支點固定於一橫軸上,後者之支點則循一直線而變動。橋基亦用沈箱,深及大沽零點下之18公尺處。橋墩及橋座均用鐵筋筋凝土。橋面有寬約12公尺之公路,上鋪雙軌電車道。人力車道及人行道設於橋桁外,寬約 3 公尺。全橋概觀見影(六),啟閉橋時之狀況見圖(五)甲。

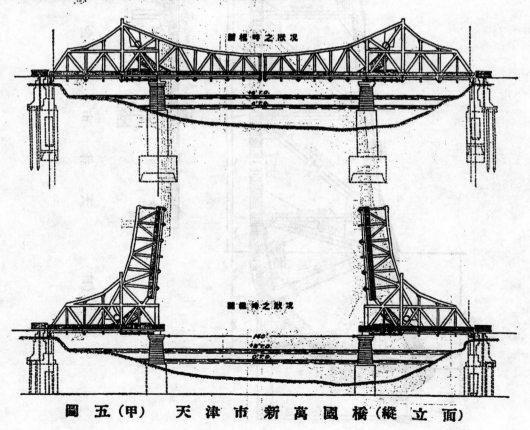

圖五(甲)　天津市新萬國橋(縱立面)

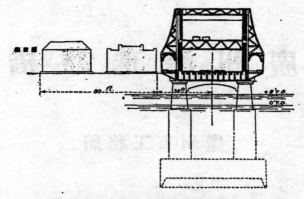

圖五(乙)　天津市新萬國橋(横立面)

　　橋工之進行始於民國十二年,成於民國十五年.其間以內戰之故,交通不便,材料之運輸不靈,致有若干時日之遲滯。且橋基沈箱之下降,曾遇意外之困難。蓋沈箱及於零下11公尺時,突遇黏土,於是繼續掘下2公尺,始抵硬土層.復加築護牆 (Retaining wall),承以木樁。是亦工作進行遲滯之一因。總計全橋約費一百一十七萬元,拆毀舊橋之工款亦在其內,實市內工程最大之一鐵橋也。

# (四) 結　　論

　　活動橋樑之種類頗多,大體別之,可分為三.有單葉或雙葉開動橋,有旋轉橋(Swing bridge),有升降橋(Lift bridge)。升降橋之設置較難,所費亦巨;旋轉橋之接橋處需一墩,不宜於河流狹仄之地。市區附近之橋樑,要能依時啓閉者,或屬開動之類。以國內水運之繁,將來此類橋樑之設置,必日見增多。故特將天津市之活動橋摘述於上,以供參考。

# 廣州海珠鐵橋

## 廣州市工務局

## (甲) 緣 起

世稱繁盛都市之廣州,中隔珠江一水,界分南北,交通往來,既難直接,徒恃舟楫之濟,一遇風雨,危險殊甚,更因交通阻礙,以致河南一隅,文化因而落後,商業因而凋敝,而一切建設之事業,均不能與河北並駕齊驅。前清光緒年間,亦已見及,故有發起建橋之議。當時甚欲利用海珠礁石,安設橋柱,縱架橋梁,貫通南北,惜欠整個計劃,且乏建設的款,未能實現。年來建設事業,蓬勃緊張,內港築堤,海珠填岸,工程急進,氣象一新。顧商務與交通,實有連帶關係,因勢利導,首宜溝通南北,聯成整個都市,使交通完全無阻,然後可躋於繁榮。市政當局慘淡經營,遂有建築海珠鐵橋之議。民國十八年春,由城市設計委員會規劃,徵求圖則,應徵者計有三家,一爲德國人,建築費約需四百餘萬元,一爲本國人,建築費約需三百萬元,一爲美國人,即慎昌洋行,需費最廉,爲數一百零三萬二千兩。幾經研究,始由廣州市政府交與慎昌洋行承造,而由馬克敦公司建築,工程則由廣州市工務局監理,民國二十二年二月十五日正式通車。

## (乙)鐵橋各部之規定

(子)鐵橋之位置 廣州市城市設計委員會籌劃建橋之位置,幾經研究,始議定由維新路直達河南廠前街(即南華東路),俾得南

5848

北貫通,且該處河面爲全河最狹之處,寬度約六百餘呎,而維新路位於市內中心地點,旣匯通全市道路,自屬商務要樞。河南廠前街,則位居河南地帶之中央,東出基立村,而至小港,西出洲頭嘴,而達內港新堤,建橋於兩者之間,最爲適宜。

(丑)河床地質之鑽探　珠江河床地質,大致可分爲三層,上層爲浮沙汚泥,中層則細沙與粘土混合,下層全屬紅色硬性粘土,厚度不一。鑽出之紅色硬土土質凝結,乾後與紅沙石相同,且更堅硬,橋墩地基,得此地質,不特堅固可期,工程亦較順利。鑽探河床之法,係用 4 吋徑鐵管一條,先由水面鎚下,深達河床,再用人力打落,深約數呎,務求鐵管豎立而止,四週復用木架撐持,使鐵管不能搖動,然後用鑽機在鐵管內旋轉,更用人力壓下,約深尺許,始將鑽機抽起,將鑽出之地質,檢查其成份如何,深度若干,逐一記載。

(寅)鐵橋活動部份之選擇　省河一段,地處衝繁,軍艦帆船,輪渡貨艇,往來如織,水面交通,連綿不絕,橋式如屬固定,而又必須維持水面交通,則橋底距離水面必高,高則兩岸斜坡必長,殊不適宜,因此有採用活動式之議。活動式橋又有旋轉式,擧高式,推勤式,開合式等類別,以海珠情形而論,則開合式橋較爲適宜,故本橋採用之。開合橋梁之活動部份,兩端可同時向上展開,純由電機發動,約需 64 馬力,爲時不過五分鐘,全部便可開合。爲減輕開合橋之重量起見,橋面砌木塊,而以瀝青鋪之。橋旁設屋,爲司橋工人之住宅,俾得隨時啓閉橋身,以利水陸交通。

(卯)橋面之水平　海珠往來渡輪帆船之高度,約 25 呎,海珠橋最高橋面,標高爲 48 呎5$^{8}/_{7}$吋,每年普通最高水位,約 32 呎左右,水面離橋底約 20 呎,而在 16 呎 7 吋之平均普通水位時,則爲 25 呎有餘,足敷小渡輪之往來。如超過此項高度,則須將該橋中部展開,始能通過。至於橋頭斜玻下之馬路,照現在規定維新路口,高度 15 呎,即市上現有之最高車輛,均可通過,絕無窒礙。

(辰)兩岸斜坡之設計　長堤及維新路與海珠橋,幾成直角相交,橋面之水平,既超出路面十餘呎,欲保存其原有之交通,則長堤與維新路,不能不利用斜坡,以爲之接駁。惟長堤東西方向之交通甚繁,每次通行,必須上落斜坡一次,海珠橋又爲通達河南之惟一孔道,則車輛往來相交之次數必多,且因斜坡之關係,減少安全程度,實有違背交通管理之原則。迭經詳細考慮,始決定放棄長堤斜坡,祗於維新路建築斜坡,橫跨長堤,而與海珠聯接。河南方面亦築斜坡。斜坡之傾斜爲 5%,跨過長堤地點,則爲 1,16%。同時於長堤方面,另建梯級,使行人可由長堤步登斜坡,而達海珠橋。長堤之車輛,則由斜坡下通過,如欲往河南則須轉入泰康路。因此特加開五仙直街,及揸沙南馬路,以聯絡長堤及一德路與夫泰康路之交通。此種辦法,對於河南與長堤間之車輛交通,雖略覺不便,但交通上之安全,則增加不少。

(己)設計上之條件　海珠橋共長 600 呎,橋礅凡四。第一礅與第二礅,及第四礅與第三礅之距離,各220呎。橋之中段,即中間開合處,共長 160 呎。如展開時,即遇每小時50哩速度之南北向颶風,橋之啓閉効力,並不消失。橋之寬度爲60呎,除兩旁各留出10呎爲人行道外,中間之車道寬度爲40呎。橋之高度,約離普通水面25呎,普通小輪及四鄉渡船,皆可於橋下往來。橋之負重量:20噸重之貨車,同時可二輛往來,車道上之行人載重爲每平方呎 100 磅,人行道則每平方呎 80 磅,另加多 25% 爲震動力,全橋架共用鋼鐵 1700 噸,其他鑄鐵及助力鋼筋約85噸。橋之保固期爲三十年。

# (丙)鐵橋位置及橋礅距離之測定

當北面河中橋礅開工之始,先訂定北面岸礅至該礅之距離。其法係於夜間在維新路之人行路面,用鋼尺精密量定長 220 呎(等於該兩礅間之距離)之直線一條,然後於線之兩端,相離數呎之處,各設三脚木架一個,懸鋼線一條。次用吊鉈兩個,掛於鋼線上,將木架左右移動,使鋼線與人行路面上曾經精確量度之直線,在一垂直面內。鋼線之端末,各掛重鉈一個,使鋼線拉直,免其下垂之彎度太大。兩鉈之重量須有一定,並記錄之。然後將鋼線移動,使兩端吊鉈,與人行路面上已量定直線之兩端點,各在一垂直線內,并釬一細鋼絲,掛以吊鉈,以爲記號,同時並將該夜之溫度記錄之。翌日,於兩礅地位各搭木架,並用經緯儀測定橋之中綫,劃於木架上。俟至夜間,乃將昨夜所用之鋼綫,掛於木架上劃定之中綫,亦即橋之中線內。乃將鋼綫移動,使一端所懸之吊鉈,適與北面岸礅之中點在一垂直綫內,俾他端所懸之吊鉈,指示北面河礅之中點,此時兩端鋼線所掛重鉈之重量,須與昨夜所用者相等,使鋼線垂下之彎度與昨夜相同,同時觀察溫度與昨夜之溫度有無差異,如相差甚大,則按其膨脹率計算距離尺寸應加減之數。爲檢驗訂定距離是否準確起見,復於日間自北岸橋礅中點,測一直綫,長 220 呎,於堤岸之上,與橋之中綫成直角,乃於直綫之他端置一經緯儀,觀測岸礅中點與河礅中點所夾之角,是否四十五度,所得之結果甚佳,並無出入。其後仍繼續用此法以訂定其他南面兩礅之距離。

# (丁)橋礅施工之經過情形

**(子)北面岸礅**　維新路口橋礅工程,於十八年十二月一日興工。其週圍如第一圖,用鐵架打椿鎚打下鋼板長椿以作圍檔,以免河水淹入,而便施工。圍椿工竣後,卽抽水挖坭。將面層浮泥掘去時,發現亂石無數,隨卽施工炸碎,用起重機搬出圍外。又發現水泥混凝土地基,復以人力鑿碎起出。最下一層,有舊時橋址,木椿滿佈,全由人工拔起,繼續掘坭,同時並用水泵抽出淨泥,加以水力機器衝動,以便施工。浮泥出淨,驗明實土,逐將12時方形松木椿,用汽鎚打下。鎚之重量爲 5 噸,打至不能再下時,然後停止。椿既完全打妥,修正椿頭,始下水泥混凝土。第二圖示打木椿時之情形。

**(丑)北面河礅**　北面河中橋礅,興工建築時,先將橋礅基礎外圍裝妥。外圍係用鋼板構造,如第三及第四圖,深入河床下約二十餘呎,連露出高度,共 52 呎。外圍裝妥後,與工挖泥,幷用水力機器衝動浮泥,同時亦用水泵連同浮泥散沙一併抽出。抽至實土時,施行打椿工作。所打之椿木,爲 20 吋方椿,係用汽錘打下。汽錘重計 3 噸,打至該椿不能再下時爲止。木椿打妥後,乃下水泥混凝土,所打之木椿,間有淹在水內者,打下時另用一種汽錘,而於椿身附有噴氣管,將椿頭之水先行吹開,汽錘方始打下,故絕不受水之阻力。所噴之氣,係由壓氣機所出。該機將多量空氣,裝入存儲,以備打椿及其他工程之需用。

　　橋墩頭層混凝土基礎,厚約 9 呎。經造妥後,爲廣續鋪築起見,將圍檔內之水用泵抽出。不料抽水出圍後,圍檔之內,完全封密,有如鐵船,而本身之重量及木椿之阻力,遠不如浮力之大,遂致全座圍檔連同 9 呎厚之混凝土基礎及木椿百餘條一齊浮起。事後計算,浮力約大於全座圍檔所有之重量及椿之阻力約百餘噸;加以汽輪往來,水力衝激,又受風力搖盪,地基椿木連帶搖動,木椿與泥土間之摩擦力,因之更形減少。又所打之椿,其下端均在紅色硬土層以上,椿嘴經已打爛,幷未深入硬土部份,遂致因受波浪湧盪,圍檔搖動,水由浮沙泥層滲入圍檔內混凝土層下面,使連椿拔起,前功盡廢。此項意外事變,爲工程界增加經驗不少。

　　橋墩發生意外後,隨將所造之混凝土基礎鑿碎,幷將所打之椿木,一併起出清除。繼用水泵水力機抽出餘泥,至紅色硬土層爲止。因紅色硬土,土質堅實,椿嘴雖經打斷,未能入土毫釐,故擬將打椿計劃取銷。爲察驗該項地脚之載重能力起見,用角鐵組成鐵柱,其底連以鐵板一塊,使鐵板「坐實」硬土處,面積共有 2 方呎,乃於柱頭施以14噸之載重,如第五圖所示,計歷時五日夜。其變動結果,於過二三日後,僅壓下約 $\frac{7}{8}$ 吋,其後則絕無變動。根據試驗結果,遂決計變更打椿計算,先飭工下水,將該地脚四圍審察,絕無沙石浮泥,同時特製大鐵箱,以備在水內下混凝土,其厚度爲16呎,作爲頭層基礎,然後將圍檔內之水完全抽出。此次鑒於已往之失敗,係因圍

第一圖　北面橋礅打鋼板樁

第四圖　北面河礅鋼板樁未深入河底

第二圖　北面橋礅施用水樁

第五圖　試驗橋礅地基抵抗力

第三圖　北面河礅鋼板圍樁深入河底

第六圖　南面橋礅之鋼板樁圍樁

第七圖　安裝南面河礅鋼板圍檣

第八圖　架托椿水之發築完建

第十圖　安裝身橋鐵

第三十圖　建築河南堤岸

第九圖　起運鋼樑鋼柱之情形

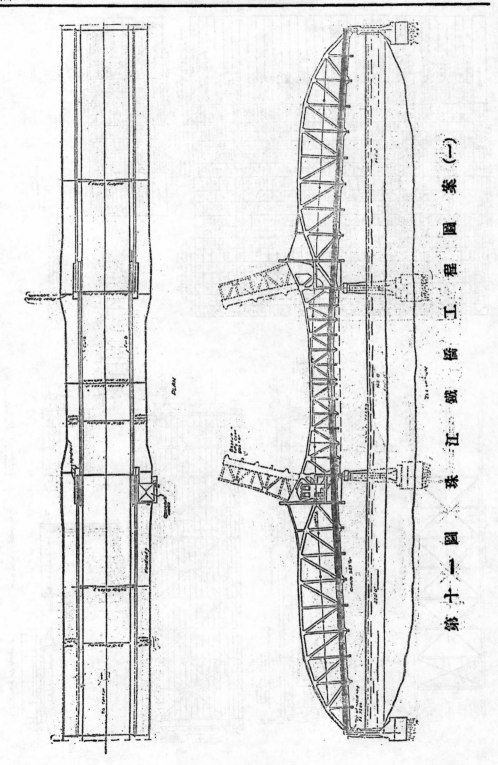

第十二圖　珠江鐵橋工程圖案（一）

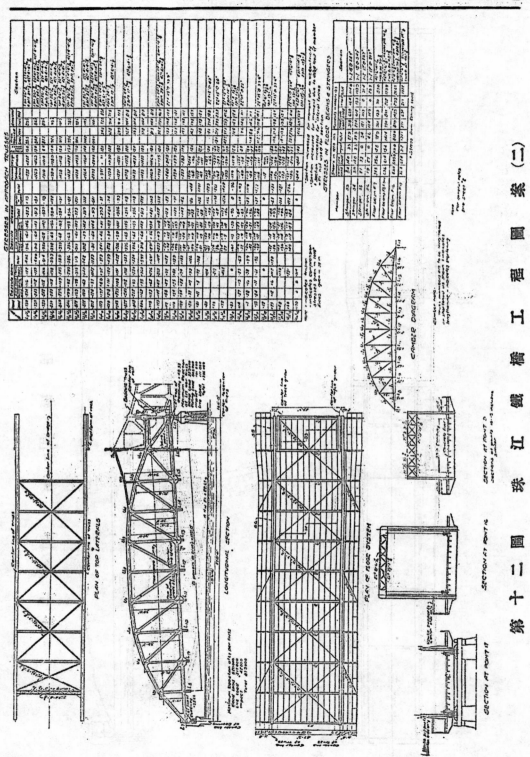

第十二圖　珠江鐵橋工程圖案（二）

檔之重量不足，特向粤漢鐵路借用鋼軌，加壓於圍檔之上，務使其重量大於最高潮水時之浮力，然後賡續進行工作。

(寅)南面岸礅及河礅　南面岸礅之位置既定，即與工打鋼板椿，如第六圖。該項鋼板椿，有內外層之別。內層鋼板椿緊圍橋礅地基，深入河床之下，阻擋浮沙泥滲入。外層鋼板椿，充圍檔，抵攔河水。板椿打下後，即用水力機器衝動浮泥，同時亦用水泵連同浮動泥沙一併抽出。抽至實土，隨即打椿。仍照北面橋礅辦法，打椿至水面時，改用另一種能在水內打椿之汽錘施工，打至不能再下時，然後停止。椿既完全打妥，修改椿頭，始下混凝土。橋礅工程浩繁，故經過兩載有餘，始告完竣。

南面河礅之施工，與北面河礅相同。橋礅外亦用鋼板圍檔，如第七圖，深入河床之下，阻擋浮沙泥滲入。隨用水泵水力機抽出浮沙泥。抽至紅色硬土，即飭工人下水，將該地脚四圍審察，有無沙坭不平之處，加以修正平整，始下混凝土。

# (戊)鐵橋橋身建築之經過

(子)托架之建築　橋礅造妥後，隨即架橋。該橋樑陣等件，均由外國造妥運粤，裝設手續甚繁。先在河中設架於兩礅之間。法用12吋方木椿，打在河中，列成一排，俾作柱用。各排之距離，約十餘呎。如是於兩礅之中間，分列排椿，復於其上橫架12吋方木樑，均用螺絲收妥，以免搖動。各椿排間均設斜撐，以求穩固，如第八圖。

(丑)橋身之建築　托架造妥後，隨即裝設橋樑。安設時，先從橋頭起，賡續裝置，各樑陣等件，均有號數標明，各件安裝時，依照圖則並按標記號數裝上，先用螺絲旋緊。安裝完妥後，無須改變，認為妥當，方能鍋釘，因鍋釘後，如發覺不妥必需變更時，則非鑿斷鍋釘，不能施工，故須格外慎重也。各零件中有重至十餘噸者，必先裝一起重機於木托架上，以備轉運。吊起樑陣及安裝橋樑之情形，如第九圖。所有橋樑等件，係用西門氏馬丁鋼，安校完妥後，隨用鍋釘鍋緊。

其鉚釘法,係用空氣壓力推動鐵鎚,工作極其迅速,而鉚釘冷時,伸縮甚覺貼服,勝用人力鉚造,因人力鉚釘時間過久,鉚釘已冷,收縮無多,若遇颶風震動時,鉚釘恐有折斷之虞也。第十圖示安裝橋身支柱樑陣而尚未拆去木架之情形,第十一及第十二圖為該橋之設計圖案。

## (巳)南岸橋墩兩旁堤岸

　　南岸橋墩工竣後,兩旁堤岸,亦開始進行工作。該橋墩位置,係在河邊,離原有岸地,約數十呎。兩旁堤岸之建築法,係在堤岸綫內打鋼板椿一排,復於舊堤岸邊,亦打鋼板椿一排並用 $2\frac{1}{2}$ 吋直徑之鋼條聯絡之,使新堤岸綫之鋼板椿,向內牽扯,以期堅固。新堤岸綫之鋼板椿頂,先築混凝土之堤基,再於其上結砌石堤。但因潮水關係,混凝土堤基,極難施工,乃改變辦法,先於岸上用混凝土製成丁字形之堤基,俟其完全凝結後,乃用起重機逐塊吊下砌結於鋼板椿頂之上,如第十三圖。潮水漲退,於工作絕無障礙。混凝土堤基安裝後,乃繼續堤身工作。堤身之表面係用 4 吋白石塊砌成。為使結砌上工作利便及穩固起見,特用混凝土與石塊製為整塊成一立方形,然後砌結於丁字形堤基之上。此法於堤工頗稱利便,故誌之以作參考。

# 首都中山橋工程

### 張劍鳴　許行成

作者於民國十八年服務於建設委員會首都建設道路工程處，主持首都中山路及其附屬工程之設計建築事宜。經辦工程中有中山橋一項，係採用鋼筋混凝土懸臂樑式，於國內尚屬初見。迄今工程完成已逾五年，橋樑全部完好如初，此固由於設計建築兩方面，一律遵守工程學理而為應有之結果，但其設計圖案規範與其施工方法，亦有足資參考者。往歲陳懋解先生主編中國建設雜誌二卷四期時，曾經徵及此文，但以未載圖樣，內容未能詳盡。茲者茅唐臣先生主編本期，復囑將圖案補入，以成完璧。用再略加整理，錄請指正，尚希海內宏達，不吝賜教為幸！

## 設 計 概 要

本橋在首都抱江門外跨惠民河，為懸臂式，用鋼筋混凝土建築，全長61公尺，橋面全闊22公尺，計車行道佔14公尺，兩旁人行道及欄杆各合佔 4 公尺。中置橋礅二座，中心距 30.5 公尺。橋礅之下，以木樁為基礎，橋礅之上，各樹四柱，每柱承平衡懸臂一對。懸臂之上，置橫樑及橋板。在橋之中部，置單承懸擱樑一塊，由懸臂尾端共承之。橋堍之土，另建橋座護之。橋座各自獨立，不與懸臂相連，此為本橋特點之一。

　　高度及坡度　惠民河首尾俱通長江，故水勢之漲落，視長江水位為轉移。徵諸海關長江水位紀錄，及市公務局所得惠民河水位紀錄，尋常一年內水位之差，約 6 公尺，一晝夜間約差 1 公尺。河

水在冬季雖常乾涸,而每屆夏秋江水泛漲之時,則河內帆檣林立,
輪舶輻輳,故此河與下關商業所關甚大。此次建築本橋,決定在尋
常時期至少有 4 公尺以上之淨空,使能通行小號航輪爲主。查河
水平時,其高水位依京滬鐵路水準標點爲51.764公尺,故計劃橋塊,
路面之高度,定爲 56.353 公尺,由茲而上,以 3 % 之坡度,以達中部(懸
攔梁部份爲水平)。除去橋面厚度所得之高度,適合所定之標準(舊
橋之坡度爲5 %)。

　　　**泥土載重力之測驗**　　下關一帶爲冲積地,據調查近處地質,
在地面四十餘公尺以下,尚無岩石,不能任重,故本橋決採用木樁,
以爲基礎。先於橋址所在特打試驗木樁,以試木樁入土之表面阻
力,所得結果,用「工程新聞公式」(Engineering News Formula) 計算,爲
每平方呎約二百磅。本橋設計時所用木樁之載重力,俱本此推算。
按建築時各樁入土紀錄推算結果,雖有出入,但所差不多。

　　　**活重及衝擊力**　　人行道以每平方呎 100 磅計算。車行道則
以 18 頓重之貨車所生之集中載重,或每平方呎 135 磅之均佈載
重,兩者比較,取其大者而計算之。

　　　上項集中載重之分佈如圖(一)。

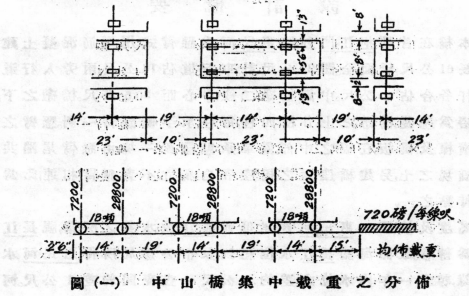

圖 (一)　中 山 橋 集 中 載 重 之 分 佈

前項集中載重,如遇兩行以上車輛可以同時行駛之狀況時,依下述之折扣率減算之:

| | |
|---|---|
| 在橋板上 | 100 % |
| 在橫板上 | |
| 　有車兩行 | 100 % |
| 　有車三行 | 90 % |
| 　有車四行 | 80 % |
| 在懸臂上 | |
| 　有車兩行 | 90 % |
| 　有車三行 | 80 % |
| 　有車四行 | 75 % |

於前述活重之外,再加 30 % 之衝擊力。

**材料工作應力**　鋼筋混凝土用 1:2:4 之成份其所容許之力量如左:

| | |
|---|---|
| 混凝土壓力 | 每方时 600 磅。 |
| 混凝土引力 | 無 |
| 鋼骨壓力 | 十五倍混凝土之壓力,即每方时 9000 磅。 |
| 鋼骨引力 | 每方时 18,000 磅。 |
| 混凝土與鋼骨之黏合力 | 有竹節者每方时 100 磅。無竹節者每方时 80 磅。 |
| 剪　力 | 有纖鋼設備者每方时 150 磅。無纖鋼設備者每方时 60 磅。 |

**材料選擇**　木料 —— 板樁木樁木殼及脚手料等木料,均用花旗洋松。

水泥 —— 一律用袋裝之龍潭泰山牌水泥。

黃砂 —— 係用滁州黃沙,經 8 公厘孔眼之鐵絲篩過,將粗粒雜物一律篩去;間亦有用水洗過而後充用者。

石子 —— 混凝土中所用之石子,大半用篩過之八分山石子

立 視 圖

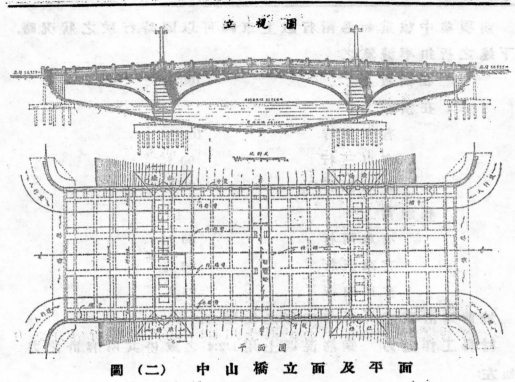

圖（二）　中山橋立面及平面

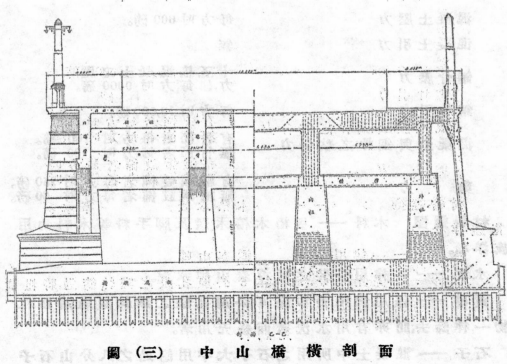

圖（三）　中山橋橫剖面

大至 4 公分,小至 1 公分。惟在懸臂內鋼筋過密之處,卽用清水洗淨之堅山瓜子片。

鋼料 —— 鋼筋工字鐵角鐵等鋼料,購自上海愼昌洋行,徐永記,創新及南京大有等鐵行。其鋼筋大都爲竹節鋼。

水 —— 南京運水極感不便。中山橋雖鄰江邊,然距離仍遠,頗難供給,而惠民河之水,又過混濁,不適於混凝土之用。惟橋之兩端,均有池塘,其水較爲清潔,故拌和混凝土時,多取用之。但不得已時,亦有用惠民河河心深處較清之水者。

# 工 程 概 略

橋基　中山橋與工之時,正値冬季,惠民河之水極淺。四周堆泥稍高,卽可阻水;惟河土爲淤泥積成,一經挖掘,泥土卽易走動,非有相當堅固之阻水壩不可,蓋不特用以阻水,亦同時用以護土也。此項阻水壩,以7.5公分厚,30公分寬之板樁爲之。中間用木撐隔。壩成卽開始挖泥。但當時挖泥甚深,旁岸淤泥之傾壓力極大,致該壩漸向內傾,故又將板樁續行打深。此項工作,費時不少。挖泥過半,乃開始打樁。打樁之前,先以白粉劃出橋礅之地位。然後於其內,依各樁之位置,分割縱橫線,用 3 公分方之小木樁,插在各樁之地位。每礅計 314 樁。打樁汽機四架,樁錘四只。各錘之重量不等;計分 1.9 噸,2.1 噸,2.2 噸及 2.6 噸四種。東西兩礅各用兩架同時打樁。閱二十餘日,始將兩礅之樁全數打畢。然後加深板樁,繼續挖泥,以達應有之深度。隨時測量,查知露出之樁頭參差不齊,有未達到應有之深度者,其後復將各樁照規定之深度打足,乃將樁頭鋸齊,鋪滿亂石,搭築30公分厚之混凝土樁蓋。

在橋礅樁打完之後,卽開始打橋座之木樁。橋座之地位,適爲舊橋之石座,泥質較堅,故初打時,頗感困難,惟因橋座高出橋礅有 4.76 公尺之多,而河岸陰溝之水,又常浸鬆泥土,且因橋座打樁及兩旁汽機之震動,以致岸泥呈現裂縫,樁座稍呈傾斜。後經設法加用鋼筋混凝土斜樁,依着礅底支撐之,乃歸穩定。所幸本橋係懸臂式。全橋之重力不在橋座,自無礙也。按打樁掘泥工程,在全部工作中,最爲吃重。通常包工,均不願採用牢固妥實之阻水壩,以圖省費。必待發生險象,乃施補救,而結果反致賠累不貲,此實一敎訓也。

　　橋座　橋座之木樁,因河岸泥土裂縫之故,稍呈傾斜,已如上述。當在橋座前面,掘出槽溝六個,揩做40公分見方之鋼筋混凝土撐樁6根,由橋礅底角支起,至座樁之外排爲止。並於座樁外排,橫鑄混凝土一條,以收撐力均佈之效。所有各樁之頂,仍依原計劃灌注30公分厚之混凝土樁蓋。又將樁蓋與礅底之面積加寬,且將座牆外面之傾度,略爲改斜,使橋座之重心,落於座樁範圍內之適當地位。此外另於樁蓋之上,每隔2公尺見方,插一長20公分之2公分米方鋼,使樁蓋與座底成爲整個,此實補救之法也。樁蓋凝固後,乃於其上,搭以木殼,用經緯儀測定中線及橋座線,經詳細校對,然

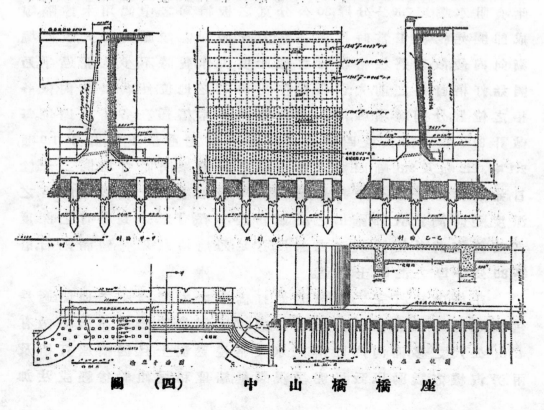

圖　（四）　中　山　橋　橋　座

後紮鋼筋,灌注混凝土,以成座底,旋即續搗正牆翼牆之混凝土。西座計分三次搗成,東座則分兩次搗成。搗時先將木殼用螺絲頭鐵條扭住,以防潰裂,並於外面將木殼撐住。但工作時,西座南翼之上端木殼,因撐木未用,致中部動移,急施護救,已成凸形,所幸凸出不多,乃於拆除木殼後,將該處凸出之混凝土鑿平,以保外觀之整齊。至於東座之木殼則因早有準備,得安然無事,各座正牆翼牆之木殼拆除後,隨即填實橋堍之土方,土方填後之四日內,橋座各沉落1.5公分,以後即未走動。

橋礅　東礅之椿蓋上,每隔2公尺見方,插一長15公分之2公分圓鋼,西礅則在搗做礅底混凝土之先將椿蓋之面,每隔2公尺見方,鑿一小鏒,均所以使礅底與椿蓋增加阻力,以免意外之走動者也。在紮礅基鋼筋時,因四周泥土甚高,壓力甚大,故礅底之木殼,時呈傾倒之象,乃用木料將木殼縱橫支住,俟混凝土灌到時,一一提出之,

礅底灌完,續灌礅柱,直至橫檔之底為止,其橫檔復另作一次搗成。此時懸臂之主鋼,已有一部分照圖樣插入礅柱之內。將來懸臂與礅柱之聯接,即藉此以為根據,

橋礅與橋座之距離為15.25公尺,礅與礅間之距離為30.50公尺。先用鋼尺平量,再由測量校正之。當灌注礅柱與橫檔之混凝土時,南北兩旁均以木料搭架,支持堅固,使木殼垂直,不致左右偏斜。

拱形木架　拱形木架專用於工作時承托懸臂與懸擱樑之木壳及鋼筋混凝土等之重量。若在混凝土灌注而凝結之時,木架忽然低沉,則懸臂與懸擱樑,亦必隨之而低沉。故木架之結構至為重要。承包人原擬以30公分方木十八根分列二排,以為拱形木架之基,旋因河泥鬆軟,木椿傾斜,不能使用,乃由首都道路工程處設計科另給圖樣,囑令照做。遂拆除舊架,從事重搭。其搭法係用短木築起鷹架,而以縱橫木料架於其上(縱橫均以水平尺量準),共計三層,以為基礎。其上豎起內外懸臂之撐柱,共分四排各十一根。橫樑

及撐樑亦有撐柱，下置偏拴，可上下伸縮。橋礅與橋座間之拱形木架，用縱橫木料，安置於礅底及座底之上。懸臂之撐柱，亦共四排，每排五根。拱形木架築起時，中山橋之雛形已成矣。懸臂之撐柱上，均有水平點，以備灌注懸臂混凝土時校對拱形木架有無沉落現象之用。各水平點均高出西橋礅之北分水礅 1 公尺。故每次測量，皆先校正該分水礅之標準高度，再測驗木架上各水平點是否高出標準 1 公尺。其測量之結果，自拱形木架搭好起至懸臂橫樑撐樑之混凝土捣好止，分水礅共低 14 公釐，而縱橫木料移動甚微，蓋拱形懸臂之混凝土，係分層捣做，故無甚影響也。

　　**懸臂橫樑及牛腿**　懸臂木殼搭起之後，於東西橋礅之南北二端，豎立板條四根，遙遙相對。乃測量該四板條之水平標準，其高度為 53.353 公尺。承包人卽根據此四處之水平標準，劃出懸臂之弧度。(懸臂弧度之劃法，已有詳圖。工人預先照圖樣做出弧度板一塊，然後安置弧度板於懸臂木殼之上，照劃甚易。但木殼因工人錘壓

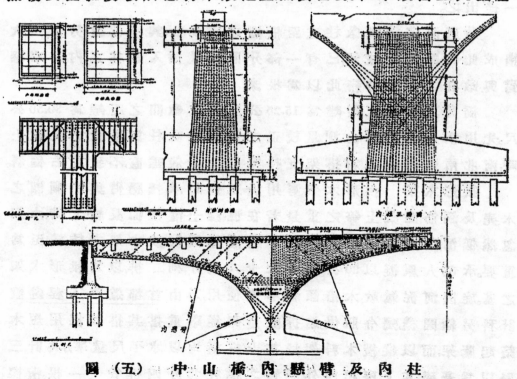

圖 (五)　中山橋內懸臂及內柱

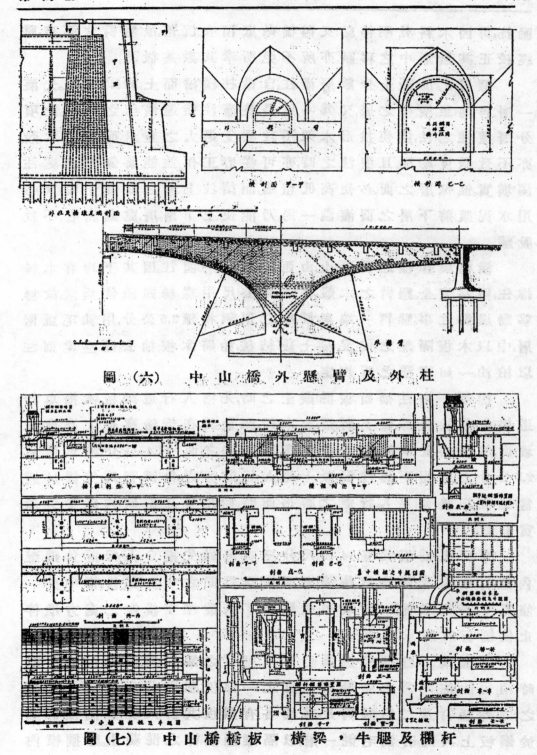

圖（六）　中山橋外懸臂及外柱

圖（七）　中山橋橋板，横梁，牛腿及欄杆

動搖,再因木料乾潮伸縮,又因橋墩底稍有沉落。故懸臂之弧度,雖經校正,其無形中之移動,亦所不免,所幸其數甚微耳。

懸臂之混凝土分數層灌注,自敬柱橫檔而上,約1.5公尺。先灌一層,再灌至橫樑之底,又爲一層。最後灌注接連橫樑之部份。此項分層灌注之法,能使拱形木架,不致驟受過大之重量,而懸臂木殼,亦不致過度膨漲。且灌注之時,亦可從容工作,並能將鋼筋密處注滿填實。惟每層之面,必使高低粗糙,而續注上層之混凝土時,又必用水泥漿將下層之面灌灑一過,乃能使上下兩層,處處密合,不致脫離。

橫樑與撐樑之混凝土,由西而東,一一灌注。因其下均有木料撐住,極爲安全。懸臂之木殼,每隔3公尺用螺絲頭鐵條紮緊,故無移動崩裂之事。懸臂一端與橋座之頂,須相離2.5公分,用油毛氈兩層,中以木板隔離之。俟混凝土凝結後,始將木板抽去。而空處則注以柏油,一如圖樣之所規定。

**橋板**　搭注橋面板混凝土之時,先搭人行道橋板,次搭車行道橋板。其法於撐樑上面,搭起木殼,測量其在橋澄應有之高度及坡度,然後佈置鋼筋。其木殼暫高出車道之面11.4公分,後再補足2.5公分之磨損面。灌注混凝土時,人行道旁之角鐵,暫爲安置於適當地位,以後補足人行道之磨損面時,始用雙尾釘將角鐵從旁靠實釘直。

車行道橋板共寬14公尺,分三次搭做。先搭自人行道角鐵至內懸臂之南北兩條,然後續搭兩內懸臂間之中央部份。惟中央一條,寬6公尺,未能一日竣事,故嚴令工人灌注至橫樑之處方准停止,使橋板有所承托也。

**懸擱梁**　懸擱樑懸擱於東西懸臂之端,以爲橋墩沉落伸縮時稍留餘地,此爲本橋最堪注意之一部份。懸臂共八,卽南北成雙之二外懸臂,及二內懸臂是,其端各有鋼板,共計八塊。懸擱樑卽擱於鋼板上,其間有油毛氈一層,以隔離懸擱樑之混凝土。懸擱樑內

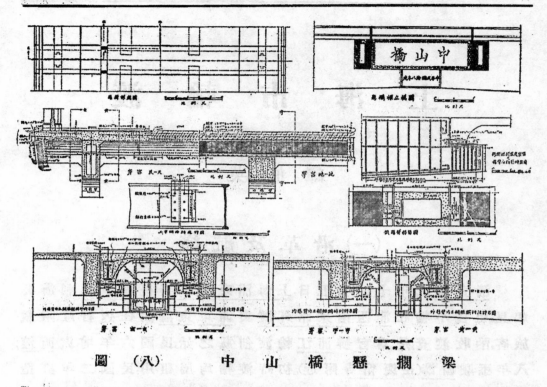

圖（八）　　中山橋懸攔梁

有鋼筋與工字鐵。鋼筋離底 5 公分,工字鐵離底 10 公分,均用混凝土小方塊墊高。其在南北外懸臂之地位者,另有混凝土各一塊,懸掛於懸樑之下,其面鐫刻橋名。所有混凝土,均於一日內搗好,次日即將伸縮縫(卽懸攔樑離懸臂頂部之 2.5 公分距離)內之木板拔出,注以柏油,兩端用鉛皮包裹,不使柏油外溢,縫上蓋以凹形之鋼板,其上卽可鋪柏油石子之路面矣。但在拔除木板之時,有因經時稍久,木板已被混凝土黏固者,而縫小洞深,不能取出,鑿擊之後,木質盡成碎塊,而伸縮縫之効用全失。其後將底下角鐵敲去,由上面陸續敲擊,然後取出。

　　燈柱欄杆　在人行道橋板之混凝土搗好以後,卽做燈柱及欄杆,其混凝土分西南,東南,西北,東北,四次搗成,其在懸攔樑上之欄杆,則至懸臂上拆去木売之後,方始搗做,因該處欄杆,須單塊獨立,嵌於兩旁欄杆柱之槽縫內,以便伸縮移動故也。

　　造價　本橋之建築約費人工 42,800 工,總造價計 160,891 元。

# 上 海 市 輪 渡

### 譚 伯 英

## (一) 沿 革 及 航 綫

清宣統二年十二月五日,上海浦東塘工善後局爲便利辦公起見,租賃小輪在浦西南京路外灘與浦東東溝間往返行駛,附載旅客,酌收渡資,是爲官辦浦江輪渡創辦之始。民國六年增駛西渡;八年添駛西溝(在慶甯寺附近)。初時渡輪均屬租用;民國二年訂造「公益」一艘,於三年八月落成行駛。十一年七月以銀七千元購買「公福」小輪,易名「公安」。十六年「公益」爲駐軍拉去沉沒,又另租「福昌」替代。十六年秋,上海特別市政府成立,接收塘工局,此項輪渡移歸公用財政兩局會同管理。十七年七月,復由財政局將原管營業部份一併移交公用局,組設浦江輪渡管理處。自此擴充整理,不遺餘力,業務蒸蒸日上,設備精益求精。迨二十二年八月上海信託社成立,又由公用局移歸信託社接管。以輪渡航綫分爲兩種:一爲「長渡」,即以公共租界南京路外灘銅人碼頭爲起點,經過西渡,慶甯寺(與上海川沙輕便鐵道啣接),東溝,高橋(與高橋及海濱間公共汽車啣接),迄吳淞(與寶山長途汽車啣接)爲終點,全程共 23.7 公里。二爲「對江渡」,計共五綫:(甲)定海橋慶甯寺間,(乙)威賽碼頭其昌棧間,(丙)東門路東昌路間,(丁)銅人碼頭春江碼頭間,(戊)銅人碼頭游龍碼頭間;長者一公里半,短者半公里(見第一圖)。又市輪渡爲啣接浦東各重要市鎮起見,附辦高橋公共汽車一綫,自高橋碼頭起,經過高橋鎮以達海濱,計共5.9公里,備有公共汽車四輛,計 Stewart 式及 Morris 式各二。

## (二) 渡輪

現有渡輪共十一艘,內分長渡輪及對江渡輪兩種。編號一至十為長渡輪,十一以上均為對江渡輪。茲分別說明如次:

長渡輪　查世界各城市如上海之情況特殊者,可稱絕無僅有。蓋歐美各都市以其橋梁發達,陸地交通便利,並有架空及地面地下三種交通器具,故對於濟渡事業,均不甚重視。

第一圖　上海市輪渡航綫圖

中國已有輪渡事業之較著者,僅有香港與九龍間一處。著者嘗往考察,覺其情況不同,經濟力量又相差甚遠,票資收入更不可及。歐洲方面,如丹麥意大利火車及汽車之濟渡,其設備均在百萬以上,均無力仿效。至土耳其希臘等處之濟渡又過於腐敗,不足以供借鏡,萊因河瑞士渡輪都屬游艇性質。英國渡輪式樣陳舊,且產煤極富,對於節省燃料不甚措意,倘倣其製造,則收入票價,不足以償消耗。蘇彝士運河口坡賽渡輪比較新式,而該處無潮水之漲落,故其構造亦不能適用於上海。是以此項渡輪設計之初,既無所依據,只能另闢徑途,自行規劃。其重要原則爲:(1)速度平均每小時須在十海里左右;(2)船身堅固儘量採用海船構造方式;(3)沿途停靠碼頭甚多,潮水漲落不定,掉頭轉灣極繁,同時在星羅棋布之黃浦江中,又須不妨礙他輪之行駛,夜間則須停駛。故決定採用「四衝程式」笨重之柴油發動機。成本雖高,而較之蒸氣發動優點極多,例如(1)所佔地位甚小,(2)清潔無烟,(3)開動極易(平均約一秒鐘),(4)燃料節省($\eta_{th}=36\%$),(5)停輪時無絲毫耗費,(6)管理便利。

船売鋼板概用有勞合驗單者,其抗張力須在40公斤／平方公釐以上。並採用海輪製法,不以江輪爲標準。船頭用傾斜式,美觀

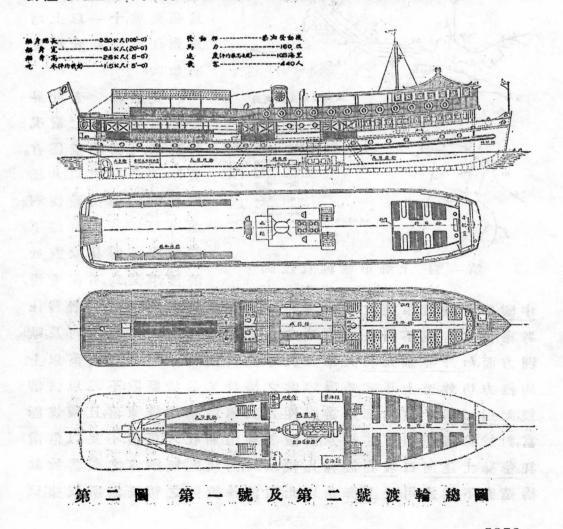

第 二 圖　第 一 號 及 第 二 號 渡 輪 總 圖

適用。

　　艙位之布置分特等，頭等，二等三種。特等艙力求精美，為浦江各輪所無，倣歐洲地道車之布置，並設飲料室，以供需求，故定價特高。蓋特等艙係為游客而設，頭二等則供應普通行旅，性質實有不同。春夏秋三季游客較多，特等之收入，可以彌補二等之虧損，使營業得以維持平衡。

　　市渡輪第一號至第四號(參閱第二及第三圖)，分兩期製造，除水綫馬力不同外，其設備大略相倣。至第五號渡輪(第四圖)則依據三年來發現以上渡輪不滿意各點，並為適應目前之需要起見，較以上各輪頗多改革。茲將各特點說明如次：

　　(1)機艙間特別加重。

　　(2)採用魚背式水流綫之舵葉，此在東方尚屬第一次，其作用在增加盤轉効力及船之速度，平均約百分之十，換言之可省燃料之消耗。

　　(3)船底二旁各加 Bilge Keelson 一道，以免靠近碼頭時乘客趨於一面，易致傾斜。

　　(4)倒順車不用齒輪，用壓力空氣推動。

　　(5)馬力增加至 330，速度達 12 海里。在夏季乘客最多時，用此輪裝載。

　　(6)門窗及所有開關銨鏈等均在德國名廠訂造，駕柏林地道車所用者之上，為國內任何船隻所無，且絕無震動之聲。

　　(7)二等坐位用三角形木條隔分，因普通乘客喜偃臥而不喜端坐，不特多佔地位，且觀瞻不雅，倘稽查加以勸阻，每易發生衝突，用木條隔分後，此弊即可免除。

　　(8)司舵室位於特等之下，使上層乘客一覽無餘，且可減少風之阻力，其他詳細構造，參閱第七圖。

　　**對江渡輪**　對江輪渡之設計，頗多困難：甲黃浦潮水速度平均約 2 海里，最高 3 海里强，遇大風時尚不止此數。馬力過小，則受潮水之支配,過大又不經濟.(乙)浦東西可用岸綫,全屬貨棧區域,爲各行家瓜分無遺,即有保留者,長度亦僅50呎,而船隻之長至少在60呎以上.(丙)對江渡輪之行駛,既非順流,亦非逆流,而須在潮流之中橫衝直撞,船身構造不能過肥,同時又須顧及行駛穩安,以策安全,兩難之間,頗費躊躇.又每船每日須開一百餘班,乘客上下又須便利敏捷,故乘客坐位只能設在艙面,不能下艙.吃水又不能過深,否則不能靠岸.一般乘客上輪時爭先恐後,易於傾側一邊,且不顧危險,同時蜂擁而上,尤以勞工爲最多.著者對於此種渡輪,在二年之內,一方面設法得相當岸綫,盡力交涉,一方面設計研討,始將第十一第十二十三三渡輪圖樣製成.此輪係用雙葉複式蒸氣機發動,在本國製造,鍋爐購自英國.鋼板概有勞合驗單.除裝運客貨外,並可載運車輛.行駛三四年來,成績頗爲滿意.參閱第五圖.

　　自蒸氣發動之對江渡輪行駛以後,經加研究考察,覺仍有改良之必要,同時因新式柴油發動機可以不用倒順車複雜之齒輪,歐洲又有兩端行駛之新式機器,使著者得改進之便利.查柴油機最忌者爲倒車,耗油固多,力亦不足,齒輪稍有損壞,國內無法配置,故從前未敢使用.現在既有此項新式機器出現,故決定添造柴油發動兩端行駛之船隻.浦面寬度,平均約一公里,航行需用時間極少,掉頭及停靠費時顗多,用兩端行駛之船隻,則此弊可免.爰經添造第十四,十五,十六三輪用柴油發動,兩端行駛,用料與其他各船相同,坐椅採用國貨椐木,蒸透後使用,其美觀在柚木之上,不需油漆,光滑異常,殊有提倡之價值也.

　　以上第十四,第十五,第十六柴油發動兩端行駛之渡輪三艘(第六及第七圖),行駛以來,極爲適用.號惟東門路東昌路間對江輪渡,原以一輪行駛,而交通則日繁,計自每日數千人增至一萬六千人,致乘客擁擠不堪,而過量裝載,又爲章則所不許.乃用兩輪往返對開,以資臨時補救,但開支增加,殊不合經濟原則,因此,並爲最近增闢董家渡與浦東塘橋間新綫計,擬添造新輪兩艘,其不同之點

第三圖　第四號渡輪攝影↑　　第四圖　第五號渡輪剖面↓

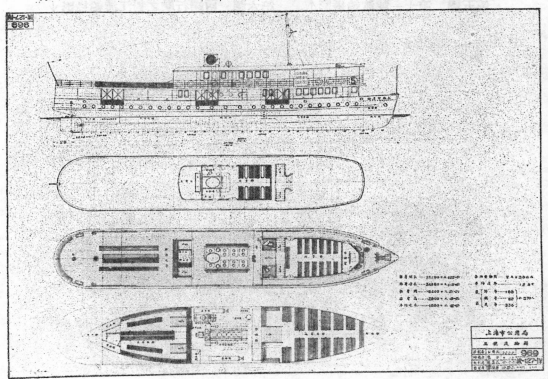

第五圖　第十一號渡輪攝影↑　　第六圖　兩端行駛之對江渡輪攝影↓

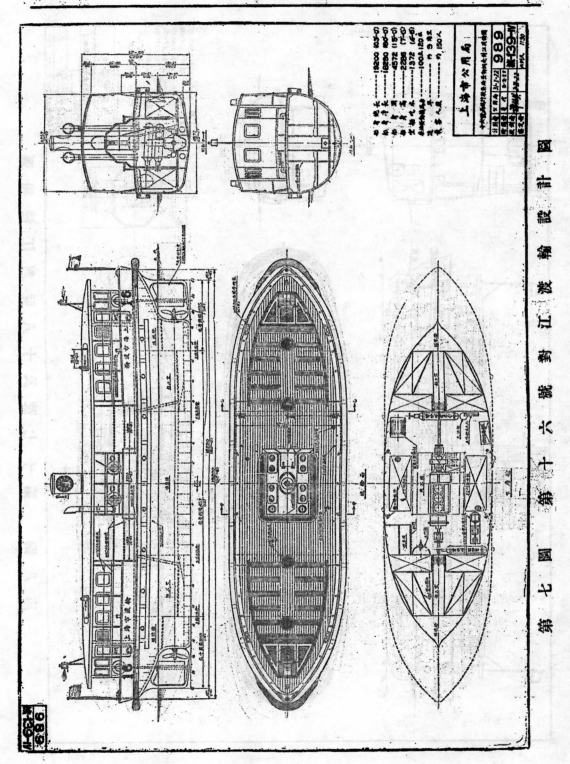

第七圖　　第十六號對江渡輪設計圖

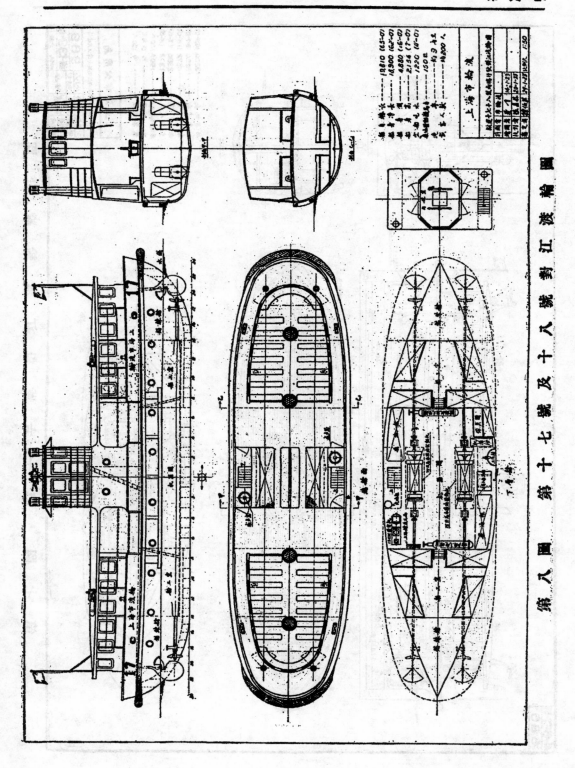

第 八 圖　第 十 七 號 及 十 八 號 對 江 渡 輪 圖

如下(第八圖):

(甲)司舵室位於船頂.(乙)Bulwark 廢除,可增多座位.(丙)機器間完全位於總艙面之下,使總艙面毫無阻礙,在船身中部兩旁增加窗洞,使通風而透光綫.(丁)艙之頂蓬用水流綫式,減少風之阻力,加強司舵之視綫.(戊)護欄木分上下兩道,上者與艙面相齊,增加艙面寬度,而不妨及速率,下者靠近水綫,增加浮力,無傾側之患,並在任何浮碼頭可以停靠.(己)柴油發動機分爲兩部,每部約75馬力,均可兩端行駛,每端均用雙葉雙舵,轉灣靈敏,停泊較易.速度 9 海里,與兩船對渡效力相同,而減省費用百分之六十,艙面座位增加一倍,穩安更不待言.

## (三) 碼　頭

黃浦有潮水漲落之關係,非'浮碼頭'不能適用.市輪渡所建之浮碼頭均屬鋼質,且備有鋼質頂蓬,可避風雨,務使旅客咸覺便利舒適,割分出入路由,秩序井然不紊,否則上船與上岸者往往互不

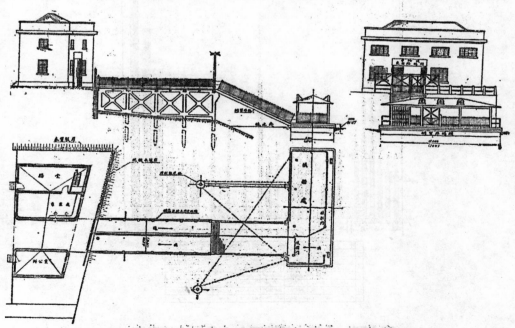

第九圖　東昌路對江渡碼頭佈置圖

相讓,以致阻塞.且爲免除乘客跳船之危險起見,在開行以前,放汽
笛爲號,各柵門同時關閉,故每日進出一萬人以上,迄今未聞有遇
落水之險者.曾有人議建倣巴黎地道車方法,用冷汽啓閉柵門,惜
以國人此種知識尙未普及,以致未能採用也。參閱第九圖。

# (四) 結　　論

　　上海市浦東西隔江相望,而人口之稠疏,市廛之繁枯,相去懸
殊,交通之不便,實爲一大原因.年來浦西地價高騰,人口過量,開發
浦東以爲尾閭之洩,勢不容緩.香港九龍隔海相對,經英人經營之
Star Ferry 及華人經營之 H. Y. Ferry 輪渡,便利兩地之交通後,於

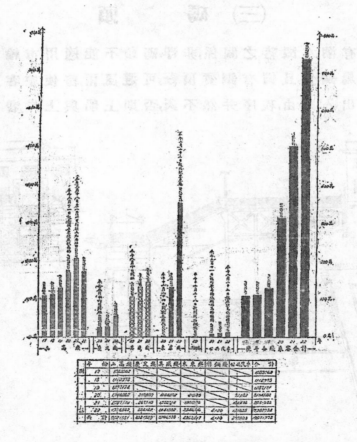

第十圖　上海市輪渡歷年各棧乘客統計圖

龍市面之繁榮與香港抗衡。上海市浦東西僅一江之隔,每日有十五萬市民往來其間(參閱第十圖),則將來浦東之發展,自在意中,故上海市輪渡所負之使命至大。尤有進者,浦東貨棧林立,而其發達程度遠遜浦西,此非治安及地勢之不及,實因貨物由海輪至碼頭,由碼頭至棧房,由棧房卸入駁船,再起岸裝於貨車,再由貨車裝至目的地,計須經過五次轉手,其金錢之損失,時間之耗費,較存浦西貨棧者相差懸殊。故此後應設備裝運貨車之渡輪,使進口貨物由海輪直卸貨車載至浦西,簡便而省費。此外尚須展長長渡航綫,添辦對江輪渡,及自置修理船廠,以應需要。其原則不專在輪渡本身之獲利,在使市民共享交通之便利。凡此種種設施,雖已有通盤計劃,以限於篇幅,未能列舉焉。

# 雜俎

## (1)古柏氏 E-50 級活重公制力率表

膠路橋梁設計概用德國標準形鋼，惟註明廠家得以相等之英國或美國形鋼替代之。而國內土木工程畢業生大多數讀英美教本，習用英尺制。故為橋梁設計，例將尺寸化為英制，應用英美國書中之圖表算出力率，剪力，及需要截面等，復將答數化為公尺公噸，公噸，及平方公分等，然後從德國鋼形表中尋求相當之鋼形。似此往返折化，一則徒增錯誤潛入之機會，二則使計算者與覆核者多費周折，減少效率。爰經特製公制表，以利計算。茲送登「工程」雜俎欄，以供採用。

（孫寶墀）

### MOMENTS FOR COOPER'S E-50 LOADING

| Tons | 161.18 | 155.51 | 144.16 | 132.81 | 121.46 | 110.11 | 102.73 | 95.35 | 87.97 | 80.59 | 74.92 | 63.57 | 52.22 | 40.87 | 29.52 | 22.14 | 14.76 | 7.38 | Tons |
| Tons | 5.67 | 17.02 | 28.37 | 39.72 | 51.07 | 58.45 | 65.83 | 73.21 | 80.59 | 86.26 | 97.61 | 108.96 | 120.31 | 131.66 | 139.04 | 146.42 | 153.80 | 161.18 | |

Axle spacing (m): 5.67 / 11.35 / 11.35 / 11.35 / 11.35 / 7.38 / 7.38 / 7.38 / 7.38 / 5.67 / 11.35 / 11.35 / 11.35 / 11.35 / 7.38 / 7.38 / 7.38 / 7.38 ; 3.72 t/m

| Axle | (1) | (2) | (3) | (4) | (5) | (6) | (7) | (8) | (9) | (10) | (11) | (12) | (13) | (14) | (15) | (16) | (17) | (18) |
|---|---|---|---|---|---|---|---|---|---|---|---|---|---|---|---|---|---|---|
| | 2.44 | 1.32 | 1.52 | 1.52 | 2.74 | 1.52 | 1.83 | 1.52 | 2.44 | 2.44 | 1.52 | 1.52 | 1.52 | 2.74 | 1.52 | 1.83 | 1.52 | 1.52 |
| Meters | 2.44 | 3.96 | 5.48 | 7.00 | 9.74 | 11.26 | 13.09 | 14.61 | 17.05 | 19.49 | 21.01 | 22.53 | 24.05 | 26.79 | 28.31 | 30.14 | 31.66 | 33.18 |
| | 33.18 | 30.74 | 29.22 | 27.70 | 26.18 | 23.44 | 21.92 | 20.09 | 18.57 | 16.13 | 13.69 | 12.17 | 10.65 | 9.13 | 6.39 | 4.87 | 3.04 | 1.52 | Meters |

Data (Meters column at left, values in ton-meters):

| Meters | 1 | 2 | 3 | 4 | 5 | 6 | 7 | 8 | 9 | 10 | 11 | 12 | 13 | 14 | 15 | 16 | 17 | 18 |
|---|---|---|---|---|---|---|---|---|---|---|---|---|---|---|---|---|---|---|
| | 2826.50 | 2636.37 | 2289.48 | 1957.83 | 1643.43 | 1346.20 | 1173.30 | 1015.53 | 862.27 | 726.22 | 634.77 | 479.38 | 341.25 | 220.38 | 116.75 | 69.59 | 33.65 | 11.22 |
| (18) | 2581.51 | 2402.00 | 2070.35 | 1755.96 | 1458.81 | 1178.92 | 1017.15 | 866.60 | 729.55 | 608.73 | 520.89 | 382.76 | 261.88 | 158.25 | 71.88 | 35.91 | 11.22 | |
| (17) | 2347.73 | 2176.84 | 1862.64 | 1565.30 | 1285.41 | 1022.77 | 872.22 | 732.89 | 607.06 | 492.45 | 418.23 | 287.35 | 193.72 | 107.35 | 38.23 | 13.51 | 11.22 | |
| (16) | 2079.79 | 1919.27 | 1625.64 | 1349.27 | 1090.15 | 843.28 | 711.24 | 585.41 | 473.00 | 371.98 | 308.13 | 208.03 | 125.17 | 59.57 | 11.22 | 13.51 | 38.23 | |
| (15) | 1866.46 | 1716.55 | 1440.17 | 1181.05 | 939.19 | 714.57 | 584.74 | 474.13 | 373.02 | 283.13 | 227.91 | 145.05 | 79.45 | 31.10 | 11.22 | 35.94 | 71.88 | |
| (14) | 1507.70 | 1371.33 | 1126.06 | 898.04 | 687.27 | 493.75 | 392.14 | 298.75 | 212.87 | 143.20 | 103.51 | 51.76 | 17.25 | 20.22 | 51.60 | 96.60 | 152.77 | |
| (13) | 1324.83 | 1197.08 | 968.06 | 758.29 | 564.77 | 388.51 | 294.12 | 210.94 | 141.28 | 82.83 | 51.76 | 17.25 | 17.25 | 48.69 | 94.35 | 147.51 | 214.89 | |
| (12) | 1153.21 | 1040.08 | 829.31 | 637.59 | 459.53 | 300.51 | 217.34 | 145.39 | 86.94 | 38.71 | 17.25 | 17.25 | 51.76 | 94.41 | 148.29 | 215.67 | 294.26 | |
| (11) | 1010.84 | 900.93 | 706.81 | 537.54 | 229.77 | 157.82 | 97.05 | 49.85 | 18.93 | 17.26 | 51.76 | 103.61 | 157.39 | 222.98 | 301.07 | 390.89 | | |
| (10) | 800.37 | 703.69 | 537.87 | 389.30 | 257.98 | 143.91 | 89.96 | 47.23 | 18.01 | 27.69 | 72.64 | 134.84 | 214.29 | 296.17 | 369.27 | 465.87 | 573.89 | |
| (9) | 603.73 | 520.28 | 382.76 | 261.88 | 158.25 | 71.88 | 35.94 | 11.22 | 13.83 | 69.22 | 141.86 | 231.75 | 338.90 | 428.79 | 529.89 | 644.50 | 770.33 | |
| (8) | 492.45 | 418.23 | 297.35 | 193.72 | 107.35 | 58.23 | 13.51 | 11.22 | 38.67 | 106.31 | 196.20 | 303.35 | 427.74 | 528.85 | 641.17 | 767.00 | 904.05 | |
| (7) | 371.98 | 308.13 | 208.03 | 125.17 | 59.57 | 11.22 | 13.51 | 38.23 | 71.06 | 164.47 | 275.13 | 403.05 | 548.21 | 662.82 | 788.65 | 927.95 | 1078.54 | |
| (6) | 283.13 | 227.91 | 145.05 | 79.45 | 31.10 | 11.22 | 35.94 | 71.88 | 113.83 | 224.99 | 351.91 | 497.07 | 659.49 | 785.32 | 922.37 | 1072.52 | 1234.69 | |
| (5) | 143.20 | 103.51 | 51.76 | 17.25 | 20.22 | 51.66 | 96.60 | 152.77 | 209.75 | 351.51 | 510.52 | 686.79 | 890.29 | 1020.06 | 1177.32 | 1345.81 | 1536.39 | |
| (4) | 82.83 | 51.76 | 17.25 | 17.25 | 48.69 | 91.35 | 147.51 | 214.89 | 284.49 | 439.50 | 615.77 | 809.29 | 1020.06 | 1177.32 | 1345.81 | 1527.80 | 1721.01 | |
| (3) | 39.71 | 17.25 | 17.25 | 51.76 | 94.41 | 148.29 | 215.67 | 294.26 | 368.48 | 544.75 | 738.27 | 949.04 | 1172.06 | 1345.54 | 1525.25 | 1716.45 | 1922.88 | |
| (2) | 13.83 | 17.25 | 51.76 | 103.51 | 157.39 | 222.48 | 301.07 | 390.89 | 473.73 | 667.25 | 878.01 | 1106.04 | 1351.31 | 1551.01 | 1721.93 | 1926.36 | 2142.00 | |
| (1) | 27.69 | 72.61 | 134.84 | 214.29 | 286.17 | 369.27 | 465.87 | 573.69 | 670.37 | 891.56 | 1130.04 | 1383.76 | 1658.73 | 1866.44 | 2065.36 | 2287.80 | 2521.45 | |

**MOMENTS GIVEN FOR ONE RAIL IN TON-METERS**

Computed by P.T. Sun April 2, 1930.  Checked by L.S. Cheng May 8, 1931.

# (2) 鋼筋混凝土圖解表

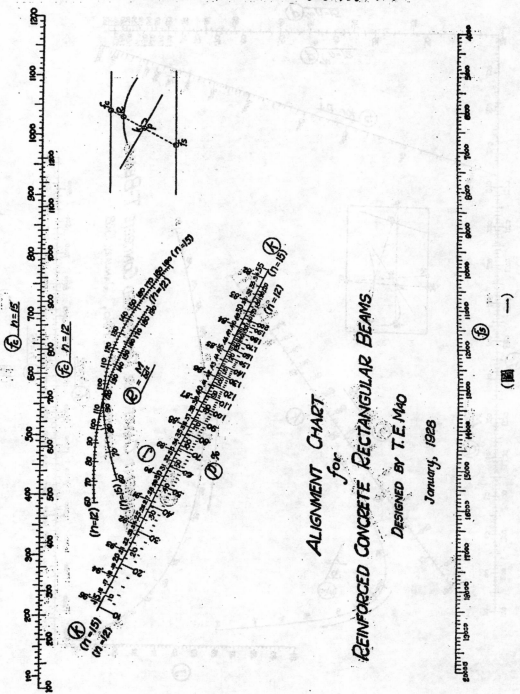

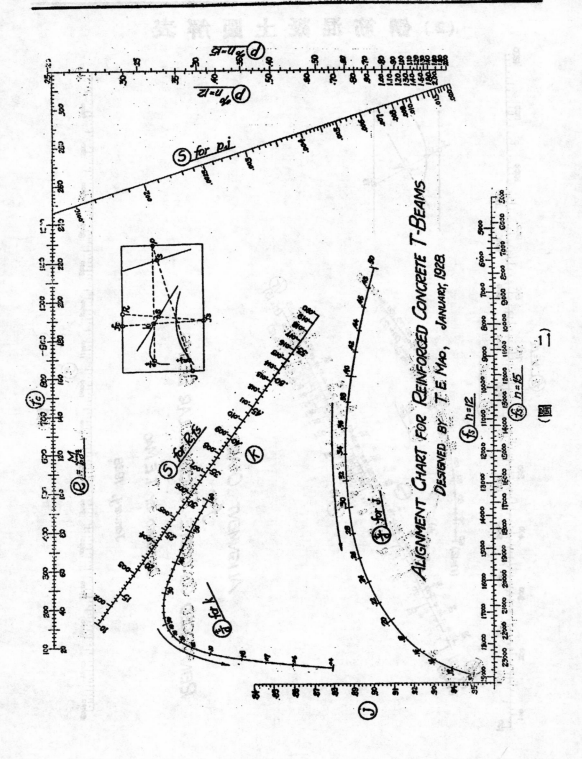

ALIGNMENT CHART FOR REINFORCED CONCRETE T-BEAMS

DESIGNED BY T.E. MAO, JANUARY, 1928

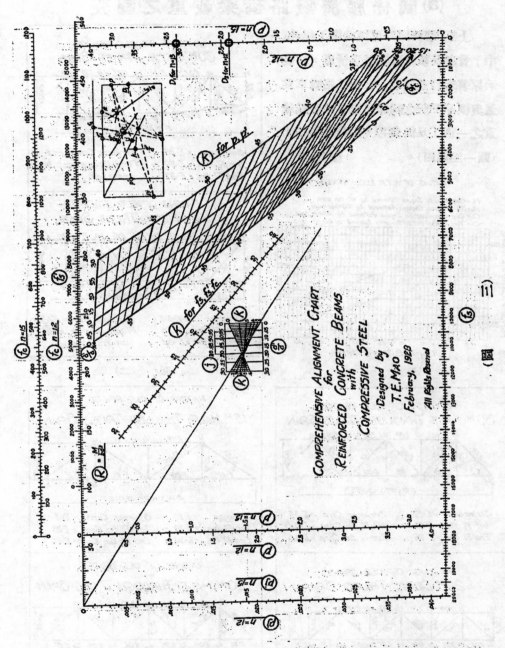

以上三圖，爲圖者五年前所製，備作敎課之
需者。蓋感於普通圖表之笨拙，及「羅模」圖法
（Nomography）之新訊，乃試用於混凝土。向欲
將所有應用圖表，悉爲改製，俾成意億，乃人事

草草，無專心精研之機會，遷延至今，一無成就
。此三圖迄未問世，茲就專號臨地刊布，藉求指
敎，亦有聞風興起者乎？

（茅以昇）

# (3)關係膠濟鐵路橋梁載重之圖表

　　上期「膠濟鐵路更換橋梁工程」稿中，曾敍及該路舊橋載重情形，茲復承原著者孫寶墀君，寄示該路機車重量與標準E級之關係，及各式舊橋載重之一班，足供參考，用特補附於此（圖一至圖四）。　　　　　（編者）

RATING OF K.T.R. LOCOMOTIVES

M₁ - One Mikado Engine followed by 40-ton cars
M₂ - Two Mikado Engines followed by 60-ton cars
C₁ - One Consolidation Engine followed by 40-ton cars
C₂ - Two Consolidation Engines followed by 60-ton cars

（圖　一）

RATING OF OLD BRIDGE
30ᴹ DECK TRUSS SPAN

8 @ 3870 = 30.96 M

| Stringer = E·23 | Stringer Conn. = E·13 |
| Int. Fl. Bm. = E·50 | Floor Beams rest on |
| End Fl. Bm. = E·37 | trusses. |

RATING OF OLD BRIDGE
40ᴹ DECK TRUSS SPAN

10 @ 4120 = 41.20 M

| Stringer = E·23 | Stringer Conn. = E·18 |
| Int. Fl. Bm. = E·26 | Floor Beams rest |
| End Fl. Bm. = E·34 | on trusses. |

（圖　二）

RATING OF OLD BRIDGE
30ᴹ HALF THROUGH TRUSS SPAN

8 @ 3870 = 30.96 M

| Stringer = E·22 | Stringer Conn. = E·35 |
| Int. Fl. Bm. = E·24 | Int. Fl. Bm. Conn. = E·34 |
| End Fl. Bm. = E·28 | End Fl. Bm Conn. = E·45 |

RATING OF OLD BRIDGE
20ᴹ DECK TRUSS SPAN

6 @ 3470 = 20.82 M

| Stringer = E·25 | Stringer Conn. = E·21 |
| Int. Fl. Bm. = E·30 | Floor Beams rest |
| End Fl. Bm. = E·28 | on trusses. |

（圖　三）

RATING OF OLD BRIDGE
15ᴹ HALF THROUGH TRUSS SPAN

4 @ 3968 = 15.872 M

| Stringer = E·26 | Stringer Conn. = E·14 |
| Int. Fl. Bm. = E·29 | Int. Fl. Bm. Conn. = E·23 |
| End Fl. Bm. = E·34 | End Fl. Bm. Conn. = E·20 |

RATING OF OLD BRIDGE
20ᴹ HALF THROUGH TRUSS SPAN

6 @ 3470 = 20.80 M

| Stringer = E·28 | Stringer Conn. = E·20 |
| Int. Fl. Bm. = E·27 | Int. Fl. Bm. Conn. = E·34 |
| End Fl. Bm. = E·34 | End Fl. Bm. Conn. = E·25 |

（圖　四）

# 弁　言

此次爲專號徵求稿件，承各方不棄，寵錫鴻文，篇幅之多，遠非始料所及，雖分兩期出版，仍未能盡量登載，亦有因製圖關係，截至執筆時止，尚未寄到者；至公路及城市橋梁，以徵集稍晚，更多遺漏，預計應徵未到之稿，卽續出專號一期，尚有餘裕；此足見近年來我國橋梁建築之進步，深堪慶幸。惟有不能己於言者：(1)各篇所述橋梁，除少數外，均係國外製造。在十年前我國研究土木工程者，多喜專攻橋梁，而以國內無用武之地，寖假棄而改業，其抱璞守貞者，亦惟執敎輒搬書本而已；故近年專攻橋梁者，日見其少，然覩本期所載各鐵路公路橋梁之狀況，以及國外橋梁建築之進步，則吾人機會正多，固不可自甘菲薄，應從各方努力，養成橋梁專家，以應付未來之局面；況近年橋梁工程，漸形發達，有賴於吾人之自助者甚多，甚願與同人共勉之。(2)橋梁與輪渡，同爲跨越河流之交通要具，近自浦口輪渡告成，國人耳目一新，甚願專攻橋梁者，對此多加注意，研究其得失，不僅工程上技術所關，實亦經濟上之一重大問題也。(3)各篇所用專門名詞，極不一致，此爲各種工程同感之困難，亟應設法統一，爲編製學校課本之準備。(4)各篇所用之度量衡，以英制居多，此固各有其歷史上之關係，但國內工程學校採用英美課本，專攻橋梁者，又多留學英美，亦有重大關係，此後如何整齊劃一，以便改遵本國標準，亦爲我工程界之職責。(5)各橋建築之規範書，參差不一，鐵道部雖有鋼橋規範書一種，而以時間關係，似應修正；此外如各種材料之規範，則迄今尚付闕如。編者在十年前，卽提倡工程材料之試驗，擬有中央材料試驗所之計劃，徒以國家多敬，無法實行。本會材料試驗所，發起有年，經費至今未足，倘得各方協助，俾得早日觀成，豈僅橋梁工程之幸，實亦全國經濟所關矣！

編者　二十三年六月一日

# ㈎ 著 者 略 歷

| 鄭　華 | 首都鐵路輪渡工程處處長 |
| 華南圭 | 北甯鐵路工務處處長 |
| 吳益銘 | 津浦鐵路工務處處長 |
| 金　濤 | 平綏鐵路工務處處長 |
| 濮登青 | 京滬滬杭甬鐵路工務處處長 |
| 孫寶墀 | 膠濟鐵路橋梁室主任 |
| 李　儼 | 隴海鐵路潼西段工務總段長 |
| 孫　成 | 道清鐵路工務處處長 |
| 吳祥騏 | 杭江鐵路工務課課長 |
| 汪禧成 | 平漢鐵路技術課課長 |
| 趙福靈 | 平漢鐵路工程司 |
| 薛楚書 | 平漢鐵路工程司 |
| 支秉淵 | 新中公司經理 |
| 魏　如 | 新中公司工程司 |
| 聶肇靈 | 山海關橋梁廠工程司 |
| 周鳳九 | 湖南公路局總工程司 |
| 楊豹靈 | 大昌實業公司經理 |
| 張劍鳴 | 首都建設道路工程處工程司 |
| 許行成 | 首都建設道路工程處工程司 |
| 譚伯英 | 前任上海市公用局第四科科長，現任上海市興業信託社副經理 |
| 熊正琭 | 錢塘江橋工程處工務員 |
| 茅以昇 | 錢塘江橋工程處處長 |

# 工程

第九卷第五號

二十三年十月一日

◆

框架用駢堅量解析法

飛 機 場 之 設 計

防 空 地 下 建 築

鎗 彈 製 造 工 作 述 略

南 京 市 防 水 辦 法 之 商 榷

膠 濟 鐵 路 鋼 軌 防 爬 器

中國工程師學會發行

5890

# 中國工程師學會會刊

編輯：

黃　炎　　（土木）
莊　大　酉　（建築）
胡　樹　楫　（市政）
鄒　璡　經　（水利）
許　應　期　（電氣）
徐　宗　涑　（化工）

# 工程

總編輯：沈　怡

（胡樹楫代）

編輯：

蔣　易　均　（機械）
朱　其　清　（無綫電）
錢　昌　祚　（飛機）
李　儼　　（礦冶）
黃　炳　奎　（紡織）
宋　學　勤　（校對）

## 第九卷第五號目錄

## 中國工程師學會發行

分售處

上海召平街漢文正楷印書館
上海民智書局
上海福煦路中國科學公司
南京正中書局
重慶天主堂街重慶書店
漢口中國書局

上海徐家滙蘇新書社
上海福州路光華書局
上海生活書店
福州市南大街萬有圖書社
天津大公報社

上海福州路現代書局
上海福州路作者書社
南京太平路鐵山書局
南京花牌樓書店
濟南芙蓉街教育圖書社

# 本 刊 啓 事

本刊徵求國內外工程新聞,工程雜俎,以及其他一切與工程有關之小品文字,倘蒙本會同人,及讀者諸君,惠撰賜寄,本刊竭誠歡迎。此項材料,在外國工程雜誌,最爲豐富,讀者及會員諸君,苟能於平日披覽此種雜誌之時,隨手譯寄,俾得充實篇幅,尤爲感盼。

# 框架用駢堅量解析法

## 黃 文 熙

## 緒　論

本文所述之框架解析法 (Method of frame analysis)，分下列五節以說明之:

(1) 駢堅量 (Conjugate Stiffness) 之決定，

(2) 接點上之不平衡力矩 (Unbalanced Moment at a joint) 與其所引起之抗力矩在該接點各桁 (Member) 間分佈之情形，

(3) 攜過因數 (Carry Over Factor) 之決定，與框架解析之步驟，

(4) 偏倚改正 (Correction for Side Sway)，

(5) 多層框架 (Multistoried Bents)。

先假定框架各接點均被鍵定 (即不能轉動或移動)，求各桁在所設載重下之固定端力矩 (Fixed End Moments)。每接點處諸固定端力矩之和，即為該接點上之不平衡力矩。即以此種不平衡力矩代所設載重，再假定各接點能自由轉動，然後用 (1)(2)(3) 三節之法，求各該不平衡力矩在各桁端所引起的各抗力矩之值。今如框架之各接點均無移動，則某桁端由所設載重所引起之抗力矩之真值，即等於各接點上之不平衡力矩在該桁端所引起的各抗力矩與該桁端固定端力矩之和。至框架各接點有無移動，可用 (4) 節所述方法以測驗之，而偏倚改正之決定，亦即在此節中詳論。

凡桁端力矩之使該桁順時針方向轉者，在此文中均作正號，

$\theta$(轉動角)與 $T\left(=\dfrac{d}{L}=\dfrac{撓度}{接點距離}\right)$ 亦然。據此符號規則，「坡度偏撓法」[a] (Slope Deflection Method) 之基本方程式即應寫作下列形式：

$$M_{AB}=2ES_{AB}(2\theta_A+\theta_B-3T)-C_{AB}$$

$$M_{BA}=2ES_{AB}(2\theta_B+\theta_A-3T)+C_{BA}$$

# （一）駢堅量之決定

假定圖（一）之框架中，$A$ 接點轉動一角等於 $\theta_A$，則用「坡度偏撓法」之基本方程式，可得各桁兩端因此項變形而起之抗力矩，即

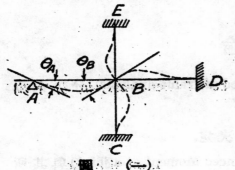

圖（一）

$$M_{AB}=2ES_{AB}(2\theta_A+\theta_B)\quad\cdots\cdots\cdots(I.1)$$

$$M_{BA}=2ES_{AB}(2\theta_B+\theta_A)\quad\cdots\cdots\cdots(I.2)$$

$$M_{BC}=4ES_{BC}\theta_B\text{（因}C\text{點固定，}\theta_C=o)(I.3)$$

$$M_{BD}=4ES_{BD}\theta_B\text{（因}D\text{點固定，}\theta_D=o)(I.4)$$

$$M_{BE}=4ES_{BE}\theta_B\text{（因}E\text{點固定，}\theta_E=o)(I.5)$$

式中 $S_{AB}$, $S_{BC}$ ……等為 $AB$, $BC$……等桁之堅量 (Stiffness)，（即 $S_{AB}=\dfrac{I_{AB}}{L_{AB}}$, $S_{BC}=\dfrac{I_{BC}}{L_{BC}}$）。

因 $\Sigma M_B=M_{BA}+M_{BC}+M_{BD}+M_{BE}=o$

故 $2ES_{AB}\theta_A+4E\theta_B(S_{AB}+S_{BC}+S_{BD}+S_{BE})=o$

即 $$\theta_B=\dfrac{-S_{AB}}{2(S_{AB}+S_{BC}+S_{BD}+S_{BE})}\theta_A\quad\cdots\cdots\cdots(I.6)$$

以 $I.6$ 式代入 $(I.1)$ 式，得

$$M_{AB}=4E\theta_A S_{AB}\left(1-\dfrac{S_{AB}}{4(S_{AB}+S_{BC}+S_{BD}+S_{BE})}\right)\quad\cdots\cdots(I.7)$$

如令 $$S_B=S_{AB}+S_{BC}+S_{BD}+S_{BE}\quad\cdots\cdots\cdots\cdots\cdots(I.8A)$$

並名 $S_B$ 為 $B$ 接點之堅量 (Stiffness of joint B)（等於 $B$ 接點處各桁堅量之和），則 $(I.7)$ 式可寫作：

$$M_{AB}=4E\theta_A S_{AB}\left[1-\dfrac{S_{AB}}{4S_B}\right]\quad\cdots\cdots\cdots(I.8)$$

---

[a](參閱 Hool and Johnson, Concrete Engineer's Handbook, Sect. 10 或其他書籍)

$E=$ 彈性係數；$S=\dfrac{I}{L}=\dfrac{慣性率}{接點距離}=$ 桁之堅量；$C=$ 所設載重下之固定端力矩。

又令 …… $R_{AB} = \left[ 1 - \dfrac{S_{AB}}{4S_B} \right] \cdot S_{AB}$ …………………………………(I.9)

則得 …… $M_{AB} = 4E\theta_A R_{AB}$ …………………………………………(I.10)

以 (I.10) 式與 (I.3) (I.4), (I.5) 等式比較,可見在圖(二)之框架中,祇須 $S_{AB'} = R_{AB}$,則就 $A$ 接點之控制程度 (degree of restraint) 而言,圖 (1) 之框架,直可以圖 (2) 之框架替代,此卽謂:如 $S_{AB'} = R_{AB}$,且兩框架 $A$ 接點所轉動之角度相等,則由此變形所引起之抗力矩 $M_{AB}$ 應等於 $M_{AB'}$. $R_{AB}$ 名曰 $AB$ 桁當 $B$ 端假定為固定 (fixed) 時之駢堅量 (Conjugate stiffness of member AB, when end B is considered as fixed),同理: $R_{BA}$ 為 $AB$ 桁當 $A$ 端假定為固定之駢堅量。

圖　　　(二)

如圖(1)之框架中, $C, D, E$ 三點均為棧定 (hinge),而非固定,則 (I.3), (I.4), 及 (I.5) 三式應改為:

$$M_{BC} = 3ES_{BC}\,\theta_B \qquad\qquad\qquad\qquad (I.11)$$

$$M_{BD} = 3ES_{BD}\,\theta_B \qquad\qquad\qquad\qquad (I.12)$$

$$M_{BE} = 3ES_{BE}\,\theta_B \qquad\qquad\qquad\qquad (I.13)$$

(I.7) 及 (I.9) 式則應改為:

$$M_{AB} = 4E\theta_A S_{AB}\left( 1 - \frac{S_{AB}}{4(S_{AB} + \frac{3}{4}S_{BC} + \frac{3}{4}S_{BD} + \frac{3}{4}S_{BE})} \right) \qquad (I.14)$$

$$R_{AB} = S_{AB}\left( 1 - \frac{S_{AB}}{4(S_{AB} + \frac{3}{4}S_{BC} + \frac{3}{4}S_{BD} + \frac{3}{4}S_{BE})} \right) \qquad (I.15)$$

卽 $\qquad R_{AB} = S_{AB}\left( 1 - \dfrac{S_{AB}}{3S_B + S_{AB}} \right)$ …………………………(I.16)

如 $C, D, E$ 三點,旣非棧定,亦非固定而為框架之三接點,則(I.3), (I.4), (I.5), (I.7) 及 (I.9) 等式中之 $S_{BC}$, $S_{BD}$ …… 應代以 $R_{BC}, R_{BD}$ …… ……而改為:

$$M_{BC} = 4ER_{BC}\,\theta_B \qquad\qquad\qquad\qquad (I.17)$$

$$M_{BD} = 4ER_{BD}\,\theta_B \qquad\qquad\qquad\qquad (I.18)$$

$$M_{BE} = 4ER_{BE}\,\theta_B \qquad\qquad\qquad\qquad (I.19)$$

──────────────────────────

●因 $M_{CB} = 2ES_{BC}(2\theta_C + \theta_B) = 0$,故 $\theta_C = -\dfrac{1}{2}\theta_B$ 代入 (I.3) 式卽得此式以下倣此。

$$M_{AB} = 4E\,\Theta_A S_{AB}\left(1 - \frac{S_{AB}}{4(S_{AB}+R_{BC}+R_{BD}+R_{BE})}\right) \cdots\cdots\cdots (I.20)$$

$$R_{AB} = S_{AB}\left(1 - \frac{S_{AB}}{4(S_{AB}+R_{BC}+R_{BD}+R_{BE})}\right) \cdots\cdots\cdots\cdots (I.21)$$

(I.21)式為聯堅量之普徧公式,但因 $R_{BC}$, $R_{BD}$ 與 $R_{BE}$ 均為未知數,故此式不能直接解答,勢須用下節所述之逐步接近法,以求 $R_{AB}$ 之真值。

研究(I.9),(I.16),及(I.21)三式,可見:如以(I.9)式為聯堅量之普徧公式,則由此求得之聯堅量之值,其最大舛差應不超過(I.9)式與(I.16)式之差,即最大舛差應不超過:

$$\Delta R_{AB} = S_{AB}\left(1 - \frac{S_{AB}}{4S_B}\right) - S_{AB}\left(1 - \frac{S_{AB}}{3S_B+S_{AB}}\right)$$

$$\Delta R_{AB} = (S_{AB})^2\left(\frac{S_B-S_{AB}}{4S_B(3S_B+S_{AB})}\right)\cdots\cdots\cdots (I.22)$$

令　　　$S_B = m\,S_{AB}$, 即得

$$\Delta R_{AB} = S_{AB}\left(\frac{m-1}{4(3m^2+1)}\right)\cdots\cdots\cdots\cdots (I.23)$$

因　$1 \leqq m \leqq \infty$,而在 $m=1, m=\infty$ 時, $\Delta R_{AB}$ 之值又均為零,故在1與 $\infty$ 之間,$m$ 必有一值可令 $\Delta R_{AB}$ 為最大。此 $m$ 之值,可從下列關係求得:

由

$$\frac{\partial \Delta R_{AB}}{\partial m} = 0 = \frac{S_{AB}}{4}\cdot\frac{(3m^2+1)\cdot 1-(m-1)6m}{(3m^2+1)^2}$$

得　　　$m = 2.15 \cdots\cdots\cdots\cdots\cdots\cdots (I.24)$

以　　(I.24)代入(I.23),即得

$$max\ \Delta R_{AB} = 0.018\,S_{AB}\cdots\cdots\cdots\cdots\cdots (I.25)$$

以　　$S_B = 2.15\,S_{AB}$ 代入(I.16)式得

$$R_{AB} = 0.8658\,S_{AB}\cdots\cdots\cdots\cdots\cdots (I.26)$$

故最大舛差與真值之百分比為:

$$\frac{0.018\times 100}{0.8658} = 2.08\%\cdots\cdots\cdots\cdots\cdots (I.27)$$

上節說明:如以(I.9)式代聯堅量之普徧公式,則求得 $R_{AB}$ 值之舛差,即在最惡劣之情形下($S_B=2.15\,S_{AB}$ 時)亦不至超過真值之2.08%。因各桁之堅量事實上不能準確決定,又因此種大小之舛差,於各桁端抗力矩之影響甚微,故以(I.9)式為聯堅量之普徧公式;

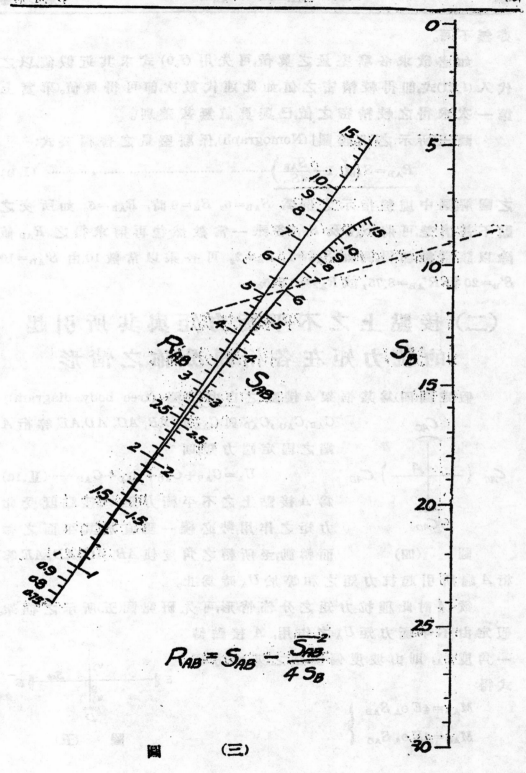

$$R_{AB} = S_{AB} - \frac{S_{AB}^2}{4S_B}$$

圖　（三）

亦無不可。

如必欲求各駢堅量之眞値,可先用 (I.9) 式求其近似値,以之代入 (I.21) 式,即得較精密之値,如此連代數次,即可得眞値。(事實上第一次求得之較精密之値,已與眞値無甚差別)。

圖(三)所示之「諾謨圖」(Nomograph),係駢堅量之普徧公式:

$$R_{AB}=S_{AB}\left(1-\frac{S_{AB}}{4S_B}\right) \cdots\cdots\cdots \quad (I.9)$$

之圖解。圖中虛線指示之例爲 $S_{AB}=6$, $S_B=9$ 時, $R_{AB}=5$。如所交之點不甚淸楚,可將 $S_{AB}$ 及 $S_B$, 各乘一常數然後再將求得之 $R_{AB}$ 値除以該常數即得。例如 $S_{AB}=1$, $S_B=2$, 可各乘以常數 10,由 $S'_{AB}=10$, $S'_B=20$ 得 $R'_{AB}=8.75$, 故 $R_{AB}=0.875$。

## (二) 接點上之不平衡力矩與其所引起的抗力矩在各桁間分佈之情形

假定圖(四)爲某框架 $A$ 接點之自由體圖 (free body diagram), $C_{AB}, C_{AC}, C_{AD}$ 與 $C_{AE}$ 爲 $AB, AC, AD, AE$ 等桁 $A$ 端之固定端力矩,則

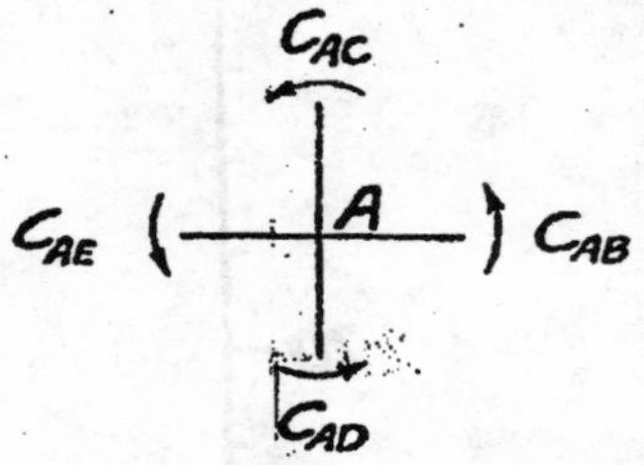

圖 (四)

$$U_A=C_{AB}+C_{AC}+C_{AD}+C_{AE} \cdots\cdots (II.1a)$$

爲 $A$ 接點上之不平衡力矩。$A$ 接點既受此力矩之作用,勢必繞一垂直於其平面之軸而轉動,至所轉之角度使 $AB, AC, AD, AE$ 等桁 $A$ 端所引起抗力矩之和等於 $U_A$ 時爲止。

欲探討此種抗力矩之分佈情形,可先研究圖(五)所示之框架。假定由不平衡力矩 $U_A$ 之作用, $A$ 接點轉一角度 $\theta_A$, 則由坡度偏撓法之基本方程式得:

圖 (五)

$$\left.\begin{aligned} M_{AB}&=4E\,\theta_A\,S_{AB}\\ M_{AC}&=4E\,\theta_A\,S_{AC}\end{aligned}\right\}$$

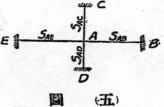

$$M_{AD}=4E\,\theta_A\,S_{AD}$$

$$M_{AE}=4E\,\theta_A\,S_{AE}$$

$$\left.\begin{array}{l} \\ \\ \end{array}\right\}\cdots\text{(II.1)}$$

因

$$\Sigma M_A=M_{AB}+M_{AC}+M_{AD}+M_{AE}+U_A=o$$

故

$$4E\theta_A(S_{AB}+S_{AC}+S_{AD}+S_{AE})=(-\ U_A)$$

即

$$4E\theta_A=\frac{-\ U_A}{S_A}\qquad\cdots\cdots\text{(II.2)}$$

故

$$M_{AB}=(-)\,\frac{S_{AB}}{S_A}\,U_A$$

$$M_{AC}=(-)\,\frac{S_{AC}}{S_A}\,U_A$$

$$M_{AD}=(-)\,\frac{S_{AD}}{S_A}\,U_A$$

$$M_{AE}=(-)\,\frac{S_{AE}}{S_A}\,U_A$$

$$\left.\begin{array}{l} \\ \\ \\ \\ \end{array}\right\}\cdots\cdots\cdots\cdots\cdots\cdots\cdots\cdots\cdots\text{(II.3)}$$

假定 $B,C,D,E$ 四點均非固定,而爲框架之接點,如圖(六)所示,則由上章推理,可知:如以圖(六)框架各桁之準堅量 $R_{AB}$, $R_{AC}$, $R_{AD}$…等代表圖(五)框架各桁之堅量,則此兩個框架上 $A$ 接點之控制程度應完全相等,換言之,卽求圖(六)框架 $A$ 接點上之不平衡力矩所引起之抗力矩在各桁間分佈之情形時,圖(六)框架可代以圖(五)之框架,故

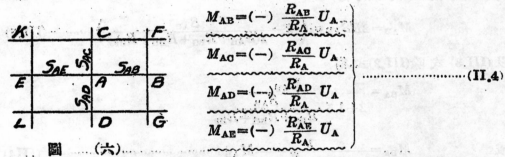

圖 ……(六)

$$M_{AB}=(-)\,\frac{R_{AB}}{R_A}\,U_A$$

$$M_{AC}=(-)\,\frac{R_{AC}}{R_A}\,U_A$$

$$M_{AD}=(-)\,\frac{R_{AD}}{R_A}\,U_A$$

$$M_{AE}=(-)\,\frac{R_{AE}}{R_A}\,U_A$$

$$\left.\begin{array}{l} \\ \\ \\ \\ \end{array}\right\}\cdots\cdots\text{(II.4)}$$

式中 $R_A=R_{AB}+R_{AC}+R_{AD}+R_{AE}$, 卽 $A$ 接點之駢堅量 (conjugate stiffness of joint A)

## (三)攜過因數之決定與框架解析之步驟

$A$ 接點上之不平衡力矩 $U_A$ 在該接點各桁端所引起之抗力

短,其計算法業詳上章。現須繼續研究者,為 $U_A$ 對於其他接點(例如 $B, E, F, G,$ 等)各桁端所起之影響。(1)(2)二章業已證明:就 $B$ 接點之控制程度而言,圖(七)框架與圖(八)框架完全相同,即 $A$ 接點如轉一角度 $\theta_A$,$B$ 接點即將隨之而轉一角度 $\theta_B$,而 $\theta_B$ 與 $\theta_A$ 之關係可以下式(參觀 $I.6$ 式)表明之:

$$\theta_B = \frac{-S_{AB}}{2(S_{AB}+R_{BG}+R_{BH}+R_{BF})}\theta_A \quad\cdots\cdots(III.1)$$

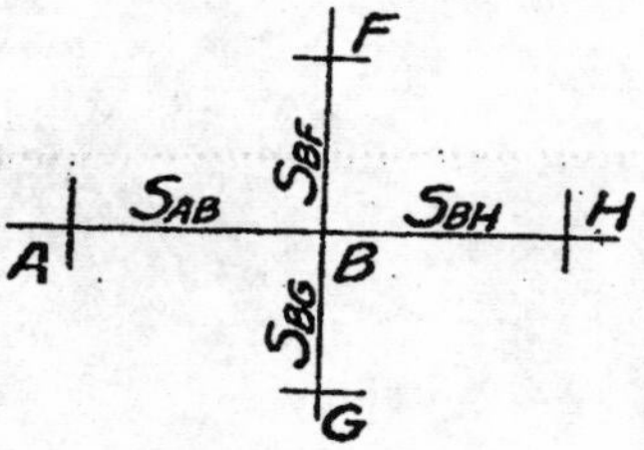

圖　（七） 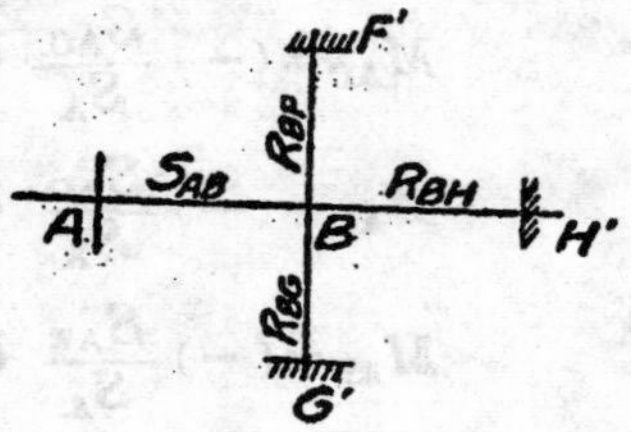　　　　　　　　　圖　（八）

代入 $(I.2)$ 式,得

$$M_{BA} = 2ES_{AB}\,\theta_A\left(\frac{-S_{AB}}{(S_{AB}+R_{BG}+R_{BH}+R_{BF})}+1\right)$$

即

$$M_{BA} = 2ES_{AB}\,\theta_A\left(\frac{R_{BG}+R_{BH}+R_{BF}}{S_{AB}+R_{BG}+R_{BH}+R_{BF}}\right)\cdots\cdots(III.2)$$

以 $(III.1)$ 代入 $(I.1)$ 式得

$$M_{AB} = 2ES_{AB}\,\theta_A\left(2-\frac{S_{AB}}{2(S_{AB}+R_{BG}+R_{BH}+R_{BF})}\right)\cdots\cdots(III.3)$$

以 $(III.3)$ 式除 $(III.2)$ 式,得

$$M_{BA} = \frac{M_{AB}}{2+1.5\dfrac{S_{AB}}{R_{BG}+R_{BH}+R_{BF}}}$$

或

$$M_{BA} = \frac{1}{2+1.5\dfrac{S_{AB}}{R_B-R_{BA}}}M_{AB}\cdots\cdots(III4)$$

命

$$\frac{1}{F_{AB}} = \frac{1}{2+1.5\dfrac{S_{AB}}{R_B-R_{BA}}}\cdots\cdots(III.5)$$

得

$$M_{BA} = \frac{1}{F_{AB}}M_{AB}\cdots\cdots(III6)$$

　　　因 $M_{AB}$ 可用二章(II.4)式求得,故 $M_{BA}$ 之值卽可決定。式中 $\dfrac{1}{F_{AB}}$ 名曰 $AB$ 桁由 $A$ 至 $B$ 之攜過因數,實卽等於 $A$ 端所施之單位力矩在 $B$ 端所引起之抗力矩之值。同理,如施一單位力矩於 $B$ 端,$A$ 端將被引起一抗力矩,其值等於 $\dfrac{1}{F_{BA}}$。

　　　圖(九)所示之諾謨圖,係(III.5)式之圖解。圖中虛線指示:例如 $S_{AB}$ $=6$, $R_B-R_{BA}=9$, 則 $F_{AB}=3$。

　　　$B$ 接點之 $M_{BG}$, $M_{BH}$, $M_{BF}$ 等值可以下法求之。由 (I.3), (I.4), (I.5) 式得

$$M_{BF}=4ER_{BF}\,\theta_B$$
$$\left.\begin{array}{l} M_{BG}=4ER_{BG}\,\theta_B \\ \end{array}\right\} \quad \cdots\cdots\cdots\cdots\cdots\text{(III.7)}$$
$$M_{BH}=4ER_{BH}\,\theta_B$$

因　　　$\Sigma M_B=M_{BA}+M_{BF}+M_{BG}+M_{BH}=o$

故　　　$4E\theta_B(R_{BF}+R_{BG}+R_{BH})=(-)M_{BA}$

卽　　　$4E\theta_B=\dfrac{(-)M_{BA}}{R_B-R_{BA}}$　　　$\cdots\cdots\cdots$(III.8)

以(III8)式代入(III7)式,則得

$$M_{BF}=\dfrac{-R_{BF}}{R_B-R_{BA}}M_{BA}$$
$$\left.\begin{array}{l} M_{BG}=\dfrac{-R_{BG}}{R_B-R_{BA}}M_{BA} \\ \end{array}\right\} \cdots\cdots\cdots\cdots\text{(III.9)}$$
$$M_{BH}=\dfrac{-R_{BH}}{R_B-R_{BA}}M_{BA}$$

　　　各桁在 $F$, $G$, $H$ 及其他接點之抗力矩,亦可用同樣方法求得;祗須先決定 $\dfrac{1}{F_{BF}}$, $\dfrac{1}{F_{BG}}$, $\dfrac{1}{F_{BH}}$ 等攜過因數,再用 (III 6), (III9) 等式決定其值。

　　　如各桁端由 $A$ 接點上之不平衡力矩 $U_A$ 所引起之抗力矩均已求得,可用同法處理 $U_B$, $U_C$ $\cdots\cdots\cdots\cdots\cdots$等。各桁端在所設載重下之抗力矩,卽等於其固定端力矩與用上述方法求得諸值之代數和 (algebraic Sum)。

圖　（九）

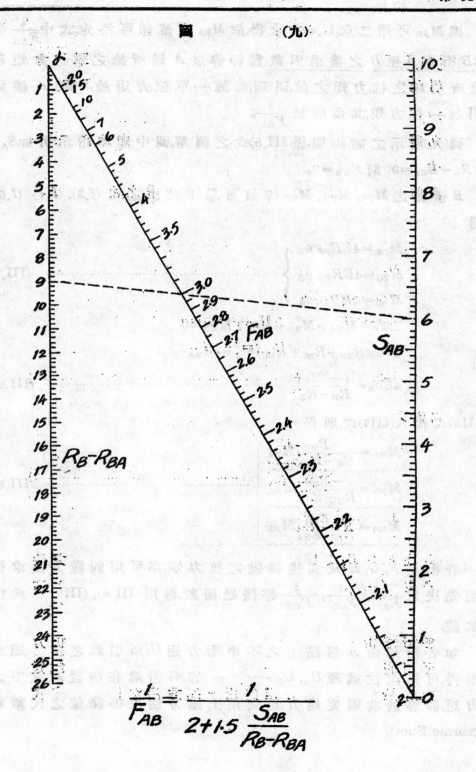

$$\frac{1}{F_{AB}} = \frac{1}{2 + 1.5 \dfrac{S_{AB}}{R_B - R_{BA}}}$$

由上所述,框架解析之步驟,可概括如下:

(A) 由 (I.9)及(III.5)式或圖(3)圖(9)求各桁兩端之聯堅量及攜過因數,並將所得結果各列為圖表,如圖(十)。

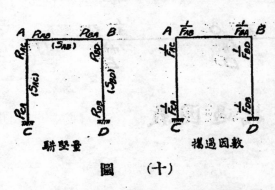

聯堅量　　　　攜過因數

圖　　(十)

(B)計算各桁在所設載重下之固定端力矩,並決定各接點上之不平衡力矩。

(C)用 (2)(3)兩章所述之方法,依次計算各桁端由各接點上之不平衡力矩所引起之抗力矩。

(D) 將某桁端之固定端力矩,與其由平衡各接點上之不平衡力矩時所得之諸抗力矩相加,即得該桁端由所設載重所引起之抗力矩眞值(此係假定框架無偏倚時而言)。

(E) 決定偏倚改正數(見下章)。

例(1)

試解 Prof. Hardy Cross 氏所著"Analysis of Continuous Frames by distributing Fixed End Moments" 書中所舉之框架。圖(十一)在圓圈中之諸值代表各桁之堅量。

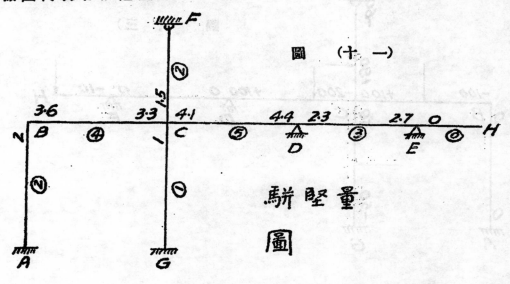

圖　　(十一)

聯堅量
圖

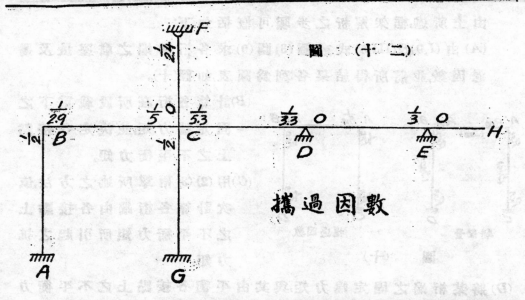

圖（十二）

攜過因數

　　　決定各桁端之�‍聯堅量及攜過因數（用諾謨圖），並將結果列圖如圖（十一）及圖（十二）。例如在圖（十一）中，$R_{BC}=3.6$, $R_{CB}=3.3$, $R_{CF}=1.5$……。在圖（十二）中，$\dfrac{1}{F_{BC}}=\dfrac{1}{2.9}$, $\dfrac{1}{F_{CB}}=\dfrac{1}{5}$, $\dfrac{1}{F_{CF}}=0$…………。

　　　圖（十三）示框架之載重及各桁之固定端力矩。由本圖可算得各接點上之不平衡力矩如下；$U_A=0$, $U_B=-100$, $U_C=+100+80+50-20)=+30$, $U_D=+100$, $U_E=-10$, $U_F=-60$, $U_G=-50$。

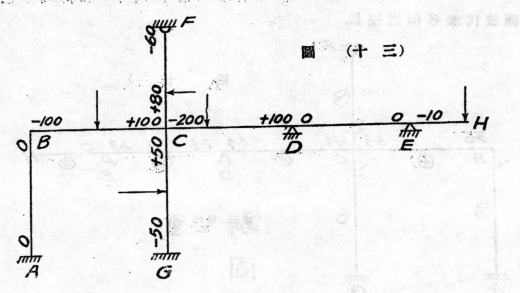

圖（十三）

次平衡各接點上之不平衡力矩如下：

(1) 因 $U_A=0$，故毋需平衡。

(2) 先平衡 $U_B$，則得 $M_{BC}=+100\times\dfrac{3\cdot6}{3.6+2}=+64$，$M_{BA}=+100\times\dfrac{2}{5.6}$ $=35.7$。由 $B$ 攜至 $A$，得 $M_{AB}=\frac12 M_{BA}=+18$；由 $B$ 攜至 $C$，得 $M_{CB}=\dfrac{1}{2.9}$ $M_{BC}=+22$。將 $M_{CB}$ 分配在 $CD$，$CF$，$CG$ 等桁間，則得 $M_{CD}=-\left(+22\times\dfrac{4.1}{4\,1+1.5+1}+3,3\right)=-14$，$M_{CF}=-\left(+22\times\dfrac{1.5}{9.9}\right)=-5$，$M_{CG}=-\left(+22\times\dfrac{1}{9.9}\right)=-3$。由 $C$ 攜至 $F$，得 $M_{FC}=0$；由 $C$ 攜至 $G$，得 $M_{GC}=\frac12 M_{CG}=-2$；由 $C$ 攜至 $D$ 得 $M_{DC}=\dfrac{1}{5.3}M_{CD}=-3$，$M_{DE}=+3$。因 $\dfrac{1}{F_{DE}}=0$，故 $M_{ED}$ 及 $M_{EH}$ 均為 $0$。

(3) 用同法平衡 $U_B$，$U_C$，……$U_E$。事實上求此種不平衡力矩在各桁端所引起的抗力矩時，藉圖(十一)與(十二)之助，各種計算均可用計算尺為之，不必步步寫出，祇須將求得之各抗力矩之值填入表內(表一)即可。

表　（一）

| $U$ ＼ $M$ | AB | BA | BC | CB | CD | CF | CG | DC | DE | ED | EH | FC | GC |
|---|---|---|---|---|---|---|---|---|---|---|---|---|---|
| 固定端力矩 | 0 | 0 | -100 | +100 | -200 | +80 | +50 | +100 | 0 | 0 | -10 | -60 | -50 |
| $U_A=0$ | 0 | 0 | 0 | 0 | 0 | 0 | 0 | 0 | 0 | 0 | 0 | 0 | 0 |
| $U_B=-100$ | +18 | +36 | +64 | +22 | -14 | -5 | -3 | -3 | +3 | 0 | 0 | 0 | -2 |
| $U_C=+30$ | +1 | +2 | -2 | -10 | -12 | -5 | -3 | -2 | +2 | 0 | 0 | 0 | -2 |
| $U_D=+100$ | -1 | -2 | +2 | +12 | -20 | +5 | +3 | -66 | -34 | 0 | 0 | 0 | +2 |
| $U_E=-10$ | 0 | 0 | +1 | -1 | 0 | 0 | -3 | +3 | +10 | 0 | 0 | 0 | 0 |
| $U_F=-60$ | +1 | +2 | -2 | -10 | -12 | +25 | -3 | -2 | +2 | 0 | 0 | +60 | -2 |
| $U_G=-50$ |  |  |  |  |  |  |  |  |  |  |  |  |  |
| $M$ | +19 | +38 | -38 | +115 | -259 | +100 | +44 | +24 | -24 | +13 | -10 | 0 | -54 |

# （四）偏欹改正

以前各章之推理係假定框架之各接點僅有轉動 (Rotation)

而無移動 (Translation)。故在所設載重下,框架各接點如有移動,則用上法求得之結果須加以修正。

如各桁因直應力 (direct stress) 而起之變形可略而不計,則解析尋常框架時所須探討者僅為偏欹 (side sway) 之影響。

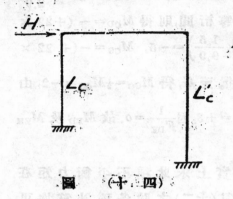

圖　（十　四）

框架在所設載重下有無偏倚,可用下式測驗之:

$$H + \sum \frac{M_{on} + M_{un}}{L_o} = 0 \cdots\cdots\cdots\cdots\cdots (IV.1)$$

式中 $H=$水平剪力 (shear) 之經由各
　　　　　柱自柱頂傳至柱底者。

$M_{oo}=$柱頂之抗力矩

$M_{uo}=$柱底之抗力矩

$L_o=$柱長

此式名框架方程式 (bent equation),僅適用於水平力施於接點之框架,如圖（十四）所示者。若柱身受有水平力,如圖（十五）之框架,則應用下式 以測其有無偏倚 ($H_1, H_2, H$等代表各柱所受水平力之合力)

$$\sum KH + \sum \frac{M_{on} + M_{un}}{L_o} = 0 \cdots (IV.1a)$$

解析有偏倚之框架,可先

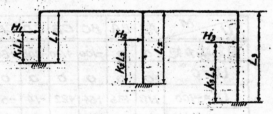

圖　（十　五）

假定各接點無移動,用 (1)(2)(3) 章之法求各桁端之抗力矩。將各柱端之抗力矩代入 ($IV.1$) 或 ($IV.1a$) 式,如結果不等於零,則即證明此框架有偏倚,而求得之各抗力矩應加以修正。假定代入($IV.1$)式後得

$$H + \sum \frac{M_{oc} + M_{un}}{L_o} = \Delta H_o \cdots\cdots\cdots\cdots\cdots (VI.2)$$

研究此式,可見框架上之水平剪力如為 $H-\Delta H_o$ 而非 $H$,則用上法求得之抗力矩,即為真值無須修正;換言之,以前之解析實猶根據「框架之剪力等於 $H-\Delta H_o$ 而非等於 $H$」之謬誤假定而得之結果。今

吾人所須探討者,即為此不平衡剪力 $\Delta H$。對於各桁端抗力矩之
影響,即各桁抗力矩之偏倚改正數是。

　　假定圖(十六)所示之框架受水平力 $\Delta H$。之作用,而各接點不
能轉動,僅能自由移動,則由坡度偏撓法之基本方程式,令 $\theta=0$,得
各桁端由 $A, B, C$ 三接點移動 $D$
距離而起之抗力矩如下:

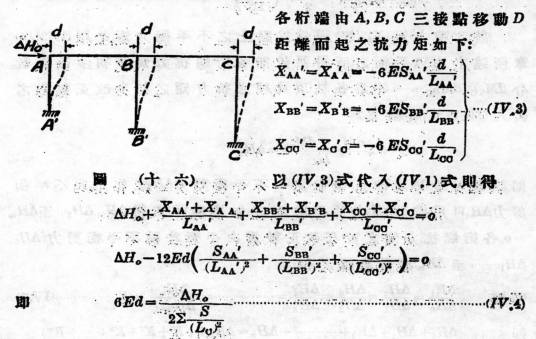

$$X_{AA'} = X_{A'A} = -6ES_{AA'}\frac{d}{L_{AA'}}$$

$$X_{BB'} = X_{B'B} = -6ES_{BB'}\frac{d}{L_{BB'}} \Bigg\} \cdots (IV.3)$$

$$X_{OO'} = X_{O'O} = -6ES_{OO'}\frac{d}{L_{OO'}}$$

圖　(十　六)　　　　以 $(IV.3)$ 式代入 $(IV.1)$ 式則得

$$\Delta H_o + \frac{X_{AA'} + X_{A'A}}{L_{AA'}} + \frac{X_{BB'} + X_{B'B}}{L_{BB'}} + \frac{X_{OO'} + X_{O'O}}{L_{OO'}} = 0$$

$$\Delta H_o - 12Ed\left(\frac{S_{AA'}}{(L_{AA'})^2} + \frac{S_{BB'}}{(L_{BB'})^2} + \frac{S_{OO'}}{(L_{OO'})^2}\right) = 0$$

即　　　　　$$6Ed = \frac{\Delta H_o}{2\Sigma\frac{S}{(L_O)^2}} \cdots\cdots(IV.4)$$

以 $(IV.4)$ 代入 $(IV.3)$ 式得

$$X_{AA'} = X_{A'A} = -\Delta H_o \frac{\frac{S_{AA'}}{L_{AA'}}}{2\Sigma\frac{S}{(L_O)^2}}$$

$$X_{BB'} = X_{B'B} = -\Delta H_o \frac{\frac{S_{BB'}}{L_{BB'}}}{2\Sigma\frac{S}{(L_O)^2}} \quad\cdots\cdots(IV.5)$$

$$X_{OO'} = X_{O'O} = -\Delta H_o \frac{\frac{S_{OO'}}{L_{OO'}}}{2\Sigma\frac{S}{(L_O)^2}}$$

　　如各柱長度相等,則 $IV.5$ 式可寫作:

$$X_{AA'} = X_{A'A} = \frac{-\Delta H_o L}{2}\left(\frac{S_{AA'}}{\Sigma S}\right)$$

$$X_{BB'} = X_{B'B} = \frac{-\Delta H_o L}{2}\left(\frac{S_{BB'}}{\Sigma S}\right)\left.\begin{array}{c} \\ \\ \end{array}\right\}\cdots\cdots\cdots(IV.6)$$

$$X_{CC'} = X_{C'C} = \frac{-\Delta H_o L}{2}\left(\frac{S_{CC'}}{\Sigma S}\right)$$

將此種力矩 ($X_{AA'}$ 等) 視爲接點上之不平衡力矩,並用 (1) (2) (3) 章所述之法以平衡之,所得諸值卽各桁端抗力矩之初步改正數。令 $dM_{TO}$, $dM_{BC}$ …… 等爲各柱頂及柱底抗力矩之初步改正數,以之代入 ($IV.1$) 式,如結果爲

$$\Delta H_o + \Sigma \frac{dM_{oc} + dM_{uc}}{L_c} = \Delta H_1$$

則該框架經初步改正後倘受一不平衡剪力 $\Delta H_1$ 之作用。此不平衡剪力 $\Delta H_1$ 可用處理 $\Delta H_o$ 之法以處理之,如是輾轉求得 $\Delta H_2$, $\Delta H_3$ … 至 $\Delta H_n$ $=o$。各桁端抗力矩之實在改正數,爲由平衡此種不平衡剪力 ($\Delta H_0$, $\Delta H_1$…… 至 $\Delta H_n$) 而得諸值之和。

惟因

$$\frac{\Delta H_1}{\Delta H_0} = \frac{\Delta H_2}{\Delta H_1} = \frac{\Delta H_3}{\Delta H_2} = \frac{\Delta H_4}{\Delta H_3} = \cdots\cdots = \frac{\Delta H_n}{\Delta H_{n-1}} = K \cdots\cdots(IV.7)$$

卽

$$\Delta H_0 + \Delta H_1 + \Delta H_2 + \cdots\cdots + \Delta H_n = \Delta H_0 (1 + K + K^2 + K^3 + \cdots + K^n)$$

故

$$\sum_0^n \Delta H = \frac{\Delta H_0 (K^n - 1)}{K - 1}$$

因 $K < 1$, 故當 $n \doteq \infty$, $K^n \doteq 0$

$$\sum_0^n \Delta H = \frac{\Delta H_0}{1 - K} \quad\cdots\cdots\cdots\cdots\cdots\cdots(IV.8)$$

因此各桁端抗力矩之偏倚改正數眞值,可用較簡單之法求得:例如 $M_{AB}$ 之改正數爲

$$\Delta M_{AB} = dM_{AB}\left(\frac{1}{1-K}\right) \quad\cdots\cdots\cdots\cdots\cdots\cdots(IV.9)$$

式中 $dM_{AB} =$ 在平衡不平衡剪力 $\Delta H_0$ 時所得 $M_{AB}$ 之初步改正數; $\Delta M_{AB} = M_{AB}$ 之偏倚改正數眞值; $K = \frac{\Delta H_1}{\Delta H_0}$。

例 (2)

設有框架如圖 (十七),則用 (一)(三) 兩章所論之方法,可求各桁端之聯堅量及攜過因數,如圖中所列者。

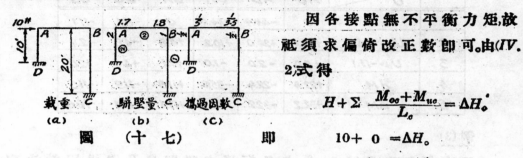

載重　　　　　　聯堅量　　　　攜過因數
(a)　　　　　　　(b)　　　　　　(c)

圖　　(十七)

因各接點無不平衡力矩,故祗須求偏倚改正數卽可。由 (IV. 2) 式得

$$H + \Sigma \frac{M_{oo} + M_{uo}}{L_o} = \Delta H_o$$

卽　　　　$10 + 0 = \Delta H_o$

$$\therefore \Delta H_o = 10$$

由 (IV. 3) 式得

$$X_{AD} = X_{DA} = -10 \frac{\frac{2}{10}}{2\left(\frac{2}{(10)^2} + \frac{1}{(20)^2}\right)} = -10 \frac{\frac{2}{10}}{2\left(\frac{9}{400}\right)} = -44.4$$

$$X_{BC} = X_{CB} = -10 \frac{\frac{1}{20}}{2\left(\frac{9}{400}\right)} = -11.1$$

將此種力矩當作接點上之不平衡力矩,用 (一)(二)(三) 章所述之方法平衡之(表二第 23 行),由此得偏倚初步改正數 $dM$ 諸值,如表二第 4 行所列之數。

將各柱頂及柱底之 $dM$ 值代入 (IV. 2) 式得

$$\frac{dM_{AD} + dM_{DA}}{10} + \frac{dM_{BC} + dM_{CB}}{20} + 10 = \Delta H_1$$

$$\frac{-22.4 - 35.2}{10} + \frac{-11.9 - 11.5}{20} + 10 = \Delta H_1$$

$$\Delta H_1 = +3.07$$

$$K = \frac{\Delta H_1}{\Delta H_0} = \frac{3.07}{10} = 0.307$$

$$\therefore \frac{1}{1 - K} = \frac{1}{1 - 0.307} = 1.44$$

以表(二)第 4 行諸值乘 1.44,卽為偏倚改正數之眞值 (ΔM),見表中第 5 行。

表　（二）

| $\dfrac{M}{U}$ | AB | AD | DA | BA | BC | CB |
|---|---|---|---|---|---|---|
| 1 | X | 0 | -44.4 | -44.4 | 0 | -11.1 | -11.1 |
| 2 | $U_A=-44.4$ | +20.4 | +24.0 | +10.2 | +4.8 | -4.8 | -2.4 |
| 3 | $U_B=-11.1$ | +2.0 | -2.0 | -1.0 | +7.1 | +4.0 | +2.0 |
| 4 | $dM$ | +22.4 | -22.4 | -35.2 | +11.9 | -11.9 | -11.5 |
| 5 | $\Delta M$ | +32.2 | -32.2 | -50.7 | +17.1 | -17.1 | -16.6 |

例 (3)

設有框架如圖(十八)，先求各桁端之駢堅量及攤過因數並列入圖中，如圖 (b) 及 (c) 所示。

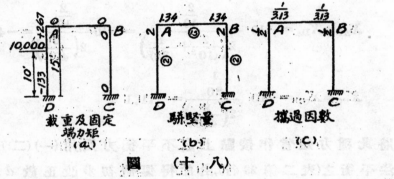

圖　（十　八）

由 (IV.1a) 及 (IV.2) 式得

$$\sum \frac{M_{oo}+M_{uo}}{15}+\frac{10}{15}H=\Delta H_o$$

先平衡接點上之不平衡力矩 (卽$U_A=+267$，$U_D=-133$)，其結果如表(三)第 3 行所示。將柱頂柱底之力矩代入上式，得

$$\Delta H_o = \frac{+107-213+34+17}{15\times12}+\frac{2}{3}\times10 = -0.305+6.667$$

$$\Delta H_o = +6.362$$

代入 IV.6 式得

$$X_{AD}=X_{DA}=X_{BC}=X_{CB}=\frac{-6.362}{2}\left(\frac{2}{4}\right)\times15\times12=-286$$

平衡此種不平衡力矩所得之初步偏倚改正數($dM$)，如表（三）

內第7行(＝4行＋5行十6行)所示。將柱頂及柱底之 $dM$ 諸值代入($IV$.2)式,得

$$\Delta H_1 = \Delta H_0 + \frac{-152-219-152-219}{15\times12}$$

$$= 6.362 - \frac{742}{180}$$

$$= 2.242$$

$$\therefore K = \frac{\Delta H_1}{\Delta H_0} = \frac{2.242}{6.362} = 0.352$$

$$\frac{1}{1-K} = 1.54$$

以 1.54 乘第 7 行 $dM$ 諸值,即得各偏倚改正數之眞值($\Delta M$),如表三第 8 行所示。

表　　(三)

| | U＼M | AD | AB | DA | BC | BA | CB |
|---|---|---|---|---|---|---|---|
| 1 | 固定端力矩 | +267 | 0 | -133 | 0 | 0 | 0 |
| 2 | $U_A$=+267 | -160 | -107 | -80 | +34 | -34 | +17 |
| 3 | M | +107 | -107 | -213 | +34 | -34 | +17 |
| 4 | X | -286 | 0 | -286 | -286 | 0 | -286 |
| 5 | $U_A$=-286 | +171 | +115 | +86 | -37 | +37 | -19 |
| 6 | $U_B$=-286 | -37 | +37 | -19 | +171 | +115 | +86 |
| 7 | dM | -152 | +152 | -219 | -152 | +152 | -219 |
| 8 | $\Delta M$ | -234 | +234 | -337 | -234 | +234 | -337 |
| 9 | M+$\Delta M$ | -127 | +127 | -550 | -200 | +200 | -320 |

# (五) 多 層 框 架

框架之多層者,亦可用前數章所述方法以解析之,惟求得各桁端抗力矩之值,不能如一層框架或連續梁之易於精確求得耳。

設有圖(十九)之框架,令 $U_A$ 爲 $A$ 接點上之不平衡力矩,試探討該不平衡力矩在各桁端所引起之抗力矩。例如 $M_{BA}$,其眞值係由下列無數路線攜過各值之和:

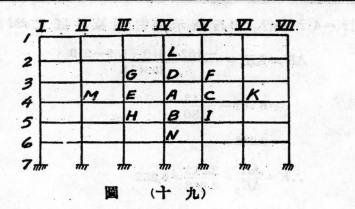

圖　（十九）

(1) 由接點 IV.4 至 IV.5（卽 A 至 B），

(2) 由接點 IV.4 至 V.4 至 V.5 至 IV.5，

(3) 由接點 IV.4 至 V.4 至 VI.4 至 V.5 至 IV.5

(4) 由接點 IV.4 至 III.4 至 III.5 至 IV.5，

(5) ⋯⋯⋯⋯⋯⋯⋯⋯⋯⋯⋯⋯⋯⋯⋯⋯⋯⋯
　　⋯⋯⋯⋯⋯⋯⋯⋯⋯⋯⋯⋯⋯⋯⋯⋯⋯⋯
　　⋯⋯⋯⋯⋯⋯⋯⋯⋯⋯⋯⋯⋯⋯⋯⋯⋯⋯

　　由此可知 $M_{BA}$ 之眞值,實際上不能求得。但如假定抗力矩擔過二個接點後,其值已微小至可略而不計,則 $M_{BA}$ 之值卽等於力矩之經由上列第一條路線擔過者(卽由 A 至 B)。同理:在 I 接點處各桁端之抗力矩,卽等於力矩之由 A 至 B 至 I 及 由 A 至 C 至 I 二路線所擔過者之和;K 接點處各桁端之抗力矩,卽等於力矩之由 A 至 C 至 K 一路線擔過者。根據上述假定,平衡 $U_A$ 之步驟可約言如下:

　　(1) 決定 $M_{AB}, M_{AC}, M_{AD}$ 將 $M_{AE}$,

　　(2) 將 $M_{AB}$ 擔過 B, I, H, N, 諸接點,

　　(3) 將 $M_{AC}$ 擔過 C, I, F, K 諸接點,

　　(4) 將 $M_{AD}$ 擔過 D, F, G, L 諸接點,

　　(5) 將 $M_{AE}$ 擔過 E, G, M, H 諸接點,

　　根據此項假定,可見 A 接點上之不平衡力矩,僅能影響其附近十二個接點(卽 B, C, D, E, F, G, H, I, K, L, M 及 N)。換言之,在 A 接

點處各桁端之抗力矩,僅受此十二接點上之不平衡力矩之影響。

如設計者覺力矩攜過兩個接點後,其值尚大,不能略去,則可作攜過三個接點始行略去之假定。

下例係一受有水平載重之二層框架之解析,用以說明上節原理及多層框架之偏倚改正法.

例(4)

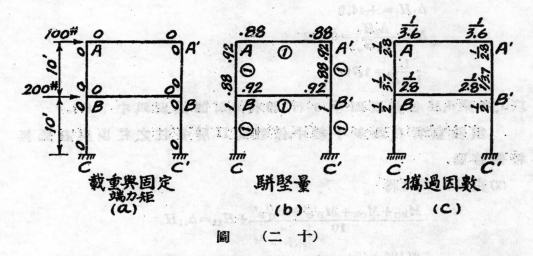

載重與固定端力矩　　駢堅量　　　　攜過因數
(a)　　　　　　(b)　　　　　(c)

圖　(二十)

框架之載重如圖(二十)(a)所示,圖(b)及(c)示框架之駢堅量及攜過因數。令"I層"代表上層,"II層"代表下層。I層之水平剪力$H$ = 100,II層$H$ = 300。I層與II層之框架方程式為

$$\frac{M_{AB}+M_{BA}+M_{A'B'}+M_{B'A'}}{10}+H_I = O \cdots\cdots\cdots (E\,4.1)$$

及

$$\frac{M_{BC}+M_{CB}+M_{B'C'}+M_{C'B'}}{10}+H_{II} = O \cdots\cdots\cdots (E\,4.2)$$

解析之步驟約述如下:

(1) 由($E4.1$)式得I層之不平衡剪力

$$\Delta_I H_o = H_I + 0 = 100$$

由(四)章得

$$X_{AB}=X_{BA}=X_{A'B'}=X_{B'A'} = \frac{-\Delta_I H_o L_o}{2}\left(\frac{S}{\Sigma S}\right) = \frac{-100\times 10}{2}\left(\frac{1}{1+1}\right)$$

$$= -250$$

平衡此種不平衡力矩得偏倚改正數$(d_I M)$如表(四)中6行所示。

以 $I$ 層各柱頂及柱底之 $d_I M$ 值代入$(IV.2)$式得

$$\frac{d_I'(M_{AB}+M_{BA}+M_{A'B'}+M_{B'A'})}{10}+\Delta_I H_o = \Delta_I H_1$$

$$\frac{2(-133-146)}{10}+100 = \Delta_I H_1$$

$$\Delta_I H_1 = +44.2$$

$$K = \frac{\Delta_I H_1}{\Delta_I H_o} = 0.442$$

$$\frac{1}{1-K} = 1.79$$

以 $1.79$ 乘 $d_I M$ 各值表四中 6 行),即得 $\Delta_I M$ 諸值(表四中 7 行)。

須注意者:在此步手續中,係假定 $II$ 層各柱之柱頂與柱底無相對移動。

(2) 由 $(E4.2)$ 式得

$$\frac{M_{BC}+M_{CB}+M_{B'C'}+M_{C'B'}}{10}+H_{II} = \Delta_{II} H_o$$

$$\frac{2(106+45)}{10}+300 = \Delta_{II} H_o$$

$$\Delta_{II} H_o = +330.2$$

由 $(IV.6)$ 式得

$$X_{BC}=X_{CB}=X_{B'C'}=X_{C'B'}=\frac{-330.2 \times 10}{2}\left(\frac{1}{1+1}\right)=-825.5$$

平衡此種不平衡力矩,並將 $d_{II} M$ 各值列入表(四)內(11)行。以柱頂及柱底之 $d_{II} M$ 值代入 $(IV.2)$ 式得

$$\frac{2(-585-705)}{10}+330.2 = \Delta_{II} H_1$$

$$\Delta_{II} H_1 = +72.2$$

$$K = \frac{72.2}{330.2} = 0.2185$$

$$\frac{1}{1-K} = 1.28$$

以 1.28 乘 $d_{II}M$ 得 $\Delta_{II}M$ 各值,如表(四)內(12)行所示。

　　須注意者:在此步手續中,係假定 I 層之柱頂與柱底間無相對移動。

　　(3) 在平衡 II 層之不平衡剪力 $\Delta_{II}H_o$ 後,I 層各柱頂與柱底之抗力矩共增 $\Delta_{II}(M_{AB}+M_{BA}+M_{A'B'}+M_{B'A'}) = +97+279+97+279 = +752$。此項增加之抗力矩又於 I 層產生一新不平衡剪力 $\Delta'_I H_o$。

$$\Delta'_I H_o = \frac{+752}{10} = +75.2$$

表(四)內(13)行係此不平衡剪力所引起之改正數,其值係將(7)行諸值乘 $\frac{\Delta'_I H_o}{\Delta_I H_o} = \frac{75.2}{100} = 0.752$ 而得。

　　(4) 同理:在平衡 I 層之不平衡剪力 $\Delta_I'H_o$ 後, II 層又產生一新不平衡剪力 $\Delta_{II}'H_o$。

$$\Delta_{II}'H_o = \frac{\Delta_I'(M_{BC}+M_{CB}+M_{B'C'}+M_{C'B'})}{10} = \frac{80+34+80+34}{10}$$
$$= 22.8$$

此不平衡剪力所引起的改正數列入表(四)內(14)行,其值係將(12)行各值乘 $\frac{\Delta_{II}'H_o}{\Delta_{II}H_o} = \frac{22.8}{330.2} = 0.069$ 而得。

　　(5) 重演第 (3) 步驟,得

$$\Delta''_I H_o = \frac{7+19+7+19}{10} = 5.2$$

所得改正數,列入表(四)內(15)行,係由(7)行乘以 $\frac{5.2}{100} = 0.052$ 而得。

　　(6) 重演第 (4) 步驟,得

$$\Delta''_{II} H_o = \frac{6+2+6+2}{10} = 1.6,$$

所得改正數,如表(四)內(16)行所示,係由(12)行各值乘 $\frac{1.6}{330.2} = 0.0049$ 而得。

　　重演 (3),(4) 二步驟,至所得之改正數可略去時為止,各桁端抗方矩之異值,即爲由此各步驟求得諸值之和[在本例中,計算至第(6)步即停止。各桁端抗力矩之總值,係表(四)內(7),(12),(13),(14),(15)及(16)行之和,如第(17)行所示。]

表　(四)

| | $U$ \ $M$ | AB | AA' | BB' | BA | BC | CB | A'B | A'A | B'B | B'A | B'C | C'B |
|---|---|---|---|---|---|---|---|---|---|---|---|---|---|
| 1 | $X_r$ | -250 | 0 | 0 | -250 | 0 | 0 | -250 | 0 | 0 | -250 | 0 | 0 |
| 2 | $U_A=-250$ | +128 | +122 | -22 | +46 | -24 | -12 | -34 | +34 | -8 +6 | +4 -12 | +4 +6 | |
| 3 | $U_B=-250$ | +21 | -21 | +82 | +79 | +89 | +45 | +6 -4 | -6 +4 | +29 | -13 | -16 | -8 |
| 4 | $U_A'=-250$ | -34 | +34 | -2 | -6 | +10 | | +128 | +122 | -22 | +46 | -24 | -12 |
| 5 | $U_B'=-250$ | +2 | -2 | +29 | -13 | -16 | -8 | +21 | -21 | +82 | +79 | +89 | +45 |
| 6 | $d_1M$ | -133 | +133 | +87 | -146 | +59 | +25 | -133 | +133 | +87 | -146 | +59 | +25 |
| 7 | $\Delta_1M$ | -238 | +238 | +156 | -262 | +106 | +45 | -238 | +238 | +156 | -262 | +106 | +45 |
| 8 | $X_r$ | 0 | 0 | 0 | 0 | -826 | -826 | 0 | 0 | 0 | 0 | -826 | -826 |
| 9 | $U_B=-826$ | +69 | -69 | +271 | +261 | +294 | +147 | +7 | -7 | +96 | -43 | -53 | -26 |
| 10 | $U_B'=-826$ | +7 | -7 | +96 | -43 | -53 | -26 | +69 | -69 | +271 | +261 | +294 | +147 |
| 11 | $d_2M$ | +76 | -76 | +367 | +218 | -585 | -705 | +76 | -76 | +367 | +218 | -585 | -705 |
| 12 | $\Delta_2M$ | +97 | -97 | +470 | +279 | -749 | -902 | +97 | -97 | +470 | +279 | -749 | -902 |
| 13 | $\Delta_1M$ | -179 | +179 | +117 | -197 | +80 | +34 | -179 | +179 | +117 | -197 | +80 | +34 |
| 14 | $\Delta_2M$ | +7 | -7 | +32 | +19 | -51 | -62 | +7 | -7 | +32 | +19 | -51 | -62 |
| 15 | $\Delta_3M$ | -12 | +12 | +8 | -14 | +6 | +2 | -12 | +12 | +8 | -14 | +6 | +2 |
| 16 | $\Delta_4M$ | +1 | -1 | +3 | +2 | -5 | -5 | +1 | -1 | +3 | +2 | -5 | -5 |
| 17 | $\Sigma\Delta M$ | -324 | +324 | +786 | -173 | -613 | -888 | -324 | +324 | +786 | -173 | -613 | -888 |

# 飛機場之設計

## 李崇德 譯

近來我國政府積極提倡航空,各地人民踴躍輸將,賭匹飛機。然飛機場之建設亦關重要,猶有汽車必須有道路也。茲譯英國 Civil Engineering and Public Works Review; No. 312 Vol. XXVI 刊載 Arthur L. Hall 一文,藉供國內留心航空事業者之參考。

著者曾撰論文,大致論述飛機場地點選擇問題,本篇所研究者則為飛機場佈置之方式。

選定建立飛機場之地,其位置對於城市之關係縱稱適宜,然不經整理,鮮有即可加建房屋等設備為飛機場之用者,故建立飛機場之第一步驟,為改造場地之平面與立面地形,遷除障礙物,及加固地面使瑨勝載重飛機等。

## （一）交 通 密 度

飛機場應用之範圍,為設計上重要之點,因其關係現在及將來之航空交通最大密度也。設計飛機場者往往拘泥於航空事業突飛猛進,即四五年後情形亦難預測之見解。此項見解固有一部分真確性,例如美國若干大飛機場及英國 Heston 飛機場發展之速,可知吾人應及早準備在最近將來對於飛機作驚人之擴充。然就用作倫敦航空站之 Croydon 飛機場情形加以檢討,又可知計劃飛機場者,如只顧及目前一二十年之需用,往往貽日後擴充費用激增之悔。故今日計劃之飛機場,至少應敷五十年內發展之用。美國若干飛機場,目前每日飛機之數爲60架,預定將來可增至200架,但在 Detroit 地方某次開展覽會時,飛機之來往者在一小時內曾達256架之多。

　　爲使飛機場適應巨量交通起見,應預定發展計劃,舉凡該場目前及將來之用途,若干年內飛機升降最多之數,及該場之極限容量,皆須預爲考慮,俾便逐步建設,以迄於完成。

　　發展計劃自須具有甚大之伸縮性,以適應將來交通情形之變化,惟最近將來如無特殊新發明出現,現時氣體動力學上之原理,在預定期間內,當仍適用。

　　將來航空之發展,有兩種趨勢,可爲預言。一則飛機必日見加大,其重量自亦聯帶增加,二則飛行速度必激增。現在美國已有若干航空線所定速度至少爲平均每小時290公里(180 哩)。飛機及速度加大之結果,將來飛機場之面積亦須比現在「激增」。此種推測,較之一般信仰「垂直升降飛機」(helicopter)及小型飛機者所主「減小」之說,更爲切實。

　　飛機場之大小,隨用途而別,茲就民用飛機場別爲數類如下:

(甲)航空總站 (large terminal airport): 爲航路之終點,運輸遠距城市及國際間旅客貨物郵件等等,晝夜不息。設有稅關,以徵收貨稅。規模甚大,例如 Croydon, le Bourget, Tempelhof等處之飛機場是。

(乙)城市航空站 (municipal airport): 現以美國及德國爲最發達。其規模亦甚大,惟大都不設稅關。用以連絡較短距離之航空線。對於發展實業上,有日形需要之勢,而於飛機製造業尤屬重要。

(丙)航空連絡站(intermediate aerodrome) 在規定航線中,由城市或私人設立,藉以便利小市鎮之交通,或供長距離航程中飛機降落之用者。此種航空站或爲(乙)種之性質或僅爲荒漠中之飛機加油站。後者之位置,大都視航空之需要定之。

(丁)緊急降落場 (emergecy landing ground)：　普通爲面積不大之空地,設報風設備,燈光(夜間),及電話箱者。僅爲非常時期之應用,不作正式航空站。

(戊)私人飛機場 (private airpark)：　普通供私人所有小型飛機之用,爲私人或製造業或中小飛機之經理商人所設立者,例如倫敦附近之 Heston 飛機場及芝加哥之 Sky Harbour 飛機場是,但前者爲環境之需要,已發展爲設備完全之稅關航空站耳。其他私人飛機場爲製造廠家及航空學校所設之自用飛機場。此種飛機場,僅供小型飛機應用,故面積可從小,但供學校應用之飛機場,其空中來往路線及降落場地面亦須佈置完善。

上述各種飛機場之主要差別,在面積之大小及所需建築物之種類。其餘佈置設備之差別,僅屬局部性質,無關重要。故各種飛機場之設計,槪根據氣體動力學原理從事,一律相同,惟緊急降落場或不免有微異之點耳。

# （二）　設　　計

計劃各種飛機場,無論其大小如何,性質者何,下列各種理想條件,必須懸爲目標:場地須易由空中尋覓,且空中來路豁暢,俾飛機便於降落,且無論在何種風向之下,皆能升起。又地面愈平愈妙,且洩水便利,但不可太乾,致易起灰塵。又須略具彈性,俾於重飛機降落時,可吸收一部份震動,但亦不可過頓,致機輪陷下。又須有堅而平之地面,俾飛機升起時駛行於其上,所費之能力甚小,而飛機降落時有充分穩定之立足點,而無溜滑之弊。又須相當光滑,俾晚間燈光泛射,不生濃影。地面不可有任何天然或人工障礙物,尤須無論何種天氣均可應用。此點最關緊要,因如欲空運具有補助陸運水運之充分效率,必須每年365日及每日24小時,無時不可通航也。此外須注意者,卽場面須不易損壞及維持費最少,因修養

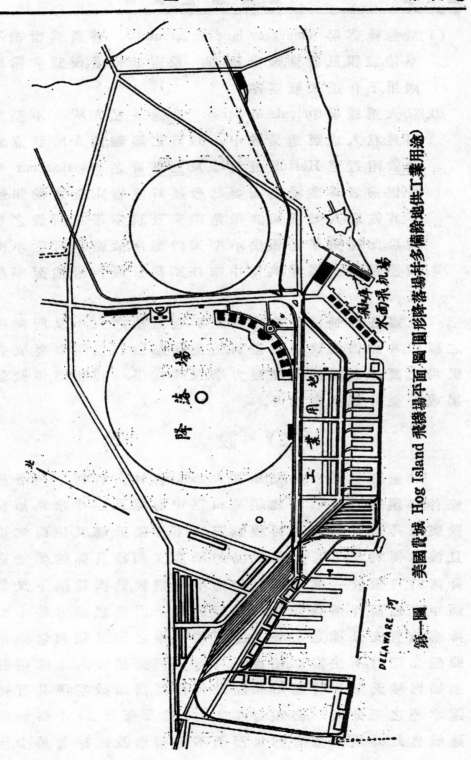

第一圖　美國費城 Hog Island 飛機機場平面圖（圓形降落場多拼多備場地供工業用途）

DELAWARE 河

工業用地

降落場

水面飛機場

北

60－80 公頃 (150－200英畝)地面之費用,縱單價最低,其總數亦屬可觀也。

　　完全適合以上條件之飛機場,可謂絕無僅有,勢須略有變通,茲將無甚妨礙之變通辦法,列舉如下:

　　(1)在空中易於尋覓　　地面標誌略可適應此項需要。指示方向之標記,亦可設於地面上,使可從空中望見。

第二圖　Ipswich市飛機場攝影(圖示來路豁朗及多備工業用地)

　　(2)來路暢豁　　各方來路均求暢豁,鮮能辦到,但在來路線上之障礙物,可視為僅使來路增加一定長度,與高度成一定比率者。關於此項比率,各專家意見各異,茲舉數種如下:

| | |
|---|---|
| 根據氣檣動力學所得最大比率 | 7:1 |
| 英國航空部規定最大比率 | 10:1 |
| 英國航空部認為較安全之比率 | 15:1 |
| 歐洲各國所定最大比率 | 15:1 |
| 美國運輸規則上規定比率 | 10:1 |
| U.S.A. No. 1,2,3,4 | 7:1 |

又若干飛機師以 20:1 之路線,飛過障礙物,以上數字,出入頗多,殊使人有無所適從之感。但如恪守英國航空部規定 10:1 之比率,而於可能時應用 15:1 之比率,在尋常情形之下,可視為安全。

以上比率,於飛機場地面高度在海面上300公尺(1000呎以下時適用之,如超過300公尺,起落路徑須照下列百分數加長:

| | | |
|---|---|---|
| 600公尺(2000 呎) | 增加 | 10% |
| 1200公尺(4000 呎) | 增加 | 25% |
| 1800公尺(6000 呎) | 增加 | 50% |
| 2100公尺(7000 呎) | 增加 | 75% |

## (三) 地 面 (Surfaces) 載 重 量

飛機起落之難易,與場面之性質大有關係。粗糙與潮濕之場面,較之平整乾燥或有舖砌物者使飛機更難升起,但舖砌面濕潤時,如無相當滯力,又使飛機降落不易。據實地試驗各種場面阻力之結果,如柏油碎石面(Tarmacadam)之效率假定為100%,則乾燥草地為 60 %,潮濕草地可減至 40 %。以上百分數之比較,顯示飛機由後兩種場面起飛時,在其他相同情形之下,比第一種場面,需要較長之走動距離,其比率與上述百分數成反比。故就理論上而言,場面之阻力愈大,飛機起飛時需要之能力亦愈大,又因飛機起飛時幾完全開足馬力,故於達到飛行速度以前,須在場地上滾過之距離亦愈大。此種理論,乃從經驗中得來。

場面之另一要素為載重力。按 Handley Page 42 號式為現在商用陸上飛機之最大者,其滿載時之重量約13公噸,藉機身中部兩輪及尾下一輪以傳佈重力於地面。如總重平均分配於三輪,則每輪載重約為4.3公噸,但實際上總重百分之九十支配在前兩輪上(按即每輪5.85公噸)。上述靜重,於飛機下降時,尚須加計衝擊力。次項衝擊力應為若干,各說不一,有定為靜重之 5 倍者。美國工程師曾假定為與淨重相等,據此以為設計,成績亦復不差。因飛機下降時,有時以前兩輪先着地,則前輪所承靜重各為6.5公噸,加同數為下降時之衝擊力,共計所載總重為13公噸。

　　上述機輪之載重分佈於地面,至少當為每平方公尺16-21.5公噸(每方呎1.1-2噸)故飛機場地面任何一處必須能負此種載重,且為將來飛機重量增加起見,場面之載重力,或須再加大。普通泥土地面可以負荷此種載重,而無過分壓陷;如欲實地試驗,可用三公噸重橡皮氣胎卡車徐徐開駛,如不下沉卽為可勝任上項載重之證。場面不平或鬆軟對於飛機起飛之阻力固甚大,且發生顛簸,使乘客感覺不適。欲試驗場面之平實與否,可乘小汽車以每小時40-50公里(25哩-30哩)之速度駛行於其上,如不覺顛簸太甚,則對於飛機之乘客亦不至不安。機場內如有獸穴蟲窟,非常危險。此種情形於熱帶地方見之。非洲某飛行場曾因此發生阻礙。此種窟穴須於開機前派工清理。窟上有鬆散泥土者,尚易查見。若地下空穴則不易發覺,須用平車在場上開駛查驗,否則偶一不慎,當飛機降落或開行時,如機輪或尾鈎斷損,足使飛機翻跌,或損壞。

　　場面不可有鬆浮物質,如砂,鬆煤屑及灰土等。因當飛機螺旋開動時,將地上鬆浮物質吹為塵霧,不僅使旅客不安,且可由進氣孔入發動機內,使活動部分及軸承損壞。煤屑灰能透穿布翼及損壞推進螺旋,亦甚有害。建築飛機場時,如遇有此類物質,應妥慎處置之。

　　飛機之通常降落設備為前兩輪,有時附制動器,及尾鈎(tail-skid。尾鈎之端有鋼製或鐵製之盤(pan)或靴(shoe)。在地上開行時,有時用作支點以便轉灣。在鬆軟或溼潤之草地上,尾鈎之作用如犂,所經之處俱成溝畦,雨天旣易將場面耙壞,晴天又足翻起灰塵,故場面必須堅實,以抵抗此種破壞。最新式飛機已取消尾鈎,而代以尾輪,惟尾鈎旣廢,飛機降落時,易滑走於混凝土或類似之地面上,故尾輪例備制動器。尾輪制動器與發動機聯合作用,使飛機在地面上轉灣較易,而無犖鏈地面之弊。由此可見,飛機與機場兩者之一方面有所改進,他一面亦必聯帶發生問題。

交通繁忙之機場,草地往往損壞殊甚,而且次數頻繁,幾無從修理,在草地與混凝土或其他舖面啣接之處尤甚。英國 Croydon 飛機場曾因此將混凝土部分附近之地面,加舖混凝土,以制灰塵惟加舖部分之邊緣繼續損壞,又須繼續加舖,如此循環不息,必至全場均加舖築而後已,其費用之鉅,較之自始即將機場加以舖築者尤多。吾人因此得一結論,即交通繁忙之飛機場,其大部分殊有舖築「人工場面」之需要。飛機場之交通不繁重者(包括小飛機場),其場面仍以平整而洩水通暢之草地可供飛機於任何方向降落者爲最佳。蓋草地場面有彈性,及粘結性,易於乾燥,且甚悅目也。又草地設備費用最省,維持亦易。

## (四) 降落地面 (Landing Area) 設計

交通繁重之飛機場,草地場面不足以資應付時,或因土質氣候關係,不便採用草地場面時,勢須將地面加以舖砌。惟場地全部舖砌,以便飛機隨處降落,所費不免過鉅,故設定「降落地帶」(landing strip)之原則於以產生。降落地帶者,即具有充分之長度與寬度之地帶,可供飛機一架或數架在某種風向之下,同時安全起落之用者。初時建築之降落地帶,多根據最重要之風向,作幾何圖形。普通爲星狀,各線在中心作複雜之交叉。其後發覺此種佈置形式,既不經濟,效率亦不大,故採用降落地帶最多之美國近來已將降落地帶之佈置形式,根據科學原理,研究設計。

降落地帶之設計,在決定機場應予舖砌之地位與面積,俾其應用之效率最大,而建築費與維持費最少。此種設計,大致視機場之地形與氣象之關係而定。惟尚有其他各點,亦須加以致慮。第三圖示情形相似之場地三處所有佈置方式與應用效率之比較。

計劃飛機場,首應注重「飛機於任何方向均可起落」之目標,則

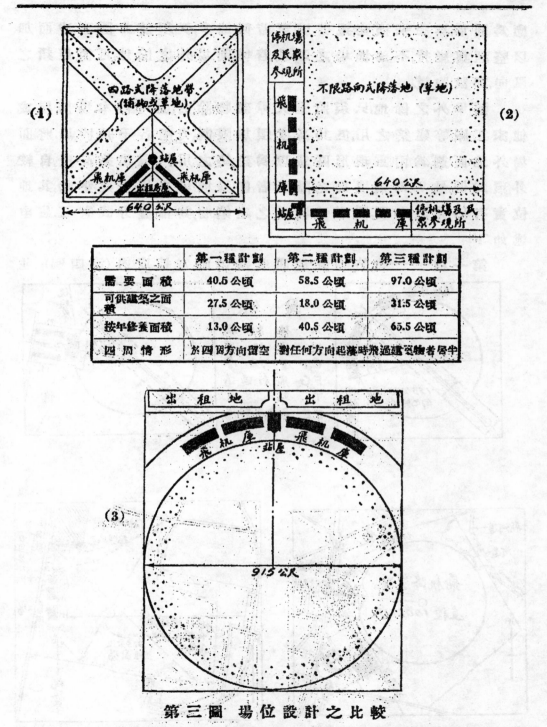

第三圖　場位設計之比較

其他各點自可聯帶確定根據上項目標,飛機使用之地面,理論上應為圓形,無論飛機交通發展至若何地步,祇須將此圓形地面加以整理與維持,不論機場之四址若何。圓場外之餘地,可循最頻之風向,加設跑道。

圓場外之餘地,只須將重大障礙物除去,並可供本場房屋或他家工廠等建築之用,但其高度須加限制。美國若干飛機場,將圓場外地面劃為兩重環形區域,以為建築之用;內環建築高度,自較外環為低。最足為飛機場之障礙者,即飛機場自用之建築物,其地位實有研究之必要。圓形飛機場之建築物,其佈置方式有三,茲申述如下:

第一種——建築物置於圓環邊之限定長度內(第四圖),並

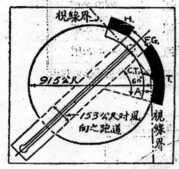

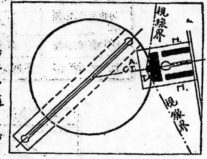

圖　　例

A. 停　機　場
H. 飛　机　庫
C.T 管　理　臺
F.G 飛　行　通　道
T. 站　　　　屋
P.E. 民衆參觀場

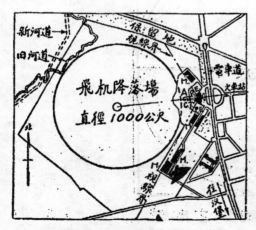

第四圖　圓形降落場設計(第一種)

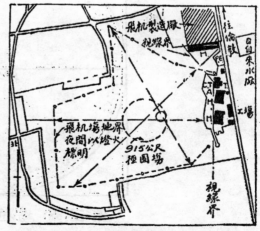

第五圖　圓形降落場設計(第二種)

須不在主要風向之內免飛機起落,常飛過此項建築物。德國柏林及漢堡 Fuh'sbüttel 飛機場及 Philadelphia 將建之 Hog Island 飛機場均屬此種。漢堡之 Fuhlsbüttel 飛機場,房屋緊靠圓場之邊,亦成圓形。

　　第二種——建築物靠應用最少之圓場邊部分聚集,而面對機場之寬度從小,(如第五圖,即全部建築物沿圓環之對徑方向設置。美國有數機場係採用此法。其優點為減少場邊阻礙至最低限度。其缺點為形狀不整,且使飛機來往飛機庫 (Hangars) 與站屋 (Terminall) 及機場間之路途無謂加長。又如管理臺 Control Tower)建於圓環之邊(理應如是)其下為旅客出入之大門,則管理人員在臺上固可監察機場,而後面飛機庫及停機場 (Aprons 之一切情形,則不能了了在目,此為重大缺點。

　　第三種——飛機場之管理人員行使職務時,須能望見機場上與停機場以及空中之一切飛機情形,又須能目擊場內人客之行動,有無妨礙飛機業務之處。故如守第二種佈置之原則,即建築物佔用機場邊之長度從小,可略為變通,由圓心引兩輻射線聯絡一弧段之兩端,並將其向外延長,使其間成一扇形地帶,然後於其兩邊建築飛機庫,於中間建築管理臺等,則全場情形可了了在目,如第六圖所示。

　　由第三種佈置,可推衍而得另一種佈置,即將扇形地縮狹而由圓環邊向中心推進。如扇形之一邊,與最頻風向平行,另一邊與次頻風向平行,則此種佈置之效率甚大(第六圖右上)。此種設計已有若干新機場採用,且不論機場之佈置為「任何方向升降式」或「劃定地帶升降式」均可採用。舉例而言,如英國之 Heston 飛機場及法國之 Loyon-Bron 飛機場,均屬歐洲採用此種佈置,最新完成之機場也。

　　此種佈置名為 "Duval" 式,因為法國航空部 Albert Duval 氏所發明,其優點如下:第一,飛機可由任何方向起落,建築物之阻礙極

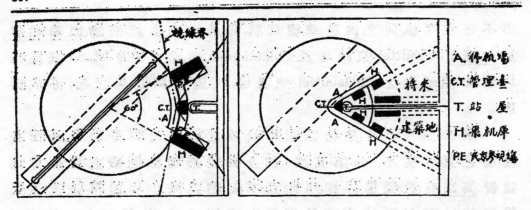

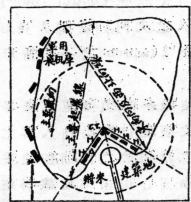

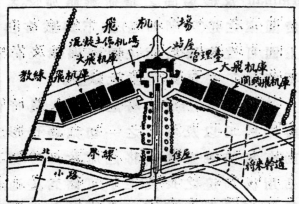

第六圖　　圓形降落場設計(第三種及第四種)

小;第二,管理便利;第三,建築物易於向圓塲外擴展,而仍在扇形範圍內,且愈向外,面積愈大,而於飛行無礙;最後,降落地與機庫及站屋之間,距離甚小。扇形兩邊所包含之角普通應爲45°至60°,而以60°爲最大限制。美國規定跑道交叉之角不得小於40°,故非任何方向降落之機場,可以跑道所夾之扇形地面,作建築之用。

## (五)降落地帶 (Landing Strips) 及飛行過道 (Flight ways or Flying Gaps)

如前節第一種設計法,建築物圍繞機場起造,有時對於飛行不免有所妨礙。最著之例爲卽將改造之 le Bourget 飛機場,其建築物發帖機場一邊之全部(如第七圖),且列成兩排,而後排若干房

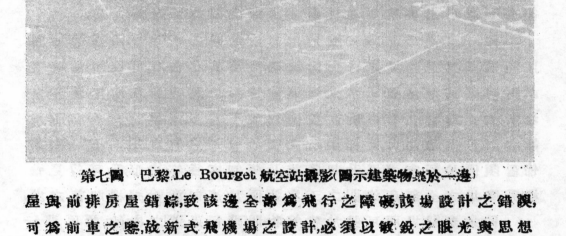

第七圖　巴黎 Le Bourget 航空站攝影(圖示建築物築於一邊)

屋與前排房屋錯綜,致該邊全部爲飛行之障礙,該場設計之錯誤,可爲前車之鑒,故新式飛機場之設計,必須以敏銳之眼光與思想以從事,庶免鑄成大錯。

　　建築物連續成排或雖隔開,而相距甚近,其妨礙飛行與連續成排無異者,切不可置於重要風向內。如在某種情形之下,建築物須置於各降落地帶兩端之附近,則該項建築物亦須依照重要風向隔開,於其間留出空地,爲飛機飛起或降落時經過之用。此種空地名曰「飛行過道」。英國航空部認此項飛行過道之寬度至少須爲180公尺(200碼),但愈寬愈妙,最好在270公尺(300碼)以上,因在建築物之間不免發生不平衡之氣流加以地面受日光照射,空氣上升,使氣流失其平衡愈甚也。

　　由上所述,降落地帶與飛行過道乃至「任何方向升降」場面之設計原則爲:鄰近重要升降方向之建築物,只可與該方向平行,而不宜與之交叉。

## (六) 飛機場餘地之利用

　　以上所論，僅涉及飛機場關係飛行業務部分及圓形升降場之設計。因備用之地鮮爲圓形，故圓形升降場當就長方形或不規則形之地面內設置，其剩餘之地可供其他用途。惟其用途每與業務用地之設計有關，故必須同時加以考慮。按照現時空運情形，航空事業除運輸業務上直接收入外，殊有另籌財源之必要，故利用機場餘地實爲要圖。凡設航空站之處，實業皆有進展之希望，尤以需要飛機坍之事業，如進口商業及飛機製造業等爲尤甚。

　　另一重要之點，爲一般民衆對於飛機之好奇心。此種情形固將隨飛機與飛機場之普及而遞邅，然及其存在時，可利用爲航空站財源。供民衆參觀尋常飛機運輸情形以及特別表演比賽等之場所，故擇地設立看台所需設備費並不甚多，只須設圍籬、廁所及飲食店(可出租)而已。此種場所，凡交通繁忙之航空站均不可少，其佈置須便於觀察飛機升起降落及裝卸客貨等情形，及可望見飛機升降場之全部與遼闊之天空，並便於趨向游覽飛機起落之處。

　　民衆參觀場所可設於建築物間「飛行過道」之內，(如此項飛行過道不利用爲停機場)又其佈置須使看客不直對日光及烈風，與飛機起落時與地面摩擦而揚起之灰塵，故其地位宜在機場之西方或西南方，俾午後日光與常有之風均由看客背後而來(譯者按：著者假定常有之風爲西南風或南風)。此種佈置唯一可批評之點，爲飛機須從看客頂上飛過，似有危險，然以現時飛機製造之完備，設計者儘可不加顧慮。

　　大規模飛機場常有邊地，爲工業建築之用途(第一圖)。其設計除對建築高度加以限制外，並須顧及需要之淨空角度，而依照前述原則，將道路及其他無妨飛行之設備，置於最常有之風向內。此種合理設計，有美國飛機場幾處，已照此實行，因此各該飛機場成爲廣闊道路循最多及次多風向設置者輻湊之處，其間則爲各種事業之建築地。此種佈置在城市設計上固然費經營，然苟能達到目的，則所設之飛機場在空中有醒目之航道，在地面上有醒目之

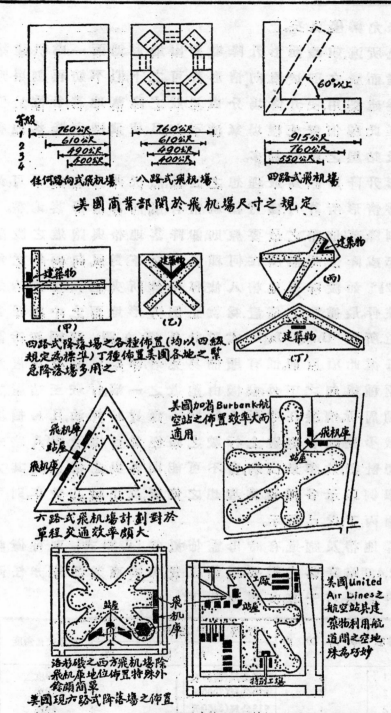

美國商業部關於飛机場尺寸之規定

四路式降落場之各種佈置(均以四級規定為標準)丁種佈置美國各地之緊急降落場多用之

六路式飛机場計劃對於單程交通效率顯大

美國加省 Burbank 航空站之佈置效率大而適用

洛杉磯之西方飛机場除飛机庫地位佈置特殊外餘頗簡單
美國現六路式降落場之佈置

美國 United Air Lines 之航空站其建築物利用航道間之空地殊為巧妙

第八圖　二，四，六路式降落場計劃之比較(美國實例)

聯絡道路,允稱優良矣。

由上所述,前論圓形升降場劃出扇形地面一處供建築用之說,似可推而廣之,即於風向情形許可之下,似不妨再劃扇形地面若干處,爲建築用,使升降場分成星狀之降落地帶,各位於低矮房屋之間。惟此種佈置,使機場氣流不勻,且使飛機由降落地帶行駛至厙房及站屋之距離加多。

圓形升降場固爲最理想之設備,然決非非如此不可。如爲風向及地勢情形所許可,儘可僅就常有風向專設降落地帶。

計劃降落地帶之最要原則,即降落地帶與跑道之設置,須使飛機升起或降落時,無論在何種風向之下,對風向偏斜之角度不可超過22¼°。如設降落地帶八條,每兩條所夾之角度平均爲45°,即合上述條件。最簡單之佈置,爲就正個方形地面之中線及對角線設置跑道,所謂 "Union Jack" 式設計是(第九圖)。美國初時設置之飛機場,每循此項原則。惟有顯而易見者,即站屋既祇可置於一處,則除在兩種風向之下外,飛機由跑道之一端,行駛至站屋之前,不免多無謂周折。飛機在地面上行駛,不僅費時耗油,且易損壞,故設計應以減少飛機在跑道上行駛之路徑爲目標。欲得八路式飛機場之理想計劃,效率最高者,實不可能,因各場之情形隨其方位而異也。然舉例以示各種較爲理想之佈置,及比較其效率,則可辦到,如第九圖丙,丁,戊,己所示。

升降地帶及跑道,有時毋需佈置爲八路式,則可僅設1,2,3線,以應2,4,6路降落之需要,以節經費。美國商業部分非任何方向降落飛機場爲若干等,其標準如下:

| 等級 | 降落方向 | 降落場地之最小尺寸 | | 最小交叉角度 |
| --- | --- | --- | --- | --- |
| | | 長度 | 闊度 | |
| 1 | 8 | 760公尺(2500呎) | | 40度 |
| 2 | 8 | 610公尺(2000呎) | | 40度 |
| 2 | 4 | 915公尺(3100尺) | | 40度 |
| 3 | 8 | 490公尺(1600尺) | 150公尺(500呎) | 40度 |

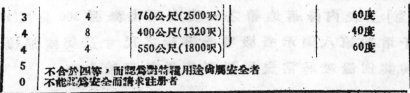

| 3 | 4 | 760公尺(2500呎) | 60度 |
| 3 | 8 | 400公尺(1320呎) | 40度 |
| 4 | 4 | 550公尺(1800呎) | 60度 |
| 4 | | 不合於四等，而認爲對特種用途尙屬安全者 | |
| 5 | | | |
| 0 | | 不能認爲安全而請求註冊者 | |

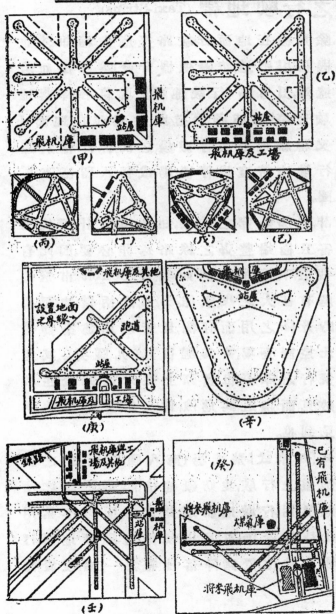

第九圖　「八路式」航空站之佈置

(甲)(乙) Union-Jack 式八路式飛機場佈區

　(甲)建築物區於相鄰之兩邊，近對角線跑道之處。

　(乙)建築物區於一邊，南北向跑道效率較大且經濟。

(丙)(己)新近美國方面關於八路式飛機場設計之實例

　圖中加亂點之處爲跑道，加斜線之處爲調助道。

　讀者應注意跑道交叉或分歧處路面可供兩路以上公用，因此可節省鋪砌費之一點。

　(丙)適於圓形準落場之將來改造

　(丁)來路瞭朗，建築物地位良好

　(戊)來路瞭朗，參觀(辛)。

　(己)來路瞭朗，惟建築物妨礙來路。

(庚) Omaha 之 Nebraskan 飛機場佈區，Florida 之 St. Petersburg 飛機場佈區亦與此類似。參觀(乙)及(壬)。

(辛) New Orleans 飛機場佈區，Shushan 飛機場設計與此類似，效率與(甲)，(乙)兩種佈區相同，而鋪砌面積可省去10%參觀(丙)，(戊)，(己)三圖。

(壬) Indianapolis 飛機場，Akron, Ohio 飛機場佈區仿此，讀者注意平行跑道相距甚遠，便於將來擴充之一點。

(癸) Detroit 市航空站，其佈區受煤氣庫之影響。現有單跑道以亂點表示，將來平行跑道用斜線表示。

[注意]:上表內降落地帶之長度,在高出海面 300 公尺(1000呎)之處,須予增加。第八圖示各機場各等級之尺寸,及美國飛機場設計之實例,其佈置較尋常幾何圖形佈置效率較大者。

## (七) 飛機之行駛地帶 (Taxi-Strips)

計劃飛機場佈置時,除飛機在地面行駛路徑應求縮短外,並應以「避免地面行駛之飛機佔用跑道,妨礙他機升降」為目標。如若干跑道之盡頭處與站屋遠離,須另築「行駛地帶」,聯絡各降落地帶或跑道之末端。此種「行駛地帶」,即舖砌之道路,供飛機在地面上時安穩行駛者。行駛地帶又聯絡跑道與停機場之間,俾降落於距站屋較遠處之飛機,或由行駛地帶直達停機場,或轉入留空不用之跑道。佈置之例,見第九圖。

關於降落地帶之設計,詳加研究之結果,知審慎設計,可使難以處置之障礙物不致為害,且極端整齊之線路殊非必要。因此有人採用若干佈置形式,驟視似不適用者。例如美國 Detroit 市飛機場成 L (曲尺)形,且其轉角處有甚大之煤氣庫。L 形之兩臂,地面甚寬,足敷飛機於任何風向時升降之用而有餘,且管理用建築物營造於轉角點靠外之處,由此控制全場,甚為醒目(第九圖癸)。其鉅大之煤氣庫,表面似足為飛行之障礙,但實際上從未因此發生事變,蓋正因其體積巨大,易於見而趨避,其危險性反較架空電線為小,以後者其在空中不易見到也。

關於設降落地帶兩條「四路式」飛機場(第八圖乙,丙,丁)之設計問題,首在限制飛機在跑道上行駛,並妨礙他機起落。限制之法可將各降落地帶之盡頭處另用行駛地帶連絡之,以便以不常用之跑道兼供飛機行駛。然此種佈置仍不足以使跑道隔斷地面行駛之飛機,不如改正建築物之地位,置諸降落地帶之一端,較置諸交角處為優。

## (八) 跑 道 (Run ways)

　　以上各節所論之範圍,大都關係飛機場爲航空安全起見所需之空地(飛道),與飛機升降前後運行之地帶(跑道)有別。跑道可比飛道遠爲窄狹,故其長度雖應照述關於降落地帶之規定,其闊度則可減至30公尺(100呎)。此種闊度已敷飛機曲折行駛或斜飛起落之用而不致越出界外。跑道面應備之條件,大致與道路同,惟須爲不滑構造。跑道地位應在降落地帶之中間,俾飛機行駛或飛起或橫越,均無不便,換言之,卽與兩旁地面接平。

　　飛機場之航空交通發達,則單式跑道不足以應需要。補救之法,在美國爲加設平行跑道一條,使成雙式(第九圖。雙式跑道中線間之相互距離,至少須爲90公尺300呎),但最好爲150公尺(500呎),其一專爲起飛之用,另一專爲降落之用。如不設雙條,僅將原有一條加闊,則其總闊度至少應爲150公尺(500呎)。如築第一條跑道時,卽準備築平行跑道,則此第一條跑道應勿設在降落地帶之中央,俾將來加築之跑道,可與之成對稱式跑道之末端,必須有便於飛機迴旋之設備,俾飛機易對準方位而飛起,因此跑道末端必須舖砌圓形地面,其直徑至少須爲45公尺(150呎),或將兩條平行跑道以半圓形舖砌面聯絡之。

　　飛機場內最繁忙之部分爲停機場,卽建築物前廣大之舖砌地面,供旅客上下,貨物裝卸,飛機加油停留(不飛起及不入飛機庫時),及局部間行駛之用。此項舖砌面,須延展至一切建築物之前,如各建築物相距甚遠,應於每一建築物前各備一段,而以跑道聯絡之。

　　停機場愈寬愈妙,至少不得狹於37公尺(120呎)。以前對於停機場之形式無人注意,現在美國工程師始以科學眼光加以研究,而得遠大結果。據著者觀之,將來或因此而引起飛機場建築物佈置問題之重新考慮,亦未可知。

# 防空地下建築

## 劉 定 中 譯

此篇係德人 Backe 氏根據德國航空部暫行規章撰述之作，原載
載1933年 "Zentralblatt der Bauverwaltung," 譯之以供國人參考。

（一）私人房屋或公共建築內，為住戶或服務人員設置之「防空室」，應預留地位，為臨時勾留者避難之用。此項「防空室」之設置，為屋主之義務。

（二）「公共防空室」視交通密度及需要情形設置之。（例如每約隔800公尺設一處，使市民可從任何處所於五分鐘內到達鄰近之公共防空室）。此種「公共防空室」係備發生空警時，街道與廣場上之行人遊人，或車中之乘客，藉以藏身避難者。

（三）設置「防空室」與「公共防空室」之原則，大致相同。

（四）防空室須能防禦炸彈碎片及毒氣與傾坍，物料又須能抵抗炸彈爆裂時空氣之衝擊力。

（五）防空室最好完全在地面以下（房屋之地下層）。

（六）防空室愈小愈好，最多不得容50人以上。如較此為大，應以聯絡堅牢之厚牆分隔之。

（七）防空室之容積，以每一人有3立方公尺之空氣為度，但有「人工換氣設備」(künstliche Lüftungsanlage)（第三二條時），則每人1立方公尺已足（註一）。

（八）防空室之入口前，應設一「氣閘」Gasschleuse），以免毒氣於室門開啟時侵入（註二）。氣閘之設置，應合第四條之規定。

（九）「氣閘」應有容納三人以上及安置必要設備（第卅四條之地位。

（十）防空室中（或可由防空室直達之他室中），須設置臨時廁所（例如有蓋之便桶，或撒舖泥炭鋸屑之廁所等）。此項廁所務求隔離嚴密，不透臭氣，每廿人左右應至少有一廁位。

（十一）特重之物件，如銀錢保險箱，機器等，務勿置於防空室頂蓋（樓面）之上，以防坍塌之危險。

（十二）防空室內應避免各種管子之通過。煤氣管有爆炸及洩散煤氣，毒斃人命之虞，固不可通過；蒸氣管與熱水管亦應極力避免，倘避免爲不可能，則管內須洩空，或管外裹以他物，以免因管身或接頭處不密，而有傷人情事。

（十三）防空室除主要入口外，至少應有密閉之太平門或太平梯一處（第廿八條）。

（十四）防空室之入口應易於尋覓，並易於到達。因炸彈之轟炸作用，入路須曲折；換言之，氣閘門與入室階梯不應在一直綫上。倘氣閘門設在外牆，則防空室之門不應直對閘門。

（十五）指示「公共防空室」之標誌，應設於入口及街道廣場之適當地點。

（十六）非公共之防空室，毋需指示標誌之設備，蓋屋內住戶必知其所在也。如必欲設置，可照下列式樣，置於屋內或院內（式樣從略）。

此種標誌，須不能自屋外或院外望見。

（十七）防空室門與氣閘門應向外開啓。門扇開啓時所經過之地位，亦應預防爲傾塌物料所塞沒（註三）。

（十八）上述兩種門（註四）之門限須高。「密縫材料」（Dichtungsstreifen）最好成框形整塊，並應緊着於門扇上。門扣務須能從內外兩面運用；其在鐵門，尤爲必要。門扣轉軸之穿過門扇者，其構造應爲可防止毒氣侵入者。門扣之構造最好具楔子之作用（第十圖）。多數門每用一個把手（Hebel）轉動之辦法殊不適宜。門上小窗須嵌用特別整固之玻璃。門扇之鉸鏈等件，應能抵禦强大之空氣反吸力(Sog),外門尤應如此註五。

（十九）倘不能裝置防毒門,可如第十一圖所示,暫以屑疊之門幔,爲應急之具。門幔之質料須重而密,並須鋪張於門洞之向外一邊。氣閘之兩出口,不可兼用門與幔封閉,因幔隨門之啓閉而不密也。故用幔時應一律用幔。將門幔用脂肪或亞麻仁油塗浸,及於防空時臨時以水澆之,可使較密。被褥式門幔,裝入泥炭屑(Torfmull)者,亦屬可用。門嗣外之擋條必不可少,並須堅固。被褥式門幔之有裂縫,蛀孔,及其他不密情形者,用於防禦毒氣,無效。

防毒雖可用幔應急,但如屬可能,仍以用門爲宜。

（二十）防空室宜選狹室,且樓面堅固而跨度小(例如3.5公尺)及牆垣厚(例如厚38公分或以上之磚牆者充之。

（甲）傾地載重(Einsturzlasten),致屋宇頹圮之載重量,無法預爲精密計算。計算防空室之頂蓋,普通假定每平方公尺1500公斤之均佈載重已足,此項假定載重額,與每平方公尺6000公斤之「破壞載重」相當。至於炸彈擊中時之衝力與爆炸力,上數內並未計及。

（乙）就原則上言,各個防空室與其頂蓋之加固辦法,應由主管機關察酌情形定之,惟載重量勿使低於前項所列之數。較大,較重要之新建防空室應假定較大之載重量(例如每平方公尺2500公斤)。

### 防空室頂蓋加強之方式

（丙）新建者。宜用低等交叉式鋼筋混凝土頂蓋(註六)。

（丁）就舊有房屋改造備永久之用途者。宜另建新頂,或加強舊頂,用加設磚石柱或混凝土柱或其他類似辦法,以加強頂蓋與支承部份。

（戊）應急辦法。普通情形,可將舊有頂蓋用木料支撐,暫以應急。其臨工最好由專門人員指示監督(例如第一圖至第四圖)。(註七)

支撐之法,係將原有頂蓋之載重能力盡量利用,並加強之。

要點之點,爲將原有載重部份,如樓擱檔板,閣柵,拱圈(Mauerbogen)等,用木柱一根或數根充分頂撐,照普通情形,可假定如下:於中間一處加支撐者,可使載重能力增高四倍,於兩處加支撐者,增高九倍,於三處加支撐者,增高十六倍,以上係就各個支架距離相等之情形而言。此外檔擱間之檔板亦應加強,法用方木或厚板墊於各梁檔之中間,襯托檔板,使分組樓面

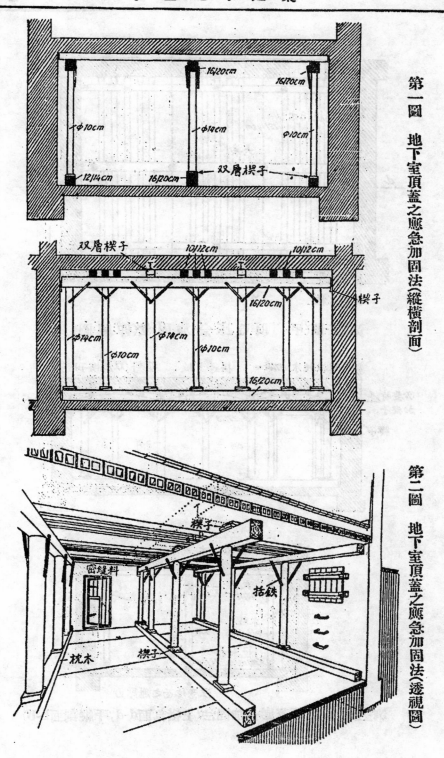

第一圖　地下室頂蓋之應急加固法（縱橫剖面）

第二圖　地下室頂蓋之應急加固法（透視圖）

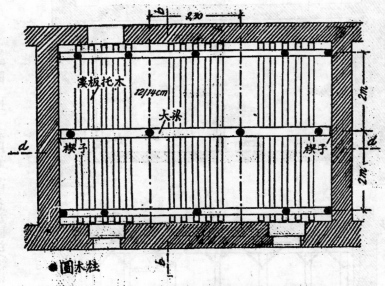

**第三圖(甲)　頂蓋應急加固法(仰視圖)**

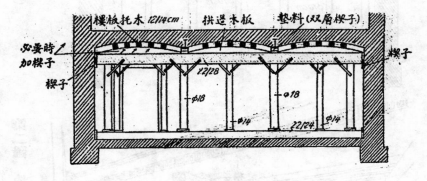

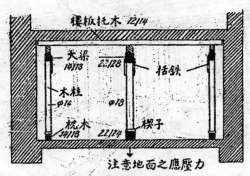

**第三圖(乙)　頂蓋應急加固法(上橫剖面d-d,下縱剖面b-b)**

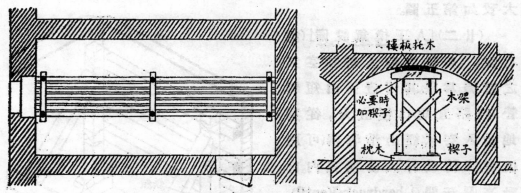

第四圖　拱圈式頂蓋應急加固法(仰視及剖面圖)

之載重。樓板之托木支於大樑。倘樓板成拱弧形，則托木與大樑之間，另須斫成拱形之方木或厚木板以適應之(第三圖)。大樑(用方木充之)以木柱(普通用圓木)支承之。木柱最好匿於樓樑之下。大樑末端與牆壁之間，宜打入楔子。木柱下端用枕木支承，俾重量分佈於地板或地基。枕木最好爲選擇不斷者。其長度與厚度應與計算數相當。爲使支架緊抵樓板起見，應於枕木與支柱間打入雙重硬木楔子，並用括鐵釘定之。

　　(己)應注意之點。　倘支架之大樑有對接之處，則對接處只可在支柱之上，並聯以括鐵。如於支架上加釘夾木厚木板或木板斜帶，使聯成不能推移之三角形結構，自較堅固。打楔子時應注意，勿施力過甚，以免原有樓板等向上重起，而受損壞。

　　(庚)用圓木，砂袋構成防空窐之辦法，因支承結構須特別堅強，費料較多，且難於施工，故不宜採用。

　　(辛)未經鋸治之木料(Grubenholz)，亦可用作支架。其充樓板托木，枕木及大樑用者，須將圓木之上下二面鋸斫平光。此項木料，無須在空氣中乾透，含水分約在35%以下者，亦可使用，因木材仍常與空氣接觸也。惟此種木料最好施以不汗空氣之防腐劑，其在潮濕室中，尤應如此。

　　(廿一)防空窐之外牆宜厚(註八)而密(用滿面膠泥疊砌)。牆洞窗孔宜少(註九)。外牆高出地面1.5公尺以上，而厚不及51公分者，須加以襯護，即於牆身單薄之處，護以砂袋是(註十)。如第八圖乙所示殊爲適宜。砂袋應加以繫固，並堆成斜坡。最簡單之法，係於牆外堆土，將其斜坡搗夯堅實，最好再用砂袋等維護之。

　　如牆外土質不適於應用上述護牆法，須於牆內用木料支撑，大致如第五圖。

　　(廿二)「人工換氣設備」(第七條)，普通以輸入新鮮空氣之設備爲限。其佈置係由短導管(綫路宜短，口徑宜大)，從空地吸入空氣，經過消毒器(可更換者)濾清後，打入防空室內。自動高壓活閥(Überdruck-Ventil)之裝置亦屬需要。此項設備，最好用電力發動。爲防免電流中斷起見，須另備靈便之足踏機或手搖機。

　　換氣設備之佈置，應使每一人於每分鐘內得有30公升之新鮮空氣。新鮮空氣之輸入不得經由煙囪。

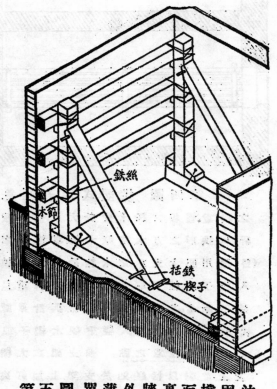

第五圖　單薄外牆裏面撑固法

　　(廿三)任何防空室，須能於空襲後迅速更換空氣。故外牆上至少須裝通氣管一條(例如直徑大於40公厘之鐵管)。管之外口須高出地面 3 公尺，內口應備防止毒氣侵入之瓣塞。可搬移之手搖換氣機，可接裝於此。

　　(廿四)防空室中，只可備無火燄之燈光，普通備手電筒已足。如用尋常電燈，須備替代電流之給電器(例如菑電器 Akkümülatoren-batterie)

　　(廿五)防空室普通無置取暖設備之需要。用火爐取暖，在所不許。原有火爐之烟囪管應除去。通烟囪之孔，須砌塞或密封。

　　(廿六)防禦炸彈碎片之設備，應堅固安置於外牆之外面。防毒設備應置於外牆之裏面。

　　(廿七)建築材料，用以防禦彈片時應有之厚度，如第六圖。「掩

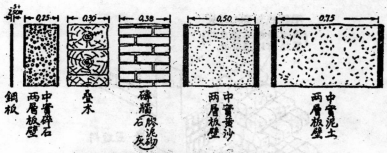

（兩層板壁以厚木板鐵板或瓦楞鉛皮構成之）

## 第六圖　防禦炸彈碎片之物料

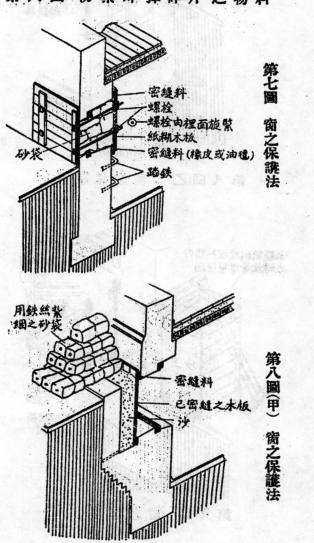

第七圖　窗之保護法

第八圖（甲）　窗之保護法

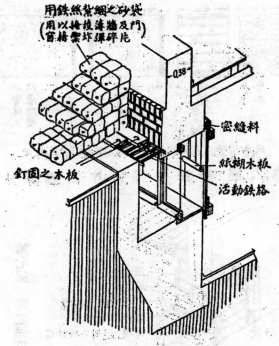

用鐵絲紮綑之砂袋
(用以捲護薄牆及門
窗糖禦炸彈碎片)

0.38

密縫料

紙糊木板

活動鐵格

釘固之木板

第八圖(乙)　窗之保護法

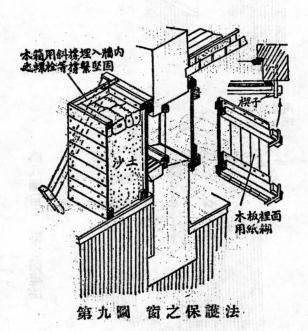

木箱用斜撐埋入牆內
之螺栓等撐繫堅固

楔子

沙土

木板裡面
用紙糊

第九圖　窗之保護法

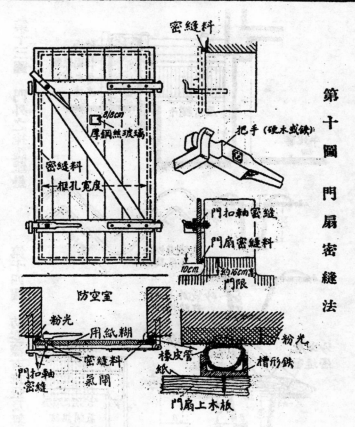

第十圖　門扇密縫法

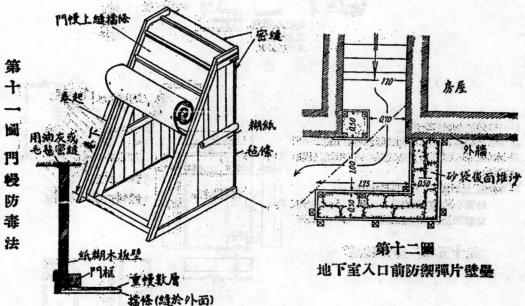

第十一圖　門幔防毒法

第十二圖
地下室入口前防禦彈片壁壘

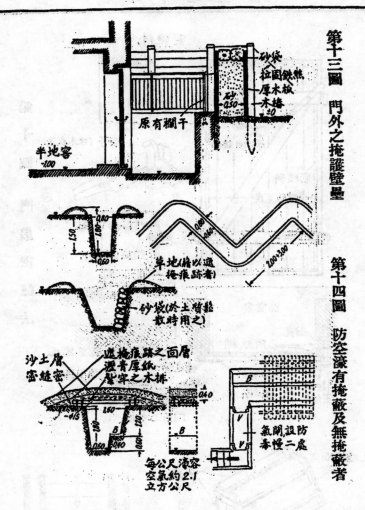

第十三圖　門外之掩護壁壘

第十四圖　防空濠有掩蔽及無掩蔽者

1…4為裝配木框之次序
以 a 字標示之木板須於木框裝好後釘裝之，所用木料應注入防腐劑，又框架亦可用鋼筋混凝土製成。

D為地道上土層之厚度其尺寸如下
　　防禦小炸彈之地道　　　　　5—6公尺
　　防禦50公斤炸彈之地道　　10—12公尺

第十五圖　防空地道

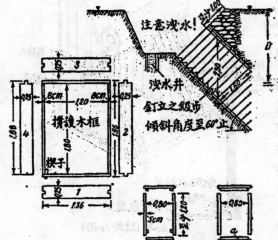

護壁壘」之構造,如第十二,第十三兩圖。

　(廿八)窗戶之掩護法,參考第七,第八,第九圖,第三條)(註十一)。

　(廿九)各牆洞,窗門,管子穿過之牆孔等,須嚴密塞縫,以防毒氣侵入。

　(三十)於牆壁上加粉刷油漆以密縫隙之辦法,僅在單薄或多孔或有裂縫之牆垣有必要。砌牆時用滿面膠泥,則爲要着。

　(卅一)欲加密牆垣,可塗刷濕粘土,並糊紙 (註十二) (質密色淡之包紙或報紙)數層,或利用軟性油灰,油布片,蔴絲,柏油麻絲,Leukoplast,隔電帶,粘性膠布等。

　密縫材料可用橡皮條,橡皮管,或寬毛氈條(例如螺角羊毛氈)之不畏蟲蛀與經過油浸者。(用氈條密縫,須緊壓之。)參考第十八條及第七至第十圖。

　(卅二)除房屋之地下層外,其他相當處所,如地下停車場,地洞(第十六圖), 地穴,穹窖,礦井等,亦可佈置之爲防空室。其在空曠之地上,可利用坑穴之有掩蓋,及防禦彈片設備者(第十四圖) [註十三]。備有防毒口套者,亦可藏身露空之溝濠中(第十四圖。坑穴及溝濠宜注意避免地下水之侵入。

　(卅三)防空室中,每人應有坐位,飲水瓶,及出路被阻塞時之應急工具,如鍫,鋤,長柄斧,板斧,鑿,鐵槓,螺旋鑰等。爲鞏固支架起見,硬木楔子與括鐵亦須預備。關於廁所設備,參考第十條,燈光設備,參考第二十四條,密縫材料參考第三十一條。

　(卅四)氣閘內應有滅毒劑(貯於不透氣之容器中),簡單洗滌器具,「家用藥品」(照規定配備),消毒劑噴射器等。氣閘外應於近旁置密不透氣之箱,供放入染毒衣服之用。室內須裝設電鈴或電話機等,通救火隊,能兼通防空瞭望台更佳。

　(註一)每一人所佔之面積,應勿少於0.75平方公尺。

　(註二)出口之僅於必要時開放,且封閉緊密者,前面無需設氣閘。

　(註三)此項門扇應向外開啓之理由如下:

（一）在危急驚慌時,避難人易於瀉出。

（二）外圍氣壓較大時,門扇被壓緊抵門框,更易收防毒之效。

（三）門外清除工作,易於施行。

門前如爲預坍物料堆塞,則門扇不易開啓,此其缺點,但無關緊要,因木門可用室內常備之斧砍開,鐵門可裝小活門也。又規定任何防空室應另備應急出路或於窗扇上至少設向內開啓之「人孔」一處,亦足資補救。

（註四）門框洞之尺寸,應爲 85×190公分。（門限高 10 公分）。

（註五）如於門之上部開一「人孔」（對徑約 55公分）,於門前爲預塌物料堆塞時,大有裨益。

（註六）他種堅固構造之無空洞者,亦可加以考慮採用,重要之點,爲設計鋼筋與支承處之聯繫構造時,應顧及足使頂蓋向上提起之各種力。與支牆相接處設強固之聯繫結構,殊稱適宜。頂蓋上最好鋪沙一層。

（註七）原有頂蓋（樓板）,如於下面全部用木料襯托,自較安全,惟費用較大。

（註八）此項外牆,宜爲鋼筋混凝土牆（約40公分厚）,或 64公分厚之磚牆。如欲將磚牆加厚,可用鋼筋混凝土,以犬牙形連結法搭繞之。

（註九）新建之防空室,窗孔宜寬50公分,高 70公分。

（註十）沙袋最好平時儲匿乾室,待使用時再裝沙。

（註十一）窗外匿鋼板（第六圖）,及於裏面設防毒窗板（最好爲單扇式）,防於防炸設備之後,均屬可用之法。如設業可防炸之窗板,須裝匿牢固,以防震動。任何窗戶須備危急時之出口。密塞原窗扇之縫隙,殊可不必,因玻璃勢必震破,且窗框大都裝匿不密也。

（註十二）糊紙於木板,可用冷膠等。

（註十三）坑頂支承木料圓桁之粗細,視其支點之距離及鋪土之重量定之,砲彈之重量可不計及。圓桁連接排匿,成木排狀,用括鐵,蒱鐵,或鐵絲繫固,支於木梁上,其支點距離,宜勿過二公尺。木梁兩端須匿於硬土上。木排上各圓木間之空槽,用樹枝,木屑填平,上鋪厚紙毡一二層,厚紙毡上,用樹枝,樹葉,乾蔴,枯草,青苔與土混合鋪蓋,並搗固之,最上一層之土沙,最好再蓋以草塊,或附近地面上之物料,以掩痕跡。無柏油之瀝青厚紙毡,比尋常蓋屋面用之厚紙毡較爲合用。

# 鎗彈製造工作述略

王 殿 雛

## 緒 言

我國今處帝國主義者宰制之中,暴寇屠毒之下,民族之恥辱已深,國家之生機瀕絕。惟是欲求我中華民族之生存,必經一大流血極困苦之爭鬥,在此爭鬥中吾人應投所有之國力——物產,人力,技術等——以期博得最後之勝利。

近代之所有全國總動員者,戰時參謀本部統制及支配全國之國力,以應付戰爭。歐戰時若干普通機械及化學工場,一變而爲兵工廠,以製造軍用品,故能維持大量之軍隊作戰,而不缺乏。今以我國幅員之大,攻防之軍隊必多,按以近代戰爭消費之巨,則此國防軍用之供給,殊足駭人!李待琛吳欽烈兩先生於其「戰時 100 師軍隊兵器彈藥之供給」一文中詳述國防軍應有之軍備及平時固定準備及補充等數額,其數量之大,已足令人撟舌難下矣。況以寇侵長城之戰爲例,則將來大規模之作戰,其軍隊數量,恐尚不只 100 師也。就中鎗彈(包括步,馬,機,手鎗彈)一項:固定準備數額932,000,000顆,補充數額 8,285,000,000 顆按之我國現有兵工廠之製造能力,每年總額只達 431,800,000 顆,實相差甚巨,況戰端一發,戰期未能預先測定,則經數年之戰,其供給當更倍增。是故利用其他工廠以造鎗彈爲戰時所必行。是以造彈技術爲一般工程師所應熟諳者。本篇敍述製彈之工作及方法,繪圖說明,並舉現時國家兵工廠工作實例,以作實際之例證,雖掛一漏萬,不足以應專家之需,尚可作普及軍事教育之參考。

其實製彈工作,原非若何艱難,只以現時政治及社會之不甯,致一般技術者不能自由入兵工廠作長期之考察,遂使兵工技術與一般技術相隔絕著者以身在兵工廠之便,觀摩之機會較多,略述之以告讀者。至於各兵工廠之設備及製造能力等,事屬軍事祕密,未便發表,故文中於機器數量,產量及工人人數等,概不述及。

篇中所述每機需動力若干,工作速率若干,僅為一約數。蓋原機製造,各廠家有優劣不同,錄之僅見一大概而已。

作此文之另一動機,為使參觀製彈廠者先得一有系統之概念,以便實地對照,常見若干來兵工廠參觀者,既亂於軋軋之機聲,復驚於機器動作之奇妙,看花走馬,頭緒未得,此種參觀,僅為觀察工場之規模,不足以語其工作也。

# （一）　熔　銅

## 1. 黃銅之性質

鎗彈藥殼 (Cartrige case) 因其在鎗膛內受火藥氣體之高壓須不變形,故其材料須有充分之強度;此為製造彈殼取材之第一着眼點。其次則為製造容易起見,其工作須用壓延方法 (pressing and drawing),故材料亦先有充分之延伸率 (elongation)。五金之中惟銅最適於上項之條件;由冶金學者之研究,純銅之強度及延展性尚不及黃銅之優。

黃銅為銅與鋅(俗稱白鉛)之合金,古代之人卽知其製鍊之法,惟無精密之研究而已。

黃銅之性質亦以所含銅及鋅之成分而異,第一圖為表示黃銅中所含鋅之成分及其性質之曲線。於圖中可見黃銅之抗拉力 (tensile stress) 初時因鋅量增加而亦增,至鋅為 30% 時,抗拉力最

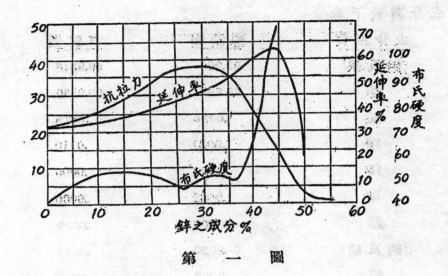

第　一　圖

**大**,過此逐漸減小。其延伸率初時亦因鋅量而俱增,至鋅爲 43% 爲最大,但此際之硬度亦最大。故在理論上及實際工作上規定,鎗彈藥殼(以後簡稱銅殼)所用之黃銅中,其銅及鋅之比爲 70:30 爲最合度,此種銅鋅合金通稱爲七三黃銅。

　　鋅之價格較銅爲廉,卽黃銅之成本較純銅爲低;故在經濟上言之,黃銅亦較純銅爲有利。

### 2. 銅及鋅之品格

　　銅殼之黃銅須極純淨,其他金屬雖只少量存在,皆足損其性質。如鉛及鉍有害黃銅之延展性,砒有害黃銅之傳導性,鐵增進黃銅之硬度及脆性⋯⋯,是故所用原料必須取其純者。大約銅料中含純銅量99.9% 以上,始可用作銅殼黃銅。

　　現代之電解銅,(用電解法提煉者)其含銅量達99.98%,而美國之蘇必利爾湖銅 (Lake Copper) 亦含量達 99.93% 以上,英國之 B. S. C. 銅 (British Best Selected Copper) 則含量99.6%,現時世界產銅量中其 80% 爲電解法製成。

　　我國兵工廠及各機械工廠所用之銅,皆爲美國產,蓋美國之銅產量爲世界第一,占全數之一半以上,且其質甚純也。茲將美國

銅之成分列於下表:

| 成分原質 | 蘇湖銅 | 電解銅 |
|---|---|---|
| (銅及銀) | 99.900 | 99.9548 |
| 銅 | 99.890 | 99.9530 |
| 銀 | .0096 | .0018 |
| 鉛 | .0031 | .0010 |
| 鉍 | .0000 | .0000 |
| 砒 | .0062 | .0000 |
| 銻 | .0000 | .0009 |
| (硒及碲) | .0020 | .0026 |
| 鐵 | .0028 | .0038 |
| 硫 | .0016 | .0026 |
| 氧 | .0753 | .0315 |

　　鋅之用於彈殼黃銅者,其純度亦須在 99.9 % 以上,鋅產量亦以美國為第一,北美加拿大產量亦富,我國各兵工廠以用加拿大鋅為多,

　　兵工署規定各兵工廠彈殼黃銅所用之銅及鋅之純度如下表:

　　甲.銅

| 成分 | 百分數 |
|---|---|
| (銅及銀) | 99.9%以上 |
| 砒 | .003%以下 |
| 銻 | .01% 以下 |
| 鉍 | .005%以下 |
| 鉛 | .005%以下 |
| 硫 | .015%以下 |
| 鐵 | .01% 以下 |

　　乙.鋅

| 成　分 | 百分數 |
|---|---|
| 鋅 | 99.85% 以上 |
| 鉛 | .07% 以下 |
| 鐵 | .03% 以下 |
| 鎘 | .05% 以下 |
| （鉛＋鐵＋鎘） | .10% 以下 |

### 3. 銅殼黃銅之檢驗

　　銅鋅配合之先,雖可由計算而得正確之百分數,然入爐熔後,火耗各有不同,鋅因其沸點低,常化煙而逸散,且熔爐工作中難免無其他雜質之摻入,故熔合後之黃銅須經檢驗,以察其化學的及物理的性質,以定黃銅之優劣。依兵工署之規定,彈殼黃銅之性質如下:

| 含銅量　% | 69〜71 |
|---|---|
| 含鋅量　% | 31〜29 |
| 破斷界　公斤/平方公釐 | 31　以上 |
| 延伸率　% | 36　以上 |
| 不純物　% | 1　以下 |

　　現時各廠之黃銅,其試驗之結果與上規定有多少出入,但仍以之為標準也。

　　彈殼黃銅性質之規格,各國多有少許差異,茲錄英國之規格於下,以供參考:

| 銅　% | 68〜74 |
|---|---|
| 鋅　% | 32〜26 |
| 不純物% | |
| 　鎳 | .2　以下 |
| 　鐵 | .15　以下 |
| 　鉛 | .1　以下 |
| 　砒 | .05　以下 |

| 鉐 | .05　以下 |
| 鉍 | .008　以下 |
| 銻 | 痕跡 |
| 錫 | 痕跡 |

其實銅量 65～75％ 之黃銅,皆可供製彈壳之用;但通常銅之分量,不使其少於 70％ 云。

## 4. 黃銅之熔合

熔解黃銅用電氣爐,反射爐,重油燃燒爐及坩堝爐等。大量出產時用電氣或反射爐,少量者以用坩堝爐爲宜。現時各國及我國兵工廠皆用之爲熔銅爐。

坩堝爐設於地面下以便加料及起爐等工作,加熱則用焦炭。爐之多寡須視所熔銅量及所用坩堝之大小而定。每爐置坩堝一具,爐之通風裝置有自然通風及機械通風兩種。惟後者僅用於大產量之工場中。坩堝之大小不一,通常多用 100 磅及 120 磅容量者;據工廠之經驗,容量小者其成分及溫度等控制較易,其結果常優。我國各兵工廠中,漢粵兩廠用 100 磅者,甯廠則用 120 磅者。

熔銅之法,先將坩堝置爐中燒至赤熱,然後投入銅料,其上以木炭一層覆之,如是則可防止銅熔解時吸收焦炭中之二氧化硫 ($SO_2$)。如加食鹽少許,則可使銅中之氧化物成爲熔滓 (slag),而防止銅之氧化。銅料全部熔解後,加入鋅塊。鋅塊不宜過小,以其投入時,迅卽揮發,損失不貲,然過大亦非所宜。熔解之工作不易,通常將購來之原鋅塊以重鎚擊成八塊,最爲合度;未入堝前,置爐旁烘熱之。

加鋅之時,以鐵箝夾鋅塊沒入銅液中而溶之。鋅因驟受高熱,常有一部分被蒸發化白煙而逸散。此揮發量,因溫度及加鋅工作之敏慎與否而異,故加鋅工作爲熔銅工人最難之技術,宜敏捷而適當,但熟練之工人工作時,其揮發量常有一定,可以信賴。加鋅之後,再以木炭粉末覆之,以免鋅之繼續氣化,於是加熱至 1180° 附近,俟 2~5 分鐘後,自爐中以鉗取出坩堝,除去上層之熔滓,鑄入鑄模之內。

鑄模為生鐵製,由上下兩半壘合而成,束以鐵環,使其斜立於爐傍。鑄造時,此鑄模亦須有 70 ~ 80°C 之溫度,鑄模內塗油,使鑄塊 (ingot) 得均質而面光滑。注入溫度宜注意,約為 1130~1150°C 之間,[*] 過高則易生氣孔,過低則鑄塊之表面不平,故自爐中提出後,須迅即鑄造,迅速鑄造之利點,更在不使鋅之陸續氣化,致令前後各鑄塊之成分差異也,小型坩堝較為有利,於此又得一證。

鑄塊冷後,取去鐵環,傾出鑄塊,此完成後之鑄塊,其 **布氏** 硬度 (Brinell's Hardness) 約為 58。

> 附註： 漢廠鎔銅舊法係將坩堝由爐起出後,加鋅塊於銅液中,再同置爐中熔之,即加鋅之工作不在爐中而在爐外行之也。近時改用新法,將鋅銅同時置入堝中,鋅塊在下,銅塊在上,其上更覆以木炭食鹽等。據稱改用新法後,其質較優而鋅耗亦較少云。

## 5. 熔銅房之設備

熔銅工場之設備甚簡單,坩堝,鉗,模而外,其他器具無多。至其熔爐之多寡,可按下述之例而計之,

以每 100 磅容量之坩堝而論,每堝能熔黃銅 100 磅,鑄黃銅塊四條,重量每條 25 磅,惟後尚需切去尾端 (pipe) 及輾壓洗耗等,至銅條完成為銅皮後,每條約重 24 磅,此 24 磅之銅皮置製彈廠之壓盂機中,壓成銅盂(銅殼原料),計其邊料約為 10.5 磅,得銅盂 13.5 磅,約有銅盂 400 ~ 420 個,即每堝黃銅 100 磅中可得銅盂約 1600 ~ 1680 個。

每次鎔銅一堝,約需二小時,(初時因生火困難,故第一爐需時甚長,其後漸少)平均每日工作 12 小時,則每爐可出 5~6 堝,每堝平均需焦煤 95 磅。

通常坩堝爐之數,須依計算出品所得之數,增多數爐,以便修

* 見第二圖

理及掃除時替換之用。

　　現時各廠之坩堝購自外國,每坩堝一隻,以熔銅50次爲度,中品之坩堝能耐45次者已稱滿足矣。

**6. 熔銅工作之注意**

　　鋅之熔點爲419°C,其沸點爲 906°C,惟在黃銅中,其沸點增高,其增高度隨鋅量之多寡而不同,第二圖示黃銅中鋅之沸點與其

成分之關係。在七三黃銅中,鋅之沸點約爲1180°附近,故加鋅之時,須注意堝爐之溫度,不使達鋅之沸點,否則鋅量急激燃燒,甚爲危險。

　　黃銅之鑄造溫度,亦由鋅之沸點及黃銅熔點二者而定,此鑄造溫度須在鋅沸點及黃銅熔點二者之間,過高過低均不適宜,已見前述。

　　至於鋅之揮發量,以加

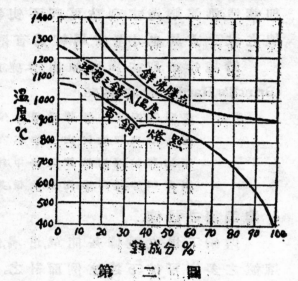

第　　二　　圖

入手續之敏捷與否及在爐時間之長久而定。加入手續過緩及在爐時間過長,則鋅揮發量增多,黃銅中之鋅成分因之減少。在適當工作之場合,坩堝爐之鋅耗約爲 5% 左右,在製造工場中仍以檢驗其成分後而適當附以鋅耗量爲宜.

# （二）　　輾壓及退火

**7. 銅塊之輾壓**

　　經以上工作鑄造後之銅塊,須經多次輾壓,使成適度之銅片,始可送製彈廠應用,此輾壓工作在常溫中行之。

　　鑄塊之頂端(銅液傾入之一端)因黃銅內部冷縮結晶之關係,其不純物大都浮於頂端,此段特稱曰pipe,輾壓之前須將其截去,

使銅塊之質純淨。

　　製彈売之銅片厚爲3.3公厘,其輾壓工作須逐步分次行之。蓋材料加工有其一定之限度,過此則性質變更(見後第八節)材料亦將破壞也。

　　茲將甯漢粵各廠之輾壓工作列表於下,以資比較:

A:　　甯廠

　　原鑄塊　　厚 =.718吋, 寬 =4吋, 長 =23吋。

　　各步輾壓後均退火一次。

| 減滿尺寸 工作程序 | 次數 第一次 (吋) | 二次 (吋) | 三次 (吋) | 四次 (吋) | 五次 (吋) | 六次 (吋) | 共減滿 (吋) | 輾壓後之寸法 厚(吋) | 寬(吋) | 長(吋) |
|---|---|---|---|---|---|---|---|---|---|---|
| 第 一 步 | .106 | .062 | .05 | .04 | .03 | .025 | .313 | .405 | 4 | 37 |
| 第 二 步 | .045 | .055 | .025 | .02 | .03 | | .175 | .230 | 4 | 59 |
| 第 三 步 | .017 | .015 | .014 | | | | .046 | .184 | 4 | 76 |
| 第 四 步 | .018 | .012 | | | | | .030 | .154 | 4 | 96 |
| 第 五 步 | .012 | .004 | | | | | .016 | .138 | 4 | 106 |

B.　　漢廠

　　原鑄塊　　厚 = 25公厘,寬 = 76.2公厘,長 =.66公尺。

　　各步輾壓後,均退火一次。

| 減滿尺寸 工作程序 | 次數 第一次 公厘 | 二次 公厘 | 三次 公厘 | 四次 公厘 | 共減滿 公厘 | 輾壓後之寸法 厚(公厘) | 寬(公厘) | 長 |
|---|---|---|---|---|---|---|---|---|
| 第 一 步 | 3.5 | 2.5 | 1.5 | 1.0 | 8.5 | 16 5 | | |
| 第 二 步 | 2.5 | 1.5 | 1.0 | | 5.0 | 11.5 | | |
| 第 三 步 | 1.5 | 1.5 | 1.0 | | 4.0 | 7.5 | | |
| 第 四 步 | 1.5 | 1.0 | 0.5 | | 3.0 | 4.5 | | |
| 第 五 步 | 0.5 | 0.4 | | | 0.9 | 3.6 | 3:3 | |

C.　　粵廠

　　原鑄塊　　厚 = 21公厘,寬 = 76公厘,長 =.838公尺。

| 減薄尺寸 次數 工作程序 | 第一次 公厘 | 二次 公厘 | 三次 公厘 | 四次 公厘 | 共減薄 公厘 | 輾壓後之寸法 | | |
|---|---|---|---|---|---|---|---|---|
| | | | | | | 厚(公厘) | 寬(公厘) | 長(公尺) |
| 第 一 步 | 2.5 | 2.1 | 1.5 | 1.0 | 7.1 | 13.2 | 76 | 1.3 |
| 第 二 步 | 2.3 | 1.8 | 1.0 | | 5.1 | 8.1 | 81 | 2.0 |
| 第 三 步 | 2.0 | 1.3 | .8 | | 4.1 | 4.9 | 82.5 | 4.0 |
| 第 四 步 | 本步之輾壓工作，爲使銅片適合規定之厚度，稱曰「過光」(finish rolling)，輾壓次數多爲二次，輾後得厚 3.3 公厘之銅皮。 | | | | | | | |

　　黃銅輾壓工作,其次數各廠俱不相同,惟大致尚差不遠,茲更附錄英國之彈殼黃銅輾壓工作次數及其尺寸如下:其原鑄塊厚 1.5 吋。

| 工 作 程 序 | 輾壓次數 | 減　薄 (吋) | 輾後厚度(吋) | 附　註 |
|---|---|---|---|---|
| 第 一 步 | 4 | .8 | .7 | 輾後退火 |
| 第 二 步 | 4 | .37 | .33 | 輾後退火 |
| 第 三 步 | 3 | .17 | .16 | 輾後退火 |
| 過　光 | 2 | .02 | .14 | 不退火 |

　　以上俱爲彈殼銅片之輾壓工作。如用爲彈頭壳者,則輾成厚 1.15公厘寬 30公厘之銅皮;如用爲火帽者,則輾成厚 .55公厘寬 11.27 公厘之銅皮,其輾壓次數較銅殼銅皮爲多,但方法俱同,茲不贅述。

8. 銅塊之退火

　　銅塊受加工後,伸延率漸減,硬度增高,其變化之關係如第三圖曲線所示。

　　硬度增高後,加工困難,須置退火爐中加熱,使其再結晶而恢復其展延性。此項工作

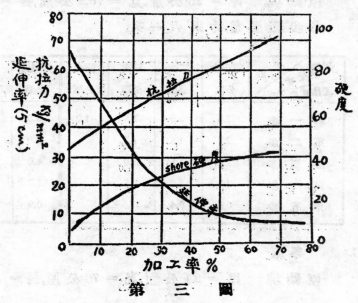

第 三 圖

稱為退火 (annealing)。每步輾壓後,須退火一次,退火後之銅塊,其性質與退火溫度及退火時間關係甚大。

　　理論上黃銅之退火溫度愈高,則其延展性之恢復愈速。然溫度過高,其結晶粒粗大且起過燒現象 (Overburning), 使銅質反形脆弱。極純粹之七三黃銅,在 900℃ 時起過燒現象;如含有其他雜質,則 800℃ 時已呈過燒。故一般黃銅之退火溫度,以 600〜700℃為度。650℃為最適宜之退火溫度,然此溫度亦以銅片之厚薄稍有差異,薄者溫度可較低。在各國之完備工廠中,其退火溫度俱有精密之儀器測定,或取退火後之銅片而作拉力及硬度試驗,或更用顯微鏡以觀察其結晶形態;由是使各次之退火工作得一極合度之溫度以為規格。在國內各廠中,除甯廠有簡單之測溫儀器以外,其他皆無正確之數字可稽,工作上僅憑工人之經驗行之而已。

　　第四圖為含銅67%, 鋅33%之黃銅之退火溫度與其性質之關係,圖中在 650℃ 時,延伸率最大。

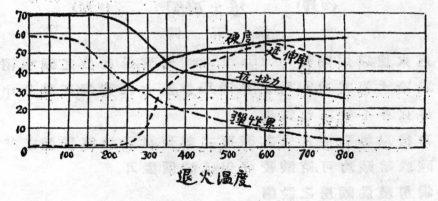

第 四 圖

　　黃銅之性質,雖主因退火溫度而異,然退火時間關係亦大,退火時間充分,則延展性大,反之則較小。大概在適宜之退火溫度中,退火時間為一小時左右,其實半小時已足矣。此退火時間,有時亦因銅片之厚薄而有增減,甯粵各廠銅片在輾壓工作中之退火時間列於下表,藉供實證。

| 回　火　次　序 | | 寧　　廠 | 粤　　廠 |
|---|---|---|---|
| 第　一　次 | 回 | 1.5 | 2.5 |
| 第　二　次 | 火 | 1.5 | 2.0 |
| 第　三　次 | 時 | .75 | 2.0 |
| 第　四　次 | 間（時） | .5 | 過光後不回火 |
| 第　五　次 | | .5 | |

　　第五圖為67/33黃銅在650℃退火時,其退火時間與其性質之關係曲綫,附此以供參考。

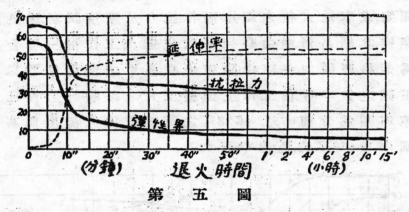

第　五　圖

　　退火爐以用悶爐(muffle furnace)為宜,退火後之銅塊,稍置後卽傾以冷水,使其冷却增速,免滯工作,蓋七三黃銅(在結晶中屬 α 系)雖淬火亦不變其性質也。

　　冷後以稀酸液洗去其表面之雜質,再以鹼液洗淨之,其酸類用硫酸或硝酸均可,硝酸較好,但硫酸價廉耳。

## 9. 輾銅房及烘銅房之設備

　　輾銅房之設備,除剪銅機,磨輥子(roller)機,起重機等外,其主要之機器為輾銅機。機為上下二輥子對合而成,輥子之大小以其輾輾面之長別之。大型者面長30吋,20吋;中型者15吋,12吋;小型者6吋。完備之輾銅房應具備大小不同之輾機若干架,以為粗輾及過光等工作之用。如輾銅殼銅片,則毋需12吋以下之輾機,小型者只用作火帽銅皮而已。

　　　輾銅機之原動力,大多用蒸汽發動機供給,惟新式工廠有用電力摩達者,前上海兵工廠曾改用之。惟現時甯,漢,粵各廠仍用蒸汽機,其馬力之大小,以輾銅機之負荷而定。

　　　烘銅房之設備只烘爐及一起重機而已。悶爐之大小,一般皆以能每次烘銅2000~3000磅爲多。漢廠之烘爐最大,粵甯兩廠較小。

<h2 style="text-align:center">（三）　銅殼之製造</h2>

### 10. 軋片及春盂 (Cupping)

　　　經輾銅間完成之彈殼銅片,其厚爲 3.3~3.6 公厘之間(見第 7 節各表),其寬度則以軋片之方法而異(見後第 11 節),其工作次序係先於春床上將銅片軋成圓形之銅餅 (disc),然後再將銅餅置春盂機中,即銅餅之周邊屈上而成銅盂 (cup)。但爲節省工作起見,通常此兩步工作在同一春床上行之,即春上之春頭 (punch) 壓下時,先軋銅餅,繼壓銅盂,其狀況如第六圖,(a),(b)(c) 各圖。

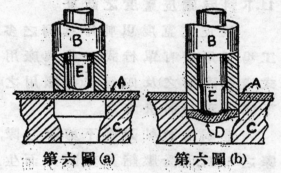

第六圖(a)　　　第六圖(b)

　　　(a)爲銅片置春床上,即將工作之圖,(b)爲軋片圖,(c)爲春盂圖。圖中 A 爲銅片,C 爲春模 (die),B 爲軋刀 (hollow cutting punch)，E 爲春頭，B 刀爲管狀,春頭 E 可於其中上下,B 與 E 俱用拐桿 (Crank-rod) 聯於春床之皮帶輪軸,

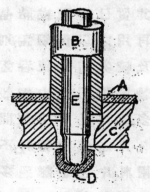

第 六 圖 (c)

而以偏心裝置使 B 及 E 兩桿下降之時間及衝程不同。當 B 下壓時,銅片即被軋成一圓餅 D(如(b)圖,B 刀下降至 (b)圖所示之位置

而止。於是舂頭 E 壓 D,而由舂模之底孔下降,銅餅之周邊遂捲屈而成銅盂。

此類舂盂機約需動力 1.5 馬力,每小時能舂銅盂 4000 個。下表所列為國內各廠銅盂之大小之比較:

| 廠 別 | 銅 餅 | | 重 量 | 銅 盂 | | |
|---|---|---|---|---|---|---|
| | 厚(公厘) | 直徑(公厘) | (公分) | 外徑(公厘) | 邊厚(公厘) | 長(公厘) |
| 滬 廠 | 3.3 | 24.4 | | 17.6 | | 12.5 |
| 寧 廠 | 3.5 | 25 | 14.4 | 12.3 | 2.5 | 15. |
| 漢 廠 | 3.6 | 25.04 | 14.63 | 17.75 | | 13.5 |
| 粵 廠 | 3.3 | 26 | 14.0 | 18. | | 13.5 |

## 11. 下料時銅皮寬度之計算

銅皮之寬度,以軋片行列之多寡及排列方法而異。通常製彈工場所用者有單行式(以前漢廠用之),雙行式(漢,寧廠用之),三行式(寧,粵廠用之)及四行式(寧廠用之)等數種。其寬度之計算,須基於下述之理論而決定之。

當銅皮被軋刀壓下剪斷之際,沿軋口邊際之銅料,因受壓縮及剪斷力而生內部變形 (strain),其質已變硬或結晶粒間因受力而有裂痕,如再用之以作銅盂,則此已受力之一邊因質硬及較劣,結果使舂盂後所得之銅盂偏斜或裂殼;製彈工作中,銅殼損壞之原因,基於此者甚多。故兩軋片間須間隔相當之距離,使第一次軋片之外周材料,不復在第二次之圓餅中。但兩軋片之距離過多時,則材料殊不經濟,故下料之先應有適當之決定者也。

第七圖為經軋片後之銅皮,在離剪口 K 距離之圓帶內之材料,因受損而不可復作銅

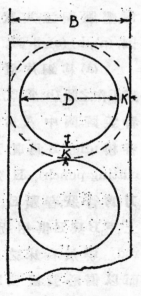

第 七 圖

盂之料,故軋第二片時其兩軋片間之距離,至少須等於K。

　　此 K 之值因材料之性質(强度,硬度等)及銅片之厚度而異,在七三黃銅之軋片工作中,據經驗之結果

$$K = 1.25t \sim .8t$$

式中 t 爲銅皮之厚度,於是其兩軋片中心之距離 A = D + K, 銅皮之寬 B = D + 2K.(D 爲銅餅之直徑)如爲二行式或多行式者,則其隣行之軋片須恰在第一行之兩軋片之中。如是,則其邊料可公共者甚多,較諸單行者可省材料而更經濟。其兩行之距離C,等於等邊三角形 EFG 之高,即 GH = $\frac{A}{2}$ cot 60°。故下料銅皮之寬爲

$$B = \overline{GH} + D + 2K。$$

其他多行式均可依此而計算之。

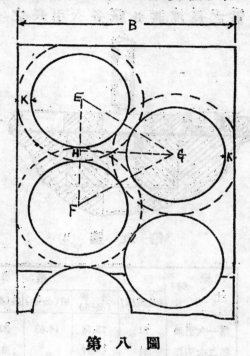

第 八 圖

　　以實際之工作上比較之,單行式者所得邊料過多,(卽每若干磅銅皮中所得之銅盂量少),其剪成銅條(Brass strip)之工作亦較多,最不經濟。至三行以上之方法,雖邊料較省,但工作甚難,故各工廠中多探二行及三行式。

**12.銅盂引長法 (Drawing)**

　　舂盂後之銅盂,須退火後始能再行引長,其退火手續及退火時間見後第20節中,於茲不述。

　　銅盂引長所用之機器亦爲舂床,惟只具一舂頭而已,其工作狀況如第九圖。圖中 G 爲舂模,H 爲舂頭,F 爲附於舂床座面之圓盤;盤周有多數圓孔,置銅盂於孔中,則圓盤迴轉,載銅盂而逐個達於舂模之上,落于舂模內,舂頭下壓,銅盂逐被引長。(按新式機器

現均改用漏斗,不再用圓盤)。

　　如是再退火,再引長,經三次或四次之引長工作,使銅壺達所
需之長度,其各廠各次引長之寸法如下表。

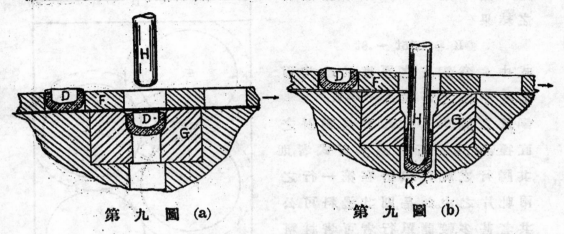

第　九　圖　(a)　　　　　　　　第　九　圖　(b)

| 廠別 | 漢 | | 廠 | 粵 | | 廠 | 甯 | | | 廠 |
| 工作 | 長(公厘) | 外徑(公厘) | 重(公分) | 長(公厘) | 外徑(公厘) | 重(公分) | 長(公厘) | 外徑(公厘) | 邊厚(公厘) | 重(公分) |
|---|---|---|---|---|---|---|---|---|---|---|
| 第一次引長 | 21 | 15.78 | 14.63 | 23.9 | 15.9 | 14.0 | 20 | 16 | 2 | 14.4 |
| 第二次引長 | 31 | 14.57 | 〃 | 35 | 14.75 | 〃 | 27 | 14.5 | 1.2 | 〃 |
| 第三次引長 | 53 | 12.75 | 〃 | 44 | 13.83 | 〃 | 41 | 13. | 1.1 | 〃 |
| 第四次引長 | | | | 68 | 12.85 | 〃 | 62 | 12.5 | 1.0 | 〃 |

　　引長工作以少為佳,因可省設備之機器數量,及同機器數量
時,出品增多也。然銅料之熔合,輾壓及退火等方法之適當與否,皆
足大影響於引長之工作。是故引長之工作愈少,則材料須愈好,而
處理愈難,機械之動作亦須愈精。因此較舊式之工場,不得不使工
作之次數增多,以求製成合用之製品。各國製造鎗彈皆為三次引
長,現時甯廠亦已改為三次,粵廠則在新製彈間者為三次,在舊製
彈間者為四次。

　　此類引長之機器約需動力 2～3 馬力,每小時可引長銅壺
3500 個。

**13. 初次切口**

　　經各步引長後之銅殼,其近口之周邊巳甚薄脆而有疵裂,如再加工時,易因碰撞而使口邊摺皺,故切去其一段以行再度之引長或其他工作。

　　切口機械有自動式及手搖式兩種,前者省力而速,後者則機器簡單,設備經濟耳。其動作狀況如第十圖。

　　切口後之長度如下表。

| 廠　　別 | 切口後長度 (公厘) |
|---|---|
| 寗　廠 | 53.5 |
| 漢　廠 | 43.5 |
| 粵　廠 | 49.6 |

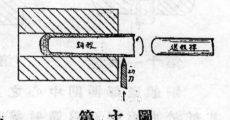

第　十　圖

　　此類切口機之為自動式者,需動力約.5 馬力。每小時可切 4000～5000 顆。

**14.壓底 (打圓凹及平底)**

　　銅殼之底須壓一圓凹,以便成彈時裝置火帽,此壓底之工作分兩次完成之,其初壓工作在工廠中稱為打圓凹 (first indent), 其完成工作稱為打平底 (finishing indent), 其工作狀況如第十一圖。(a) 及 (b) 圖為打圓凹,(c) 為打平底。

　　打圓凹之舂頭只具一桿,其工作照圖即明,毋煩多述。至打平底之工作雖與打圓凹相同,但其舂頭稍形複雜,有說明之必要。圖(C)中,B 為銅壳,C 為頂桿,D 為套模,G 為舂頭。舂頭下壓,須恰緊貼套模,使銅殼得一平底。頂桿 C 之長短應可伸縮,以便調節其適當長度,即使銅殼底部之銅恰能漲滿於模隙,此點在工作上最宜注意。

　　舂頭因多次舂壓,磨損甚速,而此完成之工作,其孔徑之差誤須極小,故此舂頭宜常檢察更換;但磨損部份多在突出之部分,故在舂頭之中另裝一小舂頭A,磨損後只更換A即可。A後為一圓短桿E,E後為主力壓桿F。

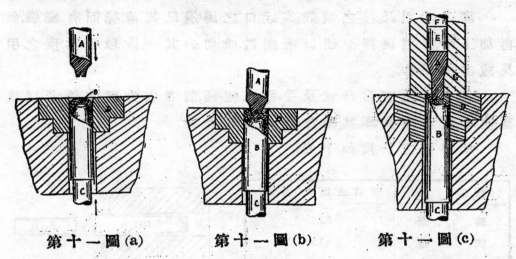

第十一圖(a)　　　　　第十一圖(b)　　　　　第十一圖(c)

　　銅殼底部圓凹中心之突起,稱爲火台(anvil),爲裝火帽後,使其抵於火帽藥面,以備射擊時與鎗機之發火針相抵擊,使火帽易於發火之功用。

　　在製造上此壓底之二步工作不相連衡,(見後之全部工作程序表),應須退火後始能再壓也。原來經第三次(或第四次)引長後之銅殼,須退火後始令其經其他工作。惟以在引長工作中,其底部中心未受若何加工,其材料並未變硬,故切口後(切口毋須退火)可直接再打圓凹,蓋因此可省退火一次也。

　　依據同一理由,使完成壓底(打平底)置於下述之最後引長之後,又可省退火一次。

　　壓底機因其需力甚大,故爲製彈工場中形式最大之機器,其動力需4馬力,每小時可壓3500顆。

　　下表爲各廠之壓底工作之寸法:

| 廠　　別 | 初步壓底(打圓凹) | | | 完全壓底(打平底) | | |
|---|---|---|---|---|---|---|
| | 凹徑(公厘) | 凹深(公厘) | 火台高度(公　厘) | 凹徑(公厘) | 凹深(公厘) | 火台高(公厘) |
| 粤　　廠 | | | | 5.45 | 3.2 | |
| 漢　　廠 | 5.5 | 2 | 2 | 5.43 | 3.3 | 1.9 |
| 粤　　廠 | | | | 5.48 | 3.3 | 1.6 |

## 15. 最後引長及切口

此步工作爲將初步壓底後之銅殼,經退火後再作最後之引長,使達所需之長度。引長後再切口使成規定長度,所用機器與前述之引長機,切口機相同,其引長後及切口後之長度如下表:

| 廠　別 | 最後引長後之銅壳寸法 | | | 切口後長度 |
|---|---|---|---|---|
| | 長度(公厘) | 外徑(公厘) | 厚(公厘) | (公厘) |
| 華　廠 | 71 | 12 | 0.9 | 56.5 |
| 漢　廠 | 68.5 | 11.88 | | 57.3 |
| 粤　廠 | 68. | 11.78 | | 57.5 |

此步工作在初步壓底之後,完全壓底之前行之,經最後引長及打平底以後之銅殼,不令再退火,使其保有相當強度及充分之彈性,能在槍膛內堤耐火藥之壓力,而易於退殼。過軟之銅殼,往往因發射後受壓及槍管發熱銅壳澎漲之結果,不易退出也。

## 16. 燒口及收口

設計槍管之初,因使裝藥量增多,藥膛不過長,故槍管後部之藥膛(Powder Chamber)常較槍之口徑爲大。槍彈銅殼須適合於槍身藥膛之形狀,故須將銅殼之口收縮,以便緊銜彈頭。收口之先,須將殼口燒軟,以免因收縮而裂摺,此燒口工作又稱之爲半退火(Semi-annealing)。

燒口機之主要部爲一圓台,台面圓鐵板之周有溝一道,如第十二圖,銅殼由A處置入溝中,台板藉皮帶輪依矢向迴轉,載銅殼經兩噴燈之火焰罩中,焰罩中溫度甚高,而銅殼口部又甚薄,故退火之時間甚短,卽可滿意。經火焰後之銅殼,由B處下落於水缸中冷却之。

此類燒口機,每小時能燒銅殼10000

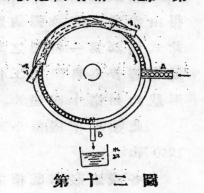

第十二圖

顆。

收口工作多爲兩次。按新式機器祗收口一次）

第一次僅使使成一圓錐體形之傾斜,第二次始壓入一彈殼形之模中,完成規定之形狀,如第十三圖。圖中 A 爲模子,B 爲銅殼,C 爲鐵砧。模子向右壓時,砧抵銅殼底使殼口壓入模內,同時亦將銅殼之前半段收縮,成一微斜之圓錐形。

如欲銅殼之外形精確,則加一次工作,即使收口後之銅殼再壓入一精確之模中一次,此工作稱曰合膛。

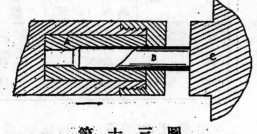

第 十 三 圖

此類收口機之構造,與引長機相似,每小時可收銅殼 3000 顆。

各廠銅殼各次收口之寸法如下表:

| 廠　　別 | 一 次 收 口 | | 二 次 收 口 | |
|---|---|---|---|---|
| | 未收口前銅殼原徑（公厘） | 收口後口徑（公厘） | 收口後口徑（公厘） | 斜肩外徑（公厘） |
| 寧　　廠 | 12 | 9. | 8.7 | |
| 漢　　廠 | 11.88 | 8.9 | 8.8 | 10.7 |
| 粤　　廠 | 11.78 | 10. | 8.75 | 10.8 |

## 17. 車底槽

銅殼底槽之作用,爲便於發射後得由鎗機上之拉彈鈎將其鈎牢拔出。此式機器爲一特製之車床,送彈,伸刀,退彈等皆爲自動,其工作狀況及切刀形狀均如第十四圖。

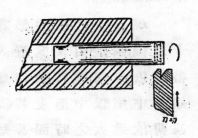

第 十 四 圖

此類車槽機,每小時可車銅殼約 1250 顆。

各廠銅殼車底槽之尺寸如下表:

| 廠　　　別 | 槽深（公厘） | 槽寬（公厘） | 底緣厚（公厘） |
|---|---|---|---|
| 漢 | .82 | 1.2 | 1.22 |
| 粤 | .77 | 1.3 | 1.2 |

### 18.鑽火門眼

　　銅殼底部須鑽小孔兩個,使藥室與圓凹相通,則火帽所生之火焰可直射彈藥而急驟燃燒。鑽火眼機亦爲特製之機器,有小鑽兩枝,以皮帶使其互向反對方向迴轉,其送殼,伸鑽及退殼等俱爲自動,其動作狀況如第十五圖,兩鑽成12度之開角,火門眼徑爲.8公厘。

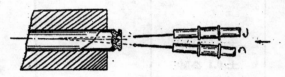

第 十 五 圖

　　此類鑽火門眼機,每小時能鑽銅壳2500顆,需動力約0.8馬力。

### 19.檢驗

　　計自壓盂以至鑽火門眼,其間經過工作26步其名稱及次序如下表:

| 次　　序 | 工　作　名　稱 | 次　　序 | 工　作　名　稱 |
|---|---|---|---|
| 1 | 軋片及春盂 | 14 | 第四次洗 |
| 2 | 第一次退火 | 15 | 第四次引長 |
| 3 | 第一次洗 | 16 | 二次切口 |
| 4 | 第一次引長 | 17 | 完成壓底(打平底) |
| 5 | 第二次退火 | 18 | 燒口 |
| 6 | 第二次洗 | 19 | 第一次收口 |
| 7 | 第二次引長 | 20 | 第二次收口 |
| 8 | 第三次退火 | 21 | 合膛 |
| 9 | 第三次洗 | 22 | 車底槽 |
| 10 | 第三次引長 | 23 | 鑽火門眼 |
| 11 | 初次切口 | 24 | 駿光(用穀殼磨光) |
| 12 | 初次壓底(打圓凹) | 25 | 人工驗火門眼 |
| 13 | 第四次退火 | 26 | 人工驗察裂痕 |

　　經過以上各工作後,銅殼即已完成,以後只需裝火帽,裝藥,裝彈頭即成一完全之槍彈。惟銅殼完成後,須經檢驗其合規定之尺

寸大小及形狀與否而定取舍。其不合者則棄之,再入熔銅爐中熔之。其檢驗事項如下:

| 檢驗事項 | 規定尺寸 | 差之限度 | 註 |
|---|---|---|---|
| 銅 殼 全 長 | 57 公厘 | ± 0.3 公厘 | |
| 彈 底 外 徑 | 11.95公厘 | ± 0.1 公厘 | |
| 底 槽 深 度 | .77公厘 | ± 0.05公厘 | |
| 槽 緣 厚 度 | 1.2 公厘 | | |
| 底 凹 深 度 | 3.3 公厘 | | |
| 底 凹 直 徑 | 5.48公厘 | ± 0.05公厘 | |
| 火 台 高 度 | 1.6 公厘 | ± 0.1 公厘 | |
| 藥 體大小及長度 | 長46. 公厘 | ± 0.2 公厘 | ⎫ 此兩項有時可 |
| 殼 口 外 徑 | 9. 公厘 | | ⎭ 不檢驗 |

　　以上各項,俱由檢驗機自動檢驗。機下有若干個木箱,放置於一定地位,經檢驗後,其何項不合者,均分別剔出,合格者由機直通過而由最後一級中擲出。此類檢驗機因各製造廠家不同,其檢驗事項稍有增減(表中最末兩項)。至於差誤限度則隨各製彈廠之規定而定之。我國步鎗現雖以7.9公厘口徑之毛瑟式(Mauser)德式步鎗為最多,但亦因式樣之新舊而有少許差異,故鎗彈之製造上,其尺寸之大小因之有些微出入,上表所列,僅為粵廠規定之一例而已。

## 20.銅殼之退火

　　黃銅加工後,須退火後始能再加工,已見前述。銅殼經壓盂及各步引長,其加工率皆在 30% 以上,其延伸率由第三圖可知其已減至極低,故須經適當之退火,以恢復其延性。

　　退火後之性質,與退火溫度及退火時間有關係,亦見前述。茲列甯粵兩廠之銅殼退火時間如下,銅殼初時較厚,其後漸薄,故退火時間亦依次減少。

| 退 火 次 序 | 退 火 時 間 （分 鐘） | |
|---|---|---|
| | 寧 廠 | 粵 廠 |
| 春 盂 後 | 60 | 45 |
| 第 一 次 引 長 後 | 50 | 20~30 |
| 第 二 次 引 長 後 | 40 | 15~25 |
| 第 三 次 引 長 後 | 30 | 15~25 |
| 第 四 次 引 長 後 | 20 | 15~25 |

退火溫度,以在650℃左右為宜;同溫度之退火時間,亦因爐之構造及退火材料之多寡而不同,故上表寧粵兩廠之退火時間有差異。

# （四）　彈頭及火帽之製造

### 21. 彈頭殼

　　槍彈之彈頭分內外兩層,中為鉛心,外包銅殼或軟鋼殼。鉛心乃取其質量重,使彈頭之動量增大。惟以鉛質過軟易因碰撞而變形,故侵徹之力弱;且在槍膛內時亦因其過軟而不能吻合於來復線生適當之旋轉,故用銅殼包之,以濟其弊。此際銅殼既可增槍彈之侵徹力,又兼作吻合於來復線之用。現時多用軟鋼作殼,以其侵徹力較強而材料價值更廉也。民國十七年以前,漢寧各廠皆用白銅為彈頭殼,自後則全改用軟鋼殼矣。

　　現時國內之彈頭殼原料,係舶來之鋼盂,外鍍鎳層,免致生銹,製彈廠中可省一次春盂之工作。

　　彈頭殼之製法,與銅殼相同而較簡單,蓋工作之次數既少而又不需退火也。其各次之工作詳情,毋庸贅述,僅將經過工作列表於下,當可明瞭也。

　　我國之步槍現有兩式:一為漢陽式,一為元年式。漢陽式步槍之彈頭為圓頭狀;元年式步槍之彈頭為尖形,其製造工作僅壓頭部形狀時有差異而已。下表所列僅為尖形彈之例:

| 工 作 程 序 | 外徑(公厘) | 長(公厘) | 厚(公厘) | 重量(公分) |
|---|---|---|---|---|
| 銅盂(原料) | 13.5 | 12 | 1 | 3.02 |
| 一 次 引 長 | 12 | 17 | .9 | " |
| 二 次 引 長 | 10.5 | 25 | .8 | " |
| 三 次 引 長 | 8.9 | 29 | .75 | " |
| 四 次 引 長 | 8. | 39 | .7 | " |
| 切　口 | 8. | 30 | .7 | 2.52 |
| 第一次卷尖 | | | | " |
| 第二次卷尖 | | | | " |
| 第三次卷尖 | 8. | 33 | .7 | |

＊　彈頭發射時，須嵌入來復鏡溝內，故彈頭殼之外徑較槍膛之口徑稍大。

其各步工作所成之形狀如第十六圖。

二次卷尖　切口　一次卷尖　三次引長　二次引長　一次引長　銅盂　三次卷尖

第 十 六 圖

### 23. 鉛心之裝入

鉛心之製造甚簡易,法先熔鉛於爐鍋中,繼注其熔液於水壓機之圓桶內,活塞桿由上藉水力下壓,熔鉛遂被壓而由活塞桿之圓孔中壓出,遂成鉛條。置剪壓鉛心模將鉛條先剪成適當之長度,繼壓入一模中而成尖頭形。

裝鉛心之工作略為二步,先將鉛心壓入,次將彈殼之邊壓屈

而向內包,使鉛心不致脫落,稱爲
包底。

此類裝鉛心機,與引長機相
同。如用特製之自動裝鉛心機,則
壓入鉛心,包底,合模等皆在同一
機內完成。經上述各工作後,即爲
完成之彈頭。

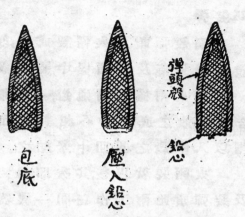

第　十　七　圖

### 23. 製造彈頭之注意

彈頭之製造手續雖無困難,
然其製造之精否關係甚大。因鎗彈發射欲其中的,則此彈頭所行
之路程,須合於預計之理想彈道,是故其重量應極精確,而其形狀
更須對稱 (Symmetry),其重心必須在彈頭之中心線上(即鎗膛之
中心線上)。如重心偏斜,則彈頭離鎗口後必搖洩不定,而其彈道
遂不規則。據實驗之結果,如重心偏斜出於中心線外千分之一吋
時,則在600公尺之射靶上偏差達30～40吋之多。

由於此重心偏斜而生之偏心力甚大(約二磅一千分之一吋),
故彈頭在鎗膛內時,即因偏心力而使一面深切於來復線。出鎗口
後此偏心力更爲顯然,故彈頭重心只需極少之偏斜,其射擊精度
即大爲減殺,此製造上之不可不注意者也。

### 24. 火帽

火帽之製法,與銅殼之春盂相同,惟只一次春盂即成而已。春
盂後之火帽,其口緣周常不整齊,須加切口工作一次,故其製造工
作最爲簡單。

火帽銅盂內所裝之發火藥,以雷汞(Fulminate mercury)爲主要
成分,摻以其他藥品如硫化銻,氯酸鉀等而成,裝藥後置壓藥機輕
輕壓緊,外覆膠質或錫箔,以防藥粉之脫落,及防潮濕之侵入。

# （五）　裝彈及檢驗

**25.裝彈**

　　銅殼,彈頭及火帽製成後,即可置裝火帽機中,先裝火帽於銅殼,再置裝藥及彈頭機中,裝一成完全之鎗彈。

　　裝火帽機具兩通道,一爲銅殼之輸入,一爲火帽之輸入,火帽恰在銅殼之底部中心相對處(如第十八圖),於是送桿向左推壓火帽以入銅殼之圓凹中,緊結之。

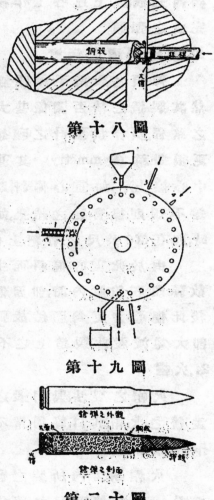

第十八圖

　　火帽裝就以後,其次即爲裝藥及裝彈頭,此兩工作在同一機器中行之,機爲特製,有圓盤一,盤周爲多數圓孔,如第十九圖。銅殼由 1 處送入圓盤依矢向迴轉,載銅殼經過 2 處,2 爲盛火藥之漏斗,斗口之上有機構,能使每次漏下之藥量相等,銅殼過其下時,斗口即開,火藥即已裝入銅殼內。3 爲壓藥桿,將藥稍壓,且藉之以擇知藥量之充足與否。如藥量不足時,藥桿下壓後,機旁之電鈴即鳴,裝彈頭之工人即注意該銅殼,使其上不再加彈頭,以免製成藥量不足之槍彈。彈頭由 4 處以人工放入,經 5 之壓桿,將其壓入銅殼口內,再經 6 處,送彈桿下壓,使裝成後之彈由 7 管中落於箱中,槍彈於是完成。

第十九圖

第二十圖

　　新式之裝藥及彈頭機,其銅殼及彈頭皆自動裝入,其裝藥用自動天平,精密權定,不特可省人工,而其製成之彈更爲正確。

　　裝成後之槍彈,如第二十圖。

## 26. 檢驗

　　銅殼及彈頭之各件檢驗,已於各件製造完成時行之,故完成裝彈後之檢驗,只為重量及全長而已.檢驗全長之機器,與檢驗銅殼者相同,其檢驗重量之機器,則為一自動天平,其上彈及分別輕重等工作,俱係機器自動。

　　除上述關於鎗彈外形及重量外,尚須實射以測定在鎗膛內之火藥最大壓力(maximum pressure)及發射時彈頭之速度(稱為初速 muzzle velocity),以合於規定之限度為合格.下表為漢粵兩廠步鎗彈之最大壓力及初速之規定數。

| 廠　　　別 | 最 大 膛 壓 | 初 速 公尺/秒 | 裝藥量(公分) |
|---|---|---|---|
| 漢　　廠 | 3000 | 620 | 2.6 |
| 粵　　廠 | 2800 | 700 | 2.69 |

# 南京市防水辦法之商榷

## 張　劍　鳴

## （一）　引　言

　　民國二十年全國大水,南京亦未能倖免,街衢浸沒,屋廬傾圮,城外一帶田地盡成澤國,人民顚沛流離,處於水深火熱之境者累月。當時雖經市政當局竭力補救,而公私損失,已不知凡幾。現長江久欠疏浚,淤灘日多,稍值天時不順,水災隨時堪虞。懲前毖後,爰草此文,以備與關心南京水利諸同志共商榷焉。

## （二）　民國二十年南京水災狀況

　　南京遭受水患,考之舊志,已非一次。最近百年中,清道光二十八年,南京大水,二十九年尤大,城中城北,屋脊僅露。城南汶港,非刺船不能行。清咸豐五年大水,諸水皆溢。清光緒丁酉又大水,夫子廟水深數尺。清宣統三年大水,江水泛濫,以致儀鳳門一帶積水數尺。民國五年亦大水,據海關紀錄,水面高出京滬路水平零點53.13公尺。民國十年大水,高出京滬路水平零點54.10公尺。民國二十年洪水,則高出京滬路水平零點54.72公尺(當時如江堤不陷,則水之高度計當漲至高出京滬路零點55.12公尺),以致沿江一帶,盡成澤國,城內被水面積亦約佔十之二三,歷時至三月又半之久,洵南京市一浩刼也。(參觀圖一)

　　據調查所得,民國二十年南京大水時城內外被水區域,約如

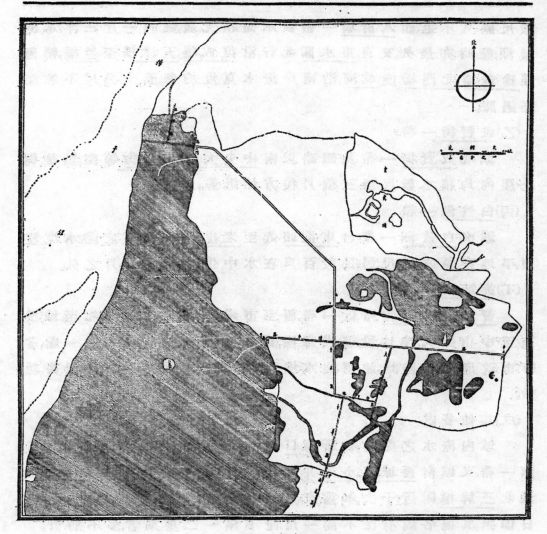

圖(一)　民國二十年南京市水淹面積

下參閱第二圖)：

(1) **城內被水區域**

(甲) 秦淮河兩岸

　　城內秦淮河兩岸,自東水關起,西經文德鎮淮新橋以達西水關為止,平均寬約一百公尺以內,無不淹沒;尤以夫子廟一帶,河水上溢至一公尺左右,交通斷絕,幾及兩月,自東水關向西北經淮清橋,四象橋,內橋而至漢西門附近,兩岸約在六十公尺以內,均水沒數尺,歷久不退;而八府壙一帶被水面積尤廣,幾同一片汪洋,水淹最深,歷時亦最久。又自東水關北行,沿復成橋,天津橋至竺橋,轉西,經珍珠橋,北門橋達乾河,沿兩岸淹水寬度約四五十公尺不等,深亦過膝。

(乙)成賢街一帶

城北成賢街一帶及鐵路以南中央大學大石街等處,無論街上屋內均積水數尺,至三個月後方始退盡。

(丙)白鷺洲一帶

城南白鷺洲一帶,自東關頭起至老虎頭止,低窪之處,水深沒頂,平地亦積水數尺。居民數百戶在水中生活者,達二月之久。

(丁)黃埔路一帶

黃埔路明故宮附近一帶,西至市鐵路,東至后宰門,北至城根,南至中山路,大塊地段,盡成澤國,為城中被水面積最大之一處。當時市政府竭力防堵,並用抽水機從事抽水,雖所費不貲,仍無甚功效。

(戊)其他各處

城內淹水之處,尚有新街口以南之破布營一帶,常府街龍王廟一帶,又城南西城根小河井一帶,俱深及數尺,經二月後始退。至城北三牌樓附近,于去年霪雨之後,雖首遭水淹,深及三尺,但不數日即退。其他各處有深不滿一尺,淹不滿一二星期者,多不勝計。

(2)城外被水區域

(甲)下關一帶

下關一帶,自惠民河以西,北至澄平碼頭,南至三汊河,盡為水淹。

(乙)沿江一帶

沿江一帶,自三汊河以南,漢西門水西門外直至大勝關一帶,地勢甚低,除該處較高地帶,如北河鎮新河鎮等處,幸免波及外,其餘因江堤崩潰,廣袤數十里,盡成澤國,水沒之面積既大,被淹之田禾尤多,而農民之受害亦最重。此爲南京市災情最重最慘之部份!

（丙）玄武湖一帶

玄武湖一帶,湖水泛濫,環湖各地,無一片乾土。五洲公園園址及湖民田舍,冀不淹泊水中,誠空前災祲也。

# （三）水災之原因

民國二十年南京市水災狀況,約如上述。茲再論水災之原因,而於城內城外分別言之。

(1)秦淮河兩岸水淹之原因分兩種。

（甲）長江水位低于西水關水面時:

在此種情形之下,秦淮河之水,本可由西水關流行入江。若江水高度未超過秦淮兩岸之時,則沿河一帶本不應遽遭淹沒。但民國二十年沿秦淮河兩岸開始淹沒之時,尚在西水關之水暢流入江之際,則河水上溢之原因,乃河之本身問題,而非盡爲江水高漲之單獨問題可知。

按南京城內秦淮河（以下卽稱秦淮河）,起自東水關,迄西水關。又自東水關起,迤北,經天津橋而迄竺橋,爲其幹流。至其主要支流則有:（一）自淮清橋至鐵窗櫺,（二）自浮橋至台城水閘,（三）自竺橋至乾河沿,（四）自草橋至陡門橋,（五）自銅心管橋至復成橋,（六）自香林寺至竺橋,（七）自管家橋至羊市橋,（八）自五台山宮後山之石橋至羊市橋等八處（參閱圖二）。其水之來源,經考之舊誌及實地考察,計有(一)東關頭,(二)玄武湖(台城水閘及太平門水閘)(三)香林寺附近,(四)銅心管橋,(五)前湖,(六)進香河,(七)五台山,(八)乾河沿及其他若干小源。今將八處情形分別述其大概。

（一）東關頭爲溝通城外秦淮河與城內秦淮河之要口。外秦淮河發源于句容溧水之間,蜿蜒西下,至九龍橋分成兩支。其直通長江者爲護城河。其由東水關入城,經鎮淮橋新橋上浮橋至西水關,復流入江者,爲城內秦淮河。東關頭築有水閘,以隔離內外兩水。如

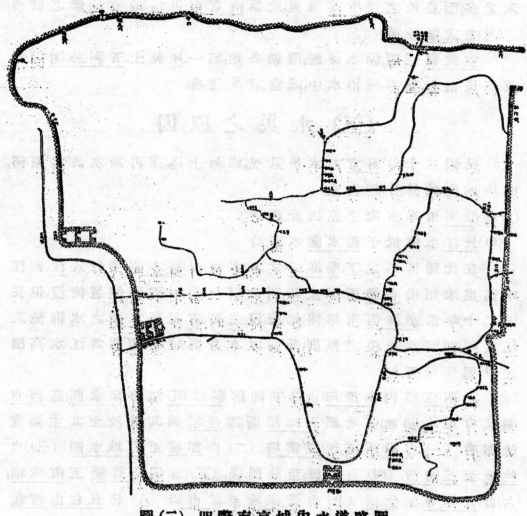

圖(二)　明際南京城內水道略圖

內河缺水而外河之水高過內河,則啓閘放水入城。倘外河之水過高,則閉閘以防水。若外河之水涸,則亦閉閘以蓄水。此為東關水閘之主要功用。第因工程方面未臻完善,致閘門不能全閉,故當外河水位高漲之時,仍無法遏止其漏入城內。

　　(二)玄武湖地勢甚高,湖底高度約為53.89公尺左右。而城內台城闕口處,秦淮河河底高度,僅約52.00公尺左右,即在湖水一公尺半而河水二公尺之平常時期,玄武湖面已高出秦淮河面約一公尺半左右。民國二十年大水時,台城閘口,雖設'法堵塞,但湖水捨由此閘放水入城,及小部分由太平門閘入城外,毫無去路。湖水愈積愈高,竟達四五公尺之水壓。壓高水急,不易堵塞!且該閘附近一帶地下泥土,因水流串通,積久成孔。大水時,由此等小孔流入者,亦復不少。

(三)香林寺在城之東北,所有富貴山一帶及太平門水閘流入之水,盡匯流入于此河,而轉至竺橋,與秦淮正流相合。一遇天雨,山流齊下,水量甚多。

(四)銅心管橋在明故宮之東南,建有水閘,外通護城河。明故宮以南一帶,全賴此河灌溉。若遇霪雨之時,護城河受秦淮外河及紫金山一帶之水,突然湧漲,即由此閘流入城內,經第一公園南首與秦淮河幹流匯合。

(五)前湖在城外東北隅,古名燕雀,考之舊志,湖面甚大。後明太祖取三山之土,以填此湖,建爲大內(卽明故宮,故湖面不及後湖之大,但位居紫金山下,所有紫金山向西一帶之水,大半流聚于此,由通城之水閘入城,經謝公墩東長安門九板橋外五龍橋而與銅心管橋之支流相合,匯入秦淮幹流。

(六)進香河之水,來自北極閣一帶,經西板橋大石橋蓮花橋轉西,達珍珠橋而入秦淮幹流。

(七)五台山一帶之水,大部分原由石橋易駕橋經羊市橋以入秦淮。現因地勢變遷,此流已不可考尋。現有一部分山水,流經張公橋附近之迴龍橋折入秦淮。

(八)乾河沿一帶,受城西諸山之水,經中山路下之涵洞及北門橋浮橋而至竺橋,與秦淮幹流匯合,來源旣廣,水量亦大。

以上八處源流均以秦淮爲歸宿,而其出路則惟有西水關及鐵牕櫺二處。在平常江水低落之時,縱遇雨水,諸源匯流入河,但去路亦暢,尚不致驟形高漲。惟當夫洪水爲患,江水上漲之際,江面與河面之相差有限,其出水方面,因壓小流緩,遂致不暢,而進水方面,則因去路不暢,各源之水壓愈積愈高(如去年玄武湖增至五六公尺水壓),以是水流愈急而水量亦愈增,卒至造成去少進多之局面,日漸壅積,溢及兩岸。

(乙)長江水位高過西水關水面而成倒灌局勢時。

在此種情形之下(約在長江之水高漲至五四‧四公尺以上時),西水關之水即不能流出,縱有其他尾閭,亦等于無用,是以前年八九月間之秦淮兩岸水患,係完全受長江汎濫之影響,當時雖力行堵塞,及抽水工作,終未能弭患也。

(2)成賢街一帶水淹之原因

成賢街一帶,居台城水閘下游。北極閣之水,沿進香河而下,本以秦淮幹流爲其尾閭。迨秦淮已滿,水無去路,而玄武湖之水,又急流而下,(當二十年大水時,雖曾將閘門堵塞,但後湖之水,仍從滲漏處及泥土小孔內流入),河湖二水相匯,愈積愈高,遂將該處淹成澤國。

(3)白鷺州一帶水淹之原因

白鷺洲一帶,地勢本低。測得水平平均約五三‧六左右。考之舊誌,沿秦淮河方面,本設有金陵水閘,但現廢棄已久,僅留閘槽,致河水上溢,無法防渚。洲外之大石壩街,地勢本高,其命名曰石壩,實因白鷺洲過低,含有防禦河水之意。二十年河水上溢,該街受水不及一尺,卒以金陵閘廢棄,而河水盡入白鷺洲矣。

(4)黃埔路一帶水淹之原因

黃埔路一帶,爲前湖入城水道,亦爲香林寺一支小流必經之地。平時全恃秦淮爲其出路,二十年秦淮水滿,無可容納,以致汎濫成災。當時南京市工務局曾將前湖湖水阻塞,而香林寺一流,則無法遏止,遂築堤抽水,耗盡財力矣。

(5)其他各處水淹之原因

其他水淹之處:如新街口以南破布營一帶,一因水塘壩平,二因舊有水溝或已淤塞,或已崩毀,致局部積水,無從宣洩。又常府街龍王廟一帶,因地勢較低,致河水經娃娃橋昇平橋而上溢。又城南根小砂井一帶,因原有直通西關頭至外河之水溝,年久淤塞,水流不暢,遇江水上漲,去路已絕,遂致泛濫。又城北三牌樓一帶,因該處河道淤淺,久失疏浚,大雨之後,若藍家橋獅子橋馬鞍山虎踞關諸水一時匯至於此,遂不及排洩而致上溢。幸有金川門為其尾閭,尚可漸漸退落。以上係城內各處水災之原因,至於城外部份又各有不同。

(6)下關一帶水淹之原因

下關一帶之水災全視江水漲落為斷。二十年自七月起,江水漲至水平五四‧五公尺以上,而沿江及沿惠民河一帶,其本身平均高度則僅為五四公尺左右,故水勢洶湧,到處氾濫。但熱河路及大廟寺一帶之水,尚因熱河路填築之後將原有之護城河與惠民河搆通之孔道(名運水橋)填實,遂致護城河受獅子諸山之水,而毫無出路,及遇霪雨連日,遂至上溢。

(7)三汊河一帶水淹之原因

三汊河沿江一帶水淹之原因,至為簡單,蓋該處地勢本極低窪,所恃以防水者,僅土埂數道。二十年大水為百年來所僅見,臨時在江水將超越土埂時,雖經農民施工搶險,但所填之土,均未堅實,一經風濤沖擊,新土即行潰決,而滔滔者,遂莫之能禦矣。

(8)玄武湖一帶水淹之原因

玄武湖一帶,去年大水之時,盡在水中,蓋該處受紫金山及城外諸山之水,其大小來源,不下數十處之多,而其去路,則僅有台城水閘及太平門水閘兩處。二十年為保全城內起見,將二處閘門杜塞,湖內之水,雖猶有從滲漏處及地下孔道流出,但湖面過大,毫不濟事。當時京滬鐵路曾擬引湖內積水,經下關而入江,但當時積水已高,一旦放水入江,不免波及下游各地,經下關農民之堅決反對,未能實行,以致該處附近盡成澤國,即京滬路軌道亦遭淹沒歷數日之久。

# （四）防水之意見

水災之原因，旣已明瞭，則所以防水之道思過半矣，請申述之。（圖三）

（甲）城內秦淮河水患發生於江水尚未倒灌時者，純因來源太多及尾閭不足之故，是以欲防河水上溢，非減少其來源或增加其尾閭二途不可！惟增加尾閭，格於地勢，不易舉辦，故祇能改善出路，及尋其來源之中，可導往他處者分導之，以減其水量，或調節之，使在大水之時，可以阻其進水，不致爲患，而在河水枯涸之時，又仍留相當之水量，以應需要。

（1）理整東關頭　設置東關水閘之原意，本爲秦淮河水涸之時，啓閘放護城河之水入城，在外河之水高漲之時，閉閘以絕此路之來源。但此關之閘門已有損壞，不能達到河底，故二十年大水之際，雖經閉閘，實未完全封閉，雖經投以砂石，蔴袋之類，終鮮大效。故應速將閘門重加修理，使得關閉到底，不失其用。

（2）調節玄武湖　玄武湖台城一路，亦應用調節方法，但不能獨恃水閘之整理，因台城一帶，地下漏孔太多，阻塞不易，已如前述，故惟有調節湖水之高度，使湖水不致過分滯積，則進水壓力不大，當閘門一閉其由漏孔流進之水量，亦必不多。其調節辦法於下節論治玄武湖水患辦法內詳述之，

（3）疏浚香林寺河及堵塞太平門水閘　香林寺之水，係受富貴山一帶及太平門水閘之水所灌注。富貴山一帶之水，祇能導之使暢流入秦淮幹流，故惟有將自香林寺至竺橋一帶之水道，加以疏浚，使之暢流無阻。至於太平門水閘流入之水，亦爲玄武湖入城之一路，但閘口甚小，非遇湖水高漲之時不致有多大水量，爲防水患起見，擬將該閘口塡塞，以此源平時無可利用也，

（4）加築銅心管橋閘門　銅心管橋之水源，現尚不應堵塞，因明故宮以南一帶農民盡利用此水以資灌溉，故擬在城內加築一

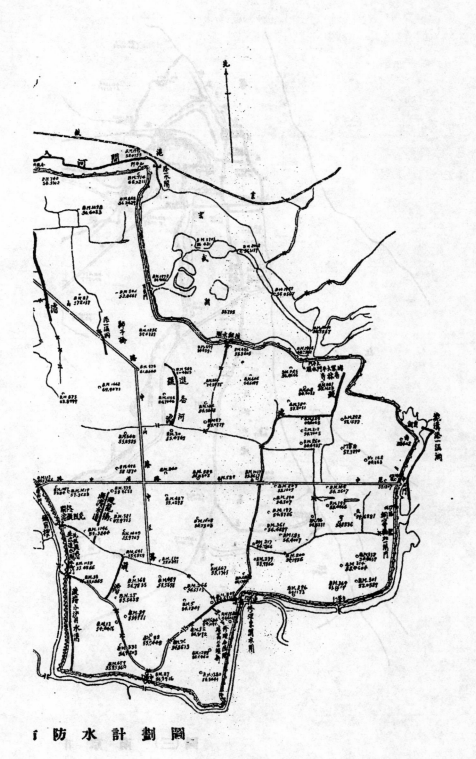

防水計劃圖

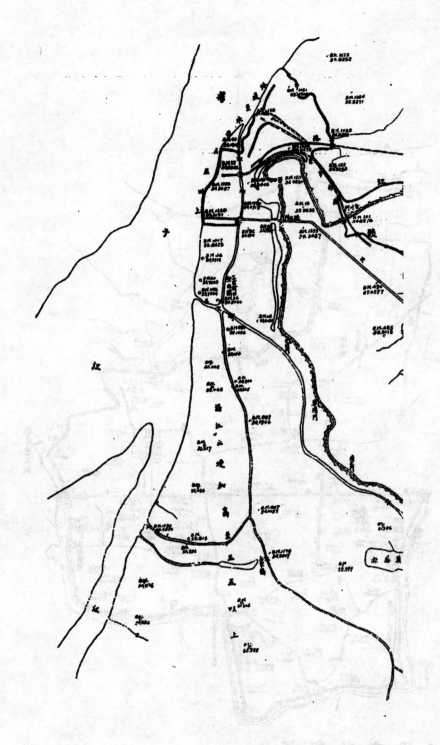

圖(三) 南京市

閘門,以便隨時調節。該處河道甚狹,水流不急,如築閘門,所費極有限。

(5) 挖前湖環城馬路下明溝並造一涵洞　前湖之水,於城內無甚裨益,故不必使之入城。但在大水之時,紫金山之水匯流而入此湖者來源甚廣,應挖一明溝於前湖東西環城馬路之下,並造一涵洞,使與路東之河道相合而流入護城河。此項涵洞,長約三十尺左右,建築費不多,而功效甚大。

(6) 疏浚進香河　北極閣進香河之水,不宜阻塞,當導之入秦淮,擬將此河自北極閣附近起至蓮花橋一帶,略加疏浚,以暢其流。

(7) 疏浚,五台山迴龍橋附近水溝　五台山一路之水,因地勢變遷,其正流不復可尋,已如上述。故只須將迴龍橋附近之水溝,加以疏浚,使該處一帶之雨水得暢流入河,即無滯積之虞。

(8) 乾河沿河道　乾河沿之水,流入秦淮,現尚無甚阻礙,擬暫不加疏浚。

富貴山,進香河,五台山,乾河沿四處水源之灌水區域,僅限於城內一帶之山地,面積尚不甚廣。若將西水關及鐵臁橋兩處尾閭,加以整理,使之得充分之宣洩,則去路既暢,當不足為患。查西水關河身,年久失修,河底逐年淤積,已漸增高。加之原有水關,工程簡陋,關口又極狹小,出水方面自難通暢,似應在原有閘口,添設易于啓閉之閘門,且放寬一倍,分設二穴。同時疏浚閘口附近河身,庶尾閭寬敞,即江水上漲之時,亦可杜絕倒灌入城之路。又鐵窗櫺出水之處,係一拱形涵洞。洞口通水面積僅約 8 平方公尺,其中部業已崩陷,所有排水功用,幾等于零。亟應設法整理,以為秦淮河有效之尾閭。擬即將該處城牆內崩陷部分拆開,另置水閘一道,以利宣洩,並防止大水時江水之倒灌。

(乙城內秦淮河於江水倒灌時之防洪方法,惟有將各項尾閭之閘門,完全緊閉。對于來源中如台城水閘東水關前湖及銅心管橋之水,完全阻絕,則所須顧慮者僅為城內雨水。考南京市五年來

之按月雨量以二十年之七月為最大（圖四），計共有125公厘之
多。如為安全起見，假定每日最大雨量為上數按日平均數之三倍，

圖(四)　民國十六年至二十年南京市雨量比較圖

即 $\dfrac{125}{30} \times 3 = 12.5$ 公厘，又因城內地區面積約46平方公里之中，城
北一部分地勢較前此長江最高水位為高，其雨水可由金川門流
注入江，受水面積可以三分之二即30平方公里計算，則每日城內

應顧慮之雨水爲

$$30\times1,000,000\times,0125=375,000\ \text{立方公尺}$$

假定上項雨水流入城內秦淮河者佔百分之六十,即每日應抽去之水量爲 $375,000\times,6=225,000$ 立方公尺,如抽水機每日工作二十四小時,即日夜不停,則每秒鐘之排水量爲

$$Q=\frac{225000}{24\times60\times60}=2.604\ \text{立方公尺}=2604\ \text{公升}$$

又假定H=抽水高度=3公尺,E=抽水機之效率=50%,則所需抽水機之動力應爲 $N=\dfrac{QH}{75\,E}=\dfrac{2604\times3}{75\times0.5}=208$ 馬力,如購置100馬力,60馬力及40馬力之抽水機各一具,當可敷用。至於抽水設備應爲永久裝置,抑臨時裝置,則完全爲經濟問題。南京之洪水,既不常見。永久之抽水設備,似非必要,但若能于東關頭水閘之上,設置抽水機,使在大水時,可抽秦淮之水入護城河,在城內東關之水高出于護城河,而其他來源亦不暢旺時,可用以調濟秦淮,以免積滯不流之弊,亦未始非一辦法。

(丙)成賢街一帶防水之辦法,惟有阻止台城之水,及使香林寺之水,有所歸納而已。〔參閱(甲)(3)及(壬)〕

(丁)白鷺洲一帶之防水辦法,應將金陵閘重加修理,再將大石壩街略加填高。查該街現在高度大約爲五四五左右,加高三四十公分即可保無虞。是項填高工作即于臨時爲之,亦無不可。惟水閘修理,則須預先實施,以期萬全。

(戊)黃埔路一帶之水,其防止辦法,若如以上所述,將前湖之水導引入護城河,而將香林寺之水暢導入秦淮,復將太平門之水閘,加以阻斷,即可無慮。

(己)其他若破布營一帶則應將原有之水溝,派工修理,導水入秦淮即可。至龍王廟等處,則完全視秦淮河而定。如秦淮河防水適宜,不致泛濫,該處局部水患,亦不致連帶發生也。小砂井一帶防水之法,即將通西關外江之水道,加以疏浚,可無問題。至于城北一帶地勢較高,三牌樓一帶之水,偶有滯積,其去亦易。防止之法應將西

流灣至金川門一段,亦加疏浚。該段爲匯聚城北諸水入江之幹道
關係甚大,至于外交部附近一帶,天雨之後,常見積水者,乃因外交
部西面之塘,近被填實,致原有中山路下之涵洞等于虛設,應亟加
設法添築水溝或涵洞一道,接通至獅子橋,以利宣洩。又西流灣原
有之涵洞,亦應將其進出口附近一帶加以疏浚。

(庚)下關方面,擬修復二十年所建之江堤,其高度增至五五‧
〇〇,而同時在惠民河之三汊河口加築水閘一道,使江水上漲之
際,可以閉閘,不致受江水上溢之影響。至關于護城河之水,擬在熱
河路至惠民河間通一水管,同時在大廟寺一帶,于鐵道下加一涵
洞,使護城河之水,得穿過鐵道而流入江,不致滯積上溢。

(辛)三汊河以南,沿江一帶發生水災之原因,既係地勢過低,而
土堰又被水沖陷之故,則根本辦法,惟有將地面填高。但填地辦法
爲事實上所難能,其治標方法惟有修理土堰之一途。查現有之土
堰,曾經南京市全國水災工賑局派遣災民修築,但其高度至不一
律,達五五‧〇〇以上者甚少,似宜再行加高及加寬,以策萬全。

(壬)後湖爲南京市之惟一大潴水地點,奈歷年湖身淤墊,容量
曰蹙。湖水一高,開閘則城內民舍有濡水之虞,閉閘則城外民田受
淹沒之患,畸輕畸重,難獲其平。于是有倡閉東關以斷護城河之水
流者,有倡疏浚後湖本身者,有倡于和平門外沿城開河,放湖水入
江者。主張紛岐,莫衷一是。據著者之意見,以爲東關于秦淮河有切
身關係,斷無因防湖水入城,而閉絕東關之理;疏浚湖身,以增容量,
理論雖佳,但費用浩大,計非萬全;僅開河導湖入江之法,最爲適當,
亟宜採用。惟恐因湖江連接,湖高江卑,則湖將有斷水之虞,故斟酌
情形,擬在後湖和平門附近設一水閘,當湖水不高之時(約在五市
尺以下), 則閉閘以蓄水,過高(即超過五市尺)則開閘以排洩,由河
而入江。查玄武湖志載清梅曾亮爲江甯水患上陸制軍書,有按語
云:「後湖通江,本有故道,或由盧龍山迤邐而東,已見舊志。以理揆
之,或非虛耳。非然者,池號昆明,水師屢閱,樓船五百,且由瓜步而來,

注史苟非妄言,果何道之從乎?湖高江卑,無虞江流之倒灌,且晚近工程之學日進,關閘啟閉,新法益明,苟有故道可尋,通江未始無利!(下略)」

可知開河通江及設閘之議,尋非創聞,且于今日亦屬妥切簡便之辦法也。預計該新開河之長度,約須1.5公里,寬度約5公尺已足,土方當不甚多。再加設一閘門,所費當亦有限。再將挖出之土,靠民田一面築一河堤,則于農民有灌溉之利而無一害矣。

# (五)其他關于南京市防水之意見

### (1) 舊有溝道應加以整理或疏浚

南京市城南一帶,一片平地,其遇遇大雨,而未必驟蒙水患者,蓋自有其排水之途。據調查及由歷年來修路清溝之結果,知道路之下,尚有一縱橫交錯之舊時溝管系統,是種溝道,大小不一,支幹分明,大都循街道,而以秦淮河及深池大塘為其歸納之所。惜此項溝道,係用城磚或普通磚料造成,多底平面粗,對于水流之阻力甚大,進口處亦多未加設溝板,致易淤塞。加以年久失修,或中段崩陷,水流阻斷,或全溝淤塞,等于虛設。初遭大雨,尚能勉強應付,若霉雨連緜,則排洩不及,雨水壅積,或由溝道上溢,或積滯路面,為患不淺。故在整個下水道計劃未實施以前,應先切實整理街道下舊有之水溝,以應急需。其大體完好者,用洋灰填補其磚漏,及塗平其底部,並加鋪進口處之溝板;其已破碎不堪修理者,則接以水泥溝管;務使所有溝管本身及出入口,皆無阻斷淤塞之弊,則雖大規模之下水道稍緩設備,亦可無礙。

### (2) 對于全城水塘應速定填塞之限制

南京全城水塘,統計有2597個之多,面積占3629畝之巨。大約每一水塘均可容附近若干地段受水之量,其大者尚有舊時溝道相通連,以容納溝道所排洩之水。南京市日臻繁榮,阻止人民填塞水塘,既非永遠之計,且在現代都市之中,容許若是鉅數之水塘存在,亦不合于經濟及衞生之原則.但在具體之下水道計劃未完成以前,任意由人民填塞,平時所持蓄水之池塘,而無相當之方法以補救之,則南京水患,將愈不堪設想.故宜速定填塘之規則,以示限制,其主要點應為;

(一)人民填塘之前須請領執照。

(二)如該塘原屬附近地段雨水之歸納所者,在填實之先,須將該地段溝道接通于他處溝管或他塘,務使該地段之水,不致因此塘填塞而無法宣洩。

如照此方法辦理,則水塘雖填實,而于排水仍可無礙,未始非一兩全之策。

## (六) 結 論

上述各項防水意見,均求切于實際,易于舉辦.治本之法,莫如設置完善之下水道,使市內無地有不能洩水之弊.為防江水倒灌起見,下關江邊一帶,以填高地面為最安辦法,城內則設置抽水機抽水,及隔絕一切外來之水源,並利用城牆以為天然之堤岸.關於開河入口以導後湖之水及整理東西兩水閘之議已經見之實施。現並有荷蘭庚款百餘萬,將專為南京防水設備之用,故上項計劃均有實施之可能.爰為錄出以供國內專家之指正。

# 膠濟鐵路工務第一段式鋼軌防爬器

## 王節堯

### （一）鋼軌爬行之起因及範圍

普通木枕軌道，因（一）枕木與鋼軌連繫之不緊湊，（二）渣床與路基之鬆軟，（三）上下行運輸量之不平衡，（四）線路之起伏不一，益以列車之衝擊，及使用猛烈之製輪閘，以致鋼軌日久發生不規則之爬動。此種現象，在單線鐵路上尤為顯著。1909 年美國理海鐵路，在 Sand Hill. N. J. 與 Verona 間，舖有 45 公斤鋼軌一段（參見美國鐵路雜誌 Railway Age Gazette, Nov 17, 1909），通車後未及三月，鋼軌卽發生劇烈爬行，其最甚處，有達 21 公尺者。此驚人之紀錄，固有其特殊原因，然亦可見鋼軌爬行可能性之一斑。

膠濟鐵路於民國二十二年春，在大港塔耳堡間，換舖 34 公斤鋼軌約 50 公里。為研究鋼軌爬行起見，設有觀測點多處。其在膠州芝蘭莊一段，公里 79+400 處，為該段內鋼軌爬行最烈之一處。計自二十二年四月十二日換舖之日起，至同年七月中旬止，雖為時僅三閱月，而爬行已達 135 公厘。且該處鋼軌，每節裝有「防爬器」四付或五付不等，以後情形，雖不若前三月之嚴重，然亦月有增加。茲將數月來觀測該處爬行結果，列表如下，藉見一斑。

表（一）　膠濟鐵路某處鋼軌爬行之觀測

| 觀 測 年 月 | 22—4 | 7 | 8 | 9 | 19 | 11 | 12 |
|---|---|---|---|---|---|---|---|
| 爬行尺寸（以公厘計） | 無 | 135 | 143 | 140 | 152 | 155 | 160 |

觀上表,知過去七月中,鋼軌爬行計達 160 公厘,每月平均約為 23 公厘。此種積極潛動,其妨礙軌道修養工作實至鉅大,負責路務者殊不能恝然置之也。

### (二)鋼軌爬行及其影響

鋼軌之不斷的爬動,影響於軌道之修養者,舉其大要,計有四端:(一)鋼軌節頭因爬動而差錯,枕木傾斜,以致軌距縮狹。(二)軌條相互擁擠,致伸縮縫減小或消滅,一經高溫度,軌條被迫,向兩旁彎撓。(三)道叉因鋼軌挺進,失其固有地位,以致效用喪失。(四)石渣被枕木排擠,以致渣床虛實不一。

上述四端,有一於此,即足以威脅行車安全。故世界各國路政當局對於鋼軌爬行,咸認為鐵路工程中之一種嚴重問題,而思有以補救之。顧爬動問題,原委繁複,既非單純數學公式所能賅括演繹,亦非局部研究,或短期觀察,所能解決,故推演結果,羣趨向於採用「防爬器」之一途。此雖非根本之圖,然就目前一般軌道設備而論,未始非輕而易舉之一法也。

### (三)膠濟鐵路採用之防爬器及其工務第一段式

膠濟鐵路自民國十五年開始換補 43 公斤鋼軌以來,前後採用「防爬器」計有五種之多 (見圖一),總數約八萬付,其中英美製各半。考其設計原理,不外二類:即(一)利用鋼件之彈性力。(二)利用斜楔之捫抗力。後者又可分為二式:即(甲)直進式,及(乙)旋進式是也。膠濟鐵路所採用之五種「防爬器」,其第一、第二兩種屬於第一類,第三、第四兩種屬於第二類甲式,其第五種屬於第二類乙式。然夷考其實,缺點殊多 (見表二)。且防爬器之實際效用,以年來觀察所及,實有疑問。故如有其他廉價代用品,或有其他方法,足以裁制爬動者,亟應提倡採用。膠濟鐵路因更換大批重軌,換卸之舊鋼枕扣件 (Pinch Plates and Bolts) 為數甚多,作者怵於國內資源之枯竭,思有以

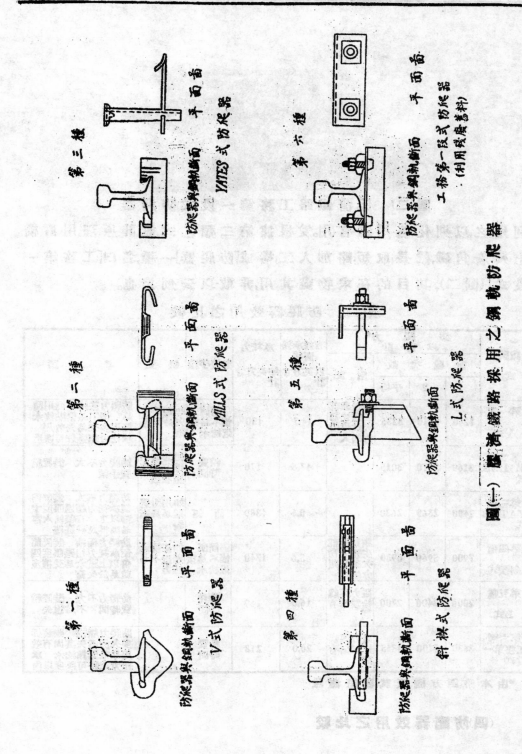

第三種

平面圖

防爬器與鋼軌斷面

YATES 式防爬器

第六種

平面圖

防爬器與鋼軌斷面

工務第一段式防爬器
(利用殘廢器料)

第二種

平面圖

防爬器與鋼軌斷面

MILLS 式防爬器

第五種

平面圖

防爬器與鋼軌斷面

L式防爬器

第一種

平面圖

防爬器與鋼軌斷面

V式防爬器

第四種

平面圖

防爬器與鋼軌斷面

斜楔式防爬器

圖(一) 膠濟鐵路採用之鋼軌防爬器

圖(二)　膠濟鐵路工務第一段式防爬器

利用之,以期化無用爲有用。爰根據第二類乙式設計原理,用舊橋上殘廢角鐵,截長取短,略加人工,構成「防爬器」一種,名曰「工務第一段式」(圖二),其目的在求物盡其用,非敢以云創造也。

表(二)　防爬器效用之比較

| 防爬器式別 | 防爬力* 以磅計 | | | | 有效承托面積 以英方寸計 | 承托力 每英方寸計 | 裝置手續 | 缺點 | 考　　語 |
|---|---|---|---|---|---|---|---|---|---|
| | 試驗次數 | | | 附記 | | | | | |
| | 1 | 2 | 平均 | | | | | | |
| 第一種 V式 | 7260 | 5410 | 6335 | 鋼軌底部生鏽故初次試驗阻力頗大 | 14.7 | 430 | 簡便惟不易接近枕木 | 如裝卸多次易於寬弛 | 防爬力甚強 應用簡易 惟不易緊貼枕木 施用多次易失效用 承托力超過許可限度 |
| 第二種 MILES式 | 3160 | 2870 | 3015 | | 17.8 | 170 | 稍費時間 | 如裝置不得其法難收效 | 防爬力不大 裝置稍費手續 |
| 第三種 YATES式 | 2400 | 2860 | 2630 | | 0.6 | 4380 | 簡便 | 如用力過猛易於斷裂 | 防爬力不大 裝置簡便承托力超過限度十倍以上 有礙枕木容易斷拆及被盜竊 |
| 第四種 斜楔式 | 7900 | 5960 | 6930 | 鋼軌底部生鏽故初次試驗阻力頗強 | 5.6 | 1240 | 簡便惟不易接近枕木 | 如靠枕木過近不易施力 | 防爬力極強 裝置簡便承托力超過限度四倍以上道木易受摧殘並易於失竊 |
| 第五種 L式 | 2000 | 3400 | 2700 | 阻力與螺栓鬆緊有關 | 16.0 | 169 | 稍費時間 | | 防爬力不大 裝置稍費時間 不易遺失 |
| 第六種 工務第一段式 | 3630 | 5100 | 4365 | 阻力與螺栓鬆緊有關 | 20.0 | 218 | 稍費時間 | | 防爬力頗強 雖裝拆多次仍不失其固有效用且能緊靠枕木 承托力在許可限度以內 |

*由本路四方機廠試驗室測驗

### (四)防爬器效用之比較

「防爬器」之理想設計,須備具下列條件:(一)防爬力須基於直進式「斜楔」之原理。(二)簡單堅實。(三)防爬力強大而經久。(四)裝拆簡便,不易遺失。(五)重覆使用,不失效用。(六)承托力在許可限度以內。(七)價值低廉。膠濟鐵路現有之各種防爬器,其具有上述條件半數以上者蓋寡。「V」式及「斜楔」式之防爬力,雖較其他一般為高,然前者係利用彈力,效用殊難持久,而後者承托力過大,有殘毀枕木之虞;至於不易緊貼枕木邊際,又為共同之缺點,故比較各式「防爬器」之總效用,「工務第一段式」實不在任何式以下。

或曰:「工務第一段式」之設計原理,係基於旋進斜楔式,恐時日稍久,螺栓有鬆動之弊。此種論斷,於軌道螺栓容或有當,至防爬器既非與枕木相鈎結,其螺栓任務又與普通軌道螺栓性質迥不相同,自不至因鋼軌之波動,而影響及於螺栓之鬆緊,其理甚明。且「工務第一段」式,完全係利用現成材料配合而成,初非著眼於防爬作用為設計繩準。如全用新料配製,於連繫方法再加以改革,則其防爬力之增強,亦意中事也。

### (五) 防爬器價值之比較

英製或美製之「防爬器」,每付價值按現時金價計算,當在一元左右(見表三)。「工務第一段式」,卽完全用新料製造,其價值每付亦在六角以下。假定每節10公尺長軌道,裝置防爬器八付(最少有效數), 以每付一元計,每100公里計需銀八萬元。如用新料製成之「工務第一段式」, 每100公里可省銀三萬二千元。如利用舊料,每100公里可省銀六萬元。十五年後連本加息,可省銀二十四萬元,其影響鐵路經濟為何如耶?

### 表(三)　防爬器價值之比較

| 防爬器 式　別 | 每付價值 (以銀元計) | | 附　記 |
|---|---|---|---|
| | 工　料　分　析 | 總價 | |
| 第一程 V式 | | 0.92 | |

| 種別 | | | | | 價值 | 備考 |
|---|---|---|---|---|---|---|
| 第二種 MILLS式 | | | | | | |
| 第三種 YATES式 | | | | | 0.98 | |
| 第四種 斜楔式 | | | | | 0.80 | 十八年價值 |
| 第五種 L式 | | | | | 1.22 | |
| 第六種 | 用舊料 | 扣 件 | 二 枚 | 2@.05……0.10 | 0.25 | |
| | | 螺 栓 | 二 枚 | 2@.02……0.04 | | |
| | | 角 鐵 | 2½"×2"×¼"×10" | 3@.02……0.06 | | |
| | | 工 | | ……0.05 | | |
| 工務第一段式 | 用新料 | 扣 件 | 二 枚 | 2@.08……0.16 | 0.59 | |
| | | 螺 栓 | 二 枚 | 2@.10……0.20 | | |
| | | 角 螺 | 2½"×2"×¼"×10" | 3@.06……0.18 | | |
| | | 工 | | ……0.05 | | |

## （六）結論

鋼軌爬行及其避免方法,不在本篇討論範圍以內。本篇撰述之目的,首在根據事實,闡明鋼軌爬行之嚴重性,與夫及時裁銅之必要,次在分析各種防爬器之效用,及膠濟鐵路「工務第一段式」之特點,俾路政當局知所選擇,復次在闡明一切工程建設,有時可利用舊料,以杜浪費,膠濟鐵路以殘廢角鐵為鋼軌防爬之用,特其一例耳。